[意] **伽利略** / 著　　曹致远 / 译

关于**两门**
新科学的
对话

Dialogues Concerning
Two New Sciences
Galileo Galilei

U0173579

上海教育出版社
SHANGHAI EDUCATIONAL
PUBLISHING HOUSE

出版说明

大语文时代，阅读的重要性日益凸显。中小学生阅读能力的培养，已经越来越成为一个受到学校、家长和社会广泛关注的问题。学生在教材之外应当接触更丰富多彩的读物已毋庸置疑，但是读什么？怎样读？这些问题尚处于不断探索中。

2020 年 4 月，受教育部委托，教育部基础教育课程教材发展中心组织研制并发布了《教育部基础教育课程教材发展中心 中小学生阅读指导目录（2020 年版）》（以下简称《指导目录》）。《指导目录》"根据青少年儿童不同时期的心智发展水平、认知理解能力和阅读特点，从古今中外浩如烟海的图书中精心遴选出 300 种图书"。该目录的颁布，在体现出国家对中小学生阅读高度重视的同时，也意味着教育部及相关专家首次对学生"读什么"的问题做出了一个方向性引导。该目录的推出，"旨在引导学生读好书、读经典，加强中华优秀传统文化、革命文化和社会主义先进文化教育，提升科学素养，打好中国底色，开阔国际视野，增强综合素质，培养有理想、有本领、有担当的时代新人"。

上海教育出版社作为一家以教育出版为核心业务的出版单位，数十年来致力于为教育领域提供各种及时、可靠、实用、多样的图书产品，在学生课外阅读这一板块一直有所布局，也积累了一定的经验。《指导目录》颁布后，上教社尽自身所能，在多家兄弟出版社和相关机构的支持下，首期汇聚起其中的 100 余种图书，推出"中小学生阅读指导目录"系列，划分为"中国古典文学""中国现当代文学""外国文学""人文社科""自然科学""艺术"六个板块，按照《指导目录》标注出适合的学段，并根据学生的需要做适当的编排。丛书拟于一两年内陆续推出，相信它的出版，将会进一步充实上教社已有的学生课外阅读板块，为广大学生提供更经典、多样、实用、适宜的阅读选择。

上海教育出版社

目 录

《关于两门新科学的对话》导读

　　《关于两门新科学的对话》(以下简称本书) 的科学内容并不高深，但它并不易读。以下导读可以协助读者理清本书的写作逻辑。但是，由于篇幅有限，此导读不可能给出本书的详细介绍 (这起码要超过 100 页篇幅)。因此，如果读者未曾粗读正文，本导读也可能是不太好理解的，特别是对"第一天"的导读。读者也可以先阅读本书的"第三天"和"第四天"，有时间再阅读其他内容。汉译者在正文部分添加了较多注释，但限于水平谬误难免，因此更希望年轻的读者必要时查阅原文，深入体会大师手笔。

　　本书是伽利略生前出版的最后一本重要著作。在 1687 年出版的《自然哲学之数学原理》中，牛顿把他的第一定律和第二定律的得出归功于伽利略在本书中的研究。尽管当代某些科学史专家对此存在不同看法，但牛顿的说法仍足以表明本书的历史地位。

　　1633 年初，在被罗马天主教会定罪和判刑之后，年近 70 岁的伽利略在精神和身体上都承受了极大的痛楚。1634 年 4 月，他最钟爱的、也是最能给他慰藉的大女儿逝世。他的视力也在常年的眼疾之下越来越差。而且，教会把他在 1632 年出版的《关于托勒密和哥白尼两大世界体系的对话》(以下简称《关于两大世界体系的对话》) 列为禁书，并且禁止他重印旧作和出版新作。这是伽利略撰写本书的基本背景，更多背景材料请读者参见本书"翻译附录A 伽利略学术小传"。

　　尽管年事已高且备受折磨，在朋友和学生的激励和协助下，伽利略于 1633 年夏天开始写作本书。到 1634 年末，本书的主体部分接近完成。伽利略起初让朋友尝试在罗马天主教会控制力较弱的威尼斯、维也纳或布拉格出版本书，但均未成功。事情直到 1636 年夏季才有转机，来自新教国家荷兰的出版商 Louis Elzevir 对出版这一著作表现出极大的兴趣。即使如此，出版过程依然相当曲折。但不管怎样，本书在 1638 年 6 月终于印刷和发行了。1639 年 3 月，伽利略拿到了本书的一个印本，而此时他的双眼早已完全失明。

本书的意大利语书名全称是 *Discorsi e dimostrazioni matematiche intorno a due nuove scienze attenenti alla mecanica& i movimenti locali*，相应的完整英文和中文翻译分别是 *Discourses and Mathematical Demonstrations concerning Two New Sciences pertaining to Mechanics and Local Motions* 和《关于力学与位置运动之两门新科学的对话和数学证明》，通常分别被简写为 *Dialogues Concerning Two New Sciences* 和《关于两门新科学的对话》。上述书名是由出版商拟定的，伽利略认为它过于普通（"too vulgar"），但他本人似乎也没有明确指定更好的书名。

与《关于两大世界体系的对话》一样，本书是采用对话体写成的，对话的地点设置在意大利威尼斯，三位对话者仍然是萨尔维亚蒂 [Salviati]、萨格雷多 [Sagredo] 和辛普里丘 [Simplicio]。其中，**萨尔维亚蒂是伽利略的代言人，萨格雷多是一位头脑聪明、好学的年轻人，辛普里丘则是一位相对愚钝的、亚里士多德学说的信奉者**。萨尔维亚蒂和萨格雷多在伽利略的生活中实有其人，他们分别是佛罗伦萨人 (伽利略的同乡) 和威尼斯人，也分别是伽利略在佛罗伦萨和威尼斯的好友，但他们都英年早逝。伽利略希望以让他们作为其重要著作的对话者这一方式，"使他们的盛名得以永世长存"。而辛普里丘则是另一位与伽利略观点相左的威尼斯朋友之化名 (也可能影射了多个人)。历史上的辛普里丘 (Simplicius，约 490–约 560) 是一位著名的亚里士多德著作注释者。相比《关于两大世界体系的对话》，辛普里丘在本书中的形象要好得多。

所谓的两门新科学，一般被认为分别是固体材料断裂力学以及物体运动学。这些内容中的绝大部分，实际上是伽利略在写作本书时的 20 年前 (在这 20 年间，他把大部分精力花在了天文学观察和研究上) 的思考和研究结果。本书 1638 年版的对话一共分为四"天 [giornata]"(另有一个关于固体重心的附录,伽利略研究它的时间更早)。其中"第一天"和"第二天"是关于第一门新科学,全部以意大利语写成;"第三天"和"第四天"则是关于第二门新科学,其主体是伽利略研究位置运动的拉丁语论文(以萨尔维亚蒂朗读的形式呈现),中间插入三位对话者的意大利语讨论。

本书"第二天""第三天""第四天"具有相对清晰的逻辑结构,"第一天"则要繁复得多。以下导读将对它们的内容和论述逻辑进行概述,以使读者对本书有一个总体上的理解。更多有关本书论述逻辑、物理概念、数学解读、科学思想和科学历史等的细节性解释,请读者参考译者的脚注和翻译附录。

另外,初读本书时,读者或许会觉得奇怪:为什么本书有那么多的几何图形与证明?其实,在解析几何和微积分被发明前后的一段时间里,几何是物理学的主要数学语言。让我们重温一下伽利略的这段名言:

> 哲学就写在这部大书里,它(我指的是宇宙)一直向我们敞开着。但是,除非首先学会理解它的语言和认识它的符号,否则人们就无法理解这本书。它是用数学的语言写成的,而它的符号是三角形、圆形和其他几何图形。没有它们,人类就不能理解它的一个词汇;没有它们,人们就会在黑暗的迷宫里徘徊。
>
> (伽利略,1623 年,《试金者》)

"第一天"导读

"第一天"是本书最难读的部分,它涉及的话题相当之多,逻辑结构非常复杂,远不像后面三"天"的主体形式(即"命题 + 证明")那样清晰。在没有梳理出其论述线索的情况下,要阅读(更不用说理解)"第一天"需要有极大的耐心。以下导读内容将以抓住问题的方式,梳理出"第一天"的论述逻辑,供有兴趣的读者参考。

整个讨论是从威尼斯兵工厂开始的，萨格雷多从造船的实践中提出一个问题，即尺寸成比例的机械之强度不成比例。他本人的观点是"力学的基础是几何，而在几何中图形的尺寸是无关紧要的"(P. 2)，因此大机械应当能够同样地承受"严重的、破坏性的考验"。

萨尔维亚蒂指出，萨格雷多的上述观点是错误的。在给出"机械的尺寸越大，它就越脆弱"的结论之后，他说"可以利用几何学加以证明，相比于小机械大机械并不是成比例地更加坚固"(P. 3)，并说"对于每一种机械和结构，无论是人造的还是天然的，都有一个必然的限度"。

此时萨格雷多的表现有点夸张，"我已经被搞晕了"。在三位对话者讨论了多个现实中的例子之后，萨格雷多希望萨尔维亚蒂以固体"抗断裂强度的问题"作为"今天的对话主题"(P. 7)。后者表示同意，并且说"我们的院士 [伽利略]"已经把抗断裂阻力的问题发展为"一门新的科学"。随后，他提出一个基本的研究课题：**当一块木头或任何其他紧密凝聚的固体发生断裂时，是什么在起作用** (P. 7)。

根据前面的讨论，辛普里丘此时提出了两个问题 (P. 8)：①

(A1) 为什么由短纤维组成的绳子有那么大的强度？

(A2) "金属、石头和其他没有纤维结构的材料"存在内部凝聚力的原因是什么？

萨尔维亚蒂说，要讨论这些问题必须脱离主题。在另外两位对话者同意之后，一整天的对话都围绕各种各样的话题展开，直到快结束时才重新又提起前面的材料强度问题。

萨尔维亚蒂首先回答了问题 A1 (P. 9–11)，却尚未触及这一天对话的关键。接下来，他详细讨论了问题 A2，即其他材料存在凝聚力的原因(从 P. 12开始)。总体上来说，萨尔维亚蒂 (请读者注意，萨尔维亚蒂的

---

① 此处的问题编号是为了方便标识和讨论而设置的，译者在正文脚注中也使用了相同编号，以便读者查阅。另外，此导读并没有罗列三位对话者讨论的所有问题。

观点通常代表伽利略写作本书时的观点) 认为固体的凝聚力都源于"虚空"的作用力。三位对话者具体地谈论了它的两种作用方式:

(1) 首先是"[大] 虚空"的作用 (用现代的观点来看,就是大气压强对物体的作用),它是从外向内作用的。通过两块光滑平板"抗拒"上下分离的实验 (P. 13),萨尔维亚蒂"证明"虚空在强力之下是可以存在的 (虽然大自然厌恶虚空)。之后,他又通过实验"测量"了这个虚空作用力 (P. 16)。以铜棒为例的"测量"结果表明,这个虚空作用力只能占到实际观察到的固体凝聚力的很小一部分 (P. 20),因此必须寻找其他形式的凝聚力。

(2) 他们接着探讨了不可分割的"无穷小虚空"("点状"虚空) 的作用。萨尔维亚蒂试图说明"虚空"就是固体凝聚力存在的唯一"充分原因":虽然每一个"无穷小虚空"的凝聚力量都是无穷小,但由"无数微小力量合成的力量"可以把物体紧密地结合在一起 (P. 22)。

现在,萨尔维亚蒂面临一个新的问题,即"在有限范围内"何以"可能发现无限数量的虚空" (P. 23)。或者用现代语言来说,无穷多个无穷小之"和",如何可能是有限的?于是,他转而揭示了他对无限量 (无穷多和无穷小) 与有限量、连续量和不可分量等概念的看法。

这一讨论又开始于对"亚里士多德之轮"悖论的解答 (P. 23)。它对伽利略而言极其重要,关系到他的物质观以及他对多个物理量的理解 (如时间、速度的连续变化等),因而占据了本书相当大的篇幅,一直持续到 P. 60 图1.11之后。当然,这中间还插入了与它关联的、或大或小的其他论题。

先以两个同心正六边形的转动为例 (P. 25 图1.5),进而通过假设圆是含有无穷多条边的正多边形 (P. 26 图1.6),伽利略提出了上述悖论的一个有趣的解答方案。他认为,在同心的大圆带动小圆转动时,是因为小圆通过的线段中"有无穷多的、无限小的、不可分割的空隙" (P. 29),

才导致小圆转动一圈时的运动距离也等于大圆周长。他还认为，这种说法"对于平面和固体也是适用的"。由此可以认为，对于固体来说，这些"空隙"就应当是一个个无限小的、不可分割的、类似于"原子"，但又空无一物的"虚空"。这些"虚空"也就是前述固体凝聚力存在的主要原因。

针对上述讨论，辛普里丘提出了他的三个"无法解决的困难"(也可以说是三个"反对意见"，P. 30)：

(B1) 第一个问题比较具体，即在上述"亚里士多德之轮"的转动过程中，圆心通过的直线为什么可以等同于圆心自身。

(B2) 第二个问题则比较抽象，即如何理解"由点构成线，由不可分割之物构成可以分割之物，由无限构成有限"。

(B3) 第三个问题还是关于"虚空"是否存在。

萨尔维亚蒂承认，"无穷之物和不可分割之物"都超越了我们有限的理解能力，但人类又忍不住要去讨论。而后他开始解答难题 B1，即"一个点如何等于一条线"(P. 31)。他未能直接回答它，而是借助于"另一个奇迹"，即面或体可以等于线或点 (对 P. 32 图1.7的讨论和证明)。

接下来 (P. 36) 是探讨问题 B2，即关于"无限和不可分割"的主题。萨尔维亚蒂需要论证的命题之一是："有限连续量"可由"无穷多个不可分量"构成。实际上，这也就是他本人引出"亚里士多德之轮"悖论的问题 (P. 23，见前文)。他首先下了结论："必须要有无穷多个这样的不可分量"才能构成连续量 (P. 37)。对此，辛普里丘立刻提出"这就要让一个无穷大于另一个无穷，它完全超出了我的理解能力"。

之后是一段很有启发性的讨论。萨尔维亚蒂采用"一一对应"的方法，证明了自然数、完全平方数和完全立方数的"个数"是一样多的，并由此说明用有限量的概念 (如"相等""大于"和"小于") 去讨论无穷大的性质"是没有意义的"(P. 40)。在这个讨论中，伽利略还借萨格雷多之口说出"数越来越大将意味着越远离无穷大"的观点 (P. 39)。

随后开始具体讨论线段 (有限连续量) 的分割问题，萨尔维亚蒂还是先给出结论，即"线段是由无穷多个不可分量组成的" (P. 40)，并且做了一个简单的论证。辛普里丘提出，如果我们可以无穷无尽地将线段分割为"有限片段"，"引入非有限部分的必要性又何在呢"？对此萨尔维亚蒂回答说，正是前者使得后者是必要的。在两人讨论了一番亚里士多德的"潜能"与"现实"的概念以后，萨尔维亚蒂提出：一个有限的连续量中包含的"有限部分 [parti quante]"，在数量上"既不是有限的，也不是无限的" (P. 42)，而是想要多大就有多大。

辛普里丘依然坚持萨尔维亚蒂的分割"只能是一种潜在性，而无法使其归结为现实性" (P. 43)。于是，萨尔维亚蒂有必要"现实地"把线段"分割"为点。他并没有立刻给出具体做法，而是对辛普里丘提出了一件"可能会令你震惊的事"，即：采用不断地"一分为二"的方法，非但不能得到无穷多个点，而且会"离无穷大越来越远"。他还提出，"如果有哪个数可以说是无限的话，那它必须是单位元素 1" (P. 44)。

为了说明我们的想象力无法把握"类似这样的奇迹"，萨尔维亚蒂介绍了"阿波罗尼圆" (P. 45 图1.8)，它表明"在从一个有限量转变为无穷大的过程中，其性质将经历巨大的变化"。在这个过程中，还穿插讨论了固体与液体的区别 (在伽利略看来正是"有限"与"无限"之分，P. 47–49)，以及光速是"有限"还是"无限"及其测量问题 (P. 49–52)。由于伽利略不认为有"瞬时运动"，因此他相信光速是有限的，并提出了一个测量方案。

在给出"阿波罗尼圆"的几何证明 (P. 53 图1.9) 之后，萨尔维亚蒂终于回过头来"去满足辛普里丘的要求" (P. 56)，即"将一条线段分解成无数个 [不可分的] 点"，他的方法植根于前面关于"亚里士多德之轮"的讨论，这里就不提前剧透了 (P. 56)。

随后他说，关于连续体是由绝对不可分的"原子" [以及不可分的虚空] 组成的这一观点，可以"避免许多错综复杂的谜题" (P. 57)，包括前面所说的"固体凝聚力"以及马上要研究的"物体膨胀和收缩"。他利用对"亚里士多德之轮"悖论的分析方法，给出了对物体的膨胀和收缩的"解释"(P. 58，以及图1.10和图1.11的相关说明)。

在两位听众之中，萨格雷多承认萨尔维亚蒂的方法使他"感到非常新奇"(P. 62)，并希望辛普里丘能够给出哲学家们的更多相关解释，而后者则表示"感觉一片茫然"和"充满困惑"，并提出一个问题 (C1)，即：他不相信一盎司黄金可以"膨胀得比地球还要大"，而地球又可以"缩小得比核桃还要小"。

萨尔维亚蒂以金箔的拉伸为例，说明"金属可以极大地延展"(P. 62)。由于辛普里丘的新疑问，他证明了：等体积圆柱体的侧表面积会随着长度的增加而不断增加 (P. 64 图1.12)。而后他又证明了一个类似的命题：如果圆柱体的侧表面积相等，其体积与其高度成反比 (P. 65 图1.13)。紧接着，他证明在周长相等的所有正多边形中，[有无穷多条边的] 圆的面积最大 (P. 68 图1.14)。这可能是本书"离题"最远的一个讨论。

经历了上述三个几何命题的"离题"之后，在萨格雷多的要求下 (P. 71)，萨尔维亚蒂终于又返回到问题 C1。通过多种可以观察到的现象，他说明了问题 C1 的前半部分 (无限制地膨胀)；对于它的后半部分 (无限制地压缩)，他表示"感官无法发挥作用的地方，理智就需要占有一席之地"。也就是说，我们完全可以通过思考去理解它们。

同样是在萨格雷多的要求下，三位对话者终于进入了对问题 B3 的讨论。这个对"虚空"的探讨，也让讨论触及了本书第二门新科学 (即运动科学)。此处先由辛普里丘阐述了亚里士多德关于物体自然下落运动的两个观点 (P. 72)：

(D1) 在相同的介质中，不同重量的物体将以不同的速度运动，而且其下落速度与重量成正比。

(D2) 在不同的介质中，同一物体的下落速度与介质的密实度成反比。

辛普里丘接着论述道，由于"瞬间运动是不可能之事"，亚里士多德根据观点 D2 说"虚空是不可能存在的"。而萨尔维亚蒂反驳说，亚里士多德的论证只是否定了"虚空是运动的必要前提",并没有真正地证明虚空不能存在。他进而指出"可以全部否认"亚里士多德的上述"两种假说"(P. 73)。

通过著名的思想实验 (两块绑着的石头一起自由下落),萨尔维亚蒂详细反驳和论证了观点 D1 是错误的。辛普里丘完全没有招架之力,他表示,亚里士多德并没有利用观点 D1 证明虚空不存在 (P. 77)。对此,利用在不同介质中实际观察到的物体上浮或下落的速度方向和大小的差异,萨尔维亚蒂又证明了观点 D2 本身也是错误的,因而亚里士多德对"虚空不存在"的论证就被釜底抽薪了。

在辛普里丘无言以对之时,萨格雷多插话并提出两个问题 (P. 80):

(E1) 在同一介质中,比重不同的物质,例如一个软木球和一个铅球的下落速度不应该是一样的。

(E2) 在不同的介质中,同一个物体的下落速度之间的比值是多少?

对问题 E1,萨尔维亚蒂从"它们在阻力更大的"介质中"速度差异会更大"这一现象出发进行研究 (P. 80)。但接着具体谈论的却是,如何调节水体密度和鱼类如何在水体中保持平衡 (P. 81–82),以及"大颗粒的水珠"为什么可以"驻留在大白菜叶子上"等话题 (P. 82–83)。后一问题涉及近代物理中的"表面张力",伽利略未能给出正确的解释。

萨尔维亚蒂随后又回到了问题 E1,他根据"不同比重的物体,在阻力最大的介质中运动速度差异也最大"(P. 84),指出"当介质极其稀薄时",比重不同的物体之间的下落速度差异"非常之小,几乎到了不可感知的地步"。由此,他外推出"在虚空中,极可能所有物体都以相同的速度下落"。他认为,在同一种介质中,比重不同的物体的下落速度差异是"取决于外部环境,特别是取决于介质的阻力"(P. 86)。

接着,他提出了比重不同的物体在同一介质中的下落速度之比的计算方法 (本质上是基于静力学中的阿基米德浮力原理,因而不太可能与实际相符)，并仿此给出了同一个物体在不同介质中的下落速度之比，从而回答了萨格雷多的问题 E2。

萨格雷多表示自己"取得了长足的进步"，而辛普里丘则又提出了问题 F1：如果空气具有"轻性"，上面的讨论将变得没有意义 (P. 90)。萨尔维亚蒂表示，亚里士多德本人也认为空气是有重量的，而且说过"充气的皮囊要比放气后的皮囊更重"。与之相关的问题是"如何测量空气的比重"，在萨格雷多的要求之下，萨尔维亚蒂介绍了空气比重的测量方法和实验装置，并得到水的比重是空气的将近 400 倍 (P. 93)。

对此，辛普里丘继续提出了问题 G1：应该在另一种介质而不是在空气自身之中测量空气的比重 (P. 93)。萨尔维亚蒂承认这个意见"确实是切中要害的"，随后他论证说上述实验实际上就是在"虚空"之中进行的。辛普里丘终于表示"已经完全满意了" (P. 96)。

这时萨尔维亚蒂自述，一旦说出了某个新颖的事实，他"就不能忽略任何用于确立它的实验或论证" (P. 96)，由此引出了伽利略关于单摆的研究 (单摆的下落也是一种"下落运动"，虽然不是自由落体)。他指出，分别将一个铅球和一个软木球用等长细绳悬挂，即使"前者的重量超过后者的 100 倍" (P. 98)，即使"软木球的摆动幅度不超过 5° 或 6°"而"铅球的摆动幅度是 50° 或 60°"，它们的摆动"也是在相同时间内完成的"。

但是，辛普里丘对它们的"速度相等"感到"混乱"和"怀疑" (P. 99)。萨格雷多代替萨尔维亚蒂进行了解答，并提出了两个问题 (P. 101)：

(H1) 对现实中可以观察到的明显不相等的下落运动，该如何解释？

(H2) 用同种材料做成的加农炮弹和鸟枪子弹，为什么前者在空气中下落得更快？

此时大概萨格雷多也已经糊涂了，因为问题 H1 前面已经讨论了很多。问题 H2 实际上是问题 H1 的一个特例，它是针对同种材料在同种介质中下落速度不相等的问题。对此，萨尔维亚蒂认为是阻力不同造成的：

即使完美的圆球，其表面也是不平整的，而且随着表面积增大，物体所受的阻力也越大。在辛普里丘的发问之下，他证明了"一个小固体的表面相对一个大固体的表面要大" (P. 104)，从而说明了问题 H2。

在讨论了上述几何证明中的"$\frac{3}{2}$ 次方"这一术语的含义之后，萨格雷多终于意识到应该"回到最初提议讨论的问题上来" (P. 105)。萨尔维亚蒂表示，不如明天再来聊，因为今天时间已经不多了。于是，萨格雷多又问了三个"题外话"问题 (P. 105)：

(I1) 介质阻力是否足以摧毁任意重量之球形物体的加速？

(I2) 所有等长单摆的摆动周期，是否精确地与摆球重量无关？

(I3) 当单摆摆长不等时，它们的摆动周期之比值是多少？

在给出问题 I1 的正面回答和解释 (P. 106–108) 之后，萨尔维亚蒂开始谈论与单摆有关的问题，并声称将对"音乐中的某些问题"谈谈他的看法。萨格雷多趁机又提出三个与音乐有关的问题 (P. 108)：

(J1) 为什么有些音调的组合很好听，另外一些组合则不好听？

(J2) 一根琴弦发声时，为什么会引起另一根同调琴弦发声 (共振问题)？

(J3) 与和声有关的各种比值，以及相关的细节。

萨尔维亚蒂快速地回答了问题 I2 和问题 I3 (P. 109–110)。对问题 I2，他的回答是，"它们所需的时间都是相等的"。对问题 I3，他正确地指出："单摆悬线长度"与单摆频率之平方成反比。聪明的萨格雷多立刻给出了这一结论的一个应用，即如何测量一根只见"下端"、不见"上端"的长绳之长度 (P. 110–111)。

接下来，萨尔维亚蒂开始讨论共振问题 (问题 J2，P. 111–113)，他和萨格雷多谈论了多种共振现象。相关论述表明，伽利略当时已经知道发生共振的物体具有相同的固有振动频率。

由"摩擦玻璃杯"使水"共振"产生水波的现象，萨尔维亚蒂将话题转到了问题 J3。此时萨格雷多有一段较长的发言，它是关于提升琴弦音调的三种方式(缩短、拉紧和变细，P. 114)，这些研究结果主要源自伽利略的父亲。在这一发言的末尾，萨格雷多又回到"摩擦玻璃杯"的问题。萨尔维亚蒂接着表示，他可以"制造出持续很长时间，甚至是数月乃至数年的波动"(P. 115)，并介绍了用铁凿产生"刮痕"的"声音记录"方式。这大概是"留声机"的鼻祖。

在纠正了萨格雷多所说"缩小琴弦"实际上应该是"减少琴弦的重量"(P. 116)，并指出一个音程所对应的比值直接"取决于它们的振动频次的比值"(P. 116)之后，萨尔维亚蒂开始讨论问题 J1。他表示，悦耳的和谐音"能够以一定的规则刺激耳朵"，而刺耳的声音由于"永不同步"而让"鼓膜一直受到折磨"(P. 117)。他利用第118页图1.15和图1.16分别对八度音和五度音作了一番解释，又采用不等长的单摆组合做了更加具象的展示。

最后，萨尔维亚蒂感叹一整天的对话内容实在是离题太远了，以至于已经忘记最初要讨论的"那个假设和原理"。于是，萨格雷多提议"休会"，萨尔维亚蒂表示第二天还会准时到来。"第一天"对话至此结束。

从表面上看，"第一天"的很多话题都是针对亚里士多德的学说，特别是亚里士多德的《物理学》和《力学问题》等著作中的内容。但是，伽利略之所以讨论这些问题，更重要的目标是为了给本书的"两门新科学"打下坚实的基础。我们不应把这些相对发散的讨论视作一个七十多岁老头在絮絮叨叨，或者是在借机把一生所思倾倒给读者。伽利略在写作本书"第一天"时还是从容不迫的，因而所写内容应该不会是无的放矢。在阅读"第一天"的过程中，我们如果能够记住以下几点，想必不难跟上这位终身不倦的思想者的步伐：

(1) 尽管有时离题很远，但伽利略一直掌控着三位对话者的节奏。在阅读时请多关注他的前后呼应，话题间的转移方式及其逻辑关系。

(2) "第一天"的重要主题之一是物质的组成结构及其内部凝聚力产生的原因，这是在为"第二天"的材料力学讨论奠定基础。由于所处时代的局限，伽利略把固体的凝聚力归结为无穷多的、不可分的"无穷小虚空"。读者需要关注他对固体、液体和空气三者特性的理解，以及它们与下述抽象概念之间的关系。

(3) "第一天"的另一个重要主题是对有限/无限、连续/虚空、可分/不可分等抽象概念的讨论。根据译者的理解 (参考了他人的研究)，伽利略在写作本书时，这些抽象概念是他整个思考的大背景。特别是"无穷多个不可分量之和可以是有限连续量"这一命题，对伽利略来说是至关重要的。本书中的"两门新科学"都与这些概念和相关命题有重要关系。

"第二天"导读

"第二天"的篇幅较小，结构非常清晰，它的主题是固体的抗断裂能力，其要点是所谓的"尺寸放缩效应 (scale effect)"，对此伽利略要"利用几何学加以证明"("第一天" P. 3)。[①]

在简要地回顾了"第一天"的内容之后，萨尔维亚蒂提出"有必要讨论"固体抵抗弯折或折断的能力，而不仅仅是抵抗拉伸的能力 (P. 123)。在具体讨论之前，他首先证明了杠杆定理 (图2.1)，它是"第二天"讨论的重要基础。之后，他阐述了"杠杆"的两种类型，分别是不考虑和考虑它自身的重量，其中后者需要对杠杆原理加以修正 (P. 127)，他以图2.2为例进行了说明。在萨格雷多的要求下，萨尔维亚蒂"离题"对图2.3进行了研究和证明。

在回到主题之后，整个讨论主要以命题的陈述和证明为主。

[①] 对"第二天"的概述参考了科学史专家 Clifford Truesdell 的 *The Rational Mechanics of Flexible or Elastic Bodies 1638–1788* (Springer Basel，1960)，第 37–44 页。

命题1(图2.4)是"第二天"的**基本模型**,它的结论基于杠杆原理和一个重要假设:柱体(指圆柱或棱柱,以下同)横截面上的抗断裂作用力均匀分布(另外,默认柱体不会发生形变)。其含义可用下式表示(不考虑柱体自重):

$$\frac{柱体的纵向抗断裂力}{柱体的横向断裂负荷} = \frac{柱体长度}{柱体厚度的一半}$$

实际上,命题1并不是一个"几何命题"(没有几何证明过程),它更像是伽利略研究材料抗断裂能力的一个"原理(principle)"。随后,萨尔维亚蒂论说,如果要考虑柱体自重,柱体的总负荷等于图2.4中右端负载(以重量表示)加上柱体自重的一半。

接下来的命题2(图2.5)是命题1的一个简单应用。命题3(图2.6)实际上是计算柱体自身重量的力矩随其长度的变化(柱体的粗细不变)规律,其关系是:$\dfrac{柱体1自重力矩}{柱体2自重力矩} = \dfrac{(柱体1长度)^2}{(柱体2长度)^2}$。

命题4(图2.7)给出了长度相同、粗细不同的柱体的折断负荷之比,其关系是:$\dfrac{柱体1折断负荷}{柱体2折断负荷} = \dfrac{(柱体1厚度或直径)^3}{(柱体2厚度或直径)^3}$。这个"折断负荷"可以理解为外加负荷与柱体自身重量的共同作用。

在插入了辛普里丘与萨尔维亚蒂关于长绳是否相比短绳更加脆弱的一段讨论(图2.8)之后,伽利略给出了在不考虑柱体自重的条件下,对任意长度和粗细的柱体,其折断负荷之间的比值计算公式(命题5,图2.9),即:$\dfrac{柱体1折断负荷}{柱体2折断负荷} = \dfrac{(柱体1厚度或直径)^3}{(柱体2厚度或直径)^3} \times \dfrac{柱体2长度}{柱体1长度}$。

命题6至命题8都是针对物体在自重下断裂的情形(外加负荷为0),即对"第一天"所谓的"尺寸放缩效应"问题的回应。

命题6考察的是相似柱体(长、宽、高三者成比例,或长度与直径成比例,图2.10)的 momenti composti (此处译为"效力")与其横截面上的抗断裂力量之间的关系。伽利略对命题6的证明表述较复杂,但译

者以为它实质上可理解为以下显而易见的表达式 (伽利略不是这样表述的)：[①]

$$\frac{相似固体1的重量}{相似固体2的重量} = \left(\frac{相似固体1横截面的抗断裂力量}{相似固体2横截面的抗断裂力量}\right)^{\frac{3}{2}}$$

尽管三位对话者都对命题 6 表示了高度赞扬，但实际上它只说明了"彼此相似的各个固体之中，没有哪两个的效力与其抗断裂能力之比是相同的" (P. 142)；由此可以得出推论，形状相似的固体只会在唯一的某种尺寸之下因自重而断裂，这就是命题 7 (图2.11)。但比较奇怪的地方在于，命题 7 的证明过程并未用到命题 6，而是用到了命题 4。

命题 8 是由已知的刚好因自重而断裂的柱体，去求另一种尺寸的刚好断裂的柱体。萨尔维亚蒂给出了两种不同的证明 (分别是图2.12和图2.13)，但是都没有利用到命题 6。命题 9 是命题 8 的推广，因而它与命题 8 共用了图2.12。

三位对话者接着对固体承受自重之能力的"尺寸效应"进行了一番讨论，特别是讨论了为什么鱼类的体积可以比陆地上的动物大很多，这其中又用到了"第一天"常提到的浮力原理。

之后，萨尔维亚蒂给出了命题 10，其实质是如何把柱体一端的载荷等效为"自重"的作用。接下来，萨尔维亚蒂讨论了当柱体被两端支撑 (图2.16) 或中心支撑 (图2.17上图) 时，它们在自重下不至于断裂时可以达到的最大长度。伽利略似乎把支点的作用等价于一个"无形"的墙面 (参考图2.4)，因而在上述两种情况下，柱体的最大长度均为图2.4所示情形的 2 倍。

[①]命题 6 比较难懂，译者花了较长时间去消化它的表述和含义。现在呈现出来的译文和译注仍然未必是正确的，故敬请读者对不当之处加以指正。Clifford Truesdell 认为，伽利略关于尺寸放缩效应的文字是"mysterious (神秘的，难以理解的)"。但译者对命题 6 的理解与 Clifford Truesdell 也相差甚远。

命题11是图2.17的延伸,其目的是计算当单个支点位于柱体上任意一点时,柱体断裂负荷 (两端负荷之和) 之间的相互比值 (图2.18)。命题12是命题11的反问题,即已知柱体的两个不同断裂负荷 (两端负荷之和) 以及其中一个支点的位置 ("中点"),求另一个支点的位置 (图2.19)。

据此,萨格雷多提出了一个问题,即在图2.18所示的模型之下,当立体是什么形状时,其断裂负荷 (两端负荷之和) 在各支点处保持恒定。有点令人诧异的是,萨尔维亚蒂接下来又回到了图2.4的模型,去研究和寻找某一形状的柱体,对柱体的所有横截面而言,在它的一个端点处施加的恒定负荷 (忽略柱体自身的重量),都恰好等于这些横截面的断裂负荷。经过一番讨论,他提出,此时立体的纵截面是抛物面 (图2.22)。在证明了这一结论之后,萨尔维亚蒂花了较长的篇幅证明,在上述情况下,初始直棱柱 (以矩形为底) 的体积可以被切掉 $\frac{1}{3}$ (图2.23) 而不影响其应用。

于是,萨格雷多提出如何 "在平面上作出一条抛物线" (P. 171) 的问题。萨尔维亚蒂给出了两种 "物理" 方法:一种是利用抛体运动 (这是本书 "第四天" 的主题),另一种则是利用悬链线 (后来人们发现,这种方法是不准确的)。

之后,他又回到固体断裂的话题,并证明了对于等体积、等长的空心圆管和实心圆柱,前者的折断强度要大于后者,二者之比等于它们的外径之比 (命题13,图2.24)。在此基础上,命题14给出了求解任意空心圆管与等长实心圆柱的折断阻力之比的方法,这也是 "第二天" 的最后一个命题。该命题求解完毕后,本书 "第二天" 即在没有任何结束语的情况下戛然而止。[1]

---

[1] 后人猜测,有可能相关手稿未及时送达出版者手中,或是在传递过程中遗失了。另外,根据科学史专家德雷克 (Stillman Drake) 的意见,"第四天" 结尾处的内容可能有部分本应属于这里。但是译者不能明确他指的是哪些部分。

"第三天"导读

"第三天"和"第四天"的内容是本书的"第二门新科学",即运动科学。其主体是伽利略用**拉丁文**写成的论文《论位置运动》[*De Motu Locali*],它以萨尔维亚蒂向另外两位对话者"朗读"的形式呈现,并在其中插入三位对话者之间的意大利语讨论。而伽利略本人则隐藏在背后,被称作"the Author (作者)"或"our Author (我们的作者)"。

《论位置运动》包括 3 个部分,分别研究匀速运动、匀加速运动 (自由落体运动) 和抛体运动。"第三天"包括前两部分,"第四天"包括第三部分。

在没有任何前奏的情况下,"第三天"就给出了《论位置运动》的标题和导语。在导语中,伽利略说明了这篇论文的写作目标、开创性和重要性:"通往这一广博而卓越的科学之大门已经打开了",未来的"更加敏锐的头脑",将会"去探索这门科学中更加深远的角落"(P. 178)。

《论位置运动》正文的第一部分即"论匀速运动",它是模仿《几何原本》,按照"公理化"的形式展开的,一共包括 1 个定义 (匀速运动的定义,P. 178)、4 个公理 (4 个不等关系,P. 179) 和 6 个非常简单的命题 (P. 180–185)。由于伽利略不能给出现代的速度定义 ($v = s/t$,即"速度 = 距离/时间"),这 6 个命题都是以比例的形式呈现的。若用公式表示,它们分别是:

命题 1: 如果 $v_1 = v_2$,那么 $\dfrac{t_1}{t_2} = \dfrac{s_1}{s_2}$。

命题 2: 如果 $t_1 = t_2$,那么 $\dfrac{v_1}{v_2} = \dfrac{s_1}{s_2}$。
反之,如果 $\dfrac{v_1}{v_2} = \dfrac{s_1}{s_2}$,那么 $t_1 = t_2$。

命题 3: 如果 $s_1 = s_2$,那么 $\dfrac{t_1}{t_2} = \dfrac{v_2}{v_1}$。

命题 4: 对于两个匀速运动,$\dfrac{s_1}{s_2} = \dfrac{v_1}{v_2} \cdot \dfrac{t_1}{t_2}$。

命题 5: 对于两个匀速运动，$\dfrac{t_1}{t_2} = \dfrac{s_1}{s_2} \cdot \dfrac{v_2}{v_1}$。

命题 6: 对于两个匀速运动，$\dfrac{v_1}{v_2} = \dfrac{s_1}{s_2} \cdot \dfrac{t_2}{t_1}$。

可以看到，上述命题都是比较简单的，初中学生完全能够理解它们的代数形式，但要理解其基于古希腊比例理论的证明则要困难得多。

《论位置运动》正文的第二部分是匀加速运动，也是整篇论文最核心的部分。它也是按"公理化"的形式写成的，包括 1 个定义 (有 P. 187 和 P. 196 两种等价表述)、1 个公设 (也叫做原理或假设，P. 196；在本书 1655 年版本中被重述为一个定理，见 P. 214) 和 38 个命题以及若干推论。

在给出"匀加速运动"的定义 (P. 187) 之后，三位对话者就这一定义进行了详细讨论 (P. 187–195)。在伽利略那里，"匀加速运动"是"自然加速运动" (自由落体或斜面降落运动) 的同义词。伽利略多次声明自己研究的是自然让重物采取的加速运动 (如 P. 186)，这也是他与中世纪自然哲学家们最根本的区别。三位对话者重点探讨了如下几个问题：

(问题 1) 与物体经历了无穷多个速度 (特别是无穷多个"慢度") 有关 (直到 P. 190)。萨尔维亚蒂正面回答这一问题的核心思想，与"第一天"的问题 B2 相关，即无限多个时间"点"和速度"点"可以产生"有限"的运动距离。

(问题 2) 关于"重物在自然运动中的加速原因" (直到 P. 193)。萨格雷多和辛普里丘列举了彼时的一些观点，而萨尔维亚蒂最终表示"我们这位作者 [伽利略] 的当前目标，只是要去研究和证明加速运动的一些性质 (不论其原因到底是什么)"。

(问题 3) 萨格雷多表示，把匀加速运动定义为"速度与通过的距离成正比"会更加清晰 (P. 193–195)。萨尔维亚蒂对这一错误的定义进行了反驳。事实上，伽利略本人曾经以为它是正确的，但由此得到了相互矛盾的命题，从而迫使他思考，最终得出正确的结论。

在萨格雷多换一个角度重述了匀加速运动的定义之后，萨尔维亚蒂给出了"我们的作者"唯一的假设 (或曰"公设""原理"，P. 196)，即：物体由静止开始从等高的光滑斜面下落时，获得的速度大小相等。从现在的观点看，它相当于机械能守恒定律。但伽利略本人如何理解这一"假设"，他为什么要把它当作一个"公设"或"原理"，是值得我们去研究的。萨尔维亚蒂给出了图3.7所示的实验，以使上述公设"能够达到接近严格证明的程度" (P. 197)，但同时申明只有由它推导出的结论与实验相符时，它才能够被确立为一个绝对的真理 (P. 200)。

在讨论了上述"定义"和"公设"之后，萨尔维亚蒂继续朗读《论位置运动》，给出了两个非常重要的命题 (物体都是**从静止开始**进行匀加速运动的)：

(命题 1) **平均速度性质** (P. 200)，它等价于：平均速度 $\bar{v} = \frac{1}{2}v_t = \frac{1}{2}at$。

(命题 2) **时间平方定理** (P. 202)，它等价于：运动距离 $s = \frac{1}{2}at^2$。

> (推论 I) **奇数定律**。在从 0 开始的依次相等的时间间隔内，物体的运动距离之比等于由 1 开始的奇数之比。

> (推论 II) **比例中项性质**。对于同一个匀加速运动，选取由静止起点开始的两段不同运动距离，均有：$\frac{t_1}{t_2} = \frac{s_1}{s_1 \text{与} s_2 \text{的比例中项}} = \frac{s_1}{\sqrt{s_1 s_2}} \left[= \frac{\sqrt{s_1}}{\sqrt{s_2}} \right]$。**[该性质要牢记，后文会反复用到]**

推论 II 对于理解本书的后续证明是非常重要的，因为它使得作者可以在几何图形上较为方便地标示物体的运动时间。

在上述两个推论之间，插入了三位对话者的一段讨论。首先是萨格雷多给出了上述推论 I 的另一个证明 (图3.10)。之后，萨尔维亚蒂给出了科学史上非常著名的斜面实验，他详细描述了实验的装置和方法，并强调进行了"上百次的重复实验" (P. 207)。可惜的是，本书没有给出任何相关实验数据,它们只能通过科学史专家们对现存伽利略手稿的研究来还原,这就不可避免地造成大量不同的解释和争议。

上述命题和推论的证明都只需利用匀加速运动的定义,不要用到上述"公设"。在本书的 1638 年初版中,接下来就是命题3 (P. 217)。但在本书的 1655 年版本中,维维亚尼 (伽利略晚年的学生和得力助手) 按照作者之前的口述,加入了一段对上述"公设"的"力学证明" (P. 209–217),从而把它变成了一个"定理" (P. 214),并且由此给出了命题3的另一种证明。从某种意义上来说,这几页不太好理解和翻译、但又非常重要的文字预示了牛顿的第二运动定律 ($F = ma$)。

命题3及其推论也是非常基本和简捷的性质,它表明:当由等高光滑平面的顶点开始降落时,物体到达底端所需时间之比等于平面自身长度之比 (P. 217–218)。它们的证明用到了前述"公设"。 [该命题及其推论要牢记,后文会反复用到]

由上述三个命题及其推论,可以推导出"第三天"后文中所有 35 个命题。限于篇幅,以下只对它们进行简单的论述,读者可以通过相关译注了解这些命题的其他信息。下一个重要性质是命题6 (P. 221–225) 及其推论。它们表明:对于一个斜边位于竖直方向的直角三角形,当物体从静止开始降落时,通过它的任意一条边所需的时间都相等。 [该性质要牢记,后文会反复用到]

这个优美的性质打动了萨格雷多,他由此提出了产生"无穷无尽的圆圈"的两种运动 (P. 226)。辛普里丘试图阐发这一有趣结果的哲学意义 (关于宇宙的诞生);而萨尔维亚蒂则表示,"对于我们来说,应该满足于"像采石匠那样采集原材料 (P. 227)。

从第227页直到第281页是《论位置运动》的命题7至命题38 (因而原文应该都是拉丁语),三位对话者没有再插话。

命题8是命题6的推广。命题10是命题3及其推论的推广。接下来的命题11至命题20是各式各样、证明难度不大的性质。命题21至命题26 (中间插入的命题22除外) 是一组相近的命题。它们讨论了当物体先降落一段距离之后，再折向其他斜面或水平面运动时的相关性质。在命题23之后，伽利略有一个长长的注释，依次给出了重要的"**二倍距离规则 (double–distance rule)**"、**惯性原理**和**速度叠加原理**。命题29至命题32都是关于物体降落时间最小值的问题。而后面在命题36的注释中，伽利略试图"证明"圆是最速下降曲线 (本书出版大约 50 年之后，科学家们证明了这是一个错误的结论)。

命题33至命题35是三个提法相近且都非常困难的命题 (采用代数方法求解也相当不易)，它们都是关于两段连续但变向的下落运动的总时间，等于另一段距离的下落时间的问题。最后的命题37和命题38又是其他类型的、相对简单的两个问题。

关于这些命题的详细介绍以及相关科学史实，有兴趣的读者可以参看相关英语文献，例如怀森 (Winifred L. Wisan) 在 1974 年发表于 *Archive for History of Exact Sciences* 杂志的长篇研究论文 *The new science of motion: A study of Galileo's De motu locali*。

即使只是上面最粗略的介绍，读者大概也能感受到，虽然伽利略采用了公理化的方法，但他对命题的编排并没有明确的规则，显得有点凌乱。然而，正如上述文献所说，这一不足极可能是源于这项工作本身的原创性，而最整洁的道路并不是由开拓者们修筑的 (It is not the pioneers who construct the tidiest paths)。

"第四天"导读

"第四天"是关于抛体运动的，它是拉丁语论文《论位置运动》的第三部分，其篇幅相对较短。伽利略发现抛体运动的轨迹是抛物线，并证明与之相关的一些命题，是早于 1610 年的事情。但是，直到大约 1636 年，他很少再进行相关研究。

"第四天"不具备"公理化"的形式 (没有"定义"和"公设")，它在导语中简单介绍了如何产生抛体运动 (平抛运动) 之后，立刻就开始了命题的陈述与证明，一共有 14 个命题。

命题1表明，平抛运动的轨迹是半抛物线。在给出命题1的证明之前，萨尔维亚蒂应另外两位对话者的要求，给出了抛物线的两个重要性质，一个是抛物线如何由正圆锥得到以及其中的距离关系 (P. 285)，另一个则是关于抛物线上各点处的切线性质 (P. 286)。伽利略是利用前一个性质的逆命题证明命题1 (P. 287) 的。

之后，三位对话者进行了一番讨论，主要是关于现实中的抛体运动轨迹是否确实是抛物线。萨尔维亚蒂承认各种因素影响抛体运动轨迹的实际形状，但他仍然表示，空气中抛体的真实运动轨迹非常接近于抛物线，或是"可以容易地对它们进行精确的修正" (P. 291)。之后，他又对空气阻力的影响"稍微多说几句"，这些内容实际上在"第三天"都已经讨论过了。

命题2实质上给出了动量或速度合成的**平行四边形法则**。

命题3则给出了自由落体运动过程中动量大小的变化方式，它实质上是"第三天"匀加速运动命题2推论 II(比例中项性质) 的另一种表述，但这里的出发点是如何"度量"自由落体过程中每一个速度或动量。以上两个命题只是为进一步研究抛体运动做准备。

接着，伽利略提出，必须为水平运动和竖直运动的度量"定义一个共同的标准" (P. 298)[①]。伽利略利用图4.6定义了抛物线的高度、宽度和准高之后，在命题4中具体展示了定义"共同标准"的方法 (以从静止开始、下落一段相等距离的自由落体的动量/速度为标准)。该命题是关于抛体运动的一个基本命题，它利用平行四边形法则确定了抛物线上任意一点的瞬时动量。由于萨格雷多和辛普里丘二人的困惑，萨尔维亚蒂对命题2和命题4中用到的速度 (动量) 合成方法作了更详细的解释 (P. 302–307)。

命题5是在已知抛体运动路径的情况下 (即已知抛物线的形状)，去

[①]现在的速度单位"米/秒"对伽利略来说是完全陌生的。另一方面，他还只能在几何图形中用线段表示速度。因此，速度"标准"问题对他来说就是必须的。

求得它的准高。命题5的推论更加重要，它指出：半抛物线宽度的一半，是其高度与准高的比例中项。命题6和命题9都是上述推论的简单应用。

命题7指出，水平射程相等时，斜抛运动在仰角为 45° 时初速度最小。其推论是，同样的初速度之下，斜抛运动在仰角为 45° 时水平射程最大。命题8告诉我们，在同样的初速度之下，当两个斜抛运动的仰角之和为直角时，它们的水平射程相等。

命题10是一个有趣的性质：平抛运动在某一端点上的速率，等于物体从抛物线 (开口向下) 的准线上由静止下落到与该点相同高度时的速率。其推论是接下来相关计算的重要依据：当抛物线的准高与高度之和恒定时，抛体在相应端点处的速率也恒定。于是，利用命题5的推论和命题10，可以在已知半抛物线的宽度和端点速度时，求得其高度 (命题11)。

最后的三个命题分别给出与斜抛运动 (如炮弹发射) 有关的表格。命题12给出了初速度相同的斜抛运动在不同仰角下的水平射程 (表4.1)。据此，已知初速度和水平射程，可以求得不同仰角下的抛射高度 (命题13和表4.2，其实质是命题11)。最后，命题14计算了当抛物线的宽度恒定时，其在不同仰角下的高度和准高 (命题14和表4.3，其实质是命题5的推论)。

在对这些表格进行一番讨论之后，萨格雷多提出一个问题：平抛物体的运动轨迹有没有可能是水平直线？他将之与绳子在两端拉伸时不可能呈水平拉直状态这一 "可以严格证明的现象" (P. 328) 作类比，倾向于认为上述问题的答案是否定的。在得到萨尔维亚蒂的指点之后，萨格雷多应辛普里丘的要求，对此给出了详细证明 (P. 330 图4.21)。

本书 1638 年版的主体内容到此结束。虽然萨尔维亚蒂预示还有更多内容，但是它们并未在伽利略的有生之年得以完成。

阅读本书的注意事项

译书不易，读书也不易。以下若干注意事项，请读者在阅读此汉译本时知晓。

(1) 此汉译本主要是参考 Henry Crew 和 Alfonso de Salvio 于 1914 年出版的英译本(汉译注中称为**克鲁英译本**)翻译的。如果克鲁英译本存在疑难之处或错讹之处，译者会参考意大利语电子版本的机器英语翻译进行修正，必要时还参考了 Stillman Drake 的英译本第二版(译注中称为**德雷克英译本**)。**德雷克**是 20 世纪著名的伽利略研究专家，本书的译注会经常参考他的观点。

(2) 除了以上导读中的四"天"对话的正文之外，此汉译本没有翻译原著献词、原著附录(与物体几何重心有关的内容)、意大利版前言和克鲁英译版序言等内容。需要了解这些内容的读者，可参考国内在此前已出的本书两个中文版，但最好是参阅本书的西文版本。

(3) 本书正文中涉及读者可能不太熟悉的较多历史人物，不了解他们并不影响对本书的理解，亚里士多德除外。部分人物在正文中已有足够多的信息，译者还会以脚注的形式对少数人物加以注释，更多人物则可以在本书"翻译附录A　伽利略学术小传"中找到相关信息。

(4) 由于本书是已经有 300 多年历史的"古书"，彼时的物理学术语尚在草创时期，其含义与现在可能有相当大的不同。读者需要关注伽利略本人对那些关于力与运动的术语含义的可能理解，而在以现代术语含义理解本书时需要特别当心：一方面尽量不要随意地把现代术语中的思想加在伽利略身上，另一方面则要关注其部分术语的含混性和多义性。对于后者，由于汉译只能选择一种意义，请读者在理解时兼顾其他含义。举一个非常重要的例子，伽利略的 impeto 可以表示**动量、速度、运动本身、运动的力量**等多重含义。类似的多义术语还有 momento、gravità、resistenza 和 esperienza 等，相关的译注可供读者参考。

(5) 伽利略的主要数学语言是欧几里得平面几何，特别是与比例有关的理论，有需要的读者可以先阅读本书"翻译附录B 比和比例性质"。原著中所有几何证明都非常详细，而且绝大多数难度一般，但是，其术语表达完全是欧几里得式的，与现代平面几何教材中的表达方式有很大的差异。在伽利略原著的几何定理表述和证明中，基本没有任何现代数学符号和代数表达式。由于它们不涉及伽利略的科学思想，汉译者为方便读者特别是年轻读者阅读和理解，在不改变原著表述逻辑的前提下，对它们进行了有限度的"现代化"。为了避免造成困扰，请读者谨记：

(5.1) **伽利略原著中基本没有现代符号和表达式**，此汉译本中的几何符号和代数表达式均为译者所加 (参照初中数学教材中的符号)。如果读者想了解原著的表达方式，需要查阅伽利略原著或德雷克英译本。克鲁英译本在这一方面也没有严格遵照伽利略原著。

(5.2) 面积是研究平面几何的重要概念，但欧几里得的《几何原本》不会用一个数或表达式来表示图形的面积 (体积亦然)。在伽利略原著中，当他说一个三角形、矩形或正方形时，其实际含义经常是指这个图形的大小 (面积)。而此汉译本中几乎所有关于长度的二次表达式，都应理解为平面图形 [的面积] 或者若干图形 [的面积] 之和/差/比。在伽利略的原著中似乎并未出现与"的面积""的体积"直接对应的表达。

　　以"第三天"命题34中出现的表达式 $2AI \cdot FH = 2AI \cdot BI + BI^2$ 为例，其含义是：两个矩形 $AI - FH$ (即以长度 AI 和长度 FH 为边长的矩形) [的面积]，等于两个矩形 $AI - BI$ [的面积] 加上 BI 上的正方形 (即以 BI 为边的正方形) [的面积]。

(6) 在此汉译本中，括号的基本使用规则如下：

(6.1) 方括号 [ ] 内的西文是意大利语或拉丁语。

(6.2) 方括号 [ ] 内的中文则是译者根据理解另外添加的文字，因而可能有误，故读者在阅读时可以略去。

(6.3) 圆括号 ( ) 内的西文一般是克鲁英译本的英文，偶尔也会附加德雷克英译本的英文。

(6.4) 圆括号 ( ) 内的中文仍然源自原文，通常是为了表达上的紧凑而做的一种形式上的处理。

(6.5) 花括号 { } 内的数字是本书意大利国家版 (Edizione Nazionale) 的对应页码 (放在页边注中。但，对于原书 1655 年版在"第三天"的数页新插入内容，我们将采用方括号 [ ] 予以区分，见页边注 [214] 至 [219])，以方便有需要的专业研究者对本书不同的版本 (包括其他汉译本) 进行查询和对照。

第一天

对话者：**萨尔维亚蒂**、**萨格**雷多和**辛普**里丘 {50}

萨尔 我的威尼斯朋友们，在你们著名的兵工厂里，生产活动不断地进行着，这给好学的头脑提供了一片广阔的研究天地，特别是涉及力学①的那一部分工作。由于在这个领域里，工匠们正在持续地制造各式各样的仪器和机械，这其中一定会有一些人变得高度专业，并能聪明地解释问题：这一方面是由于经验的传承，另一方面则得益于他们自身的观察。②

萨格 你说得很对。事实上，因为生性好奇，我本人就经常到这个地方来③，纯粹是为了欣赏这些人的工作。由于他们要优于一般工匠，我们称他们是"最优秀的人"。我跟他们进行的交谈，经常能够帮助我对一些现象的研究。这些现象不仅是不平常的，而且是深奥的，甚至是难以置信的。这些交谈有时也会让我感到困惑，甚至让我绝望于永远都无法对一些事情作出解释，但是我的感官却告诉我，它们都是真实的。

就在不久之前，那位老人告诉我们一个命题，尽管它已经广为流传并被接受，但在我看来却是完全虚假的，就像那些容易在无知的人们之间流传的其他说法一样。我想，无知的人们之所以会表达那些说法，只不过是想要让人觉得，他们好像是知晓他们实际上并不理解的事物。

---

①单词 mechanics 在现代物理中是指"力学"，但在伽利略的时代或更早，它实际上是指"机械学"，即关于机械 (而非自然) 的研究。但为了术语的统一性和连贯性，译者 (未做说明时，均指本书的中文译者) 在此将它翻译成"力学"。

②特别有意思的是，本书只在开篇时明确提到威尼斯兵工厂。或许，这里的实践正是伽利略"两门新科学"的真正诞生之地。本书不乏对工匠的赞美之辞，这对当时的大学教授来说是很少见的。参见"翻译附录 A"。

③伽利略设定的三人对话地点是萨格雷多的宅邸，它背靠着兵工厂的外墙。

1

萨尔 你大概指的是他最后说的那句话？当时我们问他，相比于小船，当把一艘大船放下水时，他们为什么需要使用尺寸大很多的承重物、保护架以及其他加固装置。他回答说，他们这样做是为了避免大船被自身的巨大重量压垮，而这一风险对于小船来说并不存在。

萨格 没错，这正是我所指的。而且，我尤其是指他最后那个断言①。我一直认为这是一个错误的观点，虽然它很是流行。这一观点认为：在谈论这样那样的机械时，我们不能从小机械出发去论证大机械的可靠性，因为许多能够成功运作的小机械，在放大尺寸之后就不能正常工作了。

但是，力学的基础是几何，而在几何中图形的尺寸是无关紧要的。我未曾见过，圆形、三角形、圆柱体、锥体或其他立体图形的属性，会因为它们的尺寸发生变化而改变。所以说，当一台较大的机械是成比例地②参照一台较小的机械制造的，而且较小机械的强度又足以满足它的设计目标时，我就不能理解，为什么这台大机械不能同样地承受它可能遭遇到的那些严重的、破坏性的考验。

萨尔 你提到的上述流行观点确实是完全错误的③。事实上，它错得如此离谱，以至于相反的情况也可以是真实的，即：与尺寸较小的时候相比，许多机械在被放大后可以制造得更加完美。举例来说，对于能够指示和鸣报时间的钟，当它被制作得尺寸更大时，可以变得更加精确。有些聪明人士也认同后一种观点，其理由也看似更加充分，他们抛

---

①这里是指老人说的最后半句话，即"这一风险对于小船来说并不存在"。

②请读者特别注意，严格地说，比例 (proportion) 与比 (ratio) 是完全不同的两个数学术语 (虽然似乎偶尔可以互换)。关于比和比例的知识请参考"翻译附录 B"。

③与后文相对照，这个表述初看是成问题的。在本书的前两天对话中，伽利略将指出和证明"机械越大越脆弱"，可知他认同"不能从小机械出发去论证大机械的可靠性"。或许这里他针对的只是"许多能够成功运作的小机械，在放大尺寸之后就不能正常工作"。此时他所想到的，可能是亚里士多德《力学问题》(见第24页脚注) 中的第一个问题：由于什么原因，较大的秤比较小的秤更准确？换句话说，他此时想的可能只是机械的"完美"，而后文讨论的是机械的"强度"。

开了几何学，并论证说大机械的更优性能是由材料自身的缺陷和变化造成的。 {51}

但是在这里，我希望你们将不会指责我傲慢，假如我说出这样的话：材料中的缺陷，即使是大到足以推翻最清晰的数学证明，也不足以解释观察到的实际机械与抽象图形之间的偏离。无论如何，我还是要这样说，并且还要断言：即使这些缺陷并不存在，即使物质绝对完美、不可变易，也不会发生任何偶然的突变，当大机械采用与小机械相同的材料且按相应比例制造时，仅仅出于它们是由物质构成这一事实，就足以让它们在其他各个方面与小机械完全匹配的同时，变得更加脆弱，更加难以承受强力的冲击。而且，机械的尺寸越大，它就越脆弱。

而且，由于我假定物质不可改变，因而总是保持相同，所以，显然可以用严格的方式来处理这一恒定不变的特性，就像对待可以用简单纯粹的数学加以研究的其他事物那样。

因此，萨格雷多，关于机械或结构抵御外部干扰的能力，你需要好好地改变你的下述观点 (或许学习力学的其他很多学生也一样)，即：当不同的机械是由同一种材料制得，而且各个部件的尺寸之比值维持不变时，它们可以同等地、甚至是成比例地对抗或顺应来自外部的干扰和冲击。这是因为，我们可以利用几何学加以证明，相比于小机械大机械并不是成比例地更加坚固。

最后，我们还可以说，对于每一种机械和结构，不管是人造的还是天然的，都有一个必然的限度，无论人工和大自然都不能超越这个限度。当然，这一结论的前提是，它们所用的材料相同，其部件的尺寸之比值也保持相等。

萨格 我已经被搞晕了。我的思维就像被闪电照亮的一团云朵，在一瞬间充满了一道不寻常的亮光。这道亮光先是从远处向我发出召唤，接着又立刻让各种奇怪的、粗糙的想法混成一团和模糊不清。①

---

① 1588 年，年轻的伽利略受邀在佛罗伦萨学院做了两场关于但丁《神曲》中炼狱的位置、结构和大小的演讲。这两场演讲非常成功，然而他犯了一个严重的错误，即

{52}　　如果按照你所说的，似乎意味着，用同一材料制造的两个尺寸不同的相似结构，要使它们的强度与尺寸互成比例是不可能的。而且，如果是那样的话，绝不可能找到两根用相同木料制备的简单木杆，它们的强度和抗断裂能力①是相同的，而尺寸有所不同。

　　萨尔　你说得没错，萨格雷多。为了确保我们能正确地理解了对方的意思，我举个例子。将一根木杆垂直插进一堵墙里 (也就是说，木杆与水平面平行)，使它的长度恰好能够支撑起自身的重量②。这意味着，哪怕让它的长度再增加一丝一毫，它都会在自身的重量下折断。这种尺寸的木棒将是世界上唯一的。因此，如果我们假设它的长度是粗细的 100 倍，你将无法找到相同材料的另一根木杆，它的长度也是粗细的 100 倍，而且也刚好能够承受自身的重量：所有尺寸更大的木杆都将 [在自重下] 断裂，而所有尺寸更小的木杆都能支撑比自身重量更大的东西。

　　而且，我刚才所说的关于承受自重之能力的结论，同样也适用于其他测试。比方说，如果一根小木料恰好能够承受 10 倍于其自身的重量，那么，按尺寸等比例放大的粗梁就不能支撑同样的 10 根粗梁。

　　先生们，请注意那些乍看不可思议的事实，即使只是加以简单的解

没有意识到他的炼狱模型承受不起其自重 (或者说，他没有考虑"尺寸放缩效应")，因而不可能实际存在 (但那时的教会说炼狱是真实存在的)。他可能很快就意识到了自己的上述错误，想必也为此感到非常懊恼。直到年老时他才详细发表与断裂力学相关的研究，可能会有这么一层原因：听过他那两场演讲的人们，此时已经基本不在人世了。

　　①"抗断裂能力"英文是 resistance，它是本书"第一门科学"中的重要概念。在本书的不同语境下，resistance [resistenza] 这个单词的含义较多。当跟运动有关时，就是指我们通常所说的**阻力**，如空气阻力，可译作"阻力"或"阻碍"。在与杠杆原理有关的文字中，它是指阻力臂上的作用力，也译作"阻力"。但，当涉及材料强度时，它还有两种含义。其一是指纵向的 resistance to separation 或 resistance to fracture，即材料抗拉伸断裂的能力 (强度) 或抗分离的能力；其二是跟横向的折断阻力有关。本书"第一天"后文中研究的多是固体拉伸断裂的能力 (但此处例子涉及折断阻力)，"第二天"的命题 1 则把二者结合起来了。另见第132页的相关脚注。

　　②参见本书"第二天"命题 1 的配图，即第129页图2.4。

4

释，就能褪去隐藏它们的外衣，并以一种外露而简洁的美感呈现出来。

有谁不知道，一匹马从 3 腕尺或 4 腕尺[①]的高处坠落将会摔断它的骨头，而一只狗从同样的高度摔下，或者，一只猫从 8 腕尺或 10 腕尺的高度摔下却不会受伤？从高塔上掉下来的蚱蜢，或者从月球的高度掉下来的蚂蚁，也同样不会受到伤害。当大人们从某个高处摔断一条腿或是摔得颅骨破裂时，如果小孩子们从同样的高度掉下来，不是也可以安然无恙吗？

而且，正如小动物相比大动物更加结实和牢固，小植物也比大植物更加容易支撑自身。我相信你们都知道，如果像普通大小的一棵树那样伸展，高达 200 腕尺的一棵橡树将不可能承受住自己所有的枝条。你们也一定知道，大自然不可能产生 20 倍于普通马匹的巨马；它也不可能造就高出普通人 10 倍的巨人，除非是通过神迹，或是极大地改变他四肢的比例，特别是他的骨架要比常人放大很多。 {53}

同样地，对于人工制造的机械，那种认为无论它们的尺寸是极大还是极小，都同等地有效和耐用的现行观念[②]，也是一种明显的谬误。因此，打个比方说，一个小的尖顶、圆柱体或其他立体被平放或被立起时都没有断裂的风险，而成比例放大的那些大家伙却会在轻微的扰动之下，或是纯粹地在它们的自身重量之下土崩瓦解。

在这里，我必须讲述值得你们关注的一种情形 (事实上，其他所有与预期相反的事情也值得关注，特别是当一项预防措施最终演变成事故的发生原因之时)。起初，一根粗大的大理石柱被平放着，其两端分别被搁在一根木梁上。过了一段时间，一个机械师突然想到，大理石柱具有由于自身重量而在其正中间发生断裂的风险，所以，为了提供双重保

[①]腕尺 (cubit 或 braccio)，指从肘到中指前端的距离。在彼时的意大利佛罗伦萨，约合 58.4 厘米。古代世界常用与人体有关的名词作为长度单位 (因此常因时因地而异)，如中文的尺、寸、步等，英文的 foot、cubit、span、palm 等。

[②]这里应当是指前文所说包括萨格雷多在内的未学或初学力学者的错误观念 (材料强度与尺寸无关)，而不是指萨格雷多在第2页所说的"错误观点"。

险，最好在它的中间再增加一根木梁支撑。大家都觉得这是个好主意。但是，后来发生的事情证明恰好与之相反。因为没过几个月，人们发现大理石柱就在正中间开裂并折断了。

辛普 这个事故确实非常引人关注，而且完全是在意料之外；如果事故原因就是由于把那个新的支撑物放置于中间的话，就更是如此。

萨尔 毫无疑问，这正是对事故的解释。但是，一旦知道了原因，我们的惊奇就消失了。在开始时，这根大理石柱的两端位于同一水平面上；经过较长时间之后，人们发现两端的支撑木梁中有一根发生了腐蚀和下沉，而位于中间的那根木梁却依然保持坚硬和牢靠，因而导致大理石柱有一半被悬在半空中，没有得到任何支撑。大理石柱在这些情况下的行为，与最初仅有两个支撑物时是不一样的①：起初无论两个支撑物下沉了多少，大理石柱都会随着它们一起下沉。

而对于一根较细的大理石柱来说，这种事故无疑是不会发生的，即使它的石头材质与较粗的大理石相同，它的直径与长度之比也与较粗的大理石柱保持一致。

{54}

萨格 我对上述事故的真实性确信无疑。但是，我还是不明白，为什么材料的强度和抗断裂能力不是跟材料的尺寸成比例。而且，更令我感到困惑的是，我注意到，有时还会出现相反的情况，此时材料强度和抗断裂能力增加的比值，相比材料尺寸增加的比值还要大②。比如说，我们在墙上钉两颗钉子，当其中大钉子的尺寸是小钉子的 2 倍时，大钉子能够承受的重量就不只是小钉子的 2 倍，而是 3 倍甚至是 4 倍。③

---

①但是，按照"第二天"第153页图2.16及相关讨论，我们会发现伽利略将说明，当柱体支撑点分别在中点 (图2.16，上部) 和在两端 (图2.16，下部) 时，其抗折断能力是相同的。于是，此处的"事故"看起来与图2.16是矛盾的。一个可能的解释是，此处的"两端"并不是"几何意义上"的两端；因为在实践中，"机械师"显然不会把两个支撑点放在"几何意义上"的两端，而是会稍微向中点靠近。

②萨尔维亚蒂前面说"机械的尺寸越大，它就越脆弱"，此处的例子恰好相反。

③在伽利略的原文中，类似"4 倍"和"$\frac{1}{5}$"之类基本是用文字表述的。此汉译

萨尔 事实上，即使你说是 8 倍，你也不会错得太离谱。这个现象也与前面说的那些并不矛盾，虽然它们在表面上看起来是如此地不同。

萨格 萨尔维亚蒂，如果可能的话，你是否愿意解释清楚这里的困难晦涩之处？我想，关于抗断裂强度的问题，可以展现出一片优美而有用的思想领域。如果你愿意把它作为今天的对话主题，我和辛普里丘都将因此而感激不尽。

萨尔 我一定会为二位效劳，只要我能记起从我们的院士 [伽利略][①]那里学到的东西。他对这个主题已经研究了很久，而且按照他一贯的做法，已经用几何方法证明了所有结论。因此，我们有理由把它称为一门新的科学。之所以这么说，是因为尽管有一些结论曾经也被其他人 (首先是亚里士多德) 得到过，但它们并不是最优美的结果。更重要的是，它们此前都没有被给予从基本原理出发而作出的严格证明。

我希望用论证推理来让你们信服，而不是通过纯粹的偶然事件来说服你们，因此我将假设你们熟悉这一讨论所需要的已有力学知识[②]。

我们必须考察的第一件事情是：当一块木头或任何其他紧密凝聚的固体发生断裂时，是什么在起作用？因为这是最基本的观念，并且关系到我们需要假设的、众所周知的第一个简单原理[③]。

为了更清楚地理解这一点，设想有一个圆柱体或棱柱 AB[④]，它由

本在多数情况下会改用阿拉伯数字表示，以便清晰地显示。

[①] "我们的院士"即 our Academician，是指伽利略本人。伽利略是彼时著名的"山猫学会 (Accademia dei Lincei)"的会员 (院士)，而且他毕生以此为莫大的荣耀。

[②] 彼时"已有力学知识"主要包括关于简单机械 (杠杆、轮轴、斜面、滑轮、楔子和螺旋等) 的知识 (最基本的是杠杆原理)，物体的重心以及阿基米德浮力原理等知识。这里主要是指杠杆原理，见"第二天"与图2.1相关的内容。

[③] "第一个简单原理"可能是指本书"第二天"命题1所表达的内容，后者把杠杆原理与柱体的抗断裂能力结合起来了，详见第129页。也有人认为，"第一个简单原理"就是指杠杆原理，那么伽利略在这里表达的意思将是：只有确立对物质结构 (内部作用力) 的数学化理解，才能真正理解杠杆原理。

[④] 伽利略用字母指代图形的方式与现在有所不同，请读者根据上下文加以理解。他有时还会用不同的字母组合表示同一个图形，译者将统一表示而不另加说明。

木材或其他固体凝聚物制成 [如图 1.1]①。固定其上端 A，使柱体竖直悬挂，在柱体的下端 B 加挂重物 C。

{55} 　　显然，无论这个固体各部分之间的韧性和凝聚力有多大 (只要不是无穷大)，它都可以被重物 C 的拉力所克服，因为后者可以无限制地增大，直到这一固体像绳子一样被拉断。

图 1.1

　　我们知道，对绳子而言，它的强度源于构成它的诸多麻线②。类似地，就木材来说，我们观察到其所有纤维都沿其长度方向分布，它们使得木材相比同一尺寸的麻绳要牢固得多。但是，石头或金属柱体的凝聚力看上去更加强大；所以，将它们的各个组成部分凝聚在一起的"黏合剂"，必定是与纤维不同的一种东西。然而，即便如此，它们依然可以被强大的拉力所拉断③。

　　辛普　假若事情如你所说，我能够很好地理解其中一点，即木头的纤维跟木头自身的长度是一样的，因而能够使它变得更加牢固，并且能够抵抗试图拉断它的巨大力量。但是，麻线的长度不过 2 腕尺或 3 腕尺，怎么能够由它们拧成一根长达 100 腕尺的绳子，并且仍然具有极大的强度呢？此外，我还很希望能够听到你的看法，对于金属、石头和其他没有纤维结构的材料，它们的各个组成部分又是如何结合在一起的。如果我没有弄错的话，它们表现出了更大的韧性。④

---

　　①伽利略的原著没有插图编号。此汉译本将按"天"编号以作标识。

　　②麻线，hemp thread 或 hempen fibre。英文 hemp (意大利语单词为 canapa) 含义为大麻或麻类植物，译者不知道它具体是什么植物。

　　③伽利略在这里是要强调，抗断裂能力总是"有限"的。在"第一天"后文中他将说明，"有限连续量"可以是"无穷多"的"不可分量"之和。这一命题对于深入理解伽利略的"两门新科学"是相当重要的。

　　④辛普里丘在这里提出了两个问题 (即本书译者导读中的问题 A1 和 A2，本书导读与译注可以参照着阅读)，萨尔维亚蒂将依次解答。

萨尔 为了回答你提出的上述问题，有必要偏离 (digression)①现在的讨论，去研究一些与我们的当前目标关系不大的主题。

萨格 但是，如果我们可以通过偏离主题来获得新的真理，那么现在就岔开话题又有什么坏处呢？我们这样做反而不会错失这些新知识。要知道，这样的机会一旦失去，可能就不会再来了。而且，我们也不应被一种固定的、单一的方法所束缚。我们的聚会，难道不是单纯地为了自己求知的快乐吗？实际上，谁又知道，我们不会因此而经常发现比最初寻求的答案更有趣、更优美的一些结果呢？{56}

所以，我也恳求你答应辛普里丘和我的要求。我跟他一样地好奇和渴望了解：是什么东西把这些固体的各个组成部分如此紧密地聚合在一起，以至于它们几乎不能被分离？对于由纤维组成的那些固体，我们也需要利用这一知识去理解这些纤维自身的凝聚原因。

萨尔 既然你们都有需求，我这就为你们效劳。辛普里丘的第一个问题是，每根长度都不过是 2 腕尺或 3 腕尺的纤维，是如何在一根长达 100 腕尺的绳子中紧密地结合在一起，以至于需要很大的力量 [violenza] 才能把它拉断的。

辛普里丘，请你告诉我：如果用你的手指紧紧捏住一根麻线的一端，当我在它的另一端用力拉动时，在我把它从你手中拽出来之前，麻线就已经被拉断了，你不可能做不到这一点吧？你当然能做到。

但是，当多根麻线不只是在它们的两端被抓住，而是在整个长度上

---

①digression：离题，题外话。伽利略采用对话体进行写作的一个原因，就是可以适时地插入一些偏离正题且有价值的讨论。此处萨尔维亚蒂所说的"必须考察的第一件事情"本质上与辛普里丘的两个问题是一样的，但伽利略在此依然是借辛普里丘之口来引出"离题"。从这里开始，"第一天"即偏离主题，要到"第二天"才重新回到材料强度的几何证明。伽利略在这漫长的"第一天"中讨论了各种看似并不相关、甚至有点杂乱无章的话题，但实际上他主要是在为后文打根基 (讨论连续、无限、有限、虚空等"传统"概念)，而不是一个糟老头想把他一生所思都倾倒出来。在他那个时代，科学思想传播的重要方式除了"书"之外，还有一种重要方式是"信"。后者似乎更适合把各种各样的、成熟或不成熟的思考介绍给他人。

都被周围的束缚物紧紧套住时，若想把它们从束缚物中拽出，相比要把它们扯断会困难得多，这难道不也是很明显的吗？

而对于长绳来说，正是这种缠绕使得那些麻线彼此捆绑在一起。因此，当绳子被很大的力气拉拽时，那些麻线首先是发生断裂而不是彼此分开。因为大家都知道，在绳子断裂的位置出现的麻线都非常短，其长度极不可能达到 1 腕尺。如果绳子断开的原因不是麻线断裂，而是由于它们之间的相互滑动，出现的麻线应该会更长。

萨格　为进一步确认你的这一说法，也许可以补充一点。有时候长绳的断裂不是因为沿其长度方向的拉力，而是由于绳子的过度扭曲。这是因为，那些麻线相互之间被压实得如此紧密，以至于施压的那些麻线，将不允许被压实的另一些麻线将自身的螺旋线伸长哪怕一丁点，而由于扭曲的绳子变得更短和更粗了，因此那些施压的麻线又必须要有那一丁点伸长，才能得以伸展和继续环绕绳子①。在我看来，这是个毋庸置疑的论证。

{57}　**萨尔**　你说得很对。现在我们来看看，一个事实如何推导出另一个②。被捏在手指中间的麻线，不会屈服于人们把它拽出的愿望 (哪怕是施以极大的拉力)，而是会反抗它所受到的双重挤压。请注意，上方手指对下方手指的压力，跟下方手指对上方手指的压力是一样大的。那么，如果我们能够做到只保留这两个压力当中的一个，[麻线] 原有的抵抗力 (resistance) 毫无疑问就会只保留一半③。然而，通过松开一根手指 (比如说上方手指)，我们将做不到只移除其中一个压力，而不同时移去

---

①译者不理解这句话的具体含义。克鲁英译本中的文本如下：the threads bind one another so tightly that the compressing fibres do not permit those which are compressed to lengthen the spirals even that little bit by which it is necessary for them to lengthen in order to surround the rope which, on twisting, grows shorter and thicker. 不过，此处要表达的含义是明确的，即"长绳的断裂"有时是"由于绳子的过度扭曲"。

②"一个事实"见萨尔维亚蒂的上一次发言，"另一个"则在这一次发言中。

③伽利略似乎认为，当两个手指捏住麻线时，麻线所受"压力 (pressure)"是单个手指作用力的 2 倍。这与我们现在的认识有所不同。

另一个。因此，为了只维持其中一个压力，就有必要采用一个新的装置，它可以使麻线将自己挤压到一个手指上，或者，也可以挤压到它所停留的其他固体之上①。这就会带来一种情况，正是那个试图把麻线拽走的拉力，使麻线受到挤压；那个拉力越大，麻线受到的挤压也越厉害。

这种效果，可以通过将麻线呈螺旋状地缠绕在固体上得以实现。借助一个图像，我们可以更好地理解它。

设 AB 和 CD 是两个圆柱体，在它们之间有一根拉伸的麻线 EF。为了更加清晰，我们将把它想象成一条细绳。

如果这两个圆柱被紧紧地挤压在一起，当从 F 端用力向下紧拉细绳 EF 时，在细绳从两个挤压固体之间发生滑动之前，它无疑能够承受得住相当大的拉力。

但是，如果我们取走其中一个圆柱，另一个圆柱虽然仍与细绳保持接触，但它不能阻止绳子自由滑动。另一方面，假设有人从该圆柱的顶部 A 处拉住细绳，并

图 1.2

将它在圆柱上松散地缠绕成螺旋形 AHLOTR，之后在细绳的 R 端用力拉它。显然细绳将会开始绑紧圆柱；而且，在相同的拉力下，螺旋的圈数越多，细绳对圆柱体就压得越紧。也就是说，随着圈数的增加，二者的接触线就越长，由此产生的对抗力量也越大。这就意味着，绳子发生滑动或者说屈服于拉力的难度也越大。

现在应该非常清楚了吧？这正是我们在粗麻绳中遇到的那种阻力，{58} 其中的纤维形成了成千上万个类似的螺旋形。事实上，这种螺旋捆绑的黏合效果是如此之大，以至于只要将数根短短的灯芯草编织成若干相互交错的螺旋形，就能够得到一根最结实的绳子。我记得，人们是把它称作"打包绳"。

萨格　你刚才所说的内容，让我弄明白了之前不懂的两个效果。

①此处将讨论转移到绳子缠绕固体的情形，即不再讨论用手指捏着麻线或细绳。

其一，一根绳索在起锚机 (windlass) 的轮轴上缠绕两圈、至多三圈，怎么就不仅能牢牢地箍住它，而且还能使它在所承受的重物的极大拉力之下不打滑；进一步地，通过转动它，这一轮轴怎么就能仅仅因为绳索缠绕产生的摩擦力而抬升起巨大的石头，而此时一个小男孩就能轻松控制绳索的松弛端。

其二则与一个简单巧妙的装置有关。它是我的一个年轻男性亲戚发明的。其作用是利用一根绳子从窗口爬下去而不磨破双掌，因为在不久之前，他曾经因磨破手掌而十分难受。

画一个示意图可以更清晰。他取一个木制的圆柱体 AB，粗如一根手杖，长约一拃①，并在上面刻了大约一圈半的一个螺旋形沟槽，其大小则足以容纳他想使用的绳子。从 A 端把绳子卷进去，再从 B 端引出。之后，他将圆柱和绳子一起装入木制或锡制的盒子中，并在其侧面装上铰链，从而可以方便地打开或关闭盒子。

图 1.3

把绳子拴在上方的牢固支撑物上之后，他就能够双手紧握盒子，并借助双臂使自己悬在半空中。盒子和圆柱体对绳子的压力，可以根据他的意愿进行调整，他要么紧紧抓住盒子以防止滑落，要么略加放松并按照自己的要求缓慢下降。

萨尔 真是一个精妙的装置! 不过，若要全面解释它，我感觉还需

{59}

要考虑一些其他因素。但是，我现在还不能跑题去谈论这一话题。②因为你们都还在等着，要听我关于其他材料的断裂强度的看法，它们不像绳索和大多数木材那样具有纤维结构。

根据我的判断，这些材料的凝聚力是由其他原因造成的，并最终可以归为两种。其中一种是人们谈论最多的大自然对虚空的厌恶。当对虚

---

①拃 (zhǎ，span)：张开的大拇指和中指 (或小指) 两端间的距离。

②问题 A1 至此讨论完毕。以下开始讨论问题 A2，即其他固体的凝聚原因。

空的厌恶还不够时，就有必要引入另一种原因，即一种胶质的或黏性的物质将固体的各个组成部分牢牢地结合在一起。①

首先，我们来说说虚空，并通过明确的实验来展示虚空的作用力 [virtù] 是什么，它有多大。

假设你有两块高度抛光的、光滑的大理石、金属或玻璃平板，并把它们叠放在一起，如果你要让其中一块在另一块上面滑动，这将是非常容易做到的。这一结果确定地表明，它们之间没有任何黏性物质。但是，当你试图把它们等间距地上下分开时，你将发现它们对彼此的分离表现出一种厌恶，以至于上面的平板会把下面的平板一并拉起来，并让后者一直保持被拉起的状态，即使它又大又重也是这样。这个实验表明了大自然对空虚的空间非常厌恶，哪怕只是在外部空气充满两个平板间隙所需的极短时间之内都是如此。②

我们也能观察到：如果两个平板没有彻底被抛光，它们的接触是不完美的，于是，当你试图缓慢分开它们时，唯一的阻力就是重量；然而，

①接下来，萨尔维亚蒂首先讨论的是"[大]虚空"的作用力(实质上是大气压强产生的作用力)。他之后将"证明"，"[大]虚空"不足以将物体各部分凝聚起来，但另外的原因也不是"胶质的或黏性的物质"，而是"无穷多的无穷小虚空"。不过，介绍"小虚空"之前的对话，可能会让读者以为他将谈论"胶质的或黏性的物质"。

从古希腊开始，物质的组成、变化和相互作用就是西方哲人思考的重要主题。在伽利略的时代，化学 (chemistry) 还远不是一门科学。伟大的牛顿用于炼金术 (alchemy，其重要课题之一是寻找"点石成金"的哲人石) 的时间，可能要远多于研究物理学。在本书的"第一天"中，伽利略将在他那时的认识水平下，提出对固体、液体和气体的相关原理、性质的思考。它们显然不会符合现在对物质结构的了解。然而，我们在阅读古代伟人的著作时，尽量不要急于挑错 (甚至觉得古人"幼稚")，更多地可以站在作者的角度，多想想他们到底面对的是什么问题，为什么会说出那样的话。或许我们由此更能深刻地理解这些伟大的先行者们。

②当时的自然哲学家们对这个"实验"有较多讨论，有人视它为虚空存在的证据，有人则用它否认虚空的存在。伽利略相信虚空的存在。他所谓的"大自然"对虚空的"厌恶"，是指大自然本身 (在没有人为的干扰时) "厌恶"虚空，而不是指"虚空"不能存在，后者是亚里士多德的观点。伽利略继承了亚氏观点的一部分 (大自然厌恶虚空)，又排斥了另一部分 (虚空不存在)。

如果是突然拉升上面的平板，下面的平板也会跟着一起上升，但是很快又会掉回去。下板跟着上板上升的时间非常短暂。这个时间，也就是两块平板之间因为没有完全贴合而残留的空气发生膨胀，以及外部空气进入二者之间空隙所需的时间。

两块平板之间所表现出的这种阻止分开的抗力，无疑也同样地存在于固体的各个组成部分之间，至少在某种程度上，它是导致固体凝聚的原因之一。①

{60}　　**萨格**　请允许我打断一下，因为我想说说自己突然想到的一件事。它就是，当我注意到下板如何跟着上板，以及它如何快速地与上板分开时，我确信，与许多哲学家 (甚至可能包括亚里士多德本人) 的意见相反，虚空中的运动并不是瞬时完成的。如果可以瞬时完成的话，上面所说的两块平板的分离就会毫无阻力，因为只要在一个瞬时，就足以让两块平板相互分离，同时使周围空气冲进去填满它们之间的虚空。

下板跟着上板向上运动这一事实，不仅可以让我们推断虚空中的运动不是瞬时的，而且可以推断出：在两个平板之间确实存在一个虚空，并且至少存在了很短的时间，它足以让周围的空气冲进去填满它。这是因为，如果不存在虚空的话，这里就不需要有介质 [空气] 的任何运动。因此，我们必须同意，虚空有时可以产生于强力 [violenza]，或者说是违背自然法则的。而我的观点是，除了永无可能和永不发生之事，没有任何事实会违背自然②。

但是，这里出现了另一个困难。虽然实验结果使我确信上述结论是

---

①"大自然厌恶虚空"导致两块平板紧密结合。伽利略由此推测，这是使固体凝聚在一起的部分原因。由于其前提不成立，他的这一结论在我们看来自然也不成立。但这个源于西方自然哲学传统的思考是很有趣的。伽利略与其先辈们的最大不同，就在于他试图用"简单纯粹的数学"去理解和解释 (见第3页，他所说的数学主要是指几何学)，这正是他非常重要的贡献。

②这句话的潜台词似乎是，虚空的存在是不违背自然规律的。在这里，关于两个平板的实验既说明了虚空可以存在，也说明了"在虚空中的运动并不是瞬时完成的"。关于虚空与运动的详细讨论见本书第72页及以下。

正确的，但我的理智并不能完全地满足于对这一事实的原因分析。因为两块平板之间的分离，是发生在虚空形成之前，而虚空是这一分离产生的结果。但在我看来，原因必在结果之前，如果不是在时间上这样的话，至少在本性上应该如此。另外，每一个实际的效果必然有一个实际的原因。由此我认为，两个平板的相互贴合和对抗分离 (它们是实际的效果) 的原因不应该被归结为一个虚空①，而且这个虚空在时间上还是靠后的。凡不存在的，都没有效果——这是亚里士多德 (the Philosopher)②的绝无谬误的箴言。③

辛普 既然你接受了亚里士多德的上述真理，我想你一定不会拒绝他的另一条精辟而可靠的箴言，那就是：大自然只从事那些无阻力之事。在我看来，根据这句话，你将找到办法解答你的困难。因为大自然厌恶虚空，它将阻止以产生虚空为必然结果的事情发生。由此，大自然将阻止两块平板的分离。 {61}

萨格 好吧，假定辛普里丘所说的足以解决我的难题。请允许我回到我之前的论证，我认为虚空产生的阻力，足以将石头、金属或其他更牢固、更难断裂的任何固体的各个组成部分结合在一起。我认为，一个结果应该只有一个原因，或者哪怕被赋予多个原因，它们最终可以被简化为一个。所以，这个真实存在的虚空，为什么就不是所有抗断裂能力的充分原因呢？④

---

① "虚空"里面什么都没有，因而可以说是"不实际的"事物。

②彼时这个带定冠词、首字母大写的 the Philosopher 专指亚里士多德，可见他在伽利略时代的哲学家 (和神学家) 心目中的地位。但亚氏并不一直拥有这一尊号，在 11 世纪以前的欧洲，亚氏学说基本被遗忘了，是天主教最著名的哲学家之一托马斯·阿奎纳 (Thomas Aquinas，约 1225–1274) 开始这么称呼他的。

③萨格雷多在这次发言中讨论了两件互相冲突的事情。上两段的论证以相信虚空存在为基础，这一段他说不应该用虚空的存在来解释前述实验的结果。萨尔维亚蒂没有回应萨格雷多的第二个论证，伽利略把这个任务交给了辛普里丘。

④在第21页，萨尔维亚蒂将开始讨论萨格雷多的这个问题。因此，萨格雷多的这一发言，是伽利略在为萨尔维亚蒂后面的发言做铺垫。

萨尔 关于是不是仅靠虚空就足以把一个固体的各个组成部分聚合在一起，我不想马上就作深入讨论。但是，我向你们保证，在两个平板的实验中作为充分原因的虚空，并不能独自把一个大理石或金属的实心圆柱 (它们被猛力拽拉时也会断裂) 的各部分结合在一起①。

现在，如果我能找到一个方法将这个众所周知的、因上述 [大] 虚空而生的阻力，区分于其他所有能够增加固体凝聚力的原因，你还会不同意我们引入另一个原因吗？辛普里丘，请你帮帮他，因为他还不知道该怎样回答。

辛普 毫无疑问，萨格雷多的犹疑一定还有其他原因，因为对于你这个非常清晰和合乎逻辑的结论，是不应该有疑问的。

萨格 辛普里丘，你猜得对。我刚才在想一件事情：如果每年的军饷比 100 万西班牙金币还要多，那么，势必就要采用小硬币之外的方式给士兵们支付报酬了。② 无论如何，请继续吧，萨尔维亚蒂。假定我接受你的结论，请向我们展示区分虚空与其他原因产生的抗断裂能力的方法，并通过对虚空的测量，给我们看看它为什么不足以产生我们所探究的效果。

萨尔 愿你的精灵为你助力。我将会告诉你，如何把虚空产生的作用力从其他作用力中区分出来，以及如何测量它。

为了这个目的，让我们考察一种连续物质，除了来自虚空的作用力，它的各个部分没有任何其他对抗分离的力量。水就是满足条件的一个例子，我们的院士 [伽利略] 在他的一篇著作中已经充分证明了这个事实。

{62} 每当水柱受到拉力，并产生一个阻止其各部分分离的抗断裂力量时，除了源于虚空的抗断裂能力之外，就不能再归结为任何其他原因③。

---

①接下来，萨尔维亚蒂将利用第17页图1.4的装置证明这一点。

②其大概含义：如果军饷实在太多，就需要采用其他方式来支付。在第21页，萨尔维亚蒂将对此作出回应。此处之所以说 "西班牙金币 (gold ...... from Spain)"，可能是由于彼时意大利基本上受西班牙支配 (威尼斯是例外)。

③这一论证源自伽利略 1612 年的《论水中的物体》(*Discourses on Bodies in Water*)。

设 $CABD$ 表示一个圆筒的剖面,圆筒可以是金属做的,但最好是玻璃的;其内部是中空的,并且被精确地打磨过。为了开展实验,我发明了这种装置。画个示意图要胜过文字描述,能更好地进行说明。[①]

做一个圆柱形木塞 (剖面用 $EGHF$ 表示),它可以精确地插入上述圆筒中,并能上下活动。在木塞的正中钻一个孔,用来放置一根铁丝,铁丝下端带有一个钩子 K,上端则有一个锥形封头 I。另外,在木塞顶部中央钻出一个锥口,当金属丝 IK 的下端 K 被拉到底时,这个锥口能够完美地匹配其锥形头 I。

图 1.4

接下来,我们需要把木塞 $EGHF$ 插到圆筒 $CABD$ 中,但不能碰到其顶部,要留出两三指宽的空间;在这个空间中需要事先装满水。在装水时,应先将圆筒 $CABD$ 开口朝上[②];在装好水之后,向下推动木塞 $EGHF$。此时,金属丝锥形头 I 要远离木塞中央的钻孔,以使空气在木塞下压时能够沿着铁丝逸出 (铁丝与木塞的中孔不是紧密贴合的)。当空气逸出之后,将铁丝拉紧并使其锥形头 I 紧紧地贴合木塞的锥口。

接着,将圆筒 $CABD$ 倒过来,使其开口朝下,并在钩子 K 上悬挂一个容器。可以不断地向这个容器里装入沙子或其他任何重物,直到最终使木塞的上表面 EF 刚好与水柱的下表面发生分离。这两个表面原来相互接触的原因,只是由虚空产生的抗断裂力量。最后,称出木塞、

本书"第一天"中有不少讨论源自该论文。请注意"测量虚空之力"的这个前提。

[①]图1.4是测量"虚空作用力"的装置和方法。现在知道它只能"测量"大气压强的作用力。伽利略晚年极有天分的助手和学生托里拆利 (Torricelli, 1608–1647) 澄清了相关概念,并发明了气压计。对大气压强和真空的研究是彼时的重要课题,比如读者大概都听说过的马德堡半球实验 (1654 年)。

[②]请注意,此时装置开口方向与图示情况相反。

金属丝、容器及其内部重物的总重量，我们就得到了与虚空相对应的抗断裂能力。

{63}　　将与上述水柱大小相等的大理石圆柱或玻璃圆柱与重物相连接[①]，并使该重物加上大理石柱或玻璃柱本身的重量之和，刚好等于上面称得的总重量。如果此时圆柱发生了断裂，我们就有理由说，仅靠虚空就能把大理石和玻璃的各个组成部分凝聚在一起。但是，如果这个重量不足以使它们断裂，比方说，需要再增加上述重量的 4 倍时断裂才会发生，我们就不得不说，虚空只提供了总抗断裂能力的 $\frac{1}{5}$。

辛普　你的装置无疑是非常巧妙的。然而，它存在很多困难，这使我怀疑它的可靠性。谁能向我们保证，空气不会从圆筒与木塞之间的空隙渗入，即使木塞被很好地用麻纤维或其他柔软材料包裹？我也怀疑，通过打蜡或松脂润滑，是否能确保锥形封头 I 与木塞锥口紧密贴合。另外，水的组成部分会不会扩展和膨胀呢？空气、某些散发物或者其他更细微的物质，为什么就不能够穿透木头自身的孔隙，甚至穿透玻璃自身的孔隙呢？

萨尔　辛普里丘确实十分巧妙地为我们指出了各种困难，他甚至还部分地提出了如何防止空气穿透木塞，以及如何防止空气穿透圆筒和木塞之间的空隙的方法。然而，我要指出，我们将弄清这些所谓的困难是否真实存在，与此同时还将获得新的知识。

如果水在本性上可以膨胀 (像空气在外部力量的作用下那样)，我们将会看到木塞有所下降。另外，我们可以在圆筒的上部凿一凹坑，如图中 V 处所示，如果空气或其他稀薄的气态物质可以穿透圆筒或木塞自身的小孔隙，它们就会穿过水体并聚集在 V 处。但是，只要这些事情统统没有发生，我们就能尽可放心地认为我们的实验进行得相当严谨。而且，由此我们还能确定水是不会膨胀的，圆筒也不会让任何物质穿透，无论它们有多么稀薄。

[①]请注意，此时不再使用上面的实验装置了，只是单纯地用重物去拉圆柱。

萨格 通过上述讨论，我终于理解了一个具体现象的原因。我一直对它感到困惑，但又绝望地无法理解它。

我曾经看到一个蓄水池，它装有一台抽水机，安装它的人们可能错误地认为，相比普通的大吊桶，抽水机能够以更少的努力抽水，或者能够抽取更多的水[①]。这台水泵的进水口和阀门位于上方，因而是通过吸力向上提水，而不是像进水口位于下方的另一种抽水机那样依靠推力。只要蓄水池的水位在某个液面以上，这台抽水机都可以完美地工作的。但是，一旦低于这个水面，它就没法工作了。 {64}

我第一次注意到这个现象时，以为是机械出故障了。但是，当我叫技师来修理它时，他告诉我毛病并不在抽水机上，而在水本身[②]，水面下降得太低了，以至于水无法被抽上去。而且他还说：无论是采用上述抽水机，还是采用基于吸引原理抽水的其他任何机械，抽水高度都不可能超过 18 腕尺一丝一毫的距离；无论抽水机是大是小，这都是抽水高度的极限。

直到刚才，我还是毫无头绪。虽然，我早就知道一根绳子、木杆或者铁杆，只要它们足够长，当它们被从上端握住并提起时，都可以因为自身的重量而断裂；但是，我从来没有想过，同样的事情也会发生在一股水柱上，而且要容易得多。从抽水机里抽出的水柱，正是这样的情况。水柱的上端与水泵相连，其下越伸越长，直到最后某一点，由于它的重量太大，它就像一根绳子一样断掉了。

萨尔 那正是它起作用的方式。这个 18 腕尺的固定上升高度，对任何水量，对任意大小的抽水机 (哪怕它细如稻草) 都是成立的。因此，我们可以说，只要称出一根 18 腕尺长的、任意直径圆管中的水柱的重量，就可以确定具有相同直径的、以任意固体材料制成的圆柱体内，由虚空所贡献的抗断裂能力。

[①]水泵的抽水高度不能超过 18 腕尺 (约 10 米)。

[②]可由 $\rho_{水} g h = p_{大气}$ 计算最大抽水高度 h，故 h 确实与水本身的密度有关。

既然已经说了那么多了，现在让我们来看看，对于用金属、石头、木头或玻璃等制成的、任意直径的圆柱体，要计算出它们不因自重而断裂的最大伸展长度，将是多么容易的一件事！

{65}

以一根铜棒为例 (其长度和粗细可以是任意的)，我们固定它的上端，并在它的下端附载一个越来越大的负荷，直到最后铜棒断裂。假设这个最大负荷是 50 磅。于是，显然将 50 磅加上铜棒自身的重量 (假设为 $\frac{1}{8}$ 盎司)，并将这么多的铜拉伸成同样大小的铜棒，我们就能得到这一铜棒能够承受自身重量的最大长度。再假设前述发生断裂的铜棒长度为 1 腕尺，根据前面假设的自身重量 ($\frac{1}{8}$ 盎司) 以及能够承受的重量 (50 磅，等于 $\frac{1}{8}$ 盎司的 4800 倍[①])，我们可以推断出，不论铜棒的尺寸是大还是小，它们都可以承受 4801 腕尺长的自身重量，但是不可能再长了。

因此，对一根可以支撑 4801 腕尺长的自身重量的铜棒来说，相较其他因素，由虚空产生的那部分抗断裂力量，等于相同直径的、18 腕尺长的水柱的重量[②]。如果再假设铜的比重是水的 9 倍，那么任何一根铜棒的抗断裂能力中，取决于虚空的那部分都等于 2 腕尺长的等直径铜棒的重量。

用同样的方法，我们可以计算出用任何材料做成的丝线或棒杆可以承受自重的最大长度。与此同时，我们也可以确定 [大] 虚空对其断裂强度所作的贡献。

萨格 接下来，你还需要告诉我们，除了虚空之外，对抗断裂的其他力量是由什么产生的？是什么胶质的或黏性的物质，将固体各个组成部分凝聚在一起？我实在想象不出会有这样一种胶质，它在两个月、三个月或是十个月、上百个月内，都不会在高温熔炉中烧尽。之所以如此说，是因为对金、银和玻璃来说，假设它们长时间处于熔融状态，一旦

[①]当时意大利的 1 盎司 [oncia] 相当于 $\frac{1}{12}$ 磅 [libbra]。在现代英制单位中，1 盎司 (ounce) 相当于 $\frac{1}{16}$ 磅 (pound)。

[②]伽利略关于"力"的概念尚未成熟，他常用重量来衡量一个外部作用力。

从熔炉中取出，在冷却之后，它们的各个组成部分又立刻重新结合和凝聚在一起，就像它们熔融之前一样[①]。

除此之外，关于玻璃的组成部分如何凝聚而引发的任何难题，对于胶质本身的各个组成部分也同样地存在。换句话说，是什么将胶质的自身组成部分如此紧密地结合在一起的？ {66}

萨尔 在不久之前，我说过希望你的精灵能够帮助你。现在，我发现自己也处于同样的困境。实验已经毫无疑问地表明，两块平板不能被分开的原因，是由于它们被虚空产生的抗断裂力量结合在一起，只有施加强力才能把它们分离。而要把大理石柱或铜柱分成两半，还需要施加更大的力量。

如此一来，我看不出同样的原因为什么不能用于解释这些材料的较小组成部分的凝聚力，甚至是解释这些材料中最小的粒子之间的凝聚力。既然每一种作用都必须有一个真实而充分的原因，而我又找不到其他的胶质，难道我没有理由去试图揭示，虚空就是一个充分原因吗？

辛普 但是，既然你已经证明，大虚空所提供的、用于抵抗固体的两个较大部分发生分离的作用力，要远小于固体中最微小组分之间相互结合的凝聚力，那么，关于后者是极不同于前者的一种事物，你为什么还会犹豫呢？

萨尔 事实上，萨格雷多已经回答了这个问题。他刚才提到：一方面，每个士兵的军饷都来自税收所得的一个个硬币；但另一方面，100万金币也不足以支付整个军队的工资。那么，或许还有其他极其微小的虚空作用于固体中的最小微粒，以至于这些把相邻的组成部分凝聚在一起的、相同的"硬币"遍布于整个材料中，谁知道呢！

[①]也就是说，之前的"胶质"又重新恢复了原样。请注意，三位对话者默认，在液体状态下，除了大虚空的作用外，原先存在的固体内部凝聚力全部消失，见第16页。现在知道，固体和液体都是由正负电荷作用结合起来的。但固体有一定的形状，而液体没有，因此二者的原子结合方式确实有所不同。

21

现在让我告诉你们一件刚刚想到的事情，我并不是把它作为一个确切的事实说出来，而只是一种暂时的想法。它依然还不成熟，将来需要作更多的仔细探究。你们可以采纳你们喜欢的部分，其余则任由你们按照自己的想法加以评判。

我曾经观察到，火苗怎么样曲折地穿透各种金属的最微小粒子，并把它们撕裂和分开，尽管它们之前都紧密地结合在一起。我又观察到，当把火移去，这些粒子又像之前那样重新紧密地聚集在一起。这个过程对黄金来说不会产生任何损失，对其他金属则有极小量的损耗，尽管这些金属粒子在之前已经分开了很长时间。

由此我曾经想到，对上述现象的解释可能在于这样一个事实：

火的最小微粒①可以穿透金属中的微孔 (这些微孔太小，以至于容纳不下空气或其他各种流体的最小粒子)，它们将填满其中的小虚空，从而让金属的那些小粒子从吸引作用中释放出来 (正是那些虚空将吸引作用施加到这些金属粒子身上，并阻止它们的相互分离)。因此，只要火 {67} 的微小粒子留在内部，这些金属粒子就能够自由移动，从而使固体转变为液体并一直保持这种状态；但是，如果火的粒子离开金属，就会恢复原有的虚空，从而原有的吸引重新出现，金属的各个组成部分又重新紧密地黏合在一起了。

对辛普里丘刚才提出的问题，我们可以这样说，虽然每一个特定的虚空都是极小的，因此很容易克服，但它们的数量却是出奇地多，因此由它们合成的抗断裂阻力几乎能够无限制地成倍增加。这种由无数微小力量合成的力量的性质和大小，可以用以下事实清晰说明：

一个用巨大绳索悬挂的重达数百万磅的重物，可以被克服和向上提升。由南风带来的不计其数的水原子②悬浮于薄雾之中，它们在空气中

---

①在古希腊，恩培多克勒 (Empedocles，约前 495–前 435) 最早提出四元素说：世间万物由四种元素组成，即土、气、水和火。亚里士多德同意这种学说 (他认为月上之星空是完美的，且是由完美的"第五元素"构成)。从这里可以看出，伽利略至少部分地同意这种理论，但他本人的理论是数学 (几何) 化的。

②原子 (atom)，在古希腊语中即"不可分"。现代化学告诉我们，水的基本化学

穿梭，并穿透紧紧拉伸的绳索之中的纤维，尽管绳索由于悬挂重物而具有巨大的拉力。当这些粒子进入那些狭窄的孔隙时，它们让绳索发生膨胀，从而让绳索的长度缩短，于是必然地能把重物提升起来。[①]

萨格 毫无疑问，只要它不是无限的，任何阻力都可以被数量巨大的微小力量的合力所克服。比如说，数量巨大的蚂蚁可以把满载粮食的货船搬上岸去。日常经验告诉我们，一只蚂蚁可以很容易地搬运一粒粮食。而船上的粮食数量显然不是无限的，而是低于某个限值。如果我们把粮食的数量增加 4 倍或 6 倍，之后再让相应数量的蚂蚁去搬运，它们仍然可以将粮食和船一并搬上岸。的确，需要惊人数量的蚂蚁才能做到这一点。但是，在我看来，这跟虚空把金属中的最小微粒凝聚在一起的情形也是一样的。

萨尔 但如果需要一个无穷大的数目，你会认为它不可能吗？[②]

萨格 只要金属的重量不是无限大，就不会。否则的话…… {68}

萨尔 否则的话怎么样？既然已经遇到了悖论，就让我们来看看是否无法证明，在有限范围内有可能发现无限数量的虚空。与此同时，我

单元是水分子 (由氢原子和氧原子组成)。古希腊原子论和四元素说是两个不同的理论。原子论的主张者有留基伯、德谟克利特、伊壁鸠鲁等。他们认为物质是由原子 (其种类是无限多的) 与虚空组成，而四元素说不需要"虚空"这一概念。伽利略在本书中则把原子和虚空的概念"数学 (几何) 化"了，见后文。

[①]对这段略带诗意的语言，我们可以不必特别关注其科学意义。它可能与罗马圣彼得大教堂广场的方尖碑 (出自古埃及) 有关。1586 年 9 月 10 日，重达数百吨的方尖碑，在圣彼得广场中心准备由 800 名工人和 140 匹壮马抬起。工人们被要求保持安静，但突然有人大声喊叫"水！水！"，原来是一名工人发现干绳太热可能会着火。工头注意到了事态的紧迫性，立即让人用水浸湿了绳索。那位工人后来得到了教皇的丰厚奖赏。1587 年伽利略第一次去了罗马，年轻的他极可能被巨大的方尖碑震撼了，并且也听到了上述故事。(引自 William R. Shea 和 Mariano Artigas 所著的 *Galileo in Rome: The Rise and Fall of a Troublesome Genius*，第 25 页)

[②]这涉及在伽利略看来非常关键的一个问题："无穷多"个"无限小"之和，是否可以是有限的？他的答案是肯定的，而且他对多个问题的理解都依赖于这一回答，比如此处的"无限数量的"虚空作用力之和必须是有限的。

们将至少可以为一个问题找到一个解答，它是亚里士多德本人自称精彩的问题集 (我指的是他的《力学问题》①) 之中最绝妙的一个②。这个解答的清晰性和说服力可能不亚于亚里士多德本人的解答，它也完全不同于最有学问的德·格瓦拉主教 (Giovanni di Guevara) 巧妙地论述的办法。

首先有必要考虑一个命题，这个命题其他人没有讨论过，但解决我们的问题要以它为基础。而且，如果我没有弄错的话，根据这个命题将得出更多新颖的、引人注目的事实。

为了清楚起见，让我们作一个精确的图形。以 G 为中心，绘制一个任意正多边形，这里以正六边形 $ABCDEF$ 为例。类似地，绘制一个与之同心的、较小的正六边形，设为 $HIKLMN$。将大正六边形的 AB 边向点 S 延长，小正六边形的对应边 HI 向点 T 延长，于是 $HT \mathrel{//} AS$③。

———————

① 现在认为《力学问题》(*Questions in Mechanics*) 并不是亚里士多德的著作，而是由其后学所写。该书汉译本《机械学》(*Mekhanika*，上述译名相比"力学"更准确) 见苗力田主编、中国人民大学出版社《亚里士多德全集》第六卷，译者是徐开来。

《力学问题》以秤和杠杆为中心 ("秤的现象可归因于圆，杠杆的现象可归因于秤，而其他几乎一切机械运动的现象均与杠杆有关")，一共讨论了 35 个机械学问题。在 16 世纪初至 17 世纪中，该书在意大利出现了大量翻译、介绍和评注，与近代早期力学的发展具有密切关系。伽利略在本书中多次提到它。

② 指《力学问题》的第 24 个问题：为什么当两个同心圆滚动一整圈时 (无论是大圆带动小圆，还是小圆带动大圆)，大圆与小圆经过的距离相等，而它们显然在分别滚动一圈时经过的距离之比等于二者大小之比？后世人们把它称作"亚里士多德悖论"。它实质上涉及无穷、连续性、数系 (number system) 等非常深刻的话题。在伽利略之前，人们对它的研究没什么实质性的进展。伽利略的思考结果虽然不够"正确"，却是非常有创意的，它对本书也具有至关重要的意义，关系到他的物质观和时空观等基本观念。伽利略把这一悖论分解成了两个问题，首先是研究同心正多边形的"滚动"(即萨尔维亚蒂接下来所谓的"其他人没有讨论过"的命题)，之后再转化为同心圆的滚动问题 (即"亚里士多德悖论"本身)。

③ 请读者注意，这里的平行符号 "//" 在本书西文版本中都是用文字表示的。除了图形中的字母之外，伽利略的几何表述基本上是用文字。此汉译本"时代错误地 (anachronistically)"地将之符号化了。事实上，有些现在极常用的符号，比如垂直符号 "⊥" 和角度符号 "∠"，伽利略极有可能从没见过，因为这两个符号在 1634 年才出现在法国人 Pierre Hérigone (1580–1643) 的代数书 *Cursus mathematicus* 中。

之后，通过中心 G 作 GV 与前述两条直线平行。

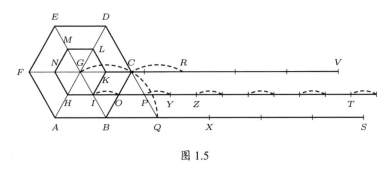

图 1.5

接下来，设想大正六边形带着小正六边形在 AS 上滚动。显然，如 {69}
果 AB 的一个端点 B 在开始滚动时保持固定，则另一个端点 A 将上升，
C 点下降并描绘出圆弧 $\overparen{CQ}$，直到 BC 与 BQ 重合（$BC = BQ$）。

然而，在这个滚动过程中，由于 IB 与 AS 斜交，小正六边形上的
点 I 会上升到线段 IT 的上方，直到 C 点与 Q 点重合时，点 I 才会再
次回到直线 IT 上。点 I 在 HT 上方描绘出圆弧 $\overparen{IO}$ 后运动到点 O，同
时 IK 边运动到与 OP 重合。与此同时，中心 G 在 GV 上方运动，直
到走完圆弧 $\overparen{GC}$ 之后才返回直线 GV。

经过上述步骤之后，大正六边形将停靠在其 BC 边上，后者与 BQ
重合；而小正六边形的边 IK 在不接触 IO 的情况下越过 IO，并与 OP
重合；同样地，中心 G 在越过 GV 之后，到达点 C 处。最后，整个图
形将与开始滚动时所占据的位置相似。于是，如果我们继续滚动，大正
六边形的边 DC 将与 QX 重合，小正六边形的边 KL 在跃过 PY 之后
将与 YZ 重合，中心 G 则从直线 GV 上方跃过 CR 之后到达点 R。

在一个完整的滚动之中，大正六边形的六条边将不间断地在 AS 上
留下痕迹，六条接触边的总长度就是它的周长；类似地，小正六边形的
六条边也在 HT 上留下 6 条总长等于其周长的印迹，但它们中间被 5 条
弧线分开，对应的 5 条弦代表了小正六边形没有跟 HT 接触的部分；而
中心 G 除了在 6 个点的位置，都不会接触到直线 GV。由此，可以明显
地看到，小正六边形移动的距离 HT 与大正六边形移动的距离 AS 几乎

相等；也就是说，如果我们把 HT 理解为包含 5 条跳过的弧线所对应的弦长，那么，HT 与 AS 就只相差与 1 条弧线对应的弦长。

{70} 现在，我想你们应该能够理解，以上我给出的对正六边形的论述，也适用于所有其他正多边形；无论它们有多少条边，只要它们是相似的、同心的并且是固定连接的，从而当较大的正多边形滚动时，较小的正多边形 (无论多小) 也会一起跟着滚动。

你们应该还能明白，在完成一整圈滚动之后，二者所描绘的两条线段几乎相等，只要我们把较小多边形的任意一条边都未曾触及的间隙也包括进去。

比如说，让一个较大的正 1000 边形滚动一整圈之后，它将压过一条与其周长相等的直线段。与此同时，相应的较小正 1000 边形也将通过大约相等的距离，该距离包含 1000 条等于其边长的小线段的长度，但它们中间有 1000 个小间隔[1]，我们称之为“空隙 (empty)”[2]，它们与那些重合于正多边形边长的部分不同。到目前为止，这个问题没有任何困难或值得怀疑的地方。

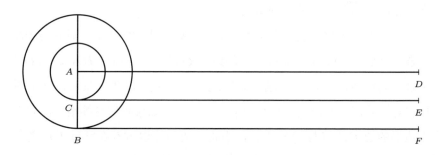

图 1.6

但是，现在假设对于任何一个中心 (例如 A，见图1.6)，我们绘制两个同心且固定连接的圆圈，并分别在其半径上的点 C 和点 B 处作出对

---

[1]请注意，由于 1000 边形滚动 999 次之后就完成了一整圈的滚动，因此小间隔的个数应为 999。后文的讨论也类似。图1.5中间多画了一条小的虚弧线。

[2]empty 也可译为“虚空”，因为它与前文的“虚空”含义相近。此处把一维线段上的“empty”译作“空隙”以示区分。

应的切线 CE 和切线 BF，再过圆心 A 作出与它们平行的直线 AD。那么，如果大圆在线段 BF 上完整地滚动一圈 (BF 等于大圆的周长，也等于 CE 和 AD)，请告诉我，小圆和圆心都发生了什么。

圆心将会经过并且接触整条线段 AD，而小圆圆周上的接触点将经过整条线段 CE，就像上面所说的正多边形那样。唯一的区别在于，线段 HT 并不是每一个点都与较小多边形的周界接触，其上与各边重合的小线段之间，尚有同样数量的未被接触的空隙；而对于圆来说，小圆圆周从未离开线段 CE，因此 CE 上没有任何未被接触的部分，圆周上也不会有哪个点不与 CE 接触。那么，除非发生了跳跃，小圆怎么会[在滚动一圈时] 经过一个大于其周长的距离呢？[①]

萨格 我觉得，也许我们可以这样说：圆心虽然只是一个点，但当它被大圆带着沿线段 AD 运动时，它是一直与 AD 接触的；类似地，当小圆被大圆带着运动时，其圆周上的各点也会在线段 CE 的一小段上面发生滑动。[②]

{71}

萨尔 有两个理由可以说明为什么不会发生这种事情。

第一个理由。没有什么依据可以认为只有某些特定的接触点 (例如 C 点) 在 CE 的某一段上发生滑动，而其他点却不会发生滑动。如果确

[①]同心小圆与大圆通过的距离相等，是"亚里士多德悖论"的主要内容。此处伽利略的表述并不易把握，译者也没弄明白。CE 必须"发生了跳跃"，参考图1.5中的 HT；但 CE 又"没有任何未被接触的部分"。是因为 CE **本身**具有无数的、一一对应的、无须被接触的"小虚空"？那为什么线段 BF **本身**没有这样的"小虚空"呢？或者，我们要把这些线段理解成"实在"之物 (即不是抽象的线段)，是否有"虚空"取决于其**生成过程**？但这也会带来其他问题。请读者自行思考。

[②]现在还有人这么理解"亚里士多德悖论"，似乎没有抓住问题的关键。

设想在图1.6的圆心 A 处观察两个圆的滚动，比如说从 A 看向 C，我们将看到圆上的 C 与 CE 相切，而 B 与 BF 相切；在两圆滚动时，将看到其上的点就是这样一一对应地 ("一一对应"思想本身又是个深刻的话题) 分别与 CE 和 BF 相接触 (并没有所谓的"滑动")，因此两圆的运动距离似乎分别等于各自的周长。但是，当我们跳出圆圈来观察时，却发现二者的运动距离是相等的。另外，求解两个圆周上各点实际运动轨迹的长度，只是验证了这一"悖论"的提法，而没有解决它。

实在 CE 上发生了滑动, 那么, 由于接触点的数目是无限的, 因此发生滑动的数量也是无限的。然而, 无限数量的有限滑动将形成一条无限长的线, 但事实上线段 CE 是有限的。[1]

第二个理由。当大圆在滚动过程中连续地改变它的接触点时, 小圆也必须如此。这是因为, 只有通过大圆上的点 B, 才能向点 A 作一条经过点 C 的直线, 由此每当大圆改变与 BF 的接触点时, 小圆也必须改变它与 CE 的接触点。所以, 小圆上的任意点与线段 CE 都不可能多于一个接触点。不仅如此, 在多边形的滚动过程中, 小多边形的边界上也不会有哪个点, 会与它所经过的直线上的多个点重合。这一点能够迅速地清晰起来, 只要你们能够记起以下事实: IK 与 BC 平行, 因此在 BC 与 BQ 重合之前, IK 将一直高于 IP, 亦即除了 BC 占据 BQ 的那一刻, IK 都不会压在 IP 上; 在那一个瞬间, IK 将整个地与 OP 重合, 之后又立即上升到 OP 的上方。

萨格 这真是一件非常复杂的事情。我想不出任何解释, 请给我们解释一下你的看法。

萨尔 让我们重新考察前述对正多边形的研究, 它们的行为我们已经理解了。对于具有 100000 条边的正多边形, 大多边形滚动一圈所经过的线段 (即由它的 100000 条边一个接一个地压过的线段), 等于小多边形的 100000 条边所描绘出来的线段 (这样说的前提是我们把穿插其中的 100000 个空隙也包括进来)。

那么, 在两个圆 (它们是拥有无数条边的正多边形[2]) 滚动的情形中,

---

[1] 伽利略认为, 无数个有限量 [parti quante] 之和是无穷大。其实不然, 比如高中生熟知的 "无穷递缩等比" 数列 $a_n = \dfrac{1}{2^n}$, 其和 $S_n = \dfrac{1}{2} + \dfrac{1}{2^2} + \cdots + \dfrac{1}{2^n} + \cdots = 1$ 是有限的。但伽利略本人也会像我们一样认为其中任何一项都是有限量 [parti quante], 参见第43页相关脚注。

[2] 伽利略解答 "亚里士多德悖论" 的关键, 就在于把圆看作正 "无穷" 多边形, 而且大小圆的 "边" 要一一对应, 就像两个大小不一的正 n 边形那样 (从而图1.5可用)。他认为必须有 "[点状] 空隙 (void)" 的存在, 方可使大小圆的运动距离相等。这一讨

整个大圆的无穷多条边线经过的、连续分布的线段，等于小圆的无穷多条边线所压过的线段，差别在于后者还交替穿插了空隙。而且，由于边线的数量并非有限 (从而是无限的)，所以穿插的空隙的个数也并非有限 (从而也是无限的)。大圆经过的线段由无数个填满该线段的点组成；小圆经过的线段虽然也由无数个点组成，但其间都有空隙，因而该线段只是被部分地填充。①

现在，我希望你们能够注意到，如果将一条线段分割为有限片段 [parti quante](也就是说，它们的个数是可以一一数出来的)②，就不可能将它们重新组合成相比此前的连续线段 (其连接处不含有对应数量的空隙) 更长的线段③。但是，如果我们考虑将线段分解为无穷多的、无限小的且不可分割的部分时，我们就能够设想，可以通过插入无穷多的、无限小的、不可分割的空隙，从而使该线段可以无限制地延长。④   {72}

你们应该理解，上述关于简单直线的说法，对于平面和立体也是适用的，只要我们假定它们都是由无限多的而不是有限多的原子组成。对于一个固体，如果它被分割成有限部分 [parti quante]，就不可能把它们重新组合并占据比之前更多的空间，除非我们插入有限数量的虚空 (也就是不含有构成固体的材料的空间)⑤。但是，如果我们想象一下，通过

论不是无懈可击的，但这并不妨碍我们从这位伟大的思想家那里学到很多。

①由此可知，在伽利略看来，组成圆的"无穷多条边"实际上又是一个个点。

②parti quante 是"第一天"中的重要概念。它的含义是指一个连续体中可以继续分解的、因而是可数的部分。克鲁英译本一般译为"finite parts (有限部分)"，德雷克英译本一般译为"quantified parts (可数部分)"。此汉译本译为"有限片段"(仅针对线段) 或"有限部分"。

伽利略认为"有限的"也一定是"可数的"。不过，在现代概念里，即使是第28页脚注中的"无穷递缩等比数列"，其项数也是"可数的 (quantifiable)"。与 parti quante 相对的概念是 parti non quante，见第40页相关脚注。

③若在有限片段之间插入具有"有限"数目和长度的空隙，线段将失去连续性。

④伽利略似乎认为，"点状虚空"可以"自然"存在。由图1.6，"点状虚空"可使任意半径的小圆与大圆经过的距离相等，类似地，一条线段可以"无限制地延长"。

⑤大自然厌恶"有限"的虚空 (数目和尺寸均"有限"，且可继续分割)。

某种极限的和终极的分解方式，我们把固体分解成它的基本组分 [primi componenti]，它们在数量上是无限多的。那么，我们就可以想象，它们能够无限地在空间中展开，这不是通过插入有限多个虚空，而是插入无限多个虚空实现的。由此，我们就不难想象，一个小金球在不引入有限数目的虚空的情况下，可以扩展至一个非常大的空间，只要我们总是假设黄金包含无穷多个不可分割的部分。①

辛普 依我看，你在向着一位古代哲学家倡导的虚空概念前进。

萨尔 不过，你还没有加上"那个否认神意的"②。那是我们院士 [伽利略] 的某个对手在类似场合中所作的拙劣的评论。

辛普 我注意到了这个恶毒的对手的怨恨，而且感到很是义愤。我就不再提这些事了，这不仅是出于良好的风度，也是因为我知道，对你这样性情和善、思维严谨，而又虔诚和正统地敬畏上帝的人来说，它们是多么地令人不愉快。③

那么，回到我们的话题。你上面的论述给我留下了许多我无法解决的困难。其中第一个是，如果两个圆的周长分别等于两条线段 CE 和 BF (后者被视为连续体 [continuamente]，前者则被看作由无穷多个虚点 [punti vacui] 所打断)，我无法理解，由圆心描绘的由无数个点组成的线

———————

①这里已经涉及第58页开始讨论的物质膨胀 (和收缩) 问题。由这一段描述可知，伽利略所理解的"原子"犹如一条线段上 (或一个立体中) 不可分割的点，现代研究者们称之为"数学原子论 (mathematical atomism)"。按照他对无穷的理解，这似乎意味着任意物体中都有无穷多个"原子"；而且，同种材料、不同大小的两个物体中的原子数是不能比较的，这类似于不能比较两条线段的点数，见第37页辛普里丘的发言及其后的讨论。

②这位古代哲学家应该是指伊壁鸠鲁 (Epicurus，公元前 341–前 270 年)，他是一个无神论者，相信世界由原子和虚空组成。在伽利略时代的意大利，说一个人不信神是很严重的一件事情。另见第22页脚注。

③伽利略是一个虔诚的天主教徒 (至少他自称如此，虽然现在也有人对此表示怀疑)。在伽利略写作本书时，他早已因"异端"被天主教宗教法庭判罪管制。

段 AD，怎么可以等于只有一个点的圆心自身。①另外，由点构成线，由 {73}
不可分割之物构成可以分割之物，由无限构成有限，这些构造对我而言
是难以消除的障碍。而且，这里必须引入虚空，而它是被亚里士多德非
常有力地驳斥过的，这对我来说也带来了同样的困难。②

萨尔 这些困难是真实的，而且它们也不是仅有的困难。但是，我
们需要记住，我们正在探讨无穷之物和不可分割之物，这两者都超越了
我们有限的理解力：前者是由于它们无穷地大，后者则由于它们无穷地
小。尽管如此，我们也忍不住要去讨论它们，哪怕必须采用一种迂回曲
折的方式。

因此，我还是想冒昧地提出我的一些想法。由于它们的新颖性，它
们多少会有些令人吃惊，虽然不一定令人信服。但是，这样的话题转移
可能会使我们离开正在讨论的主题太远，因此可能会使你们觉得不合时
宜和不甚愉快。

萨格 请让我们能够享受朋友之间谈话的好处和优势，特别是对于
那些自由选择而非有谁强迫我们的话题。这跟读死书有很大的不同，后
者能够引发许多疑惑，但是一个都消除不了。所以，你那些因我们的讨
论而唤起的思想，请一定与我们分享。既然没有紧急的事务需要处理，
我们有充裕的时间去研究已经涉及的主题。而且，辛普里丘提出的那些
异议，是决不应该被忽视的。

萨尔 没问题，既然你这么渴望了解。第一个问题是说，一个点如
何等于一条线。由于目前我不能更好地解释，我将设法通过介绍另一种
类似的或更大的"不可能性"，去消除或者至少减弱前一种"不可能性"，

---

① 辛普里丘的逻辑大概是：小圆和大圆滚动一圈得到等长的线段，这尚能理解(假
设有空隙的存在)，因为小圆毕竟还具有一定的长度(依然由无数个点组成)，但是圆
心已经是一个点了，怎么也能在这个过程中得到一条等长的线段呢？

② 在这段话里，辛普里丘一共说了三个"无法解决的困难"(见本书"第一天"导
读问题 B1，B2，B3)。在简单发表了一番议论之后，萨尔维亚蒂将先回答问题 B1，
即圆心为什么能够等于线段。

就像有时候一个奇迹会让另一件不寻常的事情显得不再稀奇一样。①

为此，我将向你们展示：两个相等 [面积] 的平面，以及分别以这两个平面为底的两个相等 [体积] 的立体②，它们四者都可以连续而且均匀地减小，并始终保持对应相等；最后，平面和立体将终止它们的对应相等，其中一个立体和一个表面都退化为一条长线段，另一个立体和另一个表面则退化为一个点。也就是说，后者退化为一个点，前者则退化为

{74}　无数个点。

萨格　这个命题听上去非常奇妙。请让我们听听它的解释和证明。

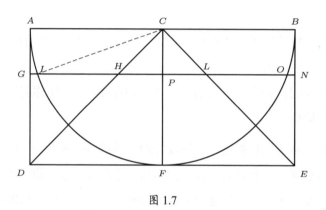

图 1.7

萨尔　由于证明是纯几何的，我们需要画一个图形。如图1.7 所示，设 $\overset{\frown}{AFB}$ 是一个半圆，其圆心为 C。在其四周可绘制矩形 $ADEB$，再从圆心 C 出发分别向点 D 和点 E 作出线段 CD 和 CE。半径 CF 垂直于线段 AB 和 DE。设想整个图形以半径 CF 为轴旋转。易知，矩形 $ADEB$ 的旋转将描绘出一个圆柱，而由半圆 $\overset{\frown}{AFB}$ 旋转得到的是一个

①伽利略没有直接回答辛普里丘的问题 B1，而是把它转换成另一个问题。在他看来，后者虽然看上去更不可能 (像一个奇迹)，但却可以从几何上证明它是能够成立的。由此反推，我们"必须"认为前者也是可以成立的。

②请注意，"相等的平面 (equal surfaces)"意指**面积**相等，"相等的立体 (equal solids)"意指**体积**相等，与图形是否"全等"无关。研读过欧几里得《几何原本》的读者应该熟悉这种表达。译者在后文中有时会用 [] 补上"面积"或"体积"，有时则直接把它们加上而不加以说明。

半球，由三角形 CDE 旋转则得到一个圆锥。下一步，我们想象移走半球，但是要留下其中的圆锥，圆柱扣除半球的剩余部分 (考虑到这个图形的形状，我们将其称为"碗") 也留下。

首先可以证明，上述"碗"与圆锥 [的体积] 是相等的；我们还可以证明，如果作一个平行于该"碗"底部 (即以 DE 线段为直径、F 为圆心的圆面) 的平面 (它在纸面的投影是 GN，GN 与"碗"交于 G、I、O 和 N，与圆锥交于 H、L)，那么，对于初始圆锥 CDE 中以 CHL 表示的这一部分，与"碗"中用剖面"三角形"GAI 和 BON 表示的那一部分，二者体积将始终保持相等。此外，我们还可以证明新圆锥 CHL 的底部平面 (即以 HL 为直径的圆) 的面积，将等于"碗"被截得的圆环的面积；或者我们可以说，将等于宽度为 GI 的带状平面 (ribbon) 的面积。

顺便说一下，请注意，确立和引入数学术语 (只是赋予一个名称，或者你喜欢的话，也可以说是论述时的缩略语) 是为了避免烦冗乏味，如果我们对称呼前述平面为"环带"，以及称呼前述"碗"的尖锐部分为"圆形剃刀"之类的名称没有达成共识，就会陷于那样的境地。[1]

所以，不论给图中的各部分取什么名字，只要能理解以下内容即可：　{75}
上述平面无论其高度如何，只要它平行于以 DE 为直径的圆形底部，它都能把最初的两个立体切成两部分，使圆锥的 CHL 部分与"碗"的上部保持 [体积] 相等；而且，它们的基底 (即圆环和以 HL 为直径的圆) 也保持 [面积] 相等。

现在，我们就要见证前面提到的奇迹了：

当这一截面不断靠近线段 AB 时，切得的前述两个小立体一直保持 [体积] 相等，两个截面也一直保持 [面积] 相等；但是，当截面到达顶部时，两个一直保持相等的立体以及两个一直保持相等的平面终于都消失了，它们中的一对退化成了一个圆周，另一对则退化成了一个点，即分

---

[1]此处表明伽利略认为"数学术语"只是一种语言上的约定。他还在 1623 年出版的《试金者》中说过："被视作属于外在物体性质的多种感觉，除了对我们自己来说并不是真实地存在，在我们之外它们不过是一些名字。"

别退化为"碗"的上沿和圆锥的顶点。

既然这些立体在不断缩小的过程中，[体积] 相等这一性质一直维持到了接近最后一刻，我们就有理由说，在最终的极限情形下，它们仍然是相等的。也就是说，其中一个并不是无限地大于另一个。因此，我们看上去可以将一个大圆的周长等同于一个点。

而且，上述对立体而言的正确事实，对于构成它们基底的表面来说也是正确的，因为它们在整个缩小过程中，彼此之间也保持着 [面积] 相等，最终它们又分别退化为一个大圆的周长和一个点。考虑到它们是相等量的最后痕迹，难道我们不应该认为它们也是相等的吗？

还请注意，即使上述"碗"和圆锥大到足以包括巨大无比的半个天球，这些"碗"的上沿和圆锥的顶点也将一直保持相等，前者是退化所得的、尺寸相当于天体的那些最大轨道的一个圆周，后者则是退化所得的、单一的一个点。因此，与前面所说的一样，我们可以说所有的圆周，无论其大小多么地不同，它们都是相等的，而且它们中的每一个都等同于一个点。

萨格　你的陈述让我觉得是如此的聪慧和新颖，所以即使有能力，我也没有意愿去反对它。因为，如果用一种生硬的、迂腐的攻击去损毁如此美丽的一个结构，那简直就是犯罪。但是为了使我们得到完全的满足，{76} 请你从几何学上证明，这些立体及其基底平面总是分别保持相等。我想，这个证明不可能不是非常巧妙的，因为基于其结果的哲学论证是如此的微妙。

萨尔　整个证明过程既简短又容易。

参考图1.7。因 $\angle IPC$ 是直角，故 $IC^2 = IP^2 + PC^2$。[1]

---

[1]在不改变原著的几何问题表述及证明逻辑之前提下，译者有限度地借用了现代符号表示。这里表达式 "$IC^2 = IP^2 + PC^2$" 的伽利略原文 "il quadrato del semidiametro IC è eguale alli due quadrati de i lati IP, PC" 的汉语直译是 "以半径 IC 为边的正方形，等于 IP 和 PC 上的两个正方形"。从增加可读性的角度考虑，译者最终选用了 "$IC^2 = IP^2 + PC^2$" 这种十分简捷但 "时代错误的 (anachronistic)" 翻译方

又，半径 $IC = AC = GP$，且 $PC = PH$，因此 [由上面的等式] 可得：$GP^2 = IP^2 + PH^2$。

同时取 4 倍，我们得到：$GN^2 = IO^2 + HL^2$。

又，由于圆 [的面积] 与其直径上的正方形 [面积] 成正比[①]，可知以 GN 为直径的圆 [的面积]，等于分别以 IO 和 HL 为直径的两个圆 [的面积] 之和。[如图1.7] 扣除这二者的公共部分 (即以 IO 为直径的圆)，所得圆 GN[②]的剩余部分就等于以 HL 为直径的圆 [的面积]。

关于第一部分的证明到此结束。至于另一部分，我们这里就不加证明了[③]。这一方面是因为，如果你们希望对它有所了解，可以从我们当代的阿基米德，也就是卢卡·瓦莱里尔 (Luca Valerio) 的著作《论固体的重心》[*De centro gravitatis solidorum*] 第二卷命题 12 中找到，他是将这个命题用于其他目的的。另一方面，对于我们的目的来说，只要确认以下事实就已经足够了：上述面积一直相等，并且当它们持续一致地减小之后，一个将退化为单个点，另一个则退化为可以是任意大小的圆周。我们的奇迹就包含在这个事实里。

萨格 这个证明非常巧妙，由此引出的结论也是非常惊人的。那么，现在请你谈谈辛普里丘提出的第二个诘难，如果你有什么独特观点要说的话。然而，我觉得这几乎是不可能的，因为这已经被其他人彻底地讨论过了。[④]

式。译者希望读者牢记如下事实：**伽利略的几何语言主要源自欧几里得，其几何证明过程中没有任何代数表达式。**

[①]此为欧几里得《几何原本》第十二卷命题 2。

[②]此处以直径 GN 表示整个圆。伽利略用字母表示图形的习惯与现在不同。译者将不再加以说明，读者根据图形和上下文加以理解即可。

[③]关于体积一直保持相等的命题，其现代证明请参见"翻译附录 C"。

[④]上文萨尔维亚蒂讨论完了"一个点等于一条线"，接下来他要讨论辛普里丘在第30页提出的第二个"无法解决的困难" (问题 B2)，即有限之物如何由无穷多的不可分割的无限小组分构成。前面已经有多个脚注提到过这个问题的重要性。

{77}　　**萨尔**　但是，我还真有特别的事情要说说。首先，我要重复一下前面说过的话。也就是说，无限和不可分在其本质上都是我们无法理解的，想象一下把它们结合在一起会怎么样！然而，如果我们想用不可分的点构造一条直线，我们就必须使用到无穷多个的点，因而就必须能够同时理解无限和不可分割。

　　关于这个话题，我脑海里曾经闪现过许多想法。其中有一些可能是更为重要的想法，我却一时想不起来。但是，在我们的讨论过程中，这些记忆有可能会因为你们，特别是因为辛普里丘的诘难和困惑而被唤起。如果没有这些刺激，它们就要永远沉睡在我脑子里。

　　因此，按照我们的惯例，请允许我自由地介绍我们人类的一些奇思异想。我们确实可以这样称呼它们，如果是与超自然的真理相比的话。因为后者能够为我们的争论结果提供真实而可靠的判据，也是我们晦暗而可疑的思路的可靠向导。①

　　极力反对可以由不可分量构成连续量的主要诘难之一是，一个不可分量加上另一个不可分量，不可能产生一个可分量。其理由是，如果能这样的话，就会造成不可分量变得可分。举例来说，如果 2 个不可分量可以合并成单一的量，比方说如果 2 个点可以合并为一条可分割的线，那么由 3 个、5 个、7 个或任何其他奇数个的点就可以合并成更具可分性的线。然而，由于这些线可以被分割成两个相等的部分，那就导致刚

　　对辛普里丘第三个困难 (问题 B3) 的讨论，要到第72页才能开始。这一方面是因为在之前插入了其他小话题，另一方面也反映出伽利略本人非常看重问题 B2。它涉及直线的分割、固体的分割、固液的不同、物体的膨胀与收缩等问题 (他关于物质结构的看法)，而且还关系到时间和距离的分割等问题 (他关于时间的空间连续性，运动或速度连续性等的看法)。

　　① "超自然的真理"是指宗教的真理。1415 年的康斯坦茨宗教会议 (Council of Constance) 曾将以下观点判定为**异端**：有形物质是由不可分割之物组成的，且可以占据所有可能的空间。亚里士多德认为"不可能有任何连续事物是由不可分的事物合成的"，他举的第一个例子就是"线不可能由点构成，线是连续的而点是不可分的" (参见张竹明译《物理学》第六章第一节 [231a])。所以，伽利略很谨慎地说了那些赞美宗教真理的话。

好位于线中央的不可分量变得可以被分割了。

对于这一个或其他相同类型的反对意见，我们的回答是，由 2 个、10 个、100 个或 1000 个不可分量都构造不出一个可分量 [grandezza divisibile e quant]①，而是必须要有无穷多个这样的不可分量才行。

辛普 这里立刻就出现了一个在我看来无法解决的困难。显然一条线段可以大于另一条，而每一条中都包含有无穷多的点；由此我们就必须承认，在同一类事物中，我们可以找到比无穷大更大的量，因为长线的无穷多个点要多于短线的无穷多个点。这就要让一个无穷大于另一个无穷，它完全超出了我的理解能力。②

萨尔 我们的头脑是有限的，当试图去讨论无限，并把我们赋予有限之物的性质赋予无限时，你所说的就是由此产生的困难之一。但是，{78} 我认为这种做法是错误的。因为我们不能说一个无穷大于、小于或等于另一个无穷。我的头脑中有一个论证可以证明这一点。

由于是辛普里丘提出的这个困难，为了清晰起见，我将以向辛普里丘提问的方式给出这个论证。我默认你知道哪些数 (numbers)③是平方数 (squares)④，哪些数不是。

辛普 我很清楚，完全平方数是由一个自然数与其自身相乘所得的数。例如，4 和 9 分别是由 2 和 3 自乘得到的完全平方数。

萨尔 很好！那么你也应该知道，正如这些乘积被称作完全平方数，这些乘数被称为边长 (sides) 或平方根 (roots)。另一方面，那些不能

---

①此"可分量"应该相当于前面"有限部分 [parti quante]"，它是可分、可数的。

②辛普里丘的这一问题是针对萨尔维亚蒂最后那句话。接下来后者要论证，"大于、等于和小于"等有限量的性质对"无穷大"是不适用的。

③彼时说 number 是指不包括 0 (甚至不包括单位元素 1) 的自然数。为便于读者理解，译者在后文中将直接把 number 译为"自然数"。

④square 在此指我们现在所理解的完全平方数，即自然数的平方。后文将译之为"完全平方数"。但对伽利略来说，这个 square 可能是指相应边长的正方形 [面积]，因而"平方根"可以被称作"边"。欧几里得《几何原本》的术语也是类似。

由自乘得到的自然数就不是完全平方数。因此，如果我断言，所有自然数 (包括完全平方数和非完全平方数) 的个数，要多于完全平方数自身的个数，我说的是事实，不是吗？

辛普 毫无疑问。

萨尔 如果我进一步问，一共有多少个完全平方数？我们可以正确地回答，它们与对应的平方根一样多。因为，每个完全平方数都有它自己的平方根，每一个平方根都有它自己的完全平方数，而每个完全平方数的平方根也不多于一个，每个平方根的完全平方数也不多于一个。[①]

辛普 正是如此。

萨尔 但是，如果我问一共有多少个平方根，那就不能否认它们的个数跟自然数一样多，因为每个自然数都是某个完全平方数的平方根。既然如此，我们就必须说，完全平方数的个数与自然数的个数一样多，因为它们与其平方根一样多，而所有的自然数都是平方根。

然而，一开始我们说过，自然数要比完全平方数多得多，因为前者中有更大的一部分不是完全平方数。事实上还不仅如此，当我们讨论的自然数不断增大时，完全平方数所占的比例会越来越小。例如，对于 100 以内的自然数，我们有 10 个完全平方数，这意味着完全平方数所占的比例是 $\frac{1}{10}$；在 10000 以内，我们发现只有 $\frac{1}{100}$ 是完全平方数；在 1000000 以内更只有 $\frac{1}{1000}$ 是完全平方数。但是，对于一个无穷大的自然数，如果一个人可以想象这样一种事物的话，他又不得不承认其中完全平方数的个数与所有自然数的个数是一样多的。

{79}

[①]这种"一一对应"的方式，正是现代无穷理论的缔造者、数学家康托尔 (Cantor, 1845–1918) 的方法。"无穷"挑战了人类智力 2000 多年。由于其理论受到许多重量级数学家的不能理解和坚决反对，康托尔曾一度患上精神分裂症。由此反观伽利略关于无穷大、无穷小的讨论，其观点虽然不够"正确"，但在那时却是"先进"的。事实上，他的观点启发了微积分的两位先驱卡瓦列里 (Buonaventura Cavalieri, 1598–1647) 和托里拆利。如果托里拆利没有英年早逝，微积分的历史或许会被改写。

萨格　如此一来，我们又必须得出什么结论呢？

萨尔　就我看来，我们只能推断，所有自然数的总个数是无限的，完全平方数个数必须是无限的，对应平方根的个数也是无限的。完全平方数的个数不比所有自然数的总个数更少，后者也不比前者的个数更多。总而言之，"相等""大于"和"小于"这三个属性并不适用于无穷大的数量，而只适用于有限大的数量。

因此，当辛普里丘提到不同长度的线段，并问我长的线段怎么可能不比短的线段包含更多的点时，我要回答他说，一条线段所包含的点数并不多于、少于或刚好等于另一条线段，而是每一条线段都包含无数个点。要不然的话，如果我回答他说，有一条线段上的点数与完全平方数的个数相等，另一条线段上的点数等于自然数的总个数，而一条极短的线段上的点数则跟完全立方数的个数一样多，那我岂不就如他所愿，既让每一条线段上都有无数个点，同时有的线段上的点数又比其他线段要多？[①]对第一个困难的讨论，到此就可以结束了。[②]

萨格　你稍等片刻，请让我在以上所说的基础上，再加入我突然蹦出的一个思想。依我看，如果前述内容是正确的，就不仅不能说一个无限比另一个无限更多，甚至也不能说它比一个有限数更多。

因为，如果说无穷大多于一个有限数，比如说 1000000，那就意味着当这个有限数从 1000000 开始不断地增大，我们会越来越接近无穷大，但事实并非如此。相反地，当到达的数越大时，我们离无穷大就会越远。因为当自然数越大时，其中完全平方数就 [相对地] 越少，而按照我们刚才所认同的，无穷多的完全平方数个数不可能少于全体自然数的个数，因此，数越来越大将意味着越远离无穷大。[③]

[①]伽利略似乎认为线段上的点数是像自然数的个数那样的无穷大。现代数学认为，一条线段上的点可与实数一一对应，而自然数不能与实数一一对应，因此自然数的"无穷大"与实数的"无穷大"不是一个级别。

[②]"第一个困难"是指第37页辛普里丘关于无穷大之大小的疑问，而非问题B1。

[③]这里的论证很难说是充分的，可能伽利略本人也意识到了，所以是借萨格雷多

{80}　　**萨尔**　所以，从你这巧妙的论证中，我们得出这样的结论："大于""小于"和"相等"这几个属性，无论是在无穷大之间进行的比较，还是在无穷大与有限量之间进行的比较，都是没有意义的。

　　现在我来谈论另一个考虑。[1]由于线段(和所有连续量[2])可以分割成多个片段，后者又可以继续分割，这个过程没有尽头，因此我看不出如何能够避开如下结论：这些线段是由无穷多个不可分量组成的。这是因为，线段的分割、再分割的过程可以无穷无尽，这就暗示最终所得的片段的数量是无限的，要不然我们的分割过程就会到达一个终点；但是，如果这些片段的数量是无限的，我们就必须得出"它们是非有限的 [non quante][3]"这一结论，否则无穷多个有限量 [之和] 将得到一个无穷大的量。于是，我们就论证了一个连续量是由无穷多个不可分量构成的。

　　辛普　但是，如果我们将线段分割为有限片段 [parti quante] 的过程可以无穷无尽，那么引入非有限部分 [non quante] 的必要性又何在呢？

　　萨尔　我们可以将连续量无穷尽地分割成有限片段，这一事实本身就要求我们必须把它看成是由无穷多的、无限小的组分构成的。为了彻底解决这一问题，现在请你告诉我，按照你的观点，一个连续量是由有限个还是无限个有限片段构成的。

───────────

之口说出，而不是直接让他的代言人萨尔维亚蒂来说。后者在后文中还将利用这里的结论。读者不必过多纠结于此处的论证过程。但如果能够真正地还原它背后的逻辑，那无疑会非常有趣，可惜译者未能做到这一点。

[1]即继续讨论辛普里丘在第30页所说的"无法解决的困难"，即问题 B2。

[2]在伽利略看来，线段、时间和速度 (后二者是本书"第三天""第四天"中的关键物理量) 都是这样的连续量，甚至物质本身亦然。

[3]parti non quante 是指连续体中不可再继续分解、不可数的组成部分，即"不可分量"，这是伽利略所理解的"无穷小"；对于线段来说就是"点"。克鲁英译本中有时译为 "non-finite parts (非有限部分)"，德雷克英译本中一般为 "unquantifiable parts (不可数部分)"。关于"有限部分 [parti quante]"的含义参见第29页脚注。

伽利略认为，无穷多个 parti non quante 可以组成一个有限连续量 [finite]，而无穷多个 parti quante 之和一定是"无限 [infinite]"。这一思想是他此番论证的基础。

辛普 我的回答是，它们的数量既是无穷又是有穷，潜在地是无穷，真实地是有穷。换言之，在分割之前是潜在地无穷，在分割之后是真实地有穷。这是因为，对于尚未实际分割或者至少是画出标记的某个物体，这些片段不能被说成是真实地存在；而如果没有分割，我们就只能说它们是潜在地存在。①

萨尔 那就是说，例如，一条20拃长的线段在被分割成20个相等片段之后，你才说它实际地包含20条各1拃的线段；在分割之前，你说它只是潜在地包含了它们。假定事情如你所说，请告诉我，在这条线段的分割完成之后，其最初的尺度是否因此而增加、减少或不受影响？

辛普 它既不增加，也不减少。

萨尔 这也正是我的看法。因此，对于一个连续量，其诸多有限部分都不会使它的尺寸变大或变小，无论它们是真实地存在还是潜在地存在。但是非常明确地，如果一个连续量中实际包含的有限部分在数量上是无限多的，那么后者将使它的尺寸变得无限地大。

因此，有限部分即使只是潜在地存在，其数目也不能是无穷多，除非包含它们的那个连续量的初始尺寸是无限的。相反地，如果一个连续量的最初尺寸是有限的，它就不能包含无穷多的有限部分，无论是实际地还是潜在地包含。 {81}

萨格 如果是那样的话，一个连续量如何可能无限地被分割成很多部分，而这些部分本身又能连续不断地被分割下去呢？

萨尔 你们对实在和潜在的区分，在某种意义上来讲似乎很是可行，却在另一种意义上完全不可能。②而我将尽力以另一种方式调和这

---

①亚里士多德把无限分为"现实的无限"和"潜在的无限"，并认为只有"潜在的无限"。他说无限"可以永远一个接着一个地被取出，所取出的每一个都是有限的，但都是不同的"，见张竹明译《物理学》第三章第六节 [206a]。概括地说，亚氏认为无限分割过程是不可能实际地完成的，而伽利略认为他可以很容易地做到，因而"无限"是"现实地"存在的，见后文第57页。

②萨尔维亚蒂在前两次发言中已经说明，无论是"实在地"还是"潜在地"划分

41

些问题。关于一个有限的连续量包含的有限部分在数量上是有限还是无限的问题，与辛普里丘的意见相反，我的回答是：它们既不是有限的，也不是无限的。

辛普 我从来没有想过可以这样去回答，因为我认为在有限与无限之间不会有任何中间步骤。要不然的话，那种认定一个事物要么有限、要么无限的分类或区分方法，将是不正确的和不完美的。

萨尔 在我看来正是这样。在考虑离散的量时，我认为在有限与无限之间有一个中间项，它可以对应于任意指定的数。因此，对于我们现在讨论的问题，即一个连续量包含的有限部分在数量上是有限的还是无限的，最好的回答是它既不是有限的也不是无限的，而是可以对应于每一个指定的数。这样说是可行的，因为这些有限部分的数量必须不能被限制在一个有限范围内，因为在这种情况下它不能对应一个更大的数；这个数也必须不是无限的，因为任何指定的数都不能是无限的；而是可以根据提问者的要求，对任何一条线段，我们可以指定 100、1000、100000 个或任意多个有限片段，只要它不是无限的。

因此，对于哲学家们，我承认一个连续量能够包含他们想要的任意数目的有限部分，而且无论是真实地还是潜在地包含它们，我都如他们所愿。但我得补充一点，正如一条 10 英寻 [canne] 长的线段包含 10 条各 1 英寻长的线段，或包含 40 条各 1 腕尺长的线段，或 80 条各半腕尺长的线段，等等，等等，最终它将同样地包含无限个点。至于管它们叫做是实际的还是潜在的，则随你们的便。对于这个细节，辛普里丘，我遵从你自己的意见和判断。

{82}

辛普 我忍不住要夸赞你的讨论。但是，关于线段包含很多有限片段与包含无穷多个点之间的这个类推，恐怕它并不能令人满意。而且，

一个有限连续量，都不会影响其实际尺寸。如果一个有限连续量中"潜在地"包含**无穷多个**"**有限部分** [parti quante]"，对伽利略来说意味着这个有限连续量在尺寸上必须是无限的 (见40页脚注)，因而是一个自相矛盾的结果。

恐怕你会发现，将一条指定线段划分成无穷多个点，并不能像哲学家们把它分割成 10 个英寻或 40 个腕尺那么容易。不仅如此，这种分割在现实中是极其不可能实现的，因此这就只能是一种潜在性，而无法使其归结为现实性。[①]

萨尔　一件事必须靠努力、勤奋或花费大量时间才能完成，并不意味着这件事是不可能的。因为我想，你自己都不容易把一条线段平均分成 1000 个片段，如果要平分成 937 个或任意其他较大素数个片段，就更不容易了。但是，如果我能完成这种你认为不可能的划分，并且像别人把一条线段平分成 40 个片段那样容易，那么在我们的讨论中，你是否会更愿意承认这种划分的可行性呢？

辛普　对你有时以令人愉悦的方式处理问题的方法，我很是享受。而对于你的上述问题，我的回答是，如果你能证明，把一条线段分解成无穷多个点并不比把它平分成 1000 个片段更加困难，对我而言已经超出预期了。

萨尔　现在我要说一件可能会令你震惊的事。它关系到用同样的方法把一条线段分割成无穷小的可能性，即把一条线段平分成 40、60 或 100 个片段的方法，也就是将线段 2 等分、继而 4 等分之类的方法。如果谁认为用这种方法可以得到无穷多个点，那将是大错特错了，因为这个过程即使一直进行下去，仍然只能得到尚待分割的有限部分。[②]

事实上，采用这样一种方法，人们距离实现不可分割性的目标非常遥远；甚至相反地，他将远离不可分割性。一个人不断地进行这种分割，从而不断地增加所得有限部分的数量，当他认为这一过程将使他到达无穷大时，在我看来他是离无穷大越来越远了。[③]

[①]辛普里丘这里的大意是说，一条线段是不可能"现实地"被分解为无穷多个点的，这与一条线段可以"现实地"分解成很多个有限片段并不一样。

[②]由此可知，伽利略知道所有 $\frac{1}{2^n}$ 都是有限部分 [parti quante] 而不是非有限部分 [parti non quante，即"不可分量"]。参见第28页相关脚注。

[③]这里用到了萨格雷多在第39页"突然蹦出的一个思想"。

以下是我的论证。在前面的讨论中，我们已经得出结论，在一个无穷大数中，完全平方数的个数、完全立方数的个数必须与全体自然数一样多，因为它们都与对应的平方根和立方根一样多，而后者由所有的自然数构成。另一方面，我们可以看到，当自然数越大时，完全平方数的分布越稀疏，完全立方数的分布就更稀疏了。因此显然，当我们所到达{83}的数越大时，我们离无穷大就越远。由此可知，既然这个过程让我们越来越远离目标，如果我们回过头来，将会发现如果有哪个数可以说是无限的话，那它必须是单位元素 (unity)①。它确实满足无穷大所需的一切条件。我指的是，单位元素 1 在它自身中所包含的，与完全平方数的个数、完全立方数的个数以及全体自然数的个数一样多。

辛普 我无法理解这是什么意思。

萨尔 这个问题没有任何困难。单位元素 1 自身同时是一个完全平方数，是一个完全立方数，是一个完全平方数的完全平方数，或是一个其他任意次方 [dignità] 数。完全平方数或完全立方数具有的任何本质特性，没有哪一项是单位元素 1 所不具备的。例如，两个完全平方数有一个特性，即在它们之间有一个自然数是它们的比例中项②。以你想到的任意一个完全平方数作为第一项，以 1 作为另一项，你总能找到一个自然数是它们的比例中项。以 4 和 9 这两个完全平方数为例，3 是 9 与 1 之间的比例中项，2 是 4 与 1 之间的比例中项；而在 9 和 4 之间，我们有 6 作为它们的比例中项。完全立方数也有一个性质，即在两个完全立

---

①unity[unità] 是单位元素。欧几里得不把 1 视为数 (number)，伽利略时代的一些数学家依然如此，1 只是自然数的第一原理或源头 (Unity is not a number but only its first principle or origin)。从这个角度说，伽利略把 1 视为无限，也不纯粹是游戏文字。另外，这一结论对后面的论证也较重要："在从一个有限量转变为无穷大的过程中，其性质将经历巨大的变化。"(第45页) 当然，这些观点并不符合现代看法。

②比例中项 (mean proportional)，又叫几何平均值。用现代数学语言表示，比例中项源自比例式 $A : x = x : B$，A 和 B 的比例中项是 $x = \sqrt{AB}$。关于比例中项的其他性质详见"翻译附录 B"。另，伽利略在本段所说的两个性质分别见于《几何原本》第八卷命题 11 和 12。

方数之间有两个比例中项，以 8 和 27 为例，它们之间有 12 和 18，而在 1 和 8 之间我们有 2 和 4，在 1 到 27 之间则有 3 和 9①。由此我们得出结论，除单位元素 1 之外没有其他无限数。

这样的奇迹是我们的想象力无法把握的，它也警告我们要避免那些人的严重错误，他们试图运用人们赋予有限的性质去讨论无限，而这两者的本质实际上毫无共同之处。关于现在这个主题，我必须告诉你一个非凡的性质，它是我刚刚才想到的。它能够表明，在从一个有限量转变为无穷大的过程中，其性质将经历巨大的变化。

让我们作一条任意长度的线段 AB，并用点 C 将它分为两个不相等的片段。那么我说，如果分别从端点 A 和 B 开始作出成对线段，并使它们的长度之比与 AC 和 BC 之比相同，则它们的交点将全部位于同一个圆周上。

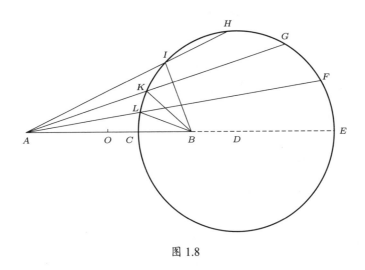

图 1.8

例如，分别从点 A 和点 B 开始作出 AL 和 BL，二者交于点 L，且满足 AL 比 BL 等于 AC 比 BC，而在 K 处相交的一对线段也满足 AK 比 BK 等于 AC 比 BC，线段 AI 和 BI、AH 和 BH、AG 和 BG、AF

{84}

①用现代语言表示，n^3、$n^2(n+1)$、$n(n+1)^2$ 与 $(n+1)^3$ 构成等比数列 (几何数列)，而 1、n、n^2、n^3 和 1、$n+1$、$(n+1)^2$、$(n+1)^3$ 显然分别构成等比数列。

和 BF、AE 和 BE 也都类似[①]，于是所有这些交点 L、K、I、H、G、F 和 E 都在同一个圆周上。

依此，如果我们设想按以下方式连续地让点 C 运动，即由它出发向两个固定端点 A 和 B 作出的成对线段，二者的长度之比与最初的 AC 与 BC 之比始终保持相同，那么，正如我即将证明的那样，这样的动点 C 将描绘出一个圆周。[②]另一方面，当点 C 在线段 AB 上不断靠近其中点 O 时，按上述方式描绘出的圆周将无限制地不断增大；但当点 C 靠近端点 B 时，描绘出的圆周又将不断地减小。因此，线段 OB 上的无数个点如果按上面所说的方式运动，将描绘出所有尺寸的圆周，有些比跳蚤眼睛的瞳孔还要小，另外一些则比天球赤道还要大。

于是，如果我们让 B 和 O 之间的任意一点 [按上面的方式] 运动，它们都将描绘出圆周，而且最接近 O 的点将得到非常巨大的圆周。但是，如果我们按照上面所说的规则让点 O 本身不停地运动，也就是说，由动点 O 出发向端点 A 和 B 作出的成对线段之比都等于初始的 AO 比 OB，我们将得到一条什么样的轨迹呢？那当然是一个比其他圆中最大的那个还要大的圆，也就是一个无穷大的圆。但是，从点 O 出发也将得到一条垂直于 AB 的直线[③]，并且延伸到无穷远，永远不会回头与起始点会合。而在其他情况下，起点和终点都会彼此会合。

比如对图中的点 C 来说，它的运动范围是有限的，在描绘出上半个圆周 $\overparen{CHE}$ 之后，将继续描绘出下半个圆周 $\overparen{EMC}$，从而返回到了起始点。

然而，当点 O 像线段 AB 上的其他点 (线段 AB 的另一部分 OA 上的所有点也都能描绘出圆周，最靠近 O 的点描绘的圆周最大) 那样运动

[①]也就是说 $\dfrac{AC}{BC} = \dfrac{AL}{BL} = \dfrac{AK}{BK} = \dfrac{AI}{BI} = \dfrac{AH}{BH} = \dfrac{AG}{BG} = \dfrac{AF}{BF} = \dfrac{AE}{BE}$。

[②]萨尔维亚蒂只是把前面所说的内容换一种方式再说一遍。请注意，点 C 是 AB 上的一个固定点，但此处萨尔维亚蒂又说让它运动，这个"动点"的**运动轨迹**是图1.8所示的圆周。这个圆叫阿波罗尼圆，其解析证明见"翻译附录 C"。

[③]对于线段 AB 的垂直平分线，其上所有点 O' 均满足 $\dfrac{AO'}{BO'} = \dfrac{AO}{BO} = \dfrac{1}{1}$。

{85}

并描绘出圆周时，它却无法返回它的起点，因为它所描述的圆周是无穷大的，也就是所有圆周中最大的。实际上，点 O 将描绘出一条无限长的直线，即无穷大圆的圆周。

现在请你们想想，从有限圆到无限圆之间的差异是多么地大啊！后者以这样一种方式改变了圆的特性：它不仅失去了它自身的存在，而且失去了它存在的可能性。由于我们已经清楚地知道，不可能存在无穷大的圆这种事物[1]，因此更不用说无穷大的球，或者说无穷大的具有形状的任意其他固体或表面。那么，关于从有限转变到无限的这一形态变化，我们可以作何评论呢？进而，在从自然数中寻找无限的过程中，最终我们发现它存在于单位元素 1 之中，我们对此为什么要有更大的抵触感呢？[2]

又，当一个固体被分解成许多个部分，进而分解成最细微的粉末，直至分解成无限小的、不可分的原子时，我们为什么不可以说；这个固体已经被转化为一个单一的连续体 (continuum)，有可能就是像水、水银甚至是液化金属一样的液体？我们不是都见过，石头可以熔化成玻璃，而玻璃在强热之下变得比水更加具有流动性吗？[3]

---

[1]克鲁英译本此处为 "there can be no such thing as an infinite circle"，德雷克英译本为 "there cannot be an infinite circle"。意大利原文是 "non si poter dare un cerchio infinito"，一种机器翻译是 "it is not possible to give an infinite circle (不可能给出一个无穷大的圆)"，按此似乎更好理解本段话。按照萨尔维亚蒂的论述逻辑，似乎应该把他所说的 "直线" 想象为 "无穷大的圆" (这是 "我们的想象力无法把握的")，只是 "无穷大的圆" 不再是一个真正的 "圆"：当一个真正的 "圆" 变得 "无穷大" 时，它就 "失去了它自身的存在"，变成了一条直线。仅供读者参考。

[2]这段话比较抽象，伽利略应该主要还是想强调 "从有限转变到无限" 是 "我们的想象力无法把握的"，从而可以过渡到讨论固体与液体之间的差异。

[3]此处论证逻辑大概是：无穷大的圆呈现为直线，无穷大的自然数被发现是 1，由此可见从 "有限转变到无限" 时都发生了意想不到的变化；因此可以类比，当由原子组成的固体被 "无限地" 分割时，其形态也一定会发生彻底的变化，而固体转变为液体就是这样一种变化；从而我们有理由认为，从固体变为液体就是由于固体被分解成了无限小的、不可分割的部分。这里可能还暗含了伽利略需要论证的另一层意思，"无限" 可以实际地存在，从 "有限" 到 "无限" 并非不可能，甚至并不十分困

萨格 那么，由此我们是否就必须认为，液体之所以是液体，是因为物质被分解成无限小的、不可分割的组分？

萨尔 我找不到更好的方法来解释某些现象，以下就是其中之一。设想我拿起一块坚硬的物体如石头或金属，并用锤子或细锉将其分解成最细小的、最难以捉摸的粉末。很明显，虽然由于它们非常细小，我们的视觉和触觉不能一个一个地感知这些粉末，但是，它们仍然具有一定的大小和形状，并且可以被计数。

同样正确的是，一旦把这些粉末堆起来，它们就会形成一堆；如果在上面挖一个不太大的空洞，这个空洞也会保留下来，周围的粉末不会冲进去填补它。如果晃动这些粉末，它们会在外部干扰去除后很快就静止下来。即使这些颗粒不断增大，无论其颗粒的形状如何，哪怕是球形，在围成一堆时也都能观察到同样的效果。成堆的小米、小麦、铅球或其他材料都是如此。

但是，如果试图从水中发现这些特性，我们将不会成功。因为水一旦被堆积起来，它会立刻平铺开去，除非被某个容器或其他外部支撑物拦截；若在水中挖洞，它将迅速涌进去以填补空当；当水受到扰动时，它会晃动很长时间，发出的水波传向很远的地方。

可见，与最细微的粉末相比，水的坚固性都要更差，它事实上没有任何坚固性。由此我认为，可以相当合理地推断，将水分解所得到的最小粒子，与有限且可分的粉末非常不同。事实上，我唯一能发现的不同是，前者是不可分的。水的异常透明也支持这一观点。那些最透明的晶体，在破碎、研磨成粉之后就失去了透明性，而且研磨越细，透明度的损失就越大。但是，对于水来说，即使经过最高程度的研磨，我们仍能观察到它的高度透明。当金和银用酸处理时，虽然能比用任何锉刀可能得到的粉末都要细，但依然保持为粉末；只有火或阳光中不可分的粒子

{86}

难，比如加热可把固体变为液体。那么，将一条线段分割成无数不可分割的点，势必也不会太难，见第56页。

能够将它们分割①，成为在我看来是最终的、不可分割的和无限小的组分，从而变成了液体。

萨格　你刚提到的光的这种现象，我曾经多次惊奇地见到过。例如，我曾见过直径只有 3 拃的凹面镜很快就将铅熔化。既然一面小镜子 (没有很好地抛光，而且形状只是球面) 就能如此强力地使铅熔化或使所有可燃物燃烧，我想如果镜子尺寸非常大，被抛光得很好而且形状是抛物面，它一定能够轻易地、快速地熔化任何金属。这些现象使我认为，阿基米德用镜子创造的奇迹是可信的②。

萨尔　说到阿基米德的镜子所产生的效果，是他本人的著作 (我曾怀着无限的惊奇阅读和研究过)，让我相信了各个作者所描述的关于他的所有奇迹。如果说还有任何疑惑的话，布纳文图拉·卡瓦列里 (Buonaventura Cavalieri) 神父最近出版的、关于取火镜的著作可以消除所有困惑，我曾经怀着钦佩的心情阅读过它。 {87}

萨格　我也看到了这一著作，并且怀着既愉快又惊讶的心情拜读了它。之前我就熟悉这位作者，这本书使我更坚定了此前对他的看法，即他注定会成为我们这个时代最杰出的数学家之一。但是回到我们当前的话题，关于太阳光熔化金属这一惊人的效应，我们是必须相信这样一种猛烈的作用是没有运动的，还是必须相信它伴随有最快速的运动？

萨尔　我们观察到，其他的燃烧和分解都伴随着运动，而且是最迅速的运动。我们可以关注到闪电的作用，以及水雷、炮弹中火药的作用。我们还可以关注到，夹杂着重而不纯的蒸汽的木炭火焰，是如何通过一对风箱的激发而增强其液化金属的能力的。由此我认为，光的作用 (无

---

①伽利略似乎认为，火焰和光都是由原子组成的极其稀薄的物质。读者们大概都知道，后来牛顿也相信光的微粒说。换言之，微粒说比波动说更"传统"。

②这里是指关于阿基米德的一个传说。传说罗马军队围攻叙拉古 (Syracuse) 时，阿基米德设计了很多军事设施、武器，其中包括所谓的"取火镜"，其作用是将阳光会聚到罗马军舰上并使其全部烧毁。后来，阿基米德被罗马士兵杀死。

论多么纯粹) 怎么可能缺乏运动，怎么可能缺乏最快速的运动？[①]

萨格　但是，光的这种速度，我们应该考虑为哪种类型，它又有多快呢？它是瞬时的 (instantaneous) 还是片刻的 (momentary)，还是像其他运动一样需要时间？我们不能通过实验来确定吗？[②]

辛普　日常经验表明，光的传播是瞬时的。当我们看到极远处发射的炮弹时，火光立刻就进入了我们的眼睛，但是只有在一个显著的时间间隔之后，声音才能到达耳朵。

萨格　好啦，辛普里丘！从这个熟悉的经验中，我唯一能够推断出来的是，声音在传播到我们耳朵的过程中，其速度比光的传播要慢得多。它不能告诉我，光的传播是瞬时的，或者尽管它非常快，但仍然需要时间。这种观察并不比另一种观察能够告诉我们的更多，即所谓的"太阳一旦到达地平线，它的光线就进入了我们的眼睛"。谁能向我保证，这些光线不是在我们看见它们之前，就已经到达了地平线呢？

{88}　**萨尔**　诸如此类的观察结果只有很小的确定性，它曾经促使我设计出一种方法，人们用它可以准确地确定光照 (也就是光的传播) 是不是瞬时的。鉴于声音的速度已经非常快这一事实，我们确信光的运动不可能不是异常地迅速。我曾经设计的实验如下：

让两个人各自取一盏灯，装入灯罩或其他灯具中；通过一个人的手的干预，可以遮挡或显露灯光给另一个人。下一步，让他们彼此相对地站在几腕尺的距离外进行练习，直到获得这样的显露和阻挡灯光的技能，即其中一人在看到另一人显露灯光的那一刻，立刻就能显露他自己的灯光。经过若干次试验之后，他们的反应将是如此地迅速，以至于前

[①]光的"最快速运动"能把固体 (有限) 转化为液体 (无限)。

[②]这里借助萨格雷多的提问，插入了伽利略对光速的更多思考。他认为光速虽极快却有限。事实上，他关于"虚空中的运动不是瞬时的"的思想，决定了他必须认为光速不能是无限的。否则，如果光速可以无限，那么虚空中的运动也可以是"瞬时"的。在讨论完光速之后，萨尔维亚蒂将回到阿波罗尼圆的几何证明。

一盏灯的显露与后一盏灯的显露紧紧相随，中间没有任何可以感知的间隙，因此当一个人显露他的灯光时，他将立马能够看到另一盏灯。

在短距离上获得这一技能之后，让这两位实验者携带相同的器械，在晚上相隔 2 或 3 英里①的距离进行相同的实验。要注意观察灯光的显露和阻挡是否跟在短距离时一样的迅速。如果是这样的话，我们就可以有把握地宣称光的传播是瞬时的。因为如果相距 3 英里时 (考虑到一束光出去和另一束光回来，实际上达到 6 英里) 需要传播时间的话，这种时间上的延迟应该是很容易观察到的。

如果需要在更远的距离之下开展实验，比如说 8 英里或 10 英里，我们可以利用望远镜。在晚上做实验的地方，每个观测者自己架设好一台望远镜。如此一来，灯光尽管不是很亮，在那么远的距离上无法用肉眼看见，但是一旦调节和固定好望远镜，这两盏灯还是很容易被看到的，从而可以轻易地对它们进行阻挡或显露。

萨格 这个实验打动了我，它真是一个聪明而可靠的发明。但是，请告诉我们，你从结果中得出了什么结论。

萨尔 事实上，我只在很短的距离 (不到 1 英里) 做过这个实验，在这个距离上我还无法明白无误地确认，往返光束的出现是不是瞬时的。但是可以确定，光的运动即使不是瞬时的，也是异常迅速的，我应该称之为片刻的 (momentary)②。就目前而言，我只能拿它与我们能够观察到的、8~10 英里外的云间闪电的运动进行比较。我们可以看到这束光的起点 (也可以称为它的头部和源头) 位于云层中的某个特定位置，但它 {89}

---

①意大利语是 miglio (复数 miglia)，对应英文是 mile，意指 1000 步的距离 (不同时间和地点的实际值可能不同)，此处姑且译作"英里" (但是，对克鲁英译本中的"foot (英尺)"，译者将尽可能把它们还原为原著的表达)。据查，罗马时期的 1 miglio 约合 1480 米，译者不知道伽利略的 1 miglio 具体是多远。

②考虑到光速达到 300000 千米/秒和人的反应速度，伽利略的方案很难确定光速。人类最早采用天文学方法 (向大自然求助) 确定光速的有限性，并得到比较准确的光速。人类在 20 世纪下半叶实现的"月球激光测距"，是伽利略方案的逆向应用。

会立即向周边云层发散出去，这似乎是光的传播需要时间的一个证据。因为如果光照是瞬时的而不是渐进的，我们就不能分别出它的源头 (也可以说是它的中心) 与它的边远部分。

在不知不觉中，我们渐渐地陷入了一片多么宽广的海洋啊！对于那虚空、无限、不可分割和瞬时运动，即使通过千百次的讨论，我们到底能不能到达海岸呢？

萨格　这些事物确实是远超出我们的理解能力。想想看：当我们在自然数中寻找无限时，发现它在单位元素 1 之中；可分割之物源自不可分割；虚空与充满之间不可分离。事实上，对于这些事物的性质，人们普遍持有的观点被完全地颠倒过来了，以至于一个圆周变成了一条无限的直线。关于这个事实，如果我没记错的话，萨尔维亚蒂，你原本打算用几何方法加以证明。那就请开始吧，不要再继续离题了。

萨尔　我愿意为你效劳。但是为了更加清晰起见，请让我先解决如下问题：

　　　给定一条线段，分成具有任意比值但不相等的两部分，
都可以描绘出这样一个圆，即从该线段的两个端点出发，与
圆周上的任意一点相连，所得的两条线段的长度之比都等于
给定线段的两个片段长度之比，从而使那些从相同端点出发
作出的线段同构 (homologous)①。

如图所示，设 AB 是给定的线段，点 C 将其分为两个任意的不相等片段，问题是要描绘出一个圆，使得圆上任意一点与给定线段之端点 A 和 B 的连线长度之比都等于 AC 与 BC 之比，从而使这些从两个相同端点出发的线段同构。

---

①homologous 是一个比较抽象的单词，其英文释义是 "corresponding or similar in position or structure or function or characteristics corresponding or similar in position or structure or function or characteristics"，即 "具有相对应的或相似的位置、结构、功能或特性"，可译为 "同源" 或 "同构"。这里是指到两个端点的长度之比不变。

以点 C 为圆心绘制一个圆 [图1.9中虚线圆弧]，其半径为较短的 BC ({90})
(即 $BC < AC$)。过点 A 作线段 AD 与该圆相切于点 D，并向点 E 方
向延长。作出半径 CD，则有 $CD \perp AE$。过点 B 作 AB 的垂线，由于
$\angle DAB$ 是锐角，这条垂线将与 AE 相交于一点，记作点 E。过点 E 作
AE 的垂线，该垂线交 AB 于 F。现在我说，线段 EF 与 CF 相等。[①]

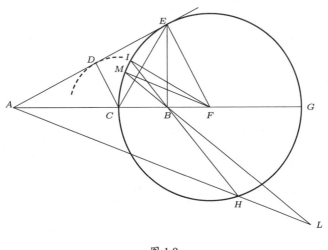

图 1.9

连接点 E 和点 C，将得到两个三角形 $\triangle DEC$ 和 $\triangle BEC$。
其中，因为 DE 和 BE 都是圆 BD 从点 E 出发的切线，故
$DE = BE$；又因为 DC 和 BC 都是圆 BD 的半径，故 $DC =$
BC。因此 [有 $\triangle DEC \cong \triangle BEC$，故] $\angle DEC = \angle BEC$。

又因为，$\angle FCE = 90° - \angle BEC$，$\angle CEF = 90° - \angle DEC$，
而 $\angle DEC = \angle BEC$，故 $\angle FCE = \angle CEF$，从而 $EF = CF$。

[①]在几何中，一个完整的定理/问题可以分解为三大部分：命题的文字描述，命题
的几何表述以及证明/解答过程的几何构造，对命题的详细证明过程和结论。对此处
命题而言，这一段和上一段是第二部分 (但这里的表述不完整，后文还有)，再上一
段 (黑体字) 是第一部分，接下来是第三部分。为了对它们加以区分，第一部分将采
用黑体字；第二部分与正文字体相同；第三部分采用楷体字和段落缩进。译者对本
书中命题的第一部分描述较少引入现代符号。

{91}　　　如果我们以点 F 为圆心，以 FE 为半径绘制一个圆，它将经过点 C，那么圆 CEG 就是我们寻找的圆。

　　　这是因为，对于该圆上任意一点，它们与端点 A 和 B 连接所得的两条线段的比值都将等于 $\dfrac{AC}{BC}$。

对交于点 E 的两条线段 AE 和 BE，这很容易得到证明：

　　　因为在 $\triangle AEB$ 中，CE 平分 $\angle AEB$，故 $\dfrac{AE}{BE} = \dfrac{AC}{BC}$。

对交于点 G 的两条线段 AG 和 BG，同样可以证明 $\dfrac{AG}{BG} = \dfrac{AC}{BC}$：

　　　由于 $\triangle AFE \sim \triangle EFB$，故 $\dfrac{AF}{EF} = \dfrac{EF}{BF}$ 或 $\dfrac{AF}{CF} = \dfrac{CF}{BF}$；

　　　根据分比性质，有 $\dfrac{AC}{CF} = \dfrac{BC}{BF}$①，或 $\dfrac{AC}{FG} = \dfrac{BC}{BF}$；

　　　再根据合比性质，有 $\dfrac{AB}{BG} = \dfrac{BC}{BF}$，进而可以得到 $\dfrac{AG}{BG} =$

$\dfrac{CF}{BF} = \dfrac{AE}{BE} = \dfrac{AC}{BC}$。②　　　　　　　　　　证毕 (Q.E.D)。③

　　　现在任取该圆周上的另外一点，例如点 H，它是 AH 和 BH 的交点。类似地，我们将有 $\dfrac{AC}{BC} = \dfrac{AH}{BH}$：

---

① 由 $\dfrac{AF}{CF} = \dfrac{CF}{BF}$，故 $\dfrac{AF - CF}{CF} = \dfrac{CF - BF}{BF}$，即 $\dfrac{AC}{CF} = \dfrac{BC}{BF}$。

② 前式 $\dfrac{AC}{FG} = \dfrac{BC}{BF} = \dfrac{AC + BC}{FG + BF} = \dfrac{AB}{BG}$。

后式 $\dfrac{AG}{BG} = \dfrac{AB + BG}{BG} = \dfrac{BC + BF}{BF} = \dfrac{CF}{BF} = \dfrac{EF}{BF} = \dfrac{AF}{EF} = \dfrac{AE}{BE} = \dfrac{AC}{BC}$，对该式后半部分，请注意 $\triangle AEF$ 中几个直角三角形的相似关系。

③ Q.E.D 是拉丁语 Quod Erat Demonstrandum 的简写，其英语字面含义为 "which was to be demonstrated (这就是要证明的)"，表示一个证明过程到此结束。类似的还有 Q.E.F，它是 Quod Erat Faciendum 的缩写，表示 "which was to be done (这就是所要做的)" 或 "which was to be constructed (这就是所要构造的)"。一般地，在 "定理 (theorem)" 证明结束之后使用 Q.E.D，在 "问题 (problem)" 求解完成之后使用 Q.E.F。此汉译本分别译为 "证毕" 和 "解毕"。伽利略原著在这里并未使用这两个术语，克鲁英译本有时会加上它们 (此汉译本亦然)，以表示求证过程完毕。

延长 HB，与圆周交于点 I，连接 IF。

由于我们已经证明 $\dfrac{AB}{BG} = \dfrac{BC}{BF}$，由此可得 $AB \cdot BF = BC \cdot BG = BI \cdot BH$，因此有 $\dfrac{AB}{BH} = \dfrac{BI}{BF}$。①

又 $\angle ABH = \angle FBI$，故有 $\dfrac{AH}{BH} = \dfrac{IF}{BF} = \dfrac{EF}{BF} = \dfrac{AE}{BE}$。

此外，我还要补充一点，在圆 CEG 内部或外部的任意一点，其与端点 A 和 B 相连得到的两条线段的长度之比，都不可能等于 $\dfrac{AC}{BC}$。

假设这是可能的。设 AL 和 BL 是这样的两条线段，二者交于圆外的一点 L，延长 LB 与圆周相交于点 M，连接 MF。

如果 $\dfrac{AL}{BL} = \dfrac{AC}{BC} = \dfrac{MF}{BF}$，那么我们将有两个对应边成比例的 [相似] 三角形 $\triangle ALB$ 和 $\triangle MFB$。

其中顶点 B 处的两个角相等 ($\angle ABL = \angle MBF$)；另两个角 $\angle FMB$ 和 $\angle LAB$ 都小于直角 (因为 M 处直角所对的边是整个直径 CG，而 BF 仅是它的一部分②；$\angle LAB$ 为锐角，是因为与 AC 对应的 AL，比与 BC 对应的 BL 要长③)。

由此可以得出，$\triangle ABL \sim \triangle MBF$，故 $\dfrac{AB}{BL} = \dfrac{MB}{BF}$，从而 $AB \cdot BF = MB \cdot BL$。前面已经证明 $AB \cdot BF = BC \cdot BG$，故 $MB \cdot BL = BC \cdot BG$，而这是不可能的。因此，交点 L 不

---

① "$AB \cdot BF = BC \cdot BG$" 的克鲁英译本文字是 "rectangle $AB \cdot BF$ is equal to the rectangle $BC \cdot BG$" 即 "矩形 $AB \cdot BF$ 等于矩形 $CB \cdot BG$"。其伽利略原文是 "il rettangolo ABF eguale al rettangolo CBG"，直译即 "the rectangle ABF equal to the rectangle CBG (矩形 ABF 等于矩形 CBG)"。因此，此处 $AB \cdot BF$ 并不能被看作一个单纯的乘积，而是视作以 AB 和 BF 为邻边的矩形之大小 (面积)。在后文中，译者将根据伽利略的行文，对是否译出 "矩形" 二字进行取舍。

② 此处是说：因为 $\angle CMG$ 是直角，所以 $\angle FMB$ 一定是锐角。

③ 根据 "三角形中大边对大角" 的性质 (《几何原本》第一卷命题 18)，由于 $AL > BL$，所以 $\angle LAB$ 是 $\triangle LAB$ 中的一个较小角，所以它必是锐角。

能落在圆的外面。

　　同理，也可以证明交点不能位于圆内，因此所有满足要求的交点都落在圆 F 上。①

　　现在，是时候回去满足辛普里丘的要求了②。我将向他表明，将一条线段分解成无数个点非但不是不可能的，而且这与将它分解成有限片段一样容易。但是要做到这一点我有一个前提，辛普里丘，我确信你不会拒绝我的要求，即：你不会要求我将每一个点彼此分开，并在这张纸 {92} 上一一向你展示。反过来，我会感到满意，即使你未将一条线段实际地分割成 4 个或 6 个片段，而只是向我展示分割的标记，或者最多是按照角度把它折叠成一个正方形或正六边形。我确信，这时你会认为线段的分割已经清晰地、实在地完成了。

　　辛普　我当然会同意你的要求。

　　萨尔　现在，当你改变线段折叠的角度，使其形成一个正方形、一个正 8 边形、一个正 40 边形、一个正 100 边形或是一个正 1000 边形；如果这一改变足以使线段实在地被分割成 4 个、8 个、40 个、100 个或 1000 个片段 (据你前面所说，这些片段原先只是潜在地存在于线段之中)；那么，难道我不可以同样正确地说，如果我把这条直线段弯成了一个无限正多边形，也就是圆形，我就已经实在地将它分割成了无数个片段了吗 (你在前面声称，它们是潜在地存在于拉直的线段中的)？

　　也没有哪个人可以否认，这种得到无数个点的划分，与将线段折成正方形从而分割成 4 个片段，或折成正 1000 边形从而分割成 1000 个片段，都一样地真实。因为，这一划分满足了把线段折成 4 个片段、1000

　　①这里用欧几里得几何方法证明所求的动点轨迹是一个圆，其过程是相当复杂的。若用解析几何进行证明，其过程将非常简单 (详见"翻译附录 C")。有意思的是，解析几何的发明者笛卡儿 (1596–1650) 和费马 (1601–1665) 与伽利略的生活年代有很大的重叠。1637 年，笛卡儿在其著作《方法论》的附录中提出了解析几何方法。读者大概还没有忘记本书是在 1638 年出版的。

　　②"辛普里丘的要求"在第43页，"将一条指定线段划分成无穷多个点"。

个片段或 100000 个片段的相同条件。当这样一个正 100000 边形置于一条直线之上时，与直线相接触的是正 100000 边形的一条边，也就是它的 100000 个片段之一；而圆形是具有无数条边的正多边形，它与同一条直线相接触的一条边，就是一个与其相邻的点都不相同的、单一的点，因而与其相邻点是截然分开的，就像正多边形的一条边相对于其相邻边一样。而且，当一个正多边形在平面上滚动时，它通过其各条边的连续接触，将在平面上标记出一条与其周长相等的直线段；一个圆也是如此，当它在这个平面上滚动时，它通过无穷多的连续接触得到的轨迹也是与其周长相等的一条直线段。

辛普里丘，我愿意从一开始就承认漫步学派 (Peripatetics)[①]的观点是正确的，即 [采用他们的分割方式] 一个连续的量只能被分成永远可以继续分割的部分，以至于无论怎么分割和再分割都不能到达终点。然而，我不敢肯定，他们是否愿意向我承认，虽然他们的分割中没有哪一个会是最后那一个 (这是确定的事实，因为永远都有"下一个")，但是确实存在一种最后的、终极的分割，它能够把一个连续量分解为无穷多个不可分量。

我承认，通过将一条线段连续地分割为越来越多的片段，的确是永远无法达到这一结果的。但是，如果他们采用我提出的分割方式，一挥而就地将之分解为无穷 (对我来说这无疑是个不容置辩的技巧)，我想他们应该会满意地承认，一个连续体 (continuum) 是由绝对不可分的"原子"组成的，特别是因为这种方法 (也许优于任何其他方法) 能够使我们避免许多错综复杂的谜题，比如前面已经提到的固体凝聚力，还有关于物体膨胀和收缩的问题；它让我们无须被迫去接受有异议的固体中存 {93}

[①]Peripatetics，旧译"逍遥学派"，即亚里士多德学派。此处指与伽利略观点相左的亚氏学说信奉者。公元前 335 年左右，亚氏在雅典吕克昂建立学园。吕克昂有一条有顶盖的走廊叫做 Peripatos，据说亚氏与其学生在此边散步边讨论哲学，因此这所学园被称为 Peripatekos，后人把这个学派叫做 Peripatetic School。800 多年后，所有古希腊学园在 529 年被信奉基督教的东罗马帝国皇帝查士丁尼封闭，灿烂辉煌的古希腊哲学就此宣告终结。

在 [大] 虚空的观点，与之相随的还有物体的可穿透性问题①。在我看来，这两种异议都是可以避免的，只要我们接受上述关于 [无穷多] 不可分组分的观点。

辛普 我不知道漫步学派会说些什么，因为你提出的大多数观点对他们而言都是新事物，也正因为如此我们必须考虑他们的看法。他们也有可能会找到回应这些问题的方式方法，但由于缺乏时间和思辨能力，目前我还无法做到。所以，现在暂且将漫步学派放在一边，我想听一听，这些不可分量的引入如何能够帮助我们理解收缩和膨胀，并同时避免了引入 [大] 虚空和物体的可穿透性。

萨格 我也想听一听，对这件事我也很感兴趣，它在我头脑中是极不清晰的。而且，我依然想听听刚才辛普里丘提议我们略过的内容，即亚里士多德提出的反对虚空存在的理由，以及你对此必须提出的反驳论证，因为你对漫步学派否定的东西是认可的。

萨尔 我两者都会谈一谈。对于第一个问题②，利用小圆跟着大圆滚动一圈时，小圆描绘出的直线段要大于其自身周长，我们可以解释膨胀的产生；完全类似地，为了解释收缩，我们将指出，当大圆跟着小圆滚动一圈时，大圆描绘出的线段要小于其自身周长。为了更好地理解这一点，我们先考虑在两个正多边形的情况下会发生什么。

{94}

采用与之前类似的图形，围绕公共中心 L 构造出两个正六边形 ABC 和 HIK，并让它们分别在平行线 HM 和 Ac 上滚动。首先保持顶点 I 固定，让小六边形滚动③，直到边 IK 落在 HM 上；在这个过程中，点 K 的运动轨迹是圆弧 $\overset{\frown}{KM}$，而边 IK 将与 IM 重合。

---

①此处的"虚空"当指可分的有限 [大] 虚空。随后将讨论物质的膨胀与压缩，其背后还是以"亚里士多德悖论"形式呈现的"无穷"和"连续性"问题。

②即如何利用"不可分量"理解收缩和膨胀。伽利略将用图1.6解释膨胀，用图1.11解释压缩。对他来说，其关键在于引入"无穷多的无穷小虚空"。这个解释"不正确"，但很有创造性。第二个问题实际上是辛普里丘的问题B3。

③图1.5是大六边形带动小六边形滚动，图1.10是小六边形带动大六边形滚动。

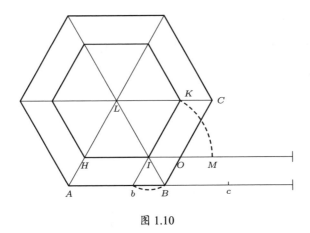

图 1.10

让我们来看看，与此同时大六边形的边 BC 发生了什么。因为整个滚动是围绕点 I 进行的，所以线段 IB 的端点 B 向后移动，其运动轨迹是线段 Ac 下方的圆弧 $\overset{\frown}{Bb}$。于是，当小六边形的边 KI 与线段 MI 重合时，大六边形的边 BC 将与线段 bc 重合，它前进的距离只有 Bc，因为它往回退缩了线段 BA 的一部分，这一部分正对着圆弧 $\overset{\frown}{Bb}$。

如果我们让小多边形继续滚动，它将沿 HM 描绘出一条等于自身周长的线段；而大多边形描绘出的线段将会比自身周长要短，缩短的距离是线段 bB 长度的多边形边数减 1 倍，因而整条线段与小多边形描绘的线段基本相等，仅仅相差长度 bB。

现在我们可以毫不费力地看到，当大多边形被小多边形带动着滚动时，由前者的各条边描绘出的线段不比后者经过的线段更长。那是因为，大多边形的每条边都与其上一条邻边经过的线段部分地重叠。

接下来，让我们考虑两个在点 A 处同心，并分别位于与它们对应的平行线上的圆；小圆与对应平行线的切点是 B，大圆的切点则是 C。当小圆开始滚动时，点 B 不会在直线上稍作停留，而线段 BC 将带着点 C 向后运动。在正多边形的情形中，点 I 保持静止，直到 KI 边与 MI 边重合，同时 IB 带着端点 B 后移直至点 b；于是，边 BC 落在 bc 上，导致在 BA 上产生一个重叠段 Bb，因此实际的前移量 Bc 等于 MI，即等于小六边形的边长。由于这些等于大六边形与小六边形的边长之差的 {95}

重叠，大六边形每次实际前进的长度都等于小六边形的一条边长；而在一个完整的滚动过程中，这些实际前进的长度得到一条线段，其长度等于小六边形的周长。

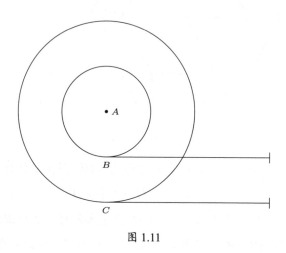

图 1.11

但是，如果以同样的方式考察两个圆的滚动，我们必须注意到：任何多边形所包含的边，其数量都是有限的，而圆中包含的边的数量是无限的；前者是有限的、可以分割的，后者是无限的、不可分割的。对于多边形来说，其所有顶点都会在一定的时间间隔内保持静止，该时间间隔与滚动一周的总时间之比，等于正多边形的边长与其周长之比。

而对于圆来说，它的无限多个顶点中的每一个，其停留时间都只不过是一瞬间 (因为一个有限时间间隔内的一个瞬间，相当于一条含有无限个点的直线段上的一个点[1])。在滚动过程中，大六边形的一条边的倒退距离不等于其边长，而只是等于大六边形和小六边形的边长之差，其净前进量等于小六边形的边长。而对于圆来说，在小圆停顿于 B 的瞬间，大圆上点 C 或"边" C 后退的长度，等于其与 B 处"边长"之差，

[1] 可见，伽利略把瞬间对应于直线上的独立的、不可分的点，从而可以用一条连续的线段来表示连续的时间，其中的"瞬间"是无穷多的。这对本书"第三天"关于运动的研究而言是非常重要的。中世纪欧洲的自然哲学家们在研究运动时，速度都是"跳跃"的，而非"瞬时"的。伽利略花了很长时间才摆脱这一传统。

因此其净前进量等于 [点] B 本身。

概言之，在小圆的无限多个顶点的无限多个停留瞬间，大圆的无限多的、不可分的"边"作了无限多次的、不可分的后退，以及无限多次的前进 (其数目等于小圆的无限多的"边")。我要说，所有这些都加起来可以得到一条线段，这与小圆 (它自身包含无穷多的无限小 [不可分] 重叠 [infinite soprapposizioni non quante]) 所描绘出的线段相等。据此可以生成一个致密化或者收缩过程，而且其中无需任何有限部分的互相穿透 [penetrazione di parti quante]。①

如果将一条线段划分为若干有限片段，我们就无法获得上述结果，{96}
对于任意正多边形的各条边，它在展开成一条直线时，除非这些边互相重叠和穿透，否则是不可能缩短的。

我认为，这种无限多的无穷小组分的收缩 (无须求助于有限部分的相互穿透)，以及前面提到的无限多的、不可分割组分的膨胀 (其方式是插入不可分割的虚空 [l'interposizione di vacui indivisibili])，是关于物体的收缩和膨胀所能说的唯一内容，除非我们放弃物质的不可穿透性，并求助于有限大小的虚空。②

对于我说的这些，如果你们发现了任何有价值的东西，愿你们能够善加利用！如果觉得没有价值的话，就连同我的评论一起当作是闲聊吧。但是，你们一定要记住，我们是在探究无限的和不可分割的事物。

---

①伽利略此番解释是比较难懂的，译者只能猜测他的想法，以下理解仅供参考。在图1.10中，我们可以显然地看到"有限部分"的相互穿透 (penetration) 或部分重叠 (superposition)。但在图1.11中，由于"有限"变成了"无限"，其性质也完全不同了 (这"是我们的想象力无法把握的"，第45页)。大圆虽然也是既"后退"又"前进"，但由于它是通过无穷多的、**不可分**的"点"和"虚空"来完成的，因此相应的"重叠"或"穿透"也是完全不同的。

②译者不能理解伽利略所设想的"膨胀"和"收缩"是一种什么样的**物理**过程。他的数学原子论 (见第30页脚注) 本身就是较难理解的。这并不令人惊讶，因为科学家们普遍接受和理解"原子"的真实存在，已经是 20 世纪初的事情。我们现在所理解的原子既不是"无限"，也不是"不可分割"，一个原子的"边界"也是不确定的。

萨格 我坦率地承认，你的想法非常精妙，它使我感到非常新奇。不过，自然界是否真的按照这样的规律运行，事实上我是无法确定的。但是，在我找到更令人满意的解释之前，我愿意紧紧地抓住这一个。或许，辛普里丘可以告诉我们一些我尚未听到过的东西，即如何理解那些[信奉亚里士多德的]哲学家们对收缩和膨胀这一深奥问题的解释。到目前为止，我读过的[他们所写的]关于收缩的解释是如此的厚重 (dense)，关于膨胀的解释又是如此的轻薄 (thin)，以至于我这可怜的脑袋既无法穿透 (penetrate) 前者，也无法抓住 (grasp) 后者。①

辛普 我感觉一片茫然，对两种解释都充满困惑，尤其是这个新解释。因为根据这个理论，一盎司黄金可以不断地变稀薄，以至于膨胀得比地球还要大；反过来，地球又可以被不断压缩，以至于缩小得比核桃还要小。这是我所不能相信的，我想你自己也不会相信它。你上面提出的论点和论证都是数学的和抽象的，与具体物质相去甚远。所以我认为，当被应用于实在的自然世界时，这些理论是不适用的。②

萨尔 我不能让不可见的事物变得可见，我想你也不会提这样的要求。不过，既然你提到了黄金，感官不是告诉我们，金属可以极大地延展吗？我不知道，你是否曾经观察过熟练的金匠所采用的拉伸金丝 (实际上只有表面是金，内部材料是银) 的方法。其拉伸方法是这样的：③

{97}

取一个圆柱状或杆状的银棒，其长约半腕尺，宽约 3 或 4 指。然后，

----

①这里括号里的四个单词都带点"双关"。物质越压缩就越厚重 (dense)，从而也就越难穿透 (penetrate，又有"洞察"之意)；物质越膨胀就越轻薄 (thin)，从而也就越难抓住 (grasp，又有"领悟"之意)。

②辛普里丘提出了一个新的问题 C1，即：萨尔维亚蒂的理论意味着物质可以无限地膨胀和压缩，而这在现实中是不可能发生的。后文萨尔维亚蒂将利用现实中的例子解释"几乎无限扩展"是可能的，而相反的过程则是"理智"可以想象的 (见第71页)。但在此之前，他将先"离题"去证明三个几何命题。

③抽象的数学，以及无限小的原子和虚空都不可见，但黄金的延展是可见的。接下来，萨尔维亚蒂将介绍金匠的镀金过程，并利用几何方法"证明"，黄金在这个过程中可以极大地延展。

他们用金箔覆盖银棒，这种金箔是如此之薄，以至于几乎能够悬浮在空中，它被裹上不超过 8 层或 10 层。如此裹上金箔之后，他们以极大拉力使银棒穿过金属拉丝模板的圆孔，并反复地让它穿过越来越细的小孔；经过很多次穿孔拉伸之后，他们把它变成跟女士的头发丝那样细，甚至比头发丝还要纤细。然而，它的整个表面依然是裹上黄金的。

现在请你想象一下，黄金中的物质已经延展到了什么程度，它又达到了何等细微的尺度。

辛普 我看不出这个过程会产生你所说的结果，即黄金中的物质变得惊人的稀薄。第一，最初所裹的 10 层金箔的厚度是可以被感知到的；第二，因为在银棒被拉伸的过程中，它的长度是增加了，但同时其厚度也成比例地减小，由于一个维度补偿了另一个维度，所以在整个包裹黄金的过程中，黄金的面积并不会如此大幅度地增加，从而其稀薄程度不必降至超过最初的金箔。

萨尔 辛普里丘，你大错特错了，因为黄金的表面会随着长度的平方根而增加，这一事实我可以用几何方法证明。

萨格 请为我们给出证明，不仅是为了我自己，也是为了辛普里丘，如果你认为我们可以理解的话。

萨尔 我要看看能不能立刻就想起它来。首先，最初的粗银棒和最后极细极长的拉伸银线，显然是两个体积相同的圆柱体，因为它们含有相同的白银。所以，如果我确定了相同体积的圆柱体的表面 [积] 之比，问题就会得到解决。接下来，我要说： {98}

若忽略上下两个底面，两个等体积圆柱体的表面积之比，等于其长度之比的平方根 (subduplicated ratio)。[①]

[①]设圆柱体的上下底面半径为 r，高为 h。读者不难根据圆柱底面积 $S_{底} = \pi r^2$、侧面积 $S_{侧} = 2\pi rh$ 和体积 $V = \pi r^2 h$ 这三个公式证明此一命题。相比伽利略在这里提供的几何证明，用"代数公式"证明显然要简洁得多。

取两个等体积的圆柱体，高度分别为 AB 和 CD，线段 EE'[①]是二者的比例中项 $\left[\text{即} \dfrac{AB}{EE'} = \dfrac{EE'}{CD}\right]$。那么我说，略去每个圆柱体的底面，圆柱体 AB 与 CD 的表面积[②]之比等于 $\dfrac{AB}{EE'}$，也就是等于 $\sqrt{\dfrac{AB}{CD}}$。

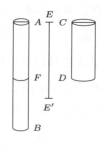

图 1.12

在 F 处截断圆柱体 AB，使 $AF = CD$。

因为相等 [体积] 圆柱体的底面积与其高度成反比[③]，故有 $\dfrac{\text{圆柱体}CD\text{底面积}}{\text{圆柱体}AB\text{底面积}} = \dfrac{\text{高度}AB}{\text{高度}CD}$。又因为圆 [面积] 正比于其直径上的正方形 [面积]，故有 $\dfrac{(\text{圆}C\text{直径})^2}{(\text{圆}A\text{直径})^2} = \dfrac{AB}{CD}$。

但 $\dfrac{AB}{CD} = \dfrac{AB^2}{EE'^2}$[④]，故以上四个平方数构成比例 $\left[\dfrac{(\text{圆}C\text{直径})^2}{(\text{圆}A\text{直径})^2} = \dfrac{AB^2}{EE'^2}\right]$，其平方根亦然，即 $\dfrac{AB}{EE'} = \dfrac{\text{圆}C\text{直径}}{\text{圆}A\text{直径}}$。

又，由于圆的直径与其周长成正比，等高圆柱体的圆周长与其侧表面积成正比，故 $\dfrac{\text{圆柱体}CD\text{侧表面积}}{\text{圆柱体}AF\text{侧表面积}} = \dfrac{AB}{EE'}$。

现在，$\dfrac{\text{圆柱体}AF\text{侧表面积}}{\text{圆柱体}AB\text{侧表面积}} = \dfrac{AF}{AB}$，$\dfrac{AB}{EE'} = \dfrac{\text{圆柱体}CD\text{侧表面积}}{\text{圆柱体}AF\text{侧表面积}}$，故由调动比例的等距比性质[⑤]，有 $\dfrac{AF}{EE'} = \dfrac{\text{圆柱体}CD\text{侧表面积}}{\text{圆柱体}AB\text{侧表面积}}$。

[①]原书此处是以单个字母 E 表示该线段。《几何原本》亦经常以单个字母表示线段。此处为照顾年轻读者的习惯，改用 EE' 表示。在本书表示长度的辅助几何线段中，凡是带上标 "$'$" 的字母均为译者所加。

[②]由于这个 "表面积" 不包括底面，为避免混淆，以下统一记作 "侧表面积"。

[③]参见欧几里得《几何原本》第十二卷命题 15。

[④]这是由线段 EE' 是 AB 和 CD 的比例中项得到的，见 "翻译附录 B"。

[⑤]此处伽利略原文是 "per la perturbata (for the perturbed)"，其完整说法当是 "ex aequali con la proporzione perturbata (equdistance of perturbed ratios，调动比例的等距比)"，统一译作 "调动比例的等距比性质"。其含义详见 "翻译附录 B"。

从而有 $\dfrac{\text{圆柱体}AB\text{侧表面积}}{\text{圆柱体}CD\text{侧表面积}} = \dfrac{EE'}{AF}$，也就是等于 $\dfrac{EE'}{CD} =$

$\dfrac{AB}{EE'} = \sqrt{\dfrac{AB}{CD}}$。 证毕。

如果我们将上述结果应用于前面讨论的情形，并假设用于裹金的银制圆柱体的长度仅为半腕尺，直径是 3 根或 4 根拇指那么粗。我们将会发现，当它被拉伸至细如发丝并且长达 20000 腕尺 (甚至可以更长)，它的表面积将至少达到原来的 200 倍。因此，对于银柱表面裹着的 10 层金箔，其表面积也将至少增加到原来的 20 倍。这让我们确信，在如此之长的银丝表面，黄金的厚度不大于一层常规金箔厚度的 $\dfrac{1}{20}$。现在请想一想，它一定达到了怎样的细微程度呢？除了设想其组分的大幅度膨胀之外，是否可以有其他方式来实现这一过程？另外，请想一想，这一实验是否表明，物质实体是由无限小的、不可分割的粒子组成？这一观点还得到了其他更显著、更确凿的事实的支持。[①] {99}

萨格 这一证明是如此漂亮，即使没有达到最初想要的说服力 (但对我来说，它是非常有力的)，花在它上面的少量时间也是最愉快的。

萨尔 既然你如此喜欢这些几何证明，而它们又能带来不一样的收获，我将为你提供上述命题的一个姐妹定理 [compagna]，它能够回答一个非常有趣的问题。

在上面，我们已经看到了不同高度或长度的等体积圆柱之间的关系。现在让我们来看看，那些表面积相等、高度不相等的圆柱体之间存在什么样的关系。请注意，这里所说的表面积只包括圆柱体的侧表面，而不包括其上底面和下底面。这个定理是：

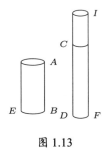

图 1.13

具有相等侧表面积的圆柱体 [的体积] 与

[①] 关于物质的大幅度膨胀，萨尔维亚蒂将列举多个例子，见后文第71页。

其高度成反比。[1]

设两个圆柱体 AE 和 CF 的侧表面积相等，且后者的高度 CD 大于前者的高度 AB，如图1.13。那么我说：$\dfrac{\text{圆柱体}AE\text{体积}}{\text{圆柱体}CF\text{体积}} = \dfrac{CD}{AB}$。

{100}

由于圆柱体 CF 与 AE 的侧表面积相等，可知圆柱体 CF 的体积小于圆柱体 AE 的体积。其原因是，如果二者体积相等的话，根据前一个命题，圆柱体 CF 的侧表面积将超过圆柱体 AE 的侧表面积；如果圆柱体 CF 比圆柱体 AE 的体积更大的话，对应的表面积之差也会更大。

取圆柱体 ID 的体积等于圆柱体 AE 的体积。由前一命题，$\dfrac{\text{圆柱体}ID\text{侧表面积}}{\text{圆柱体}AE\text{侧表面积}} = \dfrac{\text{高度}IF}{IF\text{与}AB\text{的比例中项}} = \sqrt{\dfrac{IF}{AB}}$。

由于本问题的一个出发点是"圆柱体 AE 侧表面积等于圆柱体 CF 侧表面积"，又由于 $\dfrac{\text{圆柱体}ID\text{侧表面积}}{\text{圆柱体}CF\text{侧表面积}} = \dfrac{IF}{CD}$，故 CD 是 IF 和 AB 的一个比例中项 $\left[\dfrac{IF^2}{CD^2} = \dfrac{IF}{AB}\right]$。

又由于圆柱体 ID 与圆柱体 AE 的体积相等，故它们与圆柱体 CF 的体积之比相等。而 $\dfrac{\text{圆柱体}ID\text{体积}}{\text{圆柱体}CF\text{体积}} = \dfrac{IF}{CD}$，因此有：$\dfrac{\text{圆柱体}AE\text{体积}}{\text{圆柱体}CF\text{体积}} = \dfrac{IF}{CD} = \dfrac{CD}{AB}$。   证毕。

这解释了普通人总是感觉神奇的一个现象。设想我们有一块边长不相等的矩形布料，并以常用的木板为底，制成用来装谷物的麻袋。当采用布料的短边作为麻袋的高，并以其长边围住木制底面时[2]，它所能够容纳的东西比用另一种方法制作的麻袋要多。举例来说，设一块面料的一边是 6 腕尺，另一边是 12 腕尺，以 12 腕尺围住木质底面、以 6 腕尺

---

[1]圆柱体的侧面积公式为 $S_{\text{侧}} = 2\pi rh$，故其体积公式为 $V = \pi r^2 h = \dfrac{S_{\text{侧}}^2}{4\pi h}$。由此很容易得到这一命题的结论。

[2]其含义是以布料的长边作为底面的周长。这里可能默认底面为圆形。

为高制成一个麻袋，以 6 腕尺围住木质底面、以 12 腕尺为高制成另一个麻袋，前者比后者可以容纳的物体更多。

根据上面证明的性质，我们不仅可以知道哪一个麻袋装得更多这个一般性的事实，还可以获得关于具体多出多少的信息，即：当麻袋的高度减小时，其容积成比例地增加，反之亦然。因此，在上面的例子中，若矩形布料长边是短边的 2 倍，故以其长边为高制成的布袋的容积，将只有另一种布局所得容积的一半。类似地，如果我们有一块 7 腕尺宽、25 腕尺长的垫子，并用它制成一个篮筐，那么，当缝合处位于其长边时，与缝合处位于其短边时相比，前者的容积只有后者的 $\frac{7}{25}$。 {101}

萨格 非常高兴，我们能够继续由此获得新的有用信息。关于刚才讨论的主题，我确信在那些尚不熟悉几何的人群中，你很难从 100 个人中找出 4 个，在最初接触它时不会犯错误，即认为具有相同表面积的事物，在其他方面也将是相等的。

说到面积，还有一个类似的常见错误：人们试图通过测量边界线的长度，来确定各个城市的大小，却忘记了边界线长度相等的两个城市，其中一个的面积可以远远大于另一个。而且，这一结论不仅适用于不规则平面，也适用于规则平面：当周长相等时，边数较多的正多边形总是比边数较少的正多边形具有更大的面积；因此，对于所有周长相等的正多边形，最终是圆的面积最大，因为它包含的边数是无穷多的[①]。我记得曾经特别满足地看到过相关证明，那是在我借助饱学之士的注释学习萨克罗伯斯科的著作《论天球》时。[②]

[①]此处借助萨格雷多之口，提出了等周长正多边形的最大面积问题。在伽利略的科学思想中，圆依然具有特殊的意义。例如他仍然认为圆周运动是一种自然运动，他对"行星轨道是椭圆"这一结论似乎并不认同 (其原因可能是，他认为观察结果与真实之间是有误差的，就像他本人的那些实验结果一样)，虽然他跟开普勒在捍卫哥白尼体系这件事情上有很多共同语言。伽利略对此处命题的解答，还是建立在"圆是无穷正多边形"的基础之上。

[②]《论天球》(*Tractatus de Sphaera*) 是约翰内斯·萨克罗伯斯科 (Johannes de Sacrobosco，约 1195–1256) 的天文学著作，据说它是第一本被印刷出版的天文学著作

萨尔 说得很对！我也见到过同一段文字，它向我启发了一种方法，由此只要通过简短的论证就能够证明：在所有周长相等的正多边形中，

{102}　　圆是面积最大的[①]；对于其他 [等周长] 正多边形而言，边数较多时的面积要大于边数较少时的面积。

萨格 我特别喜欢那些精选的、不寻常的定理和证明，所以恳请你让我们听听你的证明。

萨尔 我将简短地证明以下定理：

圆的面积是两个相似正多边形之面积的比例中项，其中一个正多边形外切于圆，另一个则与圆的周长相等；另外，圆的面积小于任何外切正多边形，大于任何等周长的正多边形；而且，在那些外切正多边形中，边数较多者的面积比边数较少者的面积要小，而另一方面，在等周长的正多边形中，边数较多者的面积较大。

令 A 和 B 为两个相似的正多边形，其中 A 外切给定的圆，而 B 与该圆等周长。那么，该圆的面积将是这两个正多边形面积的比例中项。

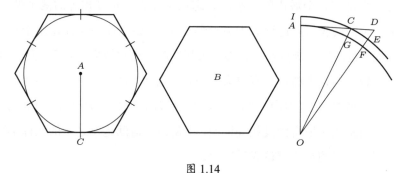

图 1.14

用 AC 表示圆的半径，我们知道圆的面积将等于一个直角三角形的面积，这个三角形的一条直角边等于圆的半径

(1472 年)。16 世纪时，耶稣会大学者克里斯托佛·克拉维于斯 (Christopher Clavius, 1538–1612) 仍在使用这本著作，这里的"饱学之士"就是指克拉维于斯。

[①]请读者注意，这里并不是要证明"圆是所有等周长平面图形中的面积最大者"，后者的严格代数证明要等到此后 200 多年才会出现。

AC，另一条直角边等于圆周长。[①]

类似地，我们知道正多边形 A 的面积也等于一个直角三角形的面积，这个三角形的一条直角边与 AC 的长度相同，另一条直角边等于该多边形的周长。[②] {103}

由此，根据假设显然可以得到：

$$\frac{\text{正多边形}A\text{面积}}{\text{圆面积}} = \frac{\text{正多边形}A\text{周长}}{\text{圆周长}} = \frac{\text{正多边形}A\text{周长}}{\text{正多边形}B\text{周长}}$$

又由于正多边形 A 和 B 是相似的，所以有：

$$\frac{\text{正多边形}A\text{面积}}{\text{正多边形}B\text{面积}} = \frac{(\text{正多边形}A\text{周长})^2}{(\text{正多边形}B\text{周长})^2}$$

于是 [由以上两式可知]，圆的面积是正多边形 A 的面积和正多边形 B 的面积之比例中项。[③]

又由于正多边形 A 的面积大于圆，故显然圆的面积要大于它的等周长正多边形 B，由此可知圆是所有等周长正多边形中面积最大的。

现在，我们来证明上述定理的其余部分，即：在圆的外切正多边形中，边数较少者的面积要大于边数较多者的面积；而另一方面，在等周长的正多边形中，边数较多者的面积要大于边数较少者的面积。

作以 O 为圆心、OA 为半径的圆的切线 AD。

[①]若用公式表示，即圆的面积 $S = \pi r^2 = \frac{1}{2} \cdot 2\pi r \cdot r = \frac{1}{2} \cdot$ 周长 $\cdot$ 半径。

[②]即，正多边形的面积 $= \frac{1}{2} \cdot$ 正多边中心到任一条边的距离 $\cdot$ 正多边形周长。

[③]这是因为：$\dfrac{\text{正多边形}A\text{面积}}{\text{正多边形}B\text{面积}} = \dfrac{(\text{正多边形}A\text{面积})^2}{(\text{圆面积})^2}$。参见本书"翻译附录 B"。

在该切线上，截取 AD 表示外切正五边形边长的一半，截取 AC 表示圆外切正七边形边长的一半。作直线段 OGC 和 OFD，再以 O 为圆心、OC 为半径作圆弧 $\overparen{ECI}$。

现在，由于 $\triangle DOC$ 的面积大于扇形 EOC 的面积，而扇形 COI 的面积大于 $\triangle COA$ 的面积，可知：

$$\frac{\triangle DOC\text{的面积}}{\triangle COA\text{的面积}} > \frac{\text{扇形}EOC\text{的面积}}{\text{扇形}COI\text{的面积}} = \frac{\text{扇形}FOG\text{的面积}}{\text{扇形}GOA\text{的面积}}$$

由合比性质，再由更比性质可得：

$$\frac{\triangle DOA\text{的面积}}{\text{扇形}FOA\text{的面积}} > \frac{\triangle COA\text{的面积}}{\text{扇形}GOA\text{的面积}} \text{。}①$$

从而有：$\dfrac{10 \times \triangle DOA\text{的面积}}{10 \times \text{扇形}FOA\text{的面积}} > \dfrac{14 \times \triangle COA\text{的面积}}{14 \times \text{扇形}GOA\text{的面积}}$。

也就是：$\dfrac{\text{外切正五边形的面积}}{\text{圆面积}} > \dfrac{\text{外切正七边形的面积}}{\text{圆面积}}$。

由此可知，该正五边形的面积大于该正七边形的面积。

现在，让我们假设正七边形和正五边形都具有与给定圆相同的周长，那么我说：该正七边形的面积将大于该正五边形的面积。

{104}
[由前可知] 圆的面积是其外切正七边形和等周长正七边形的比例中项，类似地圆面积也是其外切正五边形和等周长正五边形的比例中项。

又，前面已经证明圆外切正五边形的面积大于外切正七边形，可得：$\dfrac{\text{外切正五边形的面积}}{\text{圆面积}} > \dfrac{\text{外切正七边形的面积}}{\text{圆面积}}$。

于是：$\dfrac{\text{圆面积}}{\text{等周长正五边形的面积}} > \dfrac{\text{圆面积}}{\text{等周长正七边形的面积}}$。②

因此，正五边形 [面积] 要小于等周长正七边形。 证毕。

---

① $\dfrac{\triangle DOC\text{的面积} + \triangle COA\text{的面积}}{\triangle COA\text{的面积}} > \dfrac{\text{扇形}FOG\text{的面积} + \text{扇形}GOA\text{的面积}}{\text{扇形}GOA\text{的面积}}$。

② 读者若把前述两个比例中项的比例表达式写出，不难得到这一结果。

萨格 真是一个非常高明而优雅的证明！不过，我们怎么陷入几何了呢？最初我们是在讨论辛普里丘提出的反对意见啊！这些意见很是值得考虑，特别是那个关于压缩的反对意见，它令我感到特别困难。[①]

萨尔 如果收缩和膨胀是相反的运动，那么对于每一种大幅度的膨胀，就应该可以找到一种大幅度的收缩。我们每天都能看到大幅度的膨胀，它们还几乎是在瞬间发生的，这更加令我们感到惊讶。想一想，极少量的火药在爆发成巨大的火焰时，其膨胀幅度是多么的巨大啊！再想一想，它产生的光亮几乎是无限扩展的！假如焰火和光亮重新结合(它的确不是不可能的，因为不久之前，它们还位于一个狭小的空间中)，这一收缩幅度得有多大啊？

通过观察，你可以发现上千个那样的膨胀过程。它们比收缩过程要容易观察得多，这是因为对于我们的感觉而言，稠密的物质更加明显和易于感知。我们可以感知到木头，看到火和光在其中升起，但是，我们并不能看到它们重新结合成木头。对于水果、花朵以及其他上千种固体，我们可以感知到它们的大部分被分解成各种芳香的气味，但是，我们观察不到这些有香味的原子重新聚合在一起，形成有香味的固体。[②] {105}

然而，感官无法发挥作用的地方，理智就需要占有一席之地。因为对于极稀薄、极稀疏的物质凝结时所涉及的运动，理智能够让我们非常清晰地理解它，如同我们对固体的膨胀和分解的理解那样地清晰。而且，我们是在努力试图发现，在无须引入虚空和承认物质的可穿透性时，膨胀和收缩在能够发生此类变化的物体中是如何产生的。这并没有排除，有可能存在不具有此类特性的材料，因而就不会产生那些你们认为引起麻烦和不可能存在的现象。

---

①指第62页辛普里丘不相信"地球又可以被不断压缩"等内容，即问题C1。伽利略的如椽之笔，又借萨格雷多之口从漫长的"题外话"中回到这个话题。

②彼时人们还远没有形成"分子"概念。由此处可见伽利略似乎认为原子(彼时认为是不可分割的)有很多种，这不同于恩培多克勒和亚里士多德的"四元素说"，而更接近德谟克利特的原子论，见第22页相关脚注。

辛普里丘，为了你们这些哲学家，我绞尽脑汁地在否认物质的可穿透性和不引入虚空的前提下 (可穿透性和虚空这两个性质是你们所拒绝和厌恶的)，终于寻找到了一种对膨胀和收缩如何发生的解释。如果你愿意承认这些困难[1]，我也不会那么强烈地反对你。然而，你要么承认这些困难，要么接受我的观点，要么提出更好的建议。

萨格 在否认物质的可穿透性方面，我完全同意漫步学派哲学家的观点。关于虚空，萨尔维亚蒂，我想详细听听亚里士多德反对它们的证明，以及你对他的反驳。辛普里丘，请给我们讲讲亚里士多德的确切证明。萨尔维亚蒂，请给我们讲讲你的答复。[2]

辛普 根据我的记忆所及，亚里士多德猛烈抨击了此前的一种古老观点，即虚空是运动的必要前提，在没有前者时后者就不能发生。我们即将看到，为了反对这一观点，亚里士多德证明了正是运动这一现象让虚空的概念站不住脚。他的方法是把论证分为两种假设情况。首先，他假设不同重量的物体在相同的介质中运动；之后，他假设同一个物体在不同的介质中运动。[3]

{106}　　在第一种情况下，他认为在某一相同的介质中，不同重量 [gravità] 的物体将以不同的速度运动，而且其速度与重量 [gravità] 成正比。因此，举例来说，如果一个物体的重量是另一个物体的 10 倍，前者运动的速度就是后者的 10 倍。

在第二种情况下，他认为在不同的介质中，同一物体的运动速度，与这些介质的密实度 [grossezze o densità][4] 成反比。因此，举例来说，如

---

[1]可能是指允许物质具有可穿透性以及允许存在"有限"虚空，因为这是信奉亚里士多德的人们所不认可的。

[2]三位对话者终于要开始讨论问题 B3 (第30页)。接下来由辛普里丘替漫步学派辩护，而萨尔维亚蒂将作出全面反驳，萨格雷多只是偶尔插话。

[3]辛普里丘首先提出亚里士多德的两个学说 D1 和 D2，分别对应于同一介质、不同重量的物体和不同介质、同一物体的下落运动。

[4]密实度 (克鲁英译本为 density，其现代含义是密度) 与稀疏度 (rarity) 相对。伽利略并没有现代的密度概念，故译者把它翻译为"密实度"以示区分。不过，他具

果水的密实度是空气的 10 倍，物体在空气中的运动速度就是在水中的 10 倍。

　　根据第二种假设，他论证说：因为虚空的稀薄性 (tenuity) 与任何介质 (无论这种介质中所充满的物质是多么地稀疏) 都有无限大的差别，因此，在含有物质的介质中以一定时间通过一定空间的任何物体，都应当在一瞬间通过一个虚空；但是，瞬间运动是不可能之事。因此，由于运动的存在，虚空是不可能存在的。

　　萨尔　如你所见，这是一种针对个人的论证 (argument *ad hominem*)，即它是针对那些认为"虚空是运动的必要前提"的人们[①]。那么，即使我承认这个论证是定论性的，并承认运动不可能在虚空中发生，有关绝对存在的、不与运动发生关联的虚空的假设，并不会因此而无效。

　　但是，说到那些古人可能会如何反驳亚里士多德，从而更好地理解他上述论证的确凿程度，在我看来，我们可以全部否定他的两种假说。

　　对他的第一个见解，我非常怀疑，亚里士多德是否通过实验证实了它的正确性：设有两块石头，其中一块重量是另一块的 10 倍，在同一时刻让它们从 100 腕尺的高度下落，二者的速度竟然会如此地不同，以至于当重的那一块到达地面时，另一块下落的高度还不超过 10 腕尺。

　　辛普　他的用词似乎表明他尝试过这个实验，因为他说"我们看到重物"，其中"看到"这个词表明他做过了这种实验。

　　萨格　但是，辛普里丘，我曾经做过实验，可以向你保证，如果都　　{107}

有与现在相似的"比重"概念，比 (ratio) 是他擅长的数学工具。

　　[①] *ad hominem* 的汉译是依据其字面含义 "to the person (针对某人)"。此处是说，亚里士多德的论证仅仅对那些相信"虚空是运动的必要前提"的古人才是有效的，他实际上并没有论证"绝对的、与运动无关的真空"并不存在。"argument *ad hominem*" 在当时实际上是指这样一种证明对手观点谬误的方式：根据对手的假设进行推理，得到对手本人都没法接受的结论，但后者又无法从逻辑上进行反驳。如此一来，论证者无须亮出自己的观点，就可以驳倒对手。这种论证方式恰恰是伽利略本人常用的 (译者在第75页的脚注中指出了一个实例)。

从 200 腕尺高度开始下落，一枚重 1 磅的炮弹或重 200 磅的炮弹，或者哪怕是更重的炮弹，与一颗只有半磅重的火枪子弹相比，前者都不会提前一拃的距离到达地面。

萨尔　然而，即使没有更多实验 [esperienze]，我们也可以通过一个简短的、定论性的论证清楚地证明：较重的物体并不会比较轻的物体运动得更快，只要这两个物体都是由同一种材料构成的，或者简言之，只要它们如同亚里士多德所说的那样①。辛普里丘，请告诉我，你是否认为，每一个落体都按照自然法则获得确定的速度，除非由于外部力量 [violenza] 或阻力，否则该速度是不会增加或减少的。

辛普　这是毫无疑问的，同一个物体在同一种介质中的运动有其固定的速度。该速度是由大自然决定的，除非给予新的动量 [impeto]②，否则它不会增速，或者除非有所阻碍，否则它不会减速。

萨尔　那么，我们取两个自然速度不同的物体，如果把它们结合起来，显然速度快的物体会被速度慢的物体拖得慢一些，速度慢的物体会被速度快的物体拉得快一些。你不同意我的这个观点吗？

辛普　你毫无疑问是对的。

萨尔　但如果这是真的，设一块大石头的速度是 8，一块小石头的速度是 4，当它们被绑在一起时，整个运动速度将小于 8。③然而，二者被绑在一起时所得的石头，要比之前那块速度为 8 的大石头重；前述结果就意味着，较重物体的运动速度要慢于较轻的物体，而这个结果与你的假设正好相反。所以你看，根据你关于较重的物体比较轻的物体运动

{108}

---

①伽利略在讨论亚里士多德的观点 D1 时，大部分情况下是针对**材料相同**而重量不同的物体，但也有例外。

②这个 impeto，既可译作"冲力 (impetus)"，亦可译作"动量 (momentum)"。

③现在的速度单位是"米/秒 (距离/时间)"，伽利略所处的时代没有这样的速度概念。这里 4 和 8 的单位都是抽象的 degree of speed (速度的"度")，相当于说"速度是 4 度"和"速度是 8 度"。后文均应仿此理解。参见第 188 页脚注。

得更快的假设，我如何推断出更重的物体会运动得更慢。[①]

辛普 我茫然不知所措了。因为在我看来，如果小石头被绑到大石头上，后者的重量就会增加，我不能理解在增加重量之后为什么不会加快速度，至少不应该减慢速度。

萨尔 辛普里丘，你在这里又犯了错误，因为说小石头会让大石头重量增加的说法是不正确的。

辛普 这个确实远超出了我的理解力。

萨尔 只要我把你所犯的错误指出来，它就不会超出你的理解力了。请注意，必须区分在运动中的和静止的同一个重物。将一块大石头放在天平上，我们若再放上一块石头，所得重量会有所增加；不仅如此，我们哪怕在其上放一把麻线，所得重量也会根据麻线的份量增加 6 或 10 盎司[②]。然而，如果你把麻线拴在石头上，并让它们从某个高度自由落下，你认为石头的运动会因为麻线向下压它而加速，还是会因为麻线局部向上的阻力而有所减慢？

当重物落在某人肩上，他因此去阻止重物的运动时，他总能感觉到肩上的压力。但是，如果他以重物的自然速度与重物一起下落，它又怎么能够向他施加重量或压力呢？你难道不认为这与下面的情形相似吗？

[①] 此处伽利略运用了一次"argument *ad hominem*"。他从辛普里丘（亚里士多德）的"大石头运动得更快""小石头运动得更慢"的假设出发，得到了"更大的石头运动得更慢"的结论，这一结论是辛普里丘本人既无法接受也未能反驳的。这里给出了一个非常著名，也非常精彩的思想实验。思想实验也是伽利略的一种重要论证武器。有人认为，这个思想实验的潜在逻辑问题是：大石头和小石头绑在一起，到底能不能视为"一块"更大的石头？但是，这一问题并不会影响伽利略在本书中的整个论证（argument *ad hominem* 只是论证的"否定"部分，即推倒别人的结论），他后面的论证并不依赖于此。他正确地认识到（陈述自己的观点），在自由落体过程中，大石头和小石头是不会相互作用的（现代表述：大石头和小石头都处于完全失重状态。因而从某种意义上来说，它们是否连成一体是一个没有意义的问题）。接下来，萨尔维亚蒂就要论证这一点。

[②] 在静止状态下，添加任何有重量的物质都可以让大石头的称重增加。

当你试图用一根长矛去刺一个人时，他远离你的速度却等于 (甚至超过) 你追赶他的速度。

因此，你必须得出结论，在自由的自然下落过程中，小石头不会压在大石头上，从而也不会像在静止时那样增加大石头的重量。

{109}　　**辛普**　但是，如果我们把大石头放在小石头的上方呢？

　　萨尔　如果大石头运动得更快，它的重量就会增加。但是，前面我们已经得出结论，如果小石头运动得更慢，它将在一定程度上阻碍大石头的运动，因此二者的组合 (其重量比大石头更重) 将以较小的速度运动，而这个结论与你的假设相反。由此，我们可以推断，比重相同的大物体和小物体将以相同的速度运动。

　　辛普　你的讨论确实令人钦佩。然而，我还是很难相信，一颗鸟枪子弹的下落速度会跟一枚加农炮弹一样快。

　　萨尔　你应该说，一颗沙粒的速度会跟一个石磨一样快。不过，辛普里丘，我想你不会像其他许多人那样，他们将讨论从主要意图中转移开去，却紧紧抓住我的只有一丝错误的表述，并用这一丝错误去掩盖他们的另一个大如缆绳的错误。亚里士多德说，"一个重 100 磅的铁球从 100 腕尺的高度落下，当它到达地面时，另一个重 1 磅的铁球下降的高度还不足 1 腕尺"。而我说，它们是同时到达地面的。在做这个实验时，你会发现，大铁球会比小铁球快 2 根手指的宽度。也就是说，大球到达地面时，小球离地面只有 2 根手指的宽度。你们却把亚里士多德的 99 腕尺藏在这 2 根手指的后面，只提及我的小小错误，同时对他的极大错误保持沉默。[①]

　　[①]如果伽利略真在比萨斜塔上做过自由落体实验，我们可以根据这段论述想象一下实验的过程和结果。伽利略让两个重量不同的、**材料相同**的小球同时从同一高处降落，结果小球比大球晚了那么 (可观察到的) 一点点到达地面。那些信奉亚氏学说的哲学家们虽然也看到了那"一点点"，却依然会选择相信亚氏，而不会认可大球和小球同时落地。几乎毋庸置疑的是，伽利略的两个小球在实验中没有同时落地，否则他在这里的描述当是另一番情景。而毋庸置疑的是，伽利略没有当众在比萨斜塔

76

亚里士多德宣称，在同一介质中，不同重量 [gravità] 的物体 (只要它们的运动取决于重量 [gravità]) 将以与其重量 [peso] 成正比的速度运动①。他对此的说明，考虑的是它的运动可以视为纯粹的、绝对的重量 [peso] 效应的物体，而未考虑其他因素的影响；比如说物体的形状和一些极小的作用力，它们强烈依赖于介质，并且能够改变重量 [gravità] 自身的简单效应。由于它们的存在，我们可以观察到，当黄金 (它是所有物质中密实度最大的) 被制成一片金箔时，它就能够在空气中飘浮。当石头被磨成非常细小的粉末时，也会发生同样的事情。然而，如果你要维持命题的普遍性，你就必须证明，速度大小之间的比值，对于所有重物都是一致的，并且必须证明，20 磅重的石头的运动速度是 2 磅重的石头的 10 倍。而我认为后者是错的，我认为当它们从 50 腕尺或 100 腕尺的高处同时下落时，它们将会在同一时刻落地。 {110}

辛普 如果物体不是从数腕尺处下落，而是从数千腕尺处下落时，结果可能会有所不同。

萨尔 如果这是亚里士多德的意思，你将要指责他犯了另一个错误，甚至可以说是一个谎言。因为在地面上没有这样的竖直高度，所以很明显他不可能做过这样的实验。然而，他却希望给我们一种他做过这一实验的印象，因为谈到这一结果时他说可以"看到"它。

辛普 事实上，亚里士多德并没有采用这一原理 [来反对虚空]，而

上同时释放一个铅球和一个铁球 (或一个木球)。

① 由于译者想不出对应的术语，在不致混淆的情况下，对有所差异的两个术语 gravità 和 peso 一般都译为"重量"，必要时附上伽利略原文。gravità (gravity) 现代含义是"重力"，但不宜把它译为"重力"。因为在牛顿之前尚没有近代重力概念，事实上连"力"的概念都未确立。gravity 的"古典"含义是物体自身的"重性"，亚里士多德认为它是导致物体向地球中心运动的原因，在其学说里是与 levity (轻性，参见第90页脚注) 相对的概念。peso 与现在的"重量"意义相近，对同一物体它是可以变化的。当物体自由下落时，gravità 是其原因且维持不变，而 peso 则消失了 (现在说"质量"维持不变，但"失重"了)。此处几句话中同时出现了 gravità 和 peso，请读者区分它们的含义 (可尝试把 gravità 理解为"重性")。

是采用了另一原理①。我相信，后者并不会遇到类似的困难。

萨尔 但这个原理与上述原理一样是错误的。而让我感到惊讶的是，你看不出其中的错误，你也没有意识到，如果它是正确的，即对于具有不同密实度和阻力的介质，以水和空气为例，同一物体在空气中要比在水中运动得更快，二者的比值等于空气与水的稀疏度 [rarità, rarity] 之比，那就可以得出一个结论：任何可以在空气中下落的物体，也都能在水中下落。但是，这个结论是错误的，因为许多在空气中会下落的物体，在水中非但不会降落，反而是要上浮的。

辛普 我不明白你上述推理的必要性。另外我想说，亚里士多德只讨论那些在两种介质中都下落的物体，而不是那些在空气中下落但在水中上浮的物体。

萨尔 你为亚里士多德提出的论证，是他自己一定会避免的，否则 {111} 会加重他的第一个错误②。请告诉我：水或者任何其他阻碍运动的介质，与阻力较小的空气相比，其密实度③是不是具有确定的比值？如果是这样的话，请根据自己的喜好任意指定一个固定的值。

辛普 这一比值确实存在，让我们假设它是 10。那么，对于在这两种介质中都下落的物体，其在水中的速度将只有在空气中的 $\frac{1}{10}$。

萨尔 现在我要研究一个在空气中下落但在水中上浮的物体，比如一个木球。请你给它在空气中下落的速度指定任意一个值。

辛普 让我们假定它的 [下落] 运动速度是 20。

萨尔 很好。那么，显然这个速度与某个较小速度之比，可以等于水与空气的密实度之比，而这个较小的速度就是 2。如果我们严格遵循

---

① "这一原理"是指亚里士多德的观点 D1，"另一原理"则指观点 D2。前面辛普里丘确实是用观点 D2 来论证的，而萨尔维亚蒂首先反驳的是观点 D1。

②这是指亚里士多德的观点 D1。辛普里丘的上述说法将导致 D1 出现矛盾。

③这个"密实度"的伽利略原文是 corpulenza，克鲁英译本为 density (密度)，德雷克英译本为 materiality (物质性)。

亚里士多德的说法，我们应该得出结论，由于空气的阻力只有水的 $\frac{1}{10}$，所以在空气中速度为 20 的木球，在水中应该是以 2 的速度下落，而不应该是从底部浮到水面上来。除非你打算回应说，木球在水中的上浮，与它以速度 2 下落是一样的。我想你是不会这样做的。既然木球不会下落，我想你会同意我的下述看法，即我们可以找到由另一种非木头材料制成的球，它会以速度 2 在水中下落。

辛普 毫无疑问我们可以做到。但它必须是一种比木头要重很多的材料。①

萨尔 这正是我所需要的。如果这第二个球是以速度 2 在水中下落，那么它在空气中的下落速度应该是多少？如果你坚持亚里士多德的规则，你必须回答说，它的运动速度是 20。但是，20 是你本人已经为木球设定的速度。因此，木球与另一个较重的球将以相同的速度在空气中运动。如此一来，亚里士多德该如何协调这个结果与他的第一个结果②，即不同重量 [gravità] 的物体应以不同的速度在同一介质中运动，其速度与它们的重量 [gravità] 成正比？

即使不对这个问题进行更深入的探讨，你怎么会没有注意到那些常见而且明显的性质呢？难道你没有观察到，两个在水中都下落的物体，如果一个的速度是另一个的 100 倍，那么它们在空气中下落的速度几乎相等，前一个不会比另一个快 $\frac{1}{100}$。举个例子，如果一个大理石做的"鸡蛋"在水中下落的速度比母鸡下的蛋快 100 倍，那么当它们在空气中从 20 腕尺的高度下落时，后者在前者落地时离地面只有四指宽。简言之，一个在水中要花上三小时才能下落 10 腕尺的重物，在空中降落 10 腕尺只需一两次脉搏跳动的时间；而如果重物是一个铅球，那么相 {112}

---

① 伽利略原文是 materia notabilmente più grave (substance considerably heavier，重很多的材料)，实质上是指材料"比重"更大，而不是"重量"更大。这跟我们在汉语口语里的非正式表达相近。本书还有类似表述，请读者注意其实际含义。

② 指亚里士多德的观点 D1，这里比较的是不同材料的物体。参见第74页脚注。

比它在空气中下落 10 腕尺所需的时间，它在水中将轻易地以不到 2 倍的时间下落 10 腕尺。

辛普里丘，我确信你在这里是没有理由提出争议或反对的。因此，我们得出结论，这一论证并不能反对虚空的存在；即使它可以，它也只能排除具有显著尺寸的虚空的存在。我不相信，古人也不相信 (在我看来) 自然界存在这一类虚空，虽然它们可能会由于受到强力 [violenza] 而生成 (各种实验都可以表明这一点，但此处对它加以描述会占用太多的时间)。

萨格　既然辛普里丘不说话，我就趁机说几句。你已清楚地证明，在同一介质中，不同重量的物体的 [下落] 运动速度不与它们的重量成正比，而是以相同的速度运动，前提当然是它们是同一种物质或至少具有相同比重。而对于比重不同的物体显然不应该如此，因为我想你很难{113}让我们相信，一个软木球和一个铅球的下落速度是一样的。此外，既然你也已清楚地证明，在阻力不同的介质中，同一物体运动的下落速度并不是与阻力成反比，那么，我很好奇此时实际观察到的比值是什么。[①]

萨尔　这些问题很有趣，而我对它们已经思考过很多。我将向你们介绍我的思考方法和最终得到的结论。在明确了命题"同一个物体在不同介质中的 [下落] 速度，与介质的阻力成反比"以及命题"在同一介质中，不同重量的 [同一种] 物体 (对于仅是比重不同的物体，也是适用的) 的 [下落] 速度与其重量成正比"都不正确之后，我开始结合这两个事实，去研究不同重量 [gravità] 的物体在阻力不同的介质中会发生什么。

我发现，它们在阻力更大 (即更难压缩) 的介质中的速度差异会更大。这种差异是如此地大，以至于在空气中下落速度几乎没有差别的两个物体，当它们在水中下落时，其中一个的速度可以是另一个的 10 倍。

[①]此处提出了两个问题：比重不同的物体在同一介质中的速度应该不一样 (问题 E1)；同一物体在不同介质中的下落速度之比如何 (问题 E2)。接下来，萨尔维亚蒂对问题 E1 的回答刚开了个头，就转移到其他话题上去了。

而且，一些在空气中下落很快的物体，当被置于水中时非但不会下沉，反而会保持静止，甚至会上浮到水面。我们可以找到一些木材，比如说树结和树根，它们在水中保持静止，在空气中则迅速下落。[①]

萨格 我曾经多次以极大的耐心，试图将沙粒加入一个蜡球中，以使它的比重与水相同，从而可以在这一介质中保持静止。但尽管我费尽心力，却从未做到这一点。事实上，我不知道是否有哪一种固体物质，它的比重在本质上极其接近于水的比重，从而将它放在水中任何地方都能保持静止。

萨尔 在这一点上，动物是胜过人的，就像在上千种其他活动中一样。对于你的这个问题，你可以从鱼身上学到很多东西，它们不仅可以非常熟练地在一种水体中保持平衡，而且在各种自身本性显著不同的水体中，或者在因外在的浊度、盐度等而产生显著变化的水体中，它们也都能够做到。事实上，鱼可以如此完美地保持平衡，以至于它们可以在任何位置都保持静止。我认为，它们是通过大自然特别提供的一种器官做到这一点的，也就是一个位于身体内部的气囊，该气囊通过一条狭窄的管道与鱼嘴连通；它们由此能够根据需要排出气囊内部的部分空气，或是在需要上浮到水面时吸入更多空气。于是，它们能够随心所欲地让自己变得比水更重或更轻，或在水中保持平衡。 {114}

萨格 我用另一种装置骗过我的一些朋友，我曾向他们吹嘘说，我能做出一个在水中保持平衡的蜡球。在一个容器的底部，我加了一些盐水，在其上又加上一些淡水；随后，我向他们展示，蜡球可以静止在上述水体的中部，而且在蜡球被按到底部或拎到水面时，它都不会停留在这些位置，而是会返回到中部。

萨尔 这个实验并不是没有用处的。当医生在测试不同水的各种性质时，特别是测量它们的比重时，他们就可以采用这样一种小球，经过

[①]问题 E1 涉及"比重不同"这一话题。接下来"离题"讨论了比重的调节问题，特别是如何调节水的比重，以及如何使物体的比重与水相等。

调节后，它在某一种水中可以既不上升也不下沉。之后，在测试另一种水时，只要其比重稍有不同，小球就会在水较轻时下沉，在水较重时上浮。这个实验非常精确，以至于在 6 磅水里加入两粒盐，就足以使原先沉在底部的小球上浮到水面。

为了进一步表明这个实验的精确性，也为了明确地证明水对分割没有阻力，我想补充说：这种可观测的比重差异，不仅可以通过溶解一种较重的物质产生，还可以通过仅是加热或冷却产生；而且，水对这个过程是如此地敏感，以至于只要向 6 磅水中加入 4 滴另一种温度稍高或稍低的水，就能使上述小球下沉或上浮。当加入的是温水时，小球会下沉；

{115} 当加入的是冷水时，小球会上升。现在你们可以看到，那些哲学家们是多么地错误，他们认为水的各部分之间具有黏性或其他某种内聚力，从而提供了对水体进行分割和穿透的阻力。①

萨格 关于这个问题，我在我们院士 [伽利略] 的一篇论文中找到了许多令人信服的论证②。但是，其中有一个我自己无法摆脱的巨大顾虑，即，如果说水的粒子之间没有黏性或内聚力，那些大颗粒的水珠，为什么可以轮廓分明地驻留在大白菜叶子上，而不是四散开去？

萨尔 虽然那些掌握真理的人可以解决所有异议，但我不会冒称自己具有这样的能力。然而，也不能因我的无能而蒙蔽了真理。首先，我得承认，我并不明白这些大水珠为什么能够聚成一团地驻留。然而，我比较明确地知道，这不是由于水中粒子之间的内在黏性在起作用，因而其原因必然来自外部。除了那些已经展示的、可以证明不是内因在起作用的那些实验，我还可以提供另一个非常有说服力的实验。

如果是由于内因导致水粒子在空气的包围中维持液滴状态，那么，对于另一种介质，如果水滴在其中的下落能力要小于空气，那么水粒子

---

①萨尔维亚蒂又回到了水的内聚力问题，见第16页。于是，萨格雷多很快利用日常现象 (水球"驻留在大白菜叶子上") 提出反驳，由此继续把话题引到别处。

②指伽利略 1612 年的《论水中的物体》，参见第16页相关脚注。

在被该介质包围时，应该更容易维持液滴状态。这种介质可以是任何一种比空气重的液体，比如说酒。于是，如果把一些酒倒在这样一滴水的周围，酒的平面应该不断上升，直到水滴完全被包住，而被内聚力聚合在一起的水粒子永远都不会分开。但是，事实并非如此。因为一旦酒接触到水滴，后者很快就会分散和展开至酒的底部 (如果是红酒的话)，而不可能等到被全部覆盖。

由此可见，水滴成型的原因是外在的，而且有可能在包围它的空气中找到。正如我在下述实验中观察到的那样，空气和水之间看上去确实存在一种显著的对抗作用。

取一个玻璃球，其开口跟一根秸秆差不多粗，我向里面灌满水，之后让它开口朝下。水很重，因而倾向于往下掉，空气很轻，因而倾向于穿过水向上升，然而水却拒绝从开口处下落，空气也拒绝从开口处上升。相反地，二者维持着不变和对抗的姿态。另一方面，一旦我把一杯红酒放在那个开口处，虽然它只比水轻一点点，几乎难以察觉，我们却能够立刻观察到红色线条慢慢地在水中上升且不会混合，直到最后玻璃球中装满了红酒，而水则全部进入到下面的容器中。①

{116}

因此，除了说水和空气之间存在我尚不能理解的某种不相容性 [dis-convenienza]，我们还能说什么呢？但是，可能……

辛普 想到萨尔维亚蒂对使用"憎恶 [antipatia]"这个词表现出极大的憎恶 [antipatia]，我几乎要笑出来了。然而，这个词确实非常适用于解释这里的难题。②

---

①这个实验结果看起来有点不可思议，人们多半会以为红酒和水会混合到一起。著名科学史专家柯瓦雷 (1892–1964) 正是由此怀疑伽利略从没有做过这个实验，而只是在耳闻以后进行了想象和加工。但实际上该实验是可以重复的。

②萨尔维亚蒂的用词是 disconvenienza，克鲁英译本译为 "incompatibility (不相容性)"。辛普里丘的用词是 antipatia (antipathy，憎恶)。它们都有 "不相亲、不相容"之意。术语 sympathy (同情) 和 antipathy (厌恶) 可以追溯到恩培多克勒的 "爱 (love)"与 "争 (strife)"，被彼时的哲学家们用来解释很多自然现象，而伽利略认为这是 "某些哲学论证软弱无力的一个有趣例证"，因为用它们来解释，跟什么都没说没有任

萨尔 好吧，如果辛普里丘喜欢，就用"憎恶"这个词来解释我们的难题吧。[①]

让我们从这个题外话回到刚才讨论的问题。我们已经看到，不同比重的物体，在阻力最大的介质中运动速度差异也最大。因此，在水银介质中，黄金不仅仅比铅更快沉到容器底部，事实上它是在水银中唯一会下落的物质，所有其他金属和石头都会上浮到水银的表面。而另一方面，对于用金、铅、铜、斑岩和其他重物质制成的小球，它们在空气中下落速度的差异是如此之小，以至于在从100腕尺高处开始的下落运动中，一个金球肯定不会比一个铜球超前四指宽的距离。注意到这一点之后，我得出结论：在一种完全没有阻力的介质中[②]，所有物体都会以相同的速度下落。

辛普 这是一个不同凡响的结论，萨尔维亚蒂。但是，我永远都不会相信，一绺羊毛和一块铅会以同样的速度下落，即使是在虚空中，如果在其中运动可以发生的话。

萨尔 别急着下结论，辛普里丘。你的反驳并没有那么深奥难解，我也没有那么轻率莽撞，以至于会让你以为我没有研究过它，也没有找到适当的解答。因此，为了替我自己辩护，也为了给你启发，请听听我将要说的话。

我们面对的问题是，确定不同重量的物体在无阻力的介质中如何运动，此时它们的速度差异仅仅是由于重量的不同。由于只有一种不含任何气体以及其他物体 (无论它有多么稀薄和容易被压缩) 的空间，能

{117}

何区别。参见《关于两大世界体系的对话》"第三天"临近结束时的一个边注，周煦良等把 antipathy 译为"反感"，相应地把 sympathy 译为"同感"。

[①]对于叶子上可以形成漂亮的水滴，伽利略归因于水与空气互不相容。现在把它归因于"表面张力" (一种内因)。在失重状态下，水滴可以呈现完美的球形。

[②]"完全没有阻力的介质"只能是真空。不过，现在并不把"真空"称为一种"介质 (medium)"。举个例子，现在的初中物理课本会说"声音的传播需要介质"，而真空是不能传播声音的。所以，请读者注意这一术语与其现代含义的区别。

够为我们的感官提供所需的证据，而我们并不拥有这样的空间。因此，我们需要去观察在最稀薄的、阻力最小的介质中会发生什么，并与更密实、阻力更大的介质进行比较。

倘若我们发现这样的事实，即：对于比重不同的各个物体，当介质越容易被压缩时，其运动速度之间的差异就越小；而且，最终我们发现，当介质极其稀薄时，虽然还不是绝对的虚空，物体的比重也千差万别，它们的运动速度差异却非常之小，几乎到了不可感知的地步。那么，我们就有理由相信，在虚空中，极可能所有物体都以相同的速度下落。[①]

那么，让我们考虑一下在空气中会发生什么。为了让材料具有明确的形状而且非常轻，想象有一个充气的气囊。在空气这种介质中，气囊内部的空气没有重量或是几乎没有重量，因为只有少量空气可以被压缩进去。因此，整个气囊只是其外皮有重量，而且是很小的，还达不到与气囊大小相同的铅球的 $\frac{1}{1000}$。辛普里丘，现在如果我们让这两个物体从 4 或 6 腕尺的高度自由降落，你认为铅球会超前气囊多远？你应该可以确信，铅球的速度达不到气囊速度的 3 倍，甚至达不到 2 倍，尽管你可能认为它应该是 1000 倍。

辛普　在最初的 4 或 6 腕尺，也许是会像你说的那样。但是，在下落运动持续了很长一段时间后，我相信铅球会把气囊甩在后面，其差距可能不止占到整个距离的 $\frac{6}{12}$，甚至可以是 $\frac{8}{12}$ 或 $\frac{10}{12}$。

萨尔　我非常同意你的观点。我也不会怀疑，当下落距离很长时，铅球可能已经走了 100 英里，而气囊只走了 1 英里。但是，我亲爱的辛普里丘，你用来反对我的命题的这一现象，恰恰可以证明我的命题。让我再一次解释一遍，对于比重不同的物体，我们观察到的速度差异不是由于比重不同引起的，而是取决于外部环境，特别是取决于介质的阻

{118}

[①]这就部分地回答了萨格雷多的问题 E1：在没有阻力时，比重不同的物体下落速度相等。随后将讨论有阻力的同一介质如何影响物体的下落速度。

力。因此，如果阻力被全部去除，所有的物体会以相同的速度下落①。

而我主要就是从你刚才承认的事实中推断这一结果的。这一事实非常正确，即，对于重量差别很大的物体，当下落距离不断增大时，它们的速度差异也越来越大。在速度只取决于比重时，这一事实是不会发生的。因为物体的比重一直维持不变，因而所经过的距离之间的比值也应该保持不变，但事实是这个比值随着运动的持续而不断增加。因此，当从 1 腕尺的高度下落时，一个极重的物体相比一个极轻的物体不会超前整个高度的 $\frac{1}{10}$；但是当从 12 腕尺的高度下落时，重物可能会超前 $\frac{1}{3}$；从 100 腕尺的高度下落时，重物则可能会超前 $\frac{90}{100}$；等等。

辛普 很好。但是，按照你自己的论证逻辑，对于比重不同的物体，重量的差异不会让速度比值 [随着下落距离] 发生变化，因为它们的比重没有发生变化。那么，对于我们也认为保持不变的介质来说，它又怎么可能引起这些物体的速度比值发生变化呢？

萨尔 你对我的这个反驳非常聪明，所以我必须面对它。我首先要说的是，一个重物具有一种固有的倾向，即不间断、均匀地加速朝向重

---

①克鲁英译本此处是 all bodies would fall with the same velocity，而德雷克英译本是 all movables would move with the same degrees of speed。伽利略的原文为 tutti i mobili si moverebber con i medesimi gradi di velocità，其中 gradi 对应 degrees。

德雷克对此处克鲁英译本的单数耿耿于怀，他甚至说就是因为这个误译，才决定要重新翻译一个英文版！他认为，这句话对于理解伽利略的物理和数学至关重要，如果"速度"被译为单数，就会掩盖伽利略论证过程的精髓，也会掩盖其两个无穷集合中的元素"一一对应"的数学思想。他的这个观点是很有道理的，因为萨尔维亚蒂在下一次发言中，就开始讲匀加速运动。当没有任何阻力时，所有物体不是以某一个相同的速度下落，而是在无穷多个时间点或空间点具有对应相同的速度。中文"速度"不分单复数形式，故难以体现出上述差别。因此请读者注意，后文凡是在说两个下落物体速度相等时，都应作如是观。当然，也有人对德雷克的意见提出质疑，其理由之一是，为什么伽利略同时代的人们没有看出来这一点？译者以为这个问题不难回答：确实没几个人真读懂了。毕竟康托尔 (1845–1918) 用"一一对应"来研究无穷已是 200 多年后的事了。

物的公共中心运动，也就是朝向地球的中心运动，因此，在相同的时间间隔内，它将获得相同的动量 [momenti]①增量以及速度增量。我们必须知道，当所有外在的、偶然的阻碍被移除时，这一点都会成立。但是，在一切阻碍中，有一种是永远不能被移除的，也就是下落物体必须穿透和向四周推开的 [空气] 介质。

这种安静的、易压缩的、流动的介质，以阻力的形式反抗穿过它的运动，这一阻力与物体推开它的速度成正比②。而对于物体来说，正如我刚才说过的，其本性是要不断地加速，所以它将遇到来自介质的越来越大的阻力，从而它获得速度增量的速率要不断减小；最后，它的速度达到这样一个点，此时来自介质的阻力变得如此之大，以至于二者之间达到一个平衡，使得物体不再有任何进一步的加速，从而物体的运动变为一种匀速运动，其速度将一直维持一个恒定值。因此，在这个过程中介质的阻力增加了，这不是由于介质的本性发生了变化，而是由于介质向四周扩散的速度发生了变化，只有这样才能为不断加速的下落物体提供通道。

{119}

注意到，空气对动量极小的气囊的阻力非常之大，对重量极大的铅块的阻力又非常之小。我由此相信，如果这一介质被完全移除，气囊的获益将非常之大，而铅块的获益将非常之小，二者的速度将变为相等。假定这一原理成立，即在一种对运动速度没有阻碍的介质中，无论是由于虚空或其他什么原因，所有下落物体都将获得相等的速度；那么，我们相应地就能由此确定，在充满物质从而具有阻力的相同或不同介质中，相同或不同的物体的 [下落] 速度之比。③

---

①伽利略的动量 (momento/impeto，momentum) 概念与现在的 mv 具有类似的含义，是质量和速度二者的共同作用 (其代数表示就是"乘积")。伽利略在本书中没有提出 mv 这样的表达式。由于他一般只比较同一物体的动量大小，因而物体的动量实际上与物体的速度是等价的。参见第209页相关译注。

②现在的观点是，物体在空气中下落时，所受阻力并不与其速度成正比，而是在一定速度范围之内更接近于与速度的平方成正比，即 $f = kv^2$。

③萨尔维亚蒂的以上定性讨论基本正确，以下定量讨论则不符合实际。此处的这

为了得到这一结果，我们需要考察有多少重量的介质被运动物体的重量推开 (下落物体的重量被用于给自身开路以及将介质推开，而这在虚空中是不会发生的，因此在虚空中不会因为比重差异而产生速度的差别)。而我们知道，介质的影响相当于要从下落物体的自重中减去它排开的介质重量[①]，因此，通过将下落物体的速度 (在无阻力的介质中，我们假定它们是相等的) 按相应的比例减小，就可以实现我们的目标。

{120} 因此，举例来说，设想铅的重量是空气的 10000 倍，而乌木只是空气重量的 1000 倍。这两种物体在无阻力的介质中具有相等的下落速度。但是，当介质是空气时，它将让铅球的下落速度减少 $\frac{1}{10000}$，让乌木的下落速度减少 $\frac{1}{1000}$，即 $\frac{10}{10000}$。因此，让铅球和乌木从任意给定的高度下落，当空气的阻碍效果都被移除时，它们将在相等的时间落地，但是在空气中，铅球的下落速度将失去 $\frac{1}{10000}$，而乌木则失去 $\frac{10}{10000}$。换句话说，如果我们将初始高度平分为 10000 份，铅球会比乌木提前 10 份，或者毋宁说是提前 9 份到达地面。因此，如果是从 200 腕尺的高塔上面下落，铅球比乌木只会超前不到四指，这难道不是很清楚吗？

乌木的重量是空气的 1000 倍，而上面说的充气气囊的重量只是空气的 4 倍。因此，空气使乌木固有的自然速度 [naturale velocità][②]减小 $\frac{1}{1000}$，而对气囊来说，如果没有阻力，其固有的自然速度也是一样的，但它在空气中会减少 $\frac{1}{4}$。所以，当乌木从塔上掉落到地面时，气囊只走过整个距离的 $\frac{3}{4}$。铅的重量是水的 12 倍，而象牙的重量只是水的

句话里同时涵盖了问题 E1 和 E2。

[①]即落体自重的一部分被用于推开介质，从而不能全部用于使自身加速。这里的表述实质是阿基米德定律，它是流体**静力学**的重要原理，而这里伽利略考虑的显然是动力学问题，因此实际情况不大可能跟他的论述相符。但是，与亚里士多德的学说相比，伽利略无疑前进了一大步。另外，伽利略在这里给出的各种速度比值，极有可能并没有经过他本人的实验验证。

[②]"自然速度"当指物体在虚空中的下落速度。另，此处对速度的比较，当是针对下落运动同时开始之后"一一对应"的"同一时刻"，见第86页相关脚注。

2 倍。如果完全没有阻力，铅球和象牙的下落速度相等，但在水中的铅球的速度将减少 $\frac{1}{12}$，象牙的速度则减少 $\frac{1}{2}$。因此，铅球在水中降落 11 腕尺时，象牙在水中只降落 6 腕尺。我相信，利用这一原理，我们将看到，相比亚里士多德的学说，我们的计算结果与观察结果更接近。[①]

通过类似的方式，我们可以求出同一物体在不同的流动介质中的速度之比，不是通过比较介质的不同阻力，而是通过考察物体超过介质的比重。因此，举例来说，[等体积的] 锡是空气重量的 1000 倍，是水重量的 10 倍，那么，如果我们将锡在没有阻力时的 [下落] 速度平分为 1000 度，空气将夺去其中 1 度，从而使其在空气中的速度变为 999，而其在水中的速度将变为 900。这是因为，水使其重量减少了 $\frac{1}{10}$，而空气则只是使其重量减少了 $\frac{1}{1000}$。

再以一种比水略重的固体为例，比如说橡木。设一个橡木球的重量是 1000 德拉克马 (drachm)，等体积的水重 950 德拉克马，等体积的空气重 2 德拉克马。如果该球在没有阻力时的运动速度是 1000 度，那么很明显，它在空气中的速度将是 998，但在水中的速度将只有 50，这是因为水减少了橡木球重量的 $\frac{950}{1000}$，所以只剩下 50。因此，这一固体在空气中的运动速度几乎是在水中的 20 倍，因为它和水的比重之差等于其自身比重的 $\frac{1}{20}$。 {121}

另外，这里我们必须考虑这样一个事实，只有那些比重大于水的物质才能在水下沉，这些物质的比重一定是空气的数百倍。因此，当试图计算它们在空气中的速度与在水中的速度之比时，我们可以假设空气不会显著地降低它们在未受阻力时的重量，因而不会显著降低它们在无阻力条件下的速度，这一假定不会引起可以感知的误差。

[①]这个表述非常有意思，它表明伽利略不像当时的哲学家那样追求"绝对真理"，一种学说只要能接近于事实，就应该说它是一种更好的学说。此处以上是"定量"计算比重不同的物体在同一种介质中的下落速度，以下才是利用"类似的方式"回答萨格雷多的问题 E2。

在很容易地计算出它们超出水的重量之后，我们就可以说它们在空气中的速度与其在水中的速度之比，[约] 等于它们在未受阻力时的重量与其超出水的重量之比。例如，一个象牙球重 20 盎司，等体积的水重 17 盎司，那么，象牙球在空气中的速度与其在水中的速度之比大约就是 20∶3。

萨格　在这个真正有趣的课题上，我终于取得了长足的进步，而我此前的长久努力都是徒劳的。为了将这些理论变得实用，我们只需要再找到一种方法，用来确定空气相对于水以及其他重物的比重。

辛普　但是，如果我们发现空气具有轻性 [leggerezza] 而不是重性 [gravità]①，那么，对于在其他方面非常巧妙的上述讨论，我们又该说些什么呢？②

萨尔　那我得说，上述讨论是空洞的、无用的和微不足道的。但是，你能怀疑空气有重量吗？你拥有亚里士多德的明确证言，他说除了火以外，所有元素都有重量，包括气在内③。作为证据，他引用了一个事实，{122} 充气的皮囊要比放气后的皮囊更重④。

辛普　我倾向于认为，我们所观察到的充气皮囊的增重，不是由于空气的重性，而是由于在我们的低空区域内，空气中混合了许多浓稠的水蒸气。我认为是由于这个原因，皮囊的重量才增加了。

萨尔　我希望你没有这么说，更希望你不会借亚里士多德之口来说

---

①轻性 (levity 或 lightness) 是与重性 (gravity) 相对的概念。它是古希腊人想象的一种可以让物体自发上升的力量。直到 19 世纪，依然有人在争论它是否存在。这里的 gravità (gravity)，我们把它翻译为"重性"。参见第77页相关脚注。

②由于物体在介质中的运动速度与比重有关，而空气是最常见的介质，因此上面萨格雷多提出了测量空气比重的话题。而辛普里丘则提出了问题 F1：空气应该是具有轻性而不是重性。在一番讨论之后，萨尔维亚蒂将给出空气比重的测量方法。

③亚里士多德在《论天》中说："除火之外，所有物体都有重；除土之外，所有物体都有轻 (all the elements except fire have weight and all but earth lightness)。"

④参见中文版《亚里士多德全集》第六卷《问题集》中的"气方面的问题"。

出它。这是因为：如果他希望通过实验来说服我元素气有重量，并对我说，"拿一个皮囊，向其中充满浓蒸汽，然后观察它的重量是如何增加的"；我将回答说，"如果装上米糠，皮囊会加重更多"，然后再补充说，"这只能证明米糠和浓蒸汽很重，但关于气有没有重量，我仍然有跟之前一样的疑问"。

然而，亚里士多德本人的实验是好的，他的命题也是正确的。但是，我不能对另一种论断说出同样的话，它是由一位哲学家提出的，我一时记不起他的名字。但我确信曾经读过他的论证，他说空气的重性要比轻性更多，因为相比让轻物上升，空气更容易让重物下降。

萨格　真是有趣！那么，根据这个理论，空气要比水重得多。因为所有重物在空气中比在水中更容易下落，所有轻物在水中比在空气中更容易上浮，而且，有无数的重物以及无数的材料在空气中下落但在水中上浮。

但是，辛普里丘，关于皮囊的重量是因为浓蒸汽还是纯空气的问题，它并不影响我们的问题，即在我们的充满蒸汽的大气层中，研究物体将如何运动。现在回到我更感兴趣的那个问题上来，为了使我对这个问题有更全面和透彻的认识，不仅要加深我对空气有重量的信念，如果可能的话，也要知道它的比重有多大。因此，萨尔维亚蒂，如果你能满足我这方面的好奇心，请开始讲吧。

萨尔　亚里士多德的气囊充气实验，定论性地证明了空气具有正的重性，而不像有些人所认为的那样具有轻性，轻性可能任何物质都不会有。如果空气确实具有绝对的、正的轻性，它在被压缩后就会表现出更大的轻性，从而表现出更大的上升倾向。但是，实验 [esperienza] 得到的结果恰恰相反。[①]

{123}

①esperienza 译成英语既可以是 experience (经验), 也可以是 experiment (实验)。伽利略的 esperienza 有时是指精心设计的实验 (experiment)，有时则只是指一般性的日常经验 (experience)。现代实验精神是近代科学区别于古代自然哲学的基本特征。

至此，伽利略用 *ad hominem* 的方式论证了空气不可能具有"轻性"。接下来，关于另一个问题，即如何测量空气的比重，我采用了下面的方法。取一个相当大的细颈玻璃瓶，并给它加上一个紧紧地包住瓶颈的皮革盖子。从盖子的顶部，插入并紧固一个阀门。通过这个阀门，我可以用一个注射器注入大量空气。由于空气很容易被压缩，我能够向玻璃瓶中注入 2~3 倍于其自身体积的空气。之后，我用一个准确的天平，采用细沙作为砝码进行调节，以最高的精度称出装有压缩空气的玻璃瓶重量。

接着，我打开阀门让压缩空气逸出，当我再把玻璃瓶放回天平上，发现它明显地变轻了：用作砝码的细沙，我需要拿走足够多，才能使天平重新保持平衡。在上述条件下，拿走的细沙的重量，无疑就代表了起初被压进玻璃瓶、之后又从中逸出的空气的重量。

但是，上述实验毕竟只能告诉我，逸出的压缩空气的重量与从天平上拿走的细沙重量相等。如果我们需要明确地知道空气相对于水或其他重物的比重，在没有测量出压缩空气的体积时，我是不可能达到目标的。为此，我设计了以下两种方法。

第一种方法。取与上述细颈瓶相似的第二个玻璃瓶，在其瓶口处套上一根皮管，后者需要紧紧地套住瓶颈。皮管的另一端则紧紧地包住第一个细颈瓶的阀门。第二个细颈瓶的底部有一个小洞，通过它可以放置一个铁棒，可以根据需要用铁棒来打开上述阀门，从而使第一个细颈瓶中过多的空气逸出 (在此之前这个瓶子要先称重)。另外，第二个细颈瓶需要先注满水。

{124}

按上述方式准备好所有材料之后，用铁棒打开阀门，空气将冲进装有水的瓶子，并将水从瓶子底部的小孔中排出。这样排出的水的体积，显然等于从第一个瓶子中逸出的空气的体积。将这些排出的水收集之后，称出逸出空气之后的 [第一个] 容器 (它在装有压缩空气时已经称过重量) 的重量，也就是要如前所述地拿走过量的细沙。那么很明显，这些过量细沙的重量，正好等于与收集的水等体积的空气之重量。我们可

他将给出两种测量空气比重的实验方案。

以称量这些水的重量，并计算它是前述过量细沙重量的多少倍，就能确切地知道水的重量是空气的多少倍。我们将会发现，与亚里士多德的观点相反，它不是 10 倍，而是如我们的实验所显示的将近 400 倍。[①]

第二种方法更为快捷，它只需一个跟第一个细颈瓶一样的容器。但此时不要向容器中注入更多空气，而是向其中注入水，并且不允许空气泄漏出去。注入的水将导致瓶内空气被压缩。向容器中注入尽可能多的水，比如说，在无须特别用力的情况下，注入水的体积可以达到容器体积的 $\frac{3}{4}$。把这个容器放在天平上，准确地称重。接下来，让容器开口朝上，打开阀门让空气逸出，由此逸出的空气的体积正好等于容器中水的体积。再称一次容器的重量，其数值会因为空气的泄漏而减小，这个损失的重量就代表了与容器中的水等体积的空气重量。

辛普 没人可以否认，你的装置充满智慧和独创性。但是，尽管它们看上去能够给予彻底的智力满足，它们也在另一个方向上迷惑了我。无可怀疑的是，元素在其自身位置时既不轻也不重[②]；因此我不能理解，那部分看上去与 4 德拉克马 (drachm) 细沙等重的空气，如何可能真实地在空气中具有那样一个重量 (即用于平衡空气的细沙重量)。因此，在我看来，这个实验不应该在空气中进行，而应该在另一种介质中开展，如果空气确实具有重量的话，它在那种介质中可以表现出这一性质。

{125}

萨尔 辛普里丘的反对确实是切中要害的，因此，它要么无可辩驳，要么需要一个同样清晰的回答。确实很明显的是，与细沙等重的那部分压缩空气，一旦让其逃逸并变成其自身元素的状态，就失去了它的重量。与此同时，细沙却能基本保持它自身的重量。因此，对这个实验而言，有必要选择在空气和细沙都有重量的地方进行。这是因为，正如人们经常提到的那样，一种介质将使浸入其中的任何物质的重量减轻，其

[①]在标准条件下，干燥空气的密度约为 1.29 g/m³，水的密度大约是它的 770 倍。考虑到伽利略所描述的装置如此简陋，这里得到的实验结果还是相当好的。

[②]辛普里丘提出了疑问 G1，即不应该在空气自身中测量空气的比重。其背后还是"浮力原理"。比如说，一团在水体中间的水，其浮力等于重力，故"重量"为 0。

减少值等于被排开的介质的重量，所以，浸没在空气中的空气将失去它所有的重量。因此，如果这个实验要精确地进行，就应该在虚空中开展，任何重物的动量 [momento] 在其中都不会有丝毫的减弱。那么，辛普里丘，如果我们可以在虚空中称出空气的重量，你是否会满意并认可它是一个事实？

辛普 毫无疑问。但这是个不可能实现的愿望或要求。

萨尔 如果是为了你的缘故，我实现了这件不可能之事，那你可要欠我太多了。不过，我不能把已经给你的东西，再贩卖给你一次。因为在之前的实验中，我们就是在虚空中称量空气，而不是在空气中或其他介质中进行称量。

所有流体介质都能使浸入其中的物体减轻重量，辛普里丘，这个事实是源于介质对抗被分开、被驱散乃至被提升而产生的阻力。对此的一个证据是，一旦物体离开它占据的任何空间，流体都会迅速地冲进去并填满它。如果介质不受这种浸没过程的影响，那么它就不会对浸于其中的物体作出反应。

现在请告诉我：在空气中，如果你有一个玻璃瓶，其中充满了自然状态下的空气，之后继续向其中注入更多的空气，那么，这些额外充入的空气，是否会以某种方式分开或改变周围的空气？这个容器有没有可能会膨胀，以使周围的 [空气] 介质被排开，从而 [为容器内部的空气] 提供更多的空间？

{126}　　　当然不会。因此我们可以说，这额外注入的空气并不是"浸没"在周围的 [空气] 介质中，因为它并不占据其中的任何空间，而像是被放在一个虚空中一样。事实上，它确实是被置于虚空之中。因为它是扩散到那些虚空中去的，起初的、未被压缩的空气并没有占据它们。①

---

①伽利略此前"证明"了物质之中有虚空。此处他认为，向空气中注入空气，不同于固体"浸没"于液体中。前者犹如进入虚空之中，因而不会产生阻力，而后者有阻力。但实际上充气是需要力气的，空气注入越多，力气 (阻力) 也要越大。此处所谓的"虚空"对空气比重的测量结果影响很小 (为什么？)。它与这个实验的主要

事实上，我看不出被密封的 [空气] 介质和外部 [空气] 介质有什么区别：因为外部介质不会对密封介质施加压力，反之亦然，密封介质对外部介质也不会施加压力。同样的关系存在于虚空之中的任何物质之间，在把额外的空气压缩进入瓶内的情形也是这样。

因此，这一被压缩的空气的重量，与它被释放到虚空中 (如果可能的话) 之后的重量相等。在虚空中，作为平衡砝码的细沙确实比在空气中要重一些。所以，我们必须说，相比与之平衡的细沙 [在虚空中的重量]，逸出的压缩空气会略轻一些；具体地说，这个差值等于体积与细沙相等的空气在虚空中的重量。

萨格 [①] 这真是一个非常聪明的讨论，它解决了一个奇妙的难题，简明地展示了一种方法，即只要在空气中称重，就能确定物体在虚空中的重量。其解释如下：

当一个重物浸没在空气中时，其损失的重量等于与之体积相等的空气的重量。因此，只要在空气中称量物体 (不要让物体膨胀)，并加上物体排开的空气体积对应的空气重量，就可以获得物体在虚空中的绝对重量，因为在没有增加体积的前提下，上述添加的重量就是物体因浸没于空气之中而失去的重量。

因此，当我们把一定量的水注入一个此前充满正常空气的容器时，如果不允许空气从中逸出的话，显然这一正常空气将被挤压并压缩至一个较小的空间，以给注入的水让出位置。同样明显的是，被压缩的空气的体积将等于注入水的体积。如果此时这个容器被称重，显然相比注入的水 [在空气中] 的重量 $[m_1 - m_2]$ 会增加等体积空气的重量 $[m_2]$，由此获得的水和空气的总重量就等于注入的水本身在虚空中的重量 $[m_1]$。[②]

关联是：一定体积的空气里面可以注入更多空气，不像一定体积的水里很难再注入水，这表明空气中的分子之间有较大的"空隙"。

[①] 萨格雷多的这次发言是在伽利略本人持有的 1638 年版印本上发现的批注。此处中文用楷体字加以区分。前面的实验只能确定逸出空气"在虚空中"的重量，这里将同时确定等体积水"在虚空中"的重量。

[②] 设注入的水和等体积空气"在虚空中的"重量分别为 m_1 和 m_2。如果在敞开的

现在，记录下此时容器的总重量 $[M_1]$ 之后，再让被压缩的空气逸出，再称量此时容器的剩余重量 $[M_2]$。这两个重量之差，就是被压缩的空气 [在虚空中] 的重量 $[m_2]$，其体积等于水的体积。

接下来可以测量水本身 [在空气中] 的重量 $[m_1 - m_2]$，在其基础上添加压缩空气的重量 $[m_2]$，就能够得到水本身在虚空中的重量 $[m_1]$。而为了得到水 [在空气中] 的重量 $[m_1 - m_2]$，我们需要把它从容器中倒出，再单独称量容器的重量 $[M_3]$。用容器和水的总重 $[M_2]$ 减去容器的重量 $[M_3]$，得到的差值显然就是水在空气中的重量 $[m_1 - m_2]$。①

{127}

辛普 此前我认为上面的那些实验仍不尽如人意。但是，现在我已经完全满意了。

萨尔 到目前为止我所陈述的那些事实，特别是这一个 (即重量差异即使非常之大也不会影响下落物体的运动速度，因而如果只考虑重量，它们都将以相同的速度下落)，我要说，这一思想过于新颖，乍一看与事实相去甚远。因此如果我们没法让它像阳光一样清澈，倒还不如不要把它说出来。然而，一旦我已经把它说出口，我就不能忽略任何用于确立它的实验或论证。

萨格 不仅是这个命题，你的许多其他观点都与人们普遍接受的观点和信念相去甚远，只要你把它们发表出来，就会激起一大批反对者。因为人的本性总是这样，他们总是不喜欢别人在自己的领域里发现新的东西 (不管是真理还是谬误)。他们把这样的人称为"学说的变革者"，这是一个令人不快的称呼；他们希望以此来割断那些他们无法解开的结，

瓶子中称量注入的水的重量，(扣除瓶重 M_3) 实际得到的是 $m_1 - m_2$ (因为水排开了等体积的空气)。但如果是在密闭时用水压缩空气，称得的重量 (扣除瓶重 M_3) 就是 $(m_1 - m_2) + m_2 = m_1$。文中 [ ] 内表示重量的所有符号均为译者所加。

①按照萨格雷多的论述，如果只是要确定水"在虚空中"的重量 m_1，就只要测量 M_1 和 M_3。这时涉及几个关系式：$m_1 = M_1 - M_3$，$m_2 = M_1 - M_2$，$m_1 - m_2 = M_2 - M_3$。另，用伽利略的话来说，M_3 是瓶子"在空气中"的重量。

并试图通过地雷来破坏耐心的工匠们用普通工具搭建的建筑物。① {128}

不过，对于我们这些没有此类想法的人来说，到目前为止，你所列举的实验和论证是完全令人满意的。当然，如果你有任何更直接的实验，或者任何更有说服力的论证，我们将会很高兴地听到它们。②

萨尔 要确定两个重量相差很大的物体，是否会以相同的速度从给定的高度下落，这一实验会有一些困难。如果高度很高，由于物体必须穿过和排开介质，从而产生减速效应，相较于力量 [violenza] 极大的重物，这一效应对于动量 [momento] 极小的轻物将会更显著，从而在经过一段很长的距离之后，轻物将被抛在后面。而如果高度很低，人们又很可能会怀疑是否真的存在差别，或者如果真有差别的话，它又无法被察觉出来。③

这使我产生一种想法，即以一种方式多次重复重物和轻物从较低高度下落的实验，并设法分别对所有的较短下落时间进行累积，以使这个累积时间不仅是可以观察的，而且是极易观察的。为了尽可能地采用最慢的速度，从而减少有阻力的介质对单一的重量效应的改变，我想到了可以让物体沿着与水平方向略微倾斜的平面下降。因为在这样一个平面上，就像在竖直平面上一样，人们也可以发现不同重量的物体是如何运动的。④

进一步地，我还希望能够排除运动物体与上述斜面接触时可能产生的阻力⑤。于是，我取了两个球，一个是铅球，一个是软木球，前者的

---

①参见本书"第三天"第227页萨尔维亚蒂关于"工匠"的发言。

②萨尔维亚蒂刚刚说过"不能忽略任何用于确立它的实验或论证"。关于物体自由下落速度与重量无关的命题，前面还主要是逻辑上的论述，现在萨格雷多希望见到更多"实验"证据。这让萨尔维亚蒂可以转而讨论单摆运动。

③萨尔维亚蒂在此分析了直接进行自由落体实验的困难。

④这是指著名的伽利略斜面实验，它符合"从较低高度下落"的条件，但不能对"较短下落时间进行累积"。斜面实验将在"第三天"进行论述，见第207页。

⑤单摆实验满足前面列出的所有要求。对伽利略而言，单摆实验具有非常重要的意义，它提供了物体在"下落运动"中不受重量影响的简单而直接的证据。用现代

重量超过后者的 100 倍。用两根等长的细线把它们悬挂起来，每根细线长 4 或 5 腕尺。我把两个球从竖直位置拉到一边，并同时释放它们，它们将沿着以细线长度为半径的圆弧下落，再次经过竖直位置，[到达最高点后] 又沿原路返回。

{129}　　让这一来回运动重复 100 次，它可以清楚地表明，重物和轻物的摆动时间是如此地接近：在来回运动 100 次甚至 1000 次之后，铅球都不会比软木球提前片刻，它们之间就是如此完美地保持步调一致。

　　我们同样可以观察到介质的作用。由于介质对运动的阻力，它对软木球摆动的抑制要强于对铅球，但是它不会改变二者的摆动频次：即使软木球的摆动幅度不超过 5° 或 6°，同时铅球的摆动幅度是 50° 或 60°，它们也是在相同时间内完成的。[①]

　　辛普　如果是这样的话，既然在同一时间内铅球经过了 60°，软木球仅仅经过了 6°，为什么不说铅球的速度比软木球更大呢？

　　萨尔　但是，辛普里丘，当我们将软木球从竖直位置拉出 30°，让它经过一条 60° 的弧线，又将铅球拉出 2°，让它经过一条 4° 的弧线，如果这两种情况下所需的时间相同，你又会怎么说呢？是不是又要说软木球会更快一些呢？然而，实验的结果正是那样的。

　　请再看看这些：把铅球摆拉到一定位置 (比方说 50°) 后释放，它会在经过竖线位置之后摆动至对面将近 50°，从而形成一条将近 100° 的

语言来说，就是单摆的运动周期与摆球的重量无关，等长单摆都在相等的时间内由最高点下落到最低点。

　　[①]现代观点是，只有当单摆摆动幅度很小时，其周期才与最大摆角基本无关。摆角越大，周期越长。"50° 或 60°"与"5° 或 6°"的两个摆动，其实际运动周期的差异比较大。比本书早 6 年出版的《关于两大世界体系的对话》表明 (见该书图 16 和图 30 附近的讨论)，伽利略知道不同摆角的摆动时间有差异，不过他说这一差异几乎无法察觉 (almost imperceptibly)。另外，伽利略在研究摆动时，并没有类似于"秒表"的计时工具。他可能是让两个重量不同的物体从相等的摆角 (无论多大) 出发之后，在相等时间内比较二者的摆动**总次数** ("来回运动 100 次甚至 1000 次")。有兴趣的读者不妨一试，看看伽利略的表述有无夸大之处。

弧线；当它往回摆动时，它又将划过一条稍小一点的弧线；在经过很多次这样的摆动之后，它最终将静止下来。每一次摆动，无论划过的圆弧是 90°、50°、20°、10°，还是 4°，都将消耗相同的时间。相应地，运动物体的速度也将会不断地减小，因为在相等的时间内，它经过的弧线越来越短。

几乎一样的事情也将发生在摆长相等的软木球身上，唯一的差别是它在摆动较少次数后就静止下来。这是因为木球较轻，所以它克服空气阻力的能力较弱。然而，无论摆动的幅度是大还是小，它每完成一次摆动所需的时间不仅彼此相同，而且也与铅摆相同。确实地，当铅球划过一条 50° 的弧线时，软木球可能只划过一条 10° 的弧线，因而此时软木球要比铅球运动得慢很多。但是另一方面，同样正确的是，当软木球划 {130} 过一条 50° 的弧线时，铅球也可能只划过一条 10° 或 6° 的弧线。

因此，在不同的情况下，既可能是木球运动得更快，也可能是铅球运动得更快。但是，只要这两个物体是在相等时间内通过相等的圆弧，我们就可以放心地确信它们的速度是相等的。[①]

辛普 我对完全接受你的论证有所疑虑。因为你让两个物体的运动一会儿快，一会儿慢，一会儿又非常慢，这引起了混乱，并导致我怀疑它们的速度不会总是相等的。

萨格 萨尔维亚蒂，请允许我稍微说几句。辛普里丘，请你告诉我，你是否承认：我们可以肯定地说，当软木球和铅球在同一时刻沿同一坡度从静止开始下滑，如果在相同时间内总是经过相同的距离，二者的速度就一直是相等的？

辛普 这是无可怀疑或争论的。

萨格 那么，对于单摆来说，它们可能是划出一条 60° 的圆弧，也可能是 50°、30°、10°、8°、4°、2°，等等；当它们都是划出一条 60° 的

[①] 按照德雷克的意见，这里的"速度相等"是指两个运动的速度"一一对应地"相等，参见第86页相关脚注。

圆弧时，它们都花费了相同的时间；如果圆弧是 50°、30°、10° 或任意其他数值，同样的事情也将发生。因此，我们可以得出结论，当铅球的摆动圆弧是 60°，软木球的摆动圆弧也是 60° 时，二者的速度是相等的；在摆动圆弧都是 50° 时，它们的速度也相等；对于其他圆弧也是如此。

但这并不是说，它们在 60° 圆弧上的速度与在 50° 圆弧上的速度是相等的；它们在 50° 圆弧上的速度也不等于在 30° 圆弧上的速度；等等。而是说弧线越短，速度也越小。我们观察到的事实就是，一个运动物体需要相同的时间经过一条 60° 的大圆弧，一条 50° 的较小圆弧，甚至是一条非常小的 10° 圆弧。确实是这样，以上所有圆弧都是在相同的时间内走完的。因此，铅球和软木球的速度随着弧线的缩短而减小，这的确是事实；但是，这与它们在等长弧线上保持相等速度这一事实并不矛盾。

{131}

我说这些的原因，是因为我想知道自己是否正确地理解了萨尔维亚蒂，而不是认为辛普里丘可能需要一个比萨尔维亚蒂更清晰的解释。就像对任何其他事情一样，他的解释总是极其清晰。实在是太过清晰了，以至于当他解决那些难题时 (它们不是看上去很难，而是本质上或事实上很困难)，他总是采用所有人都觉得平常而熟悉的推理、观察和实验。

据我从各种渠道了解到，这种风格让一位非常受人尊敬的教授低估了他的发现，其理由是这些发现是平凡的，是建立在简陋和平庸的基础之上的。论证式科学 [scienze dimostrative] 最令人钦佩的和最值得赞叹的一个特性，不就是它能够从所有人都知晓、理解和认可的原则中产生和发展出来吗？

让我们还是继续享用这一清淡饮食吧①。假定辛普里丘能够满意地理解和承认，各种下落物体的固有重量 [interna gravità] 与观测到的运动速度无关，因而如果只考虑对固有重量的依赖，所有下落物体的运动速度都相等。萨尔维亚蒂，请告诉我们，对可以观察到的明显不相等的运动，你将如何进行解释，也请回应辛普里丘提出的异议，即为什么加农

①这是接着上文的比喻，表示萨尔维亚蒂 (伽利略) 的方法犹如普通人都能吃到的粗茶淡饭那样普惠大众，而不是曲高和寡的事物，比如一些深奥烦琐的哲学理论。

炮弹比鸟枪子弹下落得更快，我对他的这一异议也有同感[①]。

依我的观点，人们可以期待材料相同的不同落体，在相同介质中的运动速度差异应该很小。但是一个重物只需一次脉搏的时间就能下落的距离，相同材料的一个轻物可能要花上 1 个小时、4 个小时甚至 20 个小时也走不完。比如说，石头和细沙就是这样，特别是那些使水体混浊的极细沙粒，它们在数小时内都不会下沉 2 腕尺，而一块不是很大的石头的耗时不会超过一次脉搏的时间。

萨尔 对于比重较小的物体，介质之所以会对它们产生更大的阻碍作用，是因为它们的重量减少得更厉害，这在前面已经解释过了。然而，相对于解释更加伸展的形状对物体运动速度的阻碍作用，或者是介质对抗运动的阻碍作用，我们需要有更加精细的讨论，去解释同一种介质为什么对材料和形状都相同而大小不同的运动物体具有如此不同的阻碍作用。 {132}

这个问题的答案，我想，在于固体表面几乎必然会出现粗糙不平以及孔隙。当物体运动时，这些粗糙的地方与空气或其他介质发生撞击。这样说的一个证据是，当一个物体在空气中快速运动时总是伴随着嗡嗡声，即使这个物体尽可能地圆也是如此；当物体表面有任何可觉察的孔洞或凸起时，我们不仅能听到嗡嗡声，还能听到嘶嘶声和哨鸣声。

我们还能观察到，球形物体在车床上旋转时能够产生气流。还需要更多例子吗？当一个陀螺在地上以其最大的速度旋转时，我们难道没有听到明显的高音调蜂鸣声吗？当它旋转的速度不断变慢时，这种嘶嘶声的音调就会下降，这正是其表面上的褶皱在空气中遇到阻力的证据。因此，毫无疑问，在物体下落的过程中，这些褶皱也会撞击周围的流体，

[①]这里萨格雷多提出了问题 H1 和 H2。H1 是针对所有物体 (特别是比重差异较大的物体)，它在前面已经被大量讨论 (第88页前后，应用了"浮力原理")。H2 则是针对具有相同材料 (相同比重) 的物体，第76页辛普里丘提出过同一疑问。对此，萨尔维亚蒂的论证思路将是：当同种材料的物体重量越小时，其相对表面积越大，因而 (由于"必然会发现的粗糙不平以及孔隙") 相对阻力也越大，速度越小。

从而减缓其运动速度；而且随着表面的增大，这种撞击也会越来越大，这正是小物体相对于大物体的差异。

辛普 请稍停一会儿，我有点弄糊涂了。尽管我理解并且承认，介质对物体表面的摩擦会阻碍它的运动，在其他条件相同时，较大的表面造成的阻碍也较大；但是，我看不出来，你是基于什么理由说小物体的表面积要 [相对地] 更大。

而且，假设如你所说，越大的表面所受的阻力越大，那么越大的固体就应该运动越慢，但这又不是事实。不过，这种情况可以很容易给予如下解释，即较大物体既有较大的表面，也有较大的重量，其较大表面的阻力与其较大重量之比，不大于较小物体的较小表面的阻力与其较小重量之比，因此较大物体的速度不会更小。所以，当驱动物体运动的重量与物体的表面阻力以相同比例缩小时，我认为没有理由期待任何的速度差异。

{133}

萨尔 我将立即回答你所有的反驳。辛普里丘，你一定会承认：假设有人拿的是两个 [体积] 相等的、具有同样材料和形状的物体，它们将以相同的速度下落；而如果他可以按相同的比例减少其重量和表面积的大小，并维持物体的形状不变，他不会由此而减小这个物体的下落速度。

辛普 这个推断看上去与你的理论是一致的，即物体的重量对其 [下落] 运动的加速或减速没有影响。

萨尔 我非常同意你的这个说法，并且由此可知，如果一个物体的重量减小比它的表面积缩小的比值更大，那么它的运动就会在一定程度上受到更大的阻碍；当重量的减小比例越来越超出表面积的减小比例时，这种阻碍作用也会越来越大。

辛普 对此我会毫不犹豫地同意。

萨尔 现在你必须知道，辛普里丘，不可能在保持形状不变的同时，

102

让一个固体的表面积与重量等比例缩小。因为很明显，在固体逐渐减小的过程中，重量的减小与体积的缩小是成正比的，但是，在形状不变时，体积的减小总是比表面积的减小要快，因此重量的减小必然要比表面积的减小要快。几何学告诉我们，对于形状相同的固体，[大物体相对小物体的] 体积之比 [重量之比] 要大于它们的表面积之比。

为了更好地理解，我将举个例子来说明。取一个边长为 2 英寸 [due dita]①的立方体，它每个面是 4 平方英寸，因此所有 6 个面为 24 平方英寸。现在，想象这个立方体被 [沿中点] 切割 3 次，从而分成 8 个小立方体，每一个的边长都是 1 英寸，而每一个面都是 1 平方英寸，每个立方体总共是 6 平方英寸，而不再是之前大立方体的 24 平方英寸。于是，显然这个小立方体 [的表面积] 只有大立方体的 $\frac{1}{4}$，即 $\frac{6}{24}$，然而这些立方体 [的体积] 只有大立方体的 $\frac{1}{8}$，可见大小和重量的减小要比表面积的减小快得多。 {134}

如果我们再把上述小立方体分成 8 个，每一个更小立方体的总表面积将是 $\frac{3}{2}$ 平方英寸，相当于初始立方体的 $\frac{1}{16}$，但它的大小只有初始立方体的 $\frac{1}{64}$。因此，通过两次分割后，体积 [moli] 的缩小程度达到了表面积缩小程度的 4 倍。②

而且，如果再继续细分，直到原来的固体变成微细粉末，我们就会发现，其中每一个极小颗粒的重量的缩小程度，已经是其表面积缩小程度的数百倍。以上我以立方体为例进行说明的结论，也适用于体积是其表面积的 $\frac{3}{2}$ 次方 [sesquialtera proporzione]③的所有类似固体④。现在可以

---

①原文意为"两指宽"。为了行文方便，此处按照克鲁英译本译为"2 英寸"。

②设正方体的边长为 d，则其表面积为 $6d^2$，体积为 d^3。当 d 按 $1:n$ 缩小时，其表面积和体积将分别按 $1:n^2$ 和 $1:n^3$ 缩小，此时二者的数值之比为 $n:1$。

③现代英语用 power 表示乘幂、乘方或 n 次方。但伽利略的术语不是这样的，他所用的术语是 proporzione (ratio，比)。他的 sesquialtera proporzione (sesquialteral ratio) 对当时的人们而言大概是比较陌生的。此处的汉译采用了现代术语" $\frac{3}{2}$ 次方"。

④比如说球体。体积是 3 维，表面积是 2 维，因此会有" $\frac{3}{2}$ 次方"关系。

看到，相比大物体而言，小物体承受的来自表面与介质接触产生的阻力要大得多。如果再考虑到，小粒子表面的褶皱可能不会比精心打磨过的大物体的褶皱更小，我们就能明白，为了让位于一个极小的重量，介质具有极好的流动性并且对被推开没有阻力，将是多么地重要。

你看，辛普里丘，我前面说过的话并没有错，一个小固体的表面相对一个大固体的表面要大。

辛普　我完全被说服了。而且，请相信我，如果我能够重新开始我的研究，我一定会遵循柏拉图的建议，从数学开始着手[①]。数学是非常审慎的；如果未经严格的证明，它不会承认任何东西是成立的。

萨格　上述讨论带给了我极大的快乐。但在进一步讨论之前，我想先听你解释你的一个词语，它对我来说是新鲜的，即所谓的相似固体 [的体积] 是其表面 [积] 的 "$\frac{3}{2}$ 次方"。尽管我见过并且能够理解一个命题，它表明相似固体的表面 [积] 之比等于其边长的二次比[②]，对另一个命题也是如此，后者表明相似固体 [的体积] 之比等于其边长的三次比；但是，我没怎么听说过固体 [体积] 与其表面 [积] 的对应比例。

{135}

萨尔　你自己已经对你的问题提出了答案，而且消除了所有的疑问。因为，如果一个量是某量的三次比，而另一个量是该量的二次比，

[①]柏拉图 (前 427–前 347) 特别重视数学，特别是几何学。根据传说，柏拉图学园 (Academy) 的门口写着 "不懂几何学者不得入内"。在立体几何中，五种正多面体又被称为 "柏拉图多面体"，这是由柏拉图的学生和朋友、立体几何的重要奠基人泰阿泰德 (Theaetetus, 前 415–前 369) 发现的，后者也为欧几里得 (约前 330–前 275)《几何原本》的第十卷和第十三卷的内容作出了重要贡献。学园中的另一位杰出数学家和天文学家欧多克索斯 (约前 408–前 355) 提出了可以研究连续量的比例理论，他本人的学生米奈克穆斯 (Menaechmus，约前 380–前 320) 则发现了圆锥曲线。顺便说一句，作为柏拉图的学生，亚里士多德的数学是相对较差的。

[②]对二次比 (doubled ratio 或 duplicated ratio) 和三次比 (triplicated ratio)，伽利略的用法与欧几里得相同。对于两个正方体，$\frac{总表面积 S_1}{总表面积 S_2} = \frac{边长 L_1}{边长 L_2} \cdot \frac{边长 L_1}{边长 L_2}$，"边长之比" 需要出现 "二次"。更多的介绍参见 "翻译附录 B"。

这不就说明这个三次比是那个二次比的 $\frac{3}{2}$ 次方吗？这是毫无疑问的。因此，只要表面 [积] 随其线度的二次比而变化，体积随其线度的三次比而变化，我们不就可以说，体积之比等于表面 [积] 之比的 $\frac{3}{2}$ 次方吗？

萨格 确实是这样。现在，对我们正在讨论的主题，虽然在细节上我仍有很多问题想要问，但是，如果我们一直不停地讨论一个又一个题外话，就还要很长时间才能到达我们今天本来要讨论的主题，即与固体反抗断裂的阻力有关的各种性质。因此，如果你愿意，让我们回到最初提议讨论的问题上来。

萨尔 你说得很对。不过，我们已经讨论的问题是如此之多，如此之广，而且已经占用了很长时间。今天已经没有多少时间来讨论我们的主题，这其中涉及大量的几何证明，需要我们仔细去考虑。因此，我建议明天再聚，不仅是出于刚刚提到的原因，也是为了我到时可以带几张稿纸过来，我在上面已经按照一定顺序记录了那些定理和命题，它们讨论了该主题的不同层次。如果仅凭记忆的话，恐怕我将不能按照正确的顺序展示它们。

萨格 我完全同意你的建议，也更加乐意这样做。因为这样的话，对于我们刚才讨论的问题，今天就有时间来解决我遇到的一些困难。

我的一个问题是，我们是否可以认为，仅仅凭借介质的阻力就足以摧毁一个材料很重、体积很大的球形物体的加速。我之所以要说"球形"，是为了使同样的体积被包含在最小的表面之内，从而使它受到的阻力相对较小。 {136}

另一个问题是关于单摆运动，它包括以下几个方面：第一，所有 [摆长相等的] 摆动，无论 [摆幅] 大小，是否都精确地在相等的时间内完成；第二，当摆线长度不相等时，如何得到相应摆动时间之间的比值。①

---

①由于萨尔维亚蒂建议第二天再谈材料力学的问题，萨格雷多又提出了三个与此前讨论有关的问题。问题 I1 仍然与介质阻力有关，问题 I2 和 I3 则分别是关于等长与不等长单摆的运动周期。

萨尔 这些都是有趣的问题。但是，跟所有其他事实一样，我担心如果我们深入讨论其中一个，就会引出更多其他事实和不寻常的结果，导致今天没有足够的时间讨论上面的所有问题。

萨格 如果这些问题跟前面讨论的问题一样充满乐趣，那么，从现在到夜幕降临还有多少个小时，我就乐意花上多少天的时间去讨论它们。我敢说，辛普里丘对这种讨论也绝不会感到厌烦。

辛普 当然不会。特别是它们都与自然问题有关，而且未被其他哲学家研究过。

萨尔 那我们先讨论第一个问题。我可以毫不犹豫地断言，一个球体无论有多大，也无论其组成物质有多致密，介质的阻力 (哪怕非常之小) 都会抑制它加速，并最终使其处于匀速运动状态。这一说法得到了经验 [esperienza] 的强有力支持。对于一个下落物体，随着时间的推移，如果它可以达到我们想要的任意速度，那就不可能存在这样一个速度，即物体能够由于外部力量的作用得到它，之后在介质中又能够由于介质的阻力而失去它。

举例来说，一枚加农炮弹在空气中从 4 腕尺高处开始下落，假设它获得的速度是 10，之后它又撞向水面，如果水的阻力不能抑制这个轰击的动量，炮弹在到达水底之前将进行加速运动，或者保持匀速运动。然而，这并不是观察到的事实。相反地，只需几腕尺深的水体就会阻碍和减缓炮弹的运动，以至于在到达河床或湖底时，它只能给予一个非常轻微的撞击。

{137}　　显然，如果短距离下落就足以使炮弹几乎失去其速度，那么即使它在水中再下落 1000 腕尺，炮弹也不会重新获得上述速度。一个物体，怎么可能在下落 1000 腕尺的过程中，获得它在 4 腕尺的下落中就能够失去的速度呢？还需要说更多吗？我们不是看到过，同样的大炮发射出的具有巨大冲力的炮弹，在穿过数腕尺深的水体之后，其威力就会被严重削弱，以至于它只能勉强撞击到舰船上，根本就伤不了舰船一丝一毫？

即使像空气这种易于压缩的介质，也能使物体的下落速度减慢，这一点从类似的经验中也很容易理解。相比仅从 4 或 6 腕尺的高度射击，一支枪从非常高的塔顶向下射击，子弹给地面留下的印记要更小。这是一个明显的证据，表明从塔顶发射的子弹从离开枪管的那一刻开始，直到它碰到地面的那一刻，其动量都一直在减小。因此，物体无论从多高的高度下落，都不足以获得这样的一个动量 (不论它起初是如何获得的)：它曾经在空气中因为阻力而失去。[①]

类似地，对于从 20 腕尺处发射的一颗子弹对一堵墙所产生的破坏，无论这颗子弹是从多高的高度下落，都无法产生出同样的效果。因此我的观点是，在自然条件下，任何物体从静止开始下落，其加速过程都会到达一个终点，此时介质的阻力使物体的速度处于一个在此后维持不变的恒定值。[②]

萨格 依我看，这些经验很能够说明问题。唯一的疑问是，反对者有可能会极力否认物体极大、极重时的情形，或者，他会坚称一颗加农炮弹在从月球那么远的距离或者从大气上层区域下落时，相比从炮口打出来的炮弹，可以 [对地面] 产生更大的冲击。

萨尔 毫无疑问会出现许多反对意见，也不是所有的意见都可以通过经验去反驳。但是，对于这个特别的诘难，必须考虑以下事实，即： {138} 一个重物从某个高度自由落地后所获得的动量 [impeto]，与把它上抛到那个高度时所需的相等。这在一个极重的单摆中可以清楚地看到，当它被拉到距离竖直位置 50° 或 60° 时，它将精确地获得足以把它带到对面同等高度的速度 [velocità] 和力量 [virtù][③]，因空气阻力而损失的极小一

[①]这里描述的过程，可用现代语言理解如下：当向下释放物体时的速度足够大时，物体的重力势能增加量将小于空气阻力所做的负功。

[②]萨尔维亚蒂在前文第87页已表达过这一正确观点。与亚里士多德不同，这里伽利略不再把受到外力看作是物体运动的原因。

[③]根据此处句式，前一句中的 impeto (impetus，动量、冲力) 也可以译为"作用力"，因为这里的 virtù 的含义是 force (作用力)。

部分除外。

为了让一颗炮弹处于这样一个高度，使它由此落地而获得的动量，本应等于它因大炮的火药推动而具有的动量，我们只要用同一口大炮把炮弹竖直向上发射即可。接下来我们可以观察，炮弹在返回时对地面造成的冲击，是否与它近距离向下射击时的冲击相同。在我看来，前者的冲击会弱很多。由此我认为，无论炮弹从什么高度开始自由下落，空气阻力都会阻止它在落地时达到它刚出炮口时的初速度[①]。

现在，我们来谈谈与单摆有关的其他问题。这个话题在许多人看来是极其枯燥乏味的，对那些一直忙于研究大自然的更深奥问题的哲学家们来说尤其如此。然而，这并不是我所鄙视的问题。我是受到了亚里士多德本人的鼓舞。我很钦佩他，尤其是因为他不会不屑于讨论任何一个他认为值得探讨的主题。

受你的提问所驱使，我将针对音乐中的某些问题，向你谈谈我的一些想法。音乐是一个极好的主题，许多杰出的人都写过这个主题，其中包括亚里士多德本人，他讨论过许多有趣的声学问题。因此，如果我能够基于一些简单的、易于观察的实验，对关于声音的一些引人注目的现象作出解释，我相信它们将会得到你的认可。

萨格　我不仅将非常感激，而且非常热切地接受它们。因为虽然我
{139} 喜欢聆听每一种乐器，并且十分关注和声 (harmony 或 consonance)，但是，我一直不能完全理解，为什么有些音调组合更让人觉得好听，或者说，为什么有些组合不只是不好听，甚至是极其刺耳。然后就是那个古老的问题，即两根紧绷的、同调的 (in unison) 琴弦，当其中一根发出声音时，另一根也开始振动并发出它的音符。我也不了解和声的各种比值 [forme delle consonanze] 和一些其他细节。[②]

[①]我们会觉得这一结论是极其显然的，因为上抛物体在地面的重力势能是固定的，它返回地面时的动能 (速度) 一定会因空气阻力而减小。问题 I1 讨论完毕。

[②]由于萨尔维亚蒂说还要谈谈音乐，萨格雷多又新提出了关于和声与振动的三个问题：为什么有些声音组合好听，有些难听 (问题 J1)；共振是怎么回事 (问题 J2)；

萨尔　那我们来看看,是否能够从对单摆的研究中,得出一个可以解答所有这些困难的、令人满意的答案。

首先,关于一个单摆的所有摆动(无论幅度大小)是否都精确地在相等时间内完成,我将依据以前从我们的院士 [伽利略] 那里听到的内容来回答。他已经清楚地证明,物体沿着一个圆的任意一条弦下滑时,无论它所对应的是怎样一条圆弧,所需的时间都是一样的,即物体沿着 180° 的弦(即整个直径)运动与沿着 100°、60°、10°、2°、$(\frac{1}{2})$° 或 4′ 的那些弦运动,它的耗时都相同。当然,请注意上述圆弧都应终止于圆的最低点,也就是它与水平面接触的位置。①

如果我们不是考察物体沿着弦的运动,而是考虑物体沿圆弧的下落,那么在圆弧不超过 90° 的情况下,实验表明完成它们所需的时间都是相等的②。但是,沿着弦运动的时间,要比沿着弧运动的时间更长。这一结果更加引人注目,因为乍一看人们都会以为相反的结果才是正确的。因为当两种运动的起点和终点对应相同时,这两点之间的最短距离是它们之间的直线段,所以沿着该线段的运动耗时最短似乎是合理的。但事实并非如此,因为在最短时间内完成的运动(因此也是最快速的运动),是沿着以该线段为弦的圆弧的运动。③

与和声有关的比值 (问题 J3)。另,关于问题 J3,伽利略本人的用词是 forme delle consonanze,其英语直译是 forms of consonances (和声的种类、形式),克鲁英译本译作 "ratios of harmony(和声的比值)",译者也采用这一有点失真的 "意译"。由于前面的问题尚未讨论完全,萨尔维亚蒂将从问题 I2 开始进行解答。

①请注意,这里说的是物体沿着 "弦" 运动,不是沿着 "弧" 运动。关于这个命题及其证明,详见 "第三天" 第221页匀加速运动命题6。

②根据受力分析,物体沿光滑圆弧的来回下滑,与悬挂物体的单摆运动是相当的。因此,只有当圆弧较小时,其运动周期才与最大角度无关 (即误差可以忽略)。

③请有兴趣的读者上网搜索 "最速降线问题 (Problem of Brachistochrone)",它用现代语言可以表达为:在仅受重力作用时,一个质点从定点 A 运动到 (不在 A 点竖直下方的) 另一定点 B,沿什么曲线运动时所需时间最短? 达·芬奇 (1452–1519) 此前已经研究过这个问题,并且知道物体沿圆弧运动相比直线要更快。"最速降线问题" 对伽利略来说是个非常重要的问题,他在本书中给出的答案是错误的,其 "证

至于由不同长度的细线悬挂的物体，其单次摆动时间之比等于细线长度的平方根之比 [proporzione suddupla]。或者可以说，单摆的长度之比等于单次摆动时间的二次比。因此，如果一个人想让一个单摆的单次摆动时间是另一个单摆的 2 倍，他就必须使前者的悬线延长至后者的 4 倍。同样地，如果一个单摆的悬线长是另一个单摆的 9 倍，那么第一个单摆每摆动 1 次时，第二个单摆可以完成 3 次摆动。由此也可以得出，单摆悬线长度与相等时间内单摆摆动次数的平方成反比。[①]

{140}

萨格　那么，如果我的理解正确的话，我可以很容易地确定一根绳子的长度，它的上端可以系在任意高度上，哪怕根本就看不见，我只要能看到它的下端即可。如果我在绳子的下端附加一个非常重的物体，就能让它开始往复运动，并让一位朋友数一数它的摆动次数。与此同时，我可以在同一个时间间隔内，数一数一个摆长刚好是 1 腕尺的单摆的摆动次数。然后，知道了相等时间内两个单摆的摆动次数，我们就可以计算出那根绳子的长度。举个例子，假设我朋友数得的长绳摆动次数是 20 次，而我数的 1 腕尺细绳的摆动次数是 240 次。取 20 和 240 这两个数的平方，即 400 和 57600。我就可以说，如果我的绳长包含 400 个单位，那么长绳就包含 57600 个单位。又由于我的绳长是 1 腕尺，而由 57600 除以 400 得到 144，因此我可以断言那根绳子的长度是 144 腕尺。

萨尔　你的误差不会超过一只手的宽度，特别是当你观察的摆动次数非常之多的时候。

萨格　你经常让我有机会欣赏到大自然的丰饶与慷慨。从那些普通的甚至是琐碎的现象中，你得出的真理不仅令人震惊和特别新颖，而且常常与我们的想象相去甚远。我曾经成千上万次地观察摆动，尤其是在

明”过程见第275页命题36及其注释。在本书出版约半个世纪之后，它的正确答案由牛顿、莱布尼兹、伯努利兄弟和洛必达等人给出，那是数学史上一个非常动人的故事（"我从他的利爪，认出了这头雄狮 [牛顿]"）。

　[①]当单摆的摆角很小时，其周期 $T = 2\pi\sqrt{\dfrac{l}{g}}$，其中 l 是摆长，g 是重力加速度。可见 T 与摆球质量无关，与 $\sqrt{l}$ 成正比。相应地，摆动频率与 $\sqrt{l}$ 成反比。

教堂里，那些被长绳悬挂着的吊灯无意中被推动了。但是，从这些观察结果中，我最多只能推断出，那种认为这些摆动是由介质 [空气] 的推动所维持的看法，极其不可能是正确的。因为如果是那样的话，我觉得空气必须要有相当大的判断力并且无事可做，只能通过以完美的规律来回推动一个下垂重物的方式来打发时间。[①]

我从未想过可以认识到，如果同一个物体用一根 100 腕尺的长绳悬挂，拉开 90° 抑或是 1° 或 $(\frac{1}{2})$° 并让它摆动，它都将以相等的时间经过其中最大的和最小的圆弧。事实上，它至今仍让我感觉有点不太可能。所以，现在我想听一听，这些同样简单的现象，如何为那些声学问题提供解答。它们应该能够让我 (至少是部分地) 得到满足。[②]

{141}

萨尔 首先，我们必须注意到，每一个单摆都有它自己的振动时间，这个时间是如此地明确和固定，以至于除了大自然赋予它的独特周期以外，不可能让单摆以任何其他周期运动。让任何人用他的手握住那根连接重物的绳子，并且尽其所能地尝试增加或减少它的摆动频次，那都将是徒劳无功的。

另一方面，即使是一个很重的单摆，只要简单地吹动它就可以使它开始运动。如果反复地吹动，就能产生相当大幅度的运动。假设第一次吹动后，我们使单摆与竖直方向偏离半英寸；在单摆返回并准备开始第二次摆动时，我们再给予一次吹动，这样即可给予单摆额外的运动；如果继续在正确的时刻吹动它 (不要在它向我们逼近的时候吹它，因为这样会阻碍而不是帮助它运动)，如此连续地施加多次冲击 [impulsi] 之后，我们将给予单摆这样一个很大的动量 [impeto]，它需要相比第一次吹动大很多的力量 [forza] 才能使它停止。

萨格 当我还只是一个小男孩时，我就注意到，如果一个男人独自

[①] 从这段表述可以看到，伽利略无数次地观察过教堂里的吊灯，只是这不会发生在 1583 年的比萨大教堂里，他对单摆的深入研究要在十几年后才进行。

[②] 至此，萨格雷多提出的问题 I1 至 I3(第105页) 讨论完毕，现在开始讨论萨格雷多提出的关于和声与振动的问题 J1 至 J3(第108页)。首先讨论共振问题 J2。

在正确的时刻给予多次冲击，可以大幅度地撞响一口钟，以至于当4个甚至是6个男人试图抓住绳子以阻止它的运动时，他们将被从地上拉起。所有这些人加在一起，都不足以抗衡一个男人适时的牵引所产生的动量 [impeto]。

萨尔 你的说明让我的意思变得清晰。而且，如同我刚才所提到{142}的，它也非常适合解释西特 [cetera] 琴弦或斯皮耐 [cimbalo] 琴弦的奇妙现象，即：一根琴弦的振动会让另一根琴弦开始振动和发声，不仅在后者是前者的同调弦时会这样，甚至当它与前者相差八度或五度时也会这样①。当一根琴弦被拨动时，它就开始振动，并持续运动直到人们听不到声音。这些振动也立刻导致周围的空气发生振动，这些在空气中的波纹向远处扩散，不仅会冲击同一架乐器的所有琴弦，甚至也会冲击相邻乐器的琴弦。

由于被调至与被拨动琴弦同调的一根琴弦能够以相同的频次振动，所以当后者在接受第 1 次冲击时，将会产生轻微的振动；在接收到 2 个、3 个、20 个或更多个适时的冲击之后，最终将积累成与被拨动琴弦相同的振动，这可以根据它们的相等振幅清楚地看出来。

这一在空气中扩展的波动，不仅能使琴弦产生振动，而且可以让刚好与被拨动琴弦具有相同振动周期的所有其他物体发生振动。因此，如果我们在乐器的侧面附上几件小毛发或其他有弹性的物体，我们将会发现：当一架斯皮耐琴发出声音时，只有几件与被拨动琴弦具有相同振动周期的物体会作出反应，其余物体不会响应这根琴弦的振动，而此时振动的那几样物体也不会对任何其他音调作出反应。如果一个人重重地拉动中提琴的低音弦，并在它的附近放上一个与其同调的②细而薄的玻璃

---

①借用现代术语，八度 (octive) 意味着两个声音的频率之比是 2 : 1，纯五度 (fifth) 则对应 3 : 2。这些简单的整数比在毕达哥拉斯 (Pythagoras，约前 580–约前 500) 的时代就已经知道了，他也是西方第一个利用自然数来说明和解释音乐现象的哲学家和数学家，并以此探讨天体运行秩序的和谐。

②用现代物理语言表述，即它们"具有相同的固有频率"。

高脚杯，后者就会振动并发出可以听到的共鸣。

介质的振动可以在发声体的周围传播很远，这能够由以下事实得到证明：只要用指尖摩擦玻璃杯的边缘，就可以使其中的水发出一个音调，此时在水中产生了一系列规则的波纹。按照下述方法观察同样的现象，其效果会更好：

将上述高脚杯的底座固定在一个相当大的容器的底部，而容器中的水面接近高脚杯的上边缘；如果像前面一样用手指摩擦玻璃杯使之发出声音，我们将看到，水面波纹极其规则地高速扩散到玻璃杯周围的很远距离。我曾经多次注意到，当几乎装满水的较大玻璃杯按上述方式发声时，各个水波的空间分布极其均匀；有时候玻璃杯的音调会高出一个八度，此时前述均匀分布的水波都会一分为二。这一现象清楚地表明，与八度音相对的比 [forma] 是 2∶1。① {143}

萨格 同样的事情我也观察到过不止一次，这使我十分高兴，也受益匪浅。因为长期以来，我一直对这些不同的和声感到困惑，而迄今为止，那些精通音乐的人所给出的解释，都让我觉得还不够确凿。他们说，八度音 [diapason，ottava] 蕴含于 2∶1，五度音 [diapente，quinta] 蕴含于 3∶2，等等。他们的理由是，如果先让单弦琴 (monochord) 的开弦 (open string) 发出声音，然后再将琴马 (bridge) 置于琴弦的中部，并让半弦发出声音，我们听起来就是八度音；如果将琴马置于琴弦的 $\frac{1}{3}$ 位置，拨动开弦发出的声音与拨动 $\frac{2}{3}$ 琴弦发出的声音之间就是五度音。由此，他们就说八度音决定于 2∶1，而五度音决定于 3∶2。

对我来说，将 2∶1 和 3∶2 作为八度音和五度音的自然比值 [forme naturali]，上述解释并不充分。②我这么想的理由如下。提升一根琴弦的

① 由共振问题 J2，此处自然而然地转到了和声的比值问题 J3。
② 萨格雷多接下来所说的，大多是伽利略的父亲文森佐·伽利雷的观点和实验结果。这些实验应该是在佛罗伦萨做的，伽利略很可能共同参与了部分实验。很多人相信，文森佐的实验方法对他的儿子有深刻的影响。

音调可以有 3 种不同方式，即把它缩短、拉紧和变细。如果琴弦的拉力和粗细保持不变，我们把弦长减至一半，即可得到八度音 (即先让开弦发声，再让半弦发声)。而如果长度和粗细保持不变，一个人若要通过将琴弦拉紧来产生八度音，他会发现，所用的拉伸重量只是翻倍是不够的，它必须是原来的 4 倍。也就是说，如果一个音调是由 1 磅重量得到的，就需要 4 磅重量来产生八度音。最后，如果弦长和拉力保持不变，并通过改变琴弦的粗细去产生八度音，我们将会发现，需要将琴弦的粗细减小至原来的 $\frac{1}{4}$。[①]

{144}　我上面所说的关于八度音的规律，即由改变琴弦的拉力和粗细来获得八度音所需之比值，是由改变弦长获得八度音所需之比值的二次方，它同样地适用于所有其他音程。因此，一个人如果想通过改变弦长来获得五度音，他将发现弦长之比必须是 2:3。换句话说，他首先奏出开弦的声音，然后要奏出弦长等于 $\frac{2}{3}$ 开弦时的声音；但如果他希望通过琴弦的拉紧或变细来获得同样的效果，就必须求得 3:2 的二次方，也就是 9:4。相应地，如果低音弦所需的拉伸重量为 4 磅，那么五度高音就不是需要 6 磅，而应该是 9 磅。对于琴弦粗细的改变也是如此，给出低音的琴弦要比产生五度高音的琴弦要粗，其比值是 9:4。鉴于这些事实，我搞不明白那些聪明的哲学家们为什么采用 2:1 而不是 4:1 作为八度音的比，为什么采用 3:2 而不是 9:4 作为五度音的比。

然而，如果不是因为以下事实，即与振动玻璃杯一直相伴的水波，从音调提升八度的那一刻开始，就恰好分裂成等于原先一半长度的小水波；那么，由于无法数清发声琴弦的振动次数 (因为其振动频次非常高)，我将仍然会怀疑，一根发出八度高音的琴弦在同一时间内的振动次数，会恰好两倍于低音琴弦的振动次数。

萨尔　它的确是一个美妙的实验，能够让我们区分一个发声物体在振动时所产生的各种波动。这些振动通过空气传播，并对我们耳朵的鼓

[①]请读者注意，这里的"粗细 (size)"，当指琴弦的横截面的面积大小。

膜产生刺激，从而在我们的心智中转化为声音。然而，上述水波的持续时间，仅仅能够与手指摩擦玻璃的持续时间相同；而且，哪怕是在这段时间之内，水波也不是恒定不变的，而是不停地形成和消失。所以，如果我们能够制造出持续很长时间，甚至是数月乃至数年的波动，以方便对它们进行测量和计数，那岂不是一件极好的事情？

萨格 我向你保证，这种发明一定会博得我的钦佩。

萨尔 这个装置是我偶然发现的。我所做的，仅仅是观察到它并且发现它的价值，即作为对我曾经深入思考的某件事的证明。然而，这一装置本身是相当常见的。

当时，我正用锋利的铁凿刮擦一块铜板，希望把上面的斑点刮掉。{145}而且，我是以非常快的速度进行刮擦，在这个过程中，有一两次，我听到铜板发出一种强烈而清晰的哨声。当更加仔细地观察了铜板之后，我注意到，它上面有一长排彼此平行的、等距的细条纹。

反反复复地持续用铁凿刮擦，我发现：只有当铜板发出这种嘶嘶声[sibilo] 时，它上面才会留下这些痕迹；如果刮擦没有伴随这种嘶嘶声，这样的痕迹就不会出现一丝一毫。多次重复这一技巧，并让刮擦速度一时快、一时慢，哨声音调也将相应地一时高、一时低。我还注意到，当音调更高时，所产生的条纹就靠得更近；当音调低沉时，它们就离得更远。而且，在同一次刮擦过程中，如果在快结束时提高速度，声音将变得尖锐，条纹也更加靠近，但一直保持边界清晰和距离相等。此外，每当刮擦伴随嘶嘶声时，我就感到铁凿在手中摇晃，我的手也随之颤动。

简而言之，我们在上述事实中看到的和听到的，恰好就像在先低声耳语之后又大声说话时所看到的和听到的。当呼出气体但不发出声音时，我们感觉不到喉咙或口腔的任何运动。相反地，当我们发出声音，特别是发出低沉而浑厚的声音时，就能感觉到咽喉的振动。

在此期间我还发现，斯宾耐琴的两根琴弦可以分别与由上述刮擦所产生的两种声音同调。我从这些差别极大的音调中找出了两个，它们相差纯五度音。在测量对应的两个刮痕的线条间距之后，我发现在相同的空间内其中一个有 45 根线条，另一个则有 30 根线条，而这正好是我们赋予五度音的比值 [即 3 : 2]。①

{146}

在继续讨论之前，我想提醒你注意一个事实。在提高音调的三种方法中，你所说的使琴弦变细的方法，准确地说应该归之于减少琴弦的重量。如果琴弦的材料不变，它的粗细和重量会以相同的比例变化。因此，若都以羊肠线作为琴弦，我们可以通过使一根琴弦的粗细是另一根琴弦的 4 倍来获得 [低] 八度音；同样地，对于黄铜线，其中一根琴弦的粗细也必须是另一根琴弦的 4 倍。

但是，如果我们想利用黄铜线获得羊肠线的 [低] 八度音，我们不能让它的粗细增加到羊肠线的 4 倍，而应让它的重量增加到羊肠线的 4 倍。因此，金属弦的重量而非粗细应是羊肠线的 4 倍。因此，虽然羊肠线弹出的音调比金属线更高，但金属线却可能比羊肠线更细。因此，假设两架斯宾特琴分别装有黄金琴弦和黄铜琴弦，尽管对应琴弦都有相同的长度、直径和拉力，黄金弦琴的音调将比黄铜弦琴低大约五度，因为黄金的密度几乎是黄铜的两倍②。

另外，在这里我们注意到，是一个物体的重量而不是它的大小对它的运动产生阻力，这可能与人们在乍一看时所想的相反。因为初看上去我们有理由相信，一个又大又轻的物体相比一个又小又重的物体，在推开介质时要受到更大的阻力。然而，这里恰好相反的情况才是正确的。

现在，让我们回到原先讨论的话题。我断定，一个音程所对应的比值，不是直接决定于琴弦的长度、粗细或拉力，而是取决于它们的振动频次的比值，也就是，取决于 [单位时间内] 空气波动的脉冲数量。这些波动撞击我们的耳朵鼓膜，并使它也以相同的频次振动。③

---

①留住声音曾经只是人类的一个梦想，伽利略在这里迈出了"一小步"。真正实现声音的记录和重放，是本书第一版出版 200 多年以后的事情。

②纯金和纯铜的密度分别为 19.3 g/cm³ 和 8.9 g/cm³，其比略大于 2。而 $\sqrt{2} \approx 1.414 \approx 3:2$，因此两种琴音与五度音相近。

③由此解决了问题 J3，这样才能回过头去解决问题 J1。毕达哥拉斯认为音程取决

在确立了这一事实之后，我们就可以解释，为什么有些音高不同的一对音符能够产生愉悦的感觉，另一些产生不那么愉悦的感觉，剩下的那些则产生极不愉悦的效果。这样一种解释，与对不同程度的和谐音、不和谐音的解释是等价的。我认为，后者之所以产生不愉快的感觉，是源于两种不同音调的不合谐振动，它们不合拍地撞击了我们的耳朵。当两个音调的频次不可公度时[①]，听到的不和谐音尤其刺耳。设想我们有两根同调的琴弦，其中一根是弹奏它的开弦，另一根则是弹奏它的一部分，而且该部分的长度与琴弦总长度之比等于正方形的边长与其对角线之比[②]，就会出现上述刺耳的情形。由此产生的，是一种类似于增四度 (augmented fourth) 或减五度 (diminished fifth) 的不和谐音。 {147}

悦耳的和谐音是一些成对的音调，它们能够以一定的规则刺激鼓膜。这种规则在于一个事实，即两个音调发出的冲击，在相等时间内的个数是可以公度的，从而可以避免让鼓膜一直受到折磨：为了适应永不同步的撞击，它需要向两个不同的方向弯曲。

因此，第一种也是最令人愉悦的和谐音 (consonance) 是八度音。这是因为每当低音弦给予鼓膜 1 次振动，高音弦就给予 2 次。因此，在高音琴弦的振动中，每隔 1 次都与低音琴弦的振动同步。也就是说，[相对于高音琴弦] 有一半的振动是同步的。然而，当两根琴弦同调时，它们的振动总是重合的，其总的效果与只有一根琴弦等价，所以我们不把它们称作是和谐音。

五度也是令人愉快的音程，此时低音琴弦每振动 2 次，高音琴弦就振动 3 次。因此，来自高音琴弦的振动，有 $\frac{1}{3}$ 是与低音弦的振动同步；也就是说，在每一对同步的振动之间，插入了 2 个单一的振动。当音程

于弦长，文森佐·伽利雷通过实验向前迈进了一步，伽利略又前进了一步。当然，彼时研究琴弦振动和音乐的科学家还有不少，伽利略的研究也不是最系统的。

[①]用现代语言来说，如果两个量之比是无理数，就称它们是"不可公度的 (incommensurable)"，与之相对即"可公度的 (commensurable)"。

[②]正方形的边长与其对角线的长度之比是无理数 $\frac{\sqrt{2}}{2}$。

是四度 (fourth) 时，会插入 3 个单一的振动。当音程是二度时，由于其比值是 $9:8$，所以高音琴弦只有 $\frac{1}{9}$ 的振动与低音琴弦的一次振动同时到达耳朵。所有其他音程都是不和谐音，都对接受它们的耳朵产生一种刺耳的效果，从而被识别为不和谐音。[①]

辛普　你能否把上述论证说得更加清楚一些？

萨尔　[图1.15] 分别用 AB 和 CD 表示八度音的低音琴弦和高音琴弦发出的波动长度和时间 [lo spazio e la dilatazione d'una vibrazione][②]，点 E 平分 AB。

设两根琴弦分别从点 A 和点 C 开始它们的波动，显然当其中的 [高音弦的] 快速波动到达终点 D 时，另一个波动只进行到点 E，由于它不是波动的终点，因此不会对耳朵产生冲击[③]。但是，点 D 会对耳朵产生一次冲击。进一步地，当其中一个波动从点 D 返回点 C 时，另一个波动将从点 E 运动到点 B，于是从点 B 和点 C 发出的冲击同时到达鼓膜。

由于这些波动一次又一次地以同样的方式重复，我们得出这样的结论：来自 CD 的连续两次冲击之一，总是与来自 AB 的某一个冲击同步；但是，在终点 A 和 B 处的冲击，会始终伴随着点 C 或 D 中的同一个点。这是非常明显的：如果我们假设两个波动分别同时抵达点 A 和

{148}

[①]如果萨尔维亚蒂 [伽利略] 所说属实，就要求人类的耳朵能够灵敏地辨别相近的声音频率 (比如说区分 800 Hz 和 801 Hz)，这似乎是绝大部分人做不到的。因此，伽利略的这一理论与实际情况并不相符。

[②]根据后文，这个波动"时间"当理解为单次振动 (我们现在理解的来回振动一次) 时间的一半。在图1.15和图1.16中，伽利略用同一根线段来表示琴弦来回振动的路径和时间。请注意这种双重含义，在"第三天"他将经常这样做。

[③]伽利略似乎认为，当且仅当琴弦每次运动到最远点时 (其间隔是我们现在理解的振动周期的一半) 才会对耳朵产生一次冲击，从而一个来回振动产生两次冲击。

点 C，之后当其中一个从点 A 运动到点 B 时，另一个将从点 C 运动到点 D 再返回点 C，即波动同时抵达点 C 和点 B；而在波动从点 B 返回点 A 的过程中，另一个波动又从点 C 运动到点 D 再返回点 C，因此点 A 和点 C 处的冲击再一次同步。[①]

接下来，[图1.16] 分别用 AB 和 CD 表示五度音 [由低音琴弦和高音琴弦发出的] 的波动，它们的时间比值因而是 $3:2$。设 E 和 O 是 AB 的三等分点，并设想两个波动在同一时刻分别从端点 A 和 C 出

图 1.16

发。显然当冲击从点 D 发出时，AB 上的波动才走到点 O，因此鼓膜只接收到来自点 D 的冲击；当一个波动从点 D 返回到点 C 时，另一个波动将从点 O 运动到点 B 又返回到点 O；其中，在点 B 产生了一个孤立的冲击，这个冲击虽然不合拍，但又必须加以考虑。

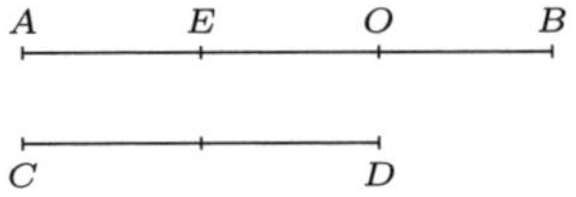

由于我们假设第一次冲击是分别从端点 A 和 C 发出，在一个等于从点 C 运动到点 D (或者等价地，从点 A 运动到点 O) 的时间间隔之后，紧接着就是第二次冲击，以点 D 为界；但第二个发生在点 B 的冲击，与前一个冲击的时间间隔只有前面的一半，即从点 O 到点 B。接下来，当一个振动从点 O 运动到点 A，另一个振动从点 C 运动到点 D，其结果是在点 A 与点 D 产生同步的冲击。上述循环将一次又一次地发生，在每个循环中，高音琴弦 [对耳朵] 产生两次孤立的冲击，二者中间又会穿插一次低音琴弦的孤立冲击。

现在，让我们想象一下，把时间分成一个个非常小的相等间隔。之后我们又假设，在前两个这样的时间间隔之内，从点 A 和点 C 同时出发的波动分别到达点 O 和点 D，并在点 D 处产生一个冲击。那么，在第三个和第四个时间间隔内，其中一个波动又从点 D 返回到点 C，在点 C 处产生一个冲击，而另一个波动则从点 O 运动到点 B 再返回点 O，

[①]对本书关于图1.15和图1.16的论述，其更形象化的示意图见"翻译附录 C"。

并在 B 处产生一个冲击；最后，在第五个和第六个时间间隔内，波动又分别从点 O 和点 C 传播到点 A 和点 D，并在后面两个点处产生两个冲击。

由此，如果我们从两个冲击同步的某一时刻开始计时，鼓膜感受冲击的顺序将是：在经过两个上述时间间隔之后，鼓膜接收到一个孤立的冲击；在第三个时间间隔结束时，鼓膜又接收到另一个孤立的冲击；在第四个时间间隔结束时亦然；再经过两个时间间隔之后，也就是在第六个时间间隔结束时，鼓膜将同步接收到两个冲击。就这样，一个周期就结束了——在某种意义上也可以说，一个不规则的变化 (the anomaly) 就结束了——之后，这一周期一次又一次地重复它自己。

萨格 我再也不能保持沉默了！因为我必须向你表达我的极度愉悦。对一个我长期搞不明白的现象，我刚刚听到了如此完整的一个解释。现在，我理解了为什么同调和单音没什么区别；理解了为什么八度音是主谐和音，但它与同调如此相像，以至于像同调那样被用来与其他和谐音相伴。八度和谐音与同调类似，这是因为：两根同调琴弦的冲击总是同时发生，而八度低的低音琴弦产生的冲击，总是与其高音琴弦的冲击同步，但在两个 [相继的] 同步冲击的正中间，高音琴弦又总是无干扰地插入一个孤立的冲击①。其结果是，这样的和谐音过于平淡和缺乏激情。

另一方面，五度音的特征在于其冲击的不均一性；在它的两个同步冲击之间，都要插入两个高音琴弦和一个低音琴弦的孤立冲击，这三个孤立冲击的时间间隔相等，并且等于一个同步冲击与相邻高音孤立冲击的时间间隔之一半。因此，五度音的效果是使鼓膜产生一种发痒的感觉，但这种温和感又被一种轻快感所改变，因而同时给予耳朵一种轻吻和轻咬的温柔印象。

①大意是，由于低音琴弦的所有冲击都与高音琴弦的某个冲击同步，其总体效果就与只有高音琴弦时的冲击很像，从而与同调有相似之处。参见"翻译附录 C"。

{149}

萨尔 看到你已经从这些新发现中获得如此多的乐趣，我一定要向你展示一种方法，它可以让我们的眼睛能够像耳朵一样享受这些东西。取三根不同长度的弦线，分别悬挂一个铅球或其他重物，并使在长线摆完成 2 次摆动的时间内，中线摆和短线摆刚好分别完成 3 次和 4 次摆动。要实现这个效果，只需要当长线的长度是 16 拃或其他长度单位时，中线和短线的长度分别为 9 个和 4 个相同的长度单位。[①]

现在，将这几个单摆都从竖直位置拉到一边，并同时松开它们，你将会看到这些弦线的奇妙的交错运动，它们以各种各样的方式相互通过，但是每当长摆完成 4 次摆动时，三个摆都将同时到达起点，由此又开始重复同样的循环。这些由单摆产生的摆动组合，正好能够产生八度音和中五度音 (intermediate fifth)。

如果我们采用类似的装置，但是改变悬线的长度，并且总是以这样一种方式运动，即它们的摆动对应于令人愉快的某种音程，我们就能够看到这些悬线之间的不同的交错运动；但是，在固定的时间间隔和固定的摆动次数之后，所有悬线——无论是 3 根或 4 根，都将在同一时刻回到起点，之后又重新开始一个新的循环。 {150}

然而，如果 2 根或更多根悬线的摆动次数是不可公度的，那么，它们就永远不会在同一时刻都完成整数次摆动；或者，虽然它们是可公度的，但要经过很长时间和大量摆动之后才能同时回到起点；这种时候，悬线的无序交错运动就会让眼睛感到炫惑。同样地，空气的无序波动毫无规则地冲击鼓膜，就会使耳朵感到难受。

但是，先生们，我们这是说到哪儿去了啊？在这数小时里，我们被各种各样的问题和意想不到的题外话所吸引。今天白天已经结束了，而我们几乎还没有触及最初提出来要讨论的问题。事实上，我们已经偏离了那么远，以至于对在后续证明中需要用到的那个假设和原理的最初介绍和少量讨论，我都快要记不起来了。

[①]此处伽利略计算有误。如果长线、中线和短线的长度之比是 16∶9∶4，根据单摆的周期或频率公式，它们对应的频率之比应该是 $\frac{1}{4}∶\frac{1}{3}∶\frac{1}{2}$，并不是 2∶3∶4。

萨格　那我们今天就休会吧，好让我们的大脑能在睡眠中得到恢复。如果你愿意的话，我们明天再回来，并重新讨论今天的主题。

萨尔　明天同一时间，我将准时来到这里。我既希望为你们服务，也希望能够享受你们的陪伴。

第一天结束

第二天

萨格 当辛普里丘和我等待你到来的时候，我们正在回忆你昨天最
后的那个考虑，它要被你用作一个原则和基础，从而获得你希望得到的
那些结果。它处理的是所有固体都具有的抗断裂能力 [resistenza]，这种
能力依赖于某种使固体的各个部分强力地黏合在一起的凝聚力，从而只
有在相当大的拉力之下，固体才会发生变形和断裂。

我们昨天试图去寻找对这种凝聚力的解释，并提出它主要是由于
虚空产生的。这就是昨天我们多次离题的原因，它们占据了一整天的时
间，使我们远远地偏离了最初的主题。就像我刚才说的，我们最初的问
题是研究固体具有的抗断裂能力。

萨尔 我对此记得非常清楚。现在，让我们回到谈话的原有思路上
来。无论固体对强力拉伸产生的抗力具有什么样的本性，至少它的存在
是毫无疑问的；而且，虽然在径向拉伸固体时，这种抗断裂力量非常之
大，但是通常来说，当固体受到横向力量的作用时，它的抗断裂能力是
比较小的。据此，假设一根钢棒 (或玻璃棒) 能够在纵向上承受 1000 磅
重量，那么，如果把它成直角地固定在一面竖直墙壁内①，50 磅的重量
可能就足以把它折断。

而我们有必要讨论这第二种抗断裂能力，并力图找出它在材料相同
的棱柱或圆柱中 (它们的形状、长度和厚度可以相同，也可以不同) 需
要满足的比例关系。在这个讨论中，我将认为那个著名的机械原理是成
立的，该原理已经被证明能够支配一根棒 (我们称之"杠杆") 的行为，
即：动力 [forza] 与阻力 [resistenza]②之比，等于它们的作用点与支点的

---

①这里是指如图2.4所示固定钢棒 (或玻璃棒)，但后文实际上是讨论木棒。

②与杠杆原理有关的翻译基本采用现代中文术语。此处的动力和阻力的原文分别

距离之反比。

辛普 这最早是由亚里士多德在其《力学问题》中证明的。[①]

萨尔 是的，我愿意承认他在时间上的优先权。但是，就证明的严谨性而言，优先权应该给予阿基米德，因为他在《论平面图形的平衡》一书中[②]证明的仅仅一个命题，不仅确定了杠杆原理，也确定了大多数其他机械装置的原理。[③]

萨格 既然这个原理是你要提出的所有论证的基础，那么请给我们关于这个命题的一个完整而透彻的证明。这样做应该是很明智的，除非这个过程需要花费太多的时间。

萨尔 是的，那将是很合适的。不过我认为，我们最好采用与阿基米德不同的方式来处理我们的主题，即：首先，只假设**相等重量放在等臂天平的两边时，天平将保持平衡**——这也是阿基米德假设的原理之一；之后，我将证明与这一原理同样正确的是，**对于不相等的重量，它们获得平衡的条件是杆秤的臂长与其悬挂的重量成反比**。换句话说，将相等重量置于两段距离相等的位置，以及将不相等的重量置于与重量成反比的两段距离的位置，其效果是一样的。

为了说清楚这个问题，请想象一个棱柱或实心圆柱[④]AB，它由两条细绳 HA 和 IB 悬挂在横梁 HI 的两端。显然，如果我在横梁 HI 的中

是 forza (force，力) 和 resistenza (resistance，阻力)。读者可能也注意到了，这个 resistenza 与固体抗断裂能力的 resistenza 是同一个词。参见第4页相关脚注。

[①]关于《力学问题》这部著作，参见第24页相关译注。

[②]指阿基米德的著作 *On the equilibrium of planes*。在希思 (Heath) 爵士的英译本《阿基米德著作集》(*Works of Archimedes*) 中，这里伽利略所说的"一个命题"实际是两个命题，即第一部分命题 6 和命题 7，其大意是：无论是可公度的 [命题 6] 还是不可公度的 [命题 7] 两个量，在其到支点间的距离与它们成反比时将保持平衡。

上述英译本有中译本，即朱恩宽等译《阿基米德全集》，陕西科学技术出版社出版。译者参照了 Dover 出版社 2002 年版。阅读该书需要有一定的智力和耐力。

[③]在欧洲的机械学 (力学) 传统里，很多机械装置都是用杠杆原理来解释的。

[④]此处是棱柱和圆柱并举，但图2.1仅以棱柱为例，后文也多有类似的情形。

点 C 拴一根细绳把整个装置悬挂起来，根据上述假设成立的原理，棱柱 AB 将保持 [水平] 平衡，因为相对于悬挂点 C，棱柱 AB 在两边的重量各占一半。

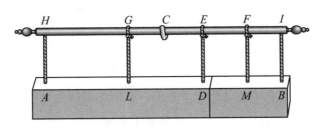

图 2.1

现在，假设棱柱被过 D 的横截面分成不相等的两部分，其中 AD {153} 部分较大而 BD 部分较小。之后，设想在 E 处悬挂一根细绳 ED，它把 AD 和 BD 挂起并使它们与横梁 HI 的相对位置相同。毫无疑问，由于棱柱 AB 与横梁 HI 的相对位置不变，棱柱将维持原有的平衡状态。

然而，如果仅在 AD 部分 (原先由 AH 和 DE 提起的部分) 的中点悬挂一条细绳 GL，AD 的位置依然会保持不变；同样地，仅在 BD 部分的中点悬挂一条细绳 FM，也不会改变 BD 的位置。

因此，如果移除细绳 HA、DE 和 IB，只留下细绳 GL 和 FM，那么，只要还是 [整体] 悬挂于点 C，棱柱 AB 就仍然会保持平衡。现在，在这个新的平衡中，我们要考虑的两个重物是分别悬挂于点 G 和点 F 的 AD 和 BD，平衡杆是 GF，相应的支点是 C；因此，CG 是重物 AD 的悬挂点 G 与支点 C 之间的距离，而 CF 则是另一个重物 BD 的悬挂点 F 与支点 C 之间的距离。

现在剩下的工作只有，证明这两段距离与两个物体的重量成反比，即：$\dfrac{距离 CG}{距离 CF} = \dfrac{棱柱 BD 的重量}{棱柱 AD 的重量}$。以下是这个命题的证明过程：

因 $GE = \frac{1}{2}EH$，$EF = \frac{1}{2}EI$，故 $GF = \frac{1}{2}HI = CI$。

于是 $GF - CF = CI - CF$，即有 $CG = FI = EF$。

125

从而有 $CG + CE = EF + CE$，可得 $GE = CF$。

因此有：$\dfrac{GE}{EF} = \dfrac{CF}{CG}$。

但另一方面，$\dfrac{GE}{EF} = \dfrac{2GE}{2EF} = \dfrac{HE}{EI} = \dfrac{AD \text{部分的重量}}{BD \text{部分的重量}}$。

因此，基于上述比值的相等关系并取反比①，可以得到：

{154}
$$\dfrac{CG}{CF} = \dfrac{BD \text{部分的重量}}{AD \text{部分的重量}}。 \qquad\qquad \text{证毕。}②$$

如果对上述内容的认识是清晰的，我想你们将会毫不犹豫地承认，两个棱柱 AD 和 BD 相对于点 C 将处于平衡状态，因为整个棱柱 AB 的一半在支点 C 的右边，另一半在其左边。换句话说，这种配置等价于让两个等重的物体处于距离相等的位置。

我想，任何人都不能怀疑，如果将两个棱柱 AD 和 BD 换成立方体、球体或任何其他形状，且维持 G 和 F 为悬挂点，它们相对于点 C 仍将保持平衡状态。这是因为，极其显然地，只要材料的数量不发生变化，物体形状的改变不会让它的重量发生变化。由此我们可以得出具有一般性的结论，即当 [作用] 距离与重量成反比时，任何两个重物都将处于平衡状态。

在确立了上述原理之后，我希望在讨论任何其他问题之前，先让你们注意这样一个事实，即这些动力、阻力、力矩 [momenti]、形体 [figure] 等，既可以是抽象的、脱离物质的，也可以是具体的、与物质相关联的。对有关纯几何的、无物质的形体的那些性质，如果我们向形体中填充物质从而赋予其重量，它们就必须加以修正。

举个例子，若要用杠杆 AB 以 E 为支点撬起重石 D，根据刚刚证明的原理，显然只需要在端点 B 处施加的动力能够与重石 D 提供的阻

①此处伽利略原文 convertendo(取换比) 似乎有误，应该是取 $FC : CG$ 的反比。

②这个证明要比阿基米德的证明简单，最早出现于伽利略的 *Le Meccaniche* (*On Mechaniche*,《论力学》)。该著作是他在 1600 年前后撰写的，伽利略本人没有公开出版过它。杠杆、轮轴、滑轮、斜面、楔形劈和螺旋等各种简单机械，在欧洲是从古希腊时就关注的研究对象。

力相平衡，即 $\dfrac{B处动力}{重物D的阻力} = \dfrac{AC}{CB}$。只要我们仅仅考虑 B 处动力和重物 D 的阻力，因而把杠杆 AB 视作没有重量的、非物质的形体，上述结论就是成立的。

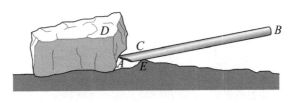

图 2.2

但是，如果我们需要考虑杠杆 AB 的自身重量，无论它是木制的还是铁制的，显然这个重量要与端点 B 处的动力相叠加，因而上述比值将会发生改变，从而必须用不同的表达项 [termini] 来表示。因此，在进一步讨论之前，我们需要对上述两种考察角度的区分达成共识。当我们抽象地考虑一个装置时，也就是不考虑它自身材料的重量时，我们称之为"从绝对的意义上 [assolutamente]"进行考察。但是，如果我们给那些简单、纯粹的形体赋予物质和重量时，我们将这些有物质的形体称作"复合力矩"或"复合力"[momento o forza composta][1]。 {155}

萨格 我本来已经决定不再把你引向题外话，但是现在必须要改变主意了，否则我在后续内容中将不能集中注意力，除非我头脑中的一个疑问得以消除，即：你似乎在对比 B 处的动力与石头 D 的总重，但是石头的一部分——可能是大部分，是依靠于水平面上的，因此……

萨尔 我完全明白你的意思，所以你不必继续说了。请注意，我并没有提到石头的总重量，我只是说它施加在杠杆 BA 的一个端点 A 处的力 [momento]，它总是小于石头的总重量，并且随着石头的形状和高度而变化。

萨格 很好，但我又想到了另一个问题，我对它很是好奇。为了对

①在第140页命题6中，这两个词将被译为"效力"，详见后文及相关脚注。

这件事情有一个完整的理解——如果可能的话——我希望你能向我展示，如何确定这个总重量的多大一部分是由底部平面支撑的，多大一部分又是由杠杆的端点 A 支撑的。

萨尔 这个解释不会耽搁我们太久，所以我很乐意答应你的要求。

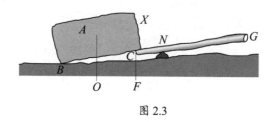

图 2.3

在图2.3中，我们假设重物的重心在 A 处，它的一端落在水平面上的 B 点，另一端落在杠杆 CG 上。设 N 是杠杆 CG 的支点，外力作用于点 G；又作 AO 和 CF，它们分别是由重心 A 和端点 C 引出的地面垂线 [点 O 和点 F 分别为垂足]。那么我说：$\dfrac{\text{石头总重}A}{G\text{处外力}}$ 等于 $\dfrac{\text{距离}GN}{\text{距离}NC}$ 与 $\dfrac{\text{距离}FB}{\text{距离}OB}$ 的复合。

取一段距离 X，使 $\dfrac{\text{距离}X}{\text{距离}NC} = \dfrac{\text{距离}OB}{\text{距离}FB}$。

对整个重物而言，它在点 B 和点 C 处受到的两个力相对于重心 A 平衡，即：$\dfrac{B\text{处受力}}{C\text{处受力}} = \dfrac{FO}{OB}$。

{156} 取合比，有：$\dfrac{B\text{处受力}+C\text{处受力}}{C\text{处受力}} = \dfrac{FO+OB}{OB}$。因 B 处与 C 处受力之和等于总重 A，上式即：$\dfrac{\text{总重}A}{C\text{处受力}} = \dfrac{FB}{OB} = \dfrac{NC}{X}$。

另一方面 [对杠杆 GC 来说]，有：$\dfrac{C\text{处受力}}{G\text{处受力}} = \dfrac{GN}{NC}$。

因此，由调动比例的等距比性质有：$\dfrac{\text{总重}A}{G\text{处受力}} = \dfrac{GN}{X}$。[①]

[①]如果读者不想纠结什么是"调动比例的等距比性质"，只要按现代的习惯，将前面两个比例的等号两边分别相乘、相消即可。不过，希望读者能够谨记，这种操

然而，$\dfrac{GN}{X} = \dfrac{GN}{NC} \cdot \dfrac{NC}{X} = \dfrac{GN}{NC} \cdot \dfrac{FB}{OB}$。

因此，$\dfrac{\text{总重}A}{G\text{处受力}} = \dfrac{GN}{NC} \cdot \dfrac{FB}{OB}$。

证毕。

图 2.4

现在，让我们回到原来的主题。如果以上所说都已明白，就很容易理解以下命题：

命题 1

由玻璃、钢铁、木材或其他可断裂材料制成的实心棱柱或圆柱，它们在纵向可以承受一个极大的重量。但是，如前所述，它们在横向容易因为一个小得多的重量而发生断裂。上述两个重量之比，等于柱体的长度 (它大于厚度) 与厚度 [的一半] 之比。[①]

如图2.4所示，设想有一个实心棱柱 AC，它的 AB 端紧固于一个墙

作对伽利略 (以及更早的欧洲人) 来说可能是不太好理解的。

[①] 此处"厚度"的英文是 thickness。我们现在说一个长方体时，总是长、宽、高并举，而伽利略通常是 length [lunghezza] 和 thickness [grossezza] 二者并举，由此可以推测 thickness 实际上有**柱体底面大小**之意，应该将其译为"粗细"。如果 thickness 是表示一段距离，则将其译为"厚度"，这里命题 1 就是如此。

壁内，另一端则悬挂一个重物 E，同时也要求该墙壁是竖直的，且柱体与该墙壁成直角。

显然，如果柱体发生断裂，其断裂位置将位于点 B 处，它位于柱体与墙壁接头的边缘，其作用是作为杠杆的支点，外力施加于力臂 BC 上，而厚度 BA 将作为该杠杆的另一个力臂，沿着它都有抗断裂力量，其作用就是对抗该柱体的墙外部分与墙内部分的断裂。[①]

根据前面的讨论可知，点 C 处的外力大小与棱柱在其底面上 (即基底 BA 与墙的连接处) 的抗断裂力量的大小之比，等于距离 CB 与距离 BA 的一半之比。[②]

{157}　于是，如果我们将物体的"绝对抗断裂能力"定义为它对纵向拉伸 (此时，拉力的作用方向与物体被拉断时的运动方向相同) 的抗断裂能力，那么，棱柱 AC 的绝对抗断裂力量与作用于力臂 BC 一端的断裂载荷 E 之比，等于距离 BC 与距离 AB 的一半之比；而对于圆柱来说，后一段距离应是其半径。这就是我们的命题1。[③]

请注意，在以上讨论中没有考虑棱柱 AC 自身的重量，或者说，它被假定为是没有重量的。但是如果棱柱的重量要与重量 E 一起考虑的

[①]到这里为止，我们对伽利略要表达的含义尚没有理解上的困难。此处他把棱柱 AC 与墙壁、重物的相互作用视作一个"(复合) 杠杆"：其"支点"位于棱柱跟 B 点对应的下边缘 (可以想象为就是 B 点)；一个力臂是 CB，其作用力是载荷 E (如果还要考虑棱柱自身的重量，就要再加上棱柱 AC 重量的一半，见后文)；另一个"力臂"则被等效为厚度 AB 的一半 (对于圆柱来说，就是底面的半径。参见下一条译注)，相应的作用力是固体的抗断裂力量。

[②]从这里可以看出，伽利略认为，对图2.4中位于与墙面交接处的柱体截面，其单位面积上的抗断裂作用力是相等的。这与实际情况并不相符。另外，他也没有考虑柱体会发生形变，即认为它们是类似现在所谓的"刚体"。由于他讨论的都是"比值"，因而有些错误会相互"抵消"，从而使他的结论仍有一定的合理性。

[③]伽利略并没有"严格地"证明命题 1，或许他本人认为前面关于杠杆原理的讨论可以"证明"这里的结果。根据字面意思，可以写出相应的表达式如下：$\dfrac{棱柱的纵向(绝对)抗断裂力量}{棱柱在C处的最大载荷E} = \dfrac{BC}{0.5AB}$。对比上一段的结论，似乎可以看出他的假设：同种材料的物体，单位面积的**所有**断面的抗断裂力量是相等的。

话，我们就必须将重量 E 加上棱柱 AC 重量的一半。举例来说，如果棱柱重量为 2 磅而重量 E 为 10 磅，我们就必须把重量 E 当作是 11 磅。[①]

辛普 为什么不是当作 12 磅呢？

萨尔 我亲爱的辛普里丘，挂在 C 端的重物 E，它的 10 磅重量全部作用在 BC 上产生力矩，如果棱柱 AC 也挂在同一点的话，它的 2 磅重量也将全部作用在 BC 上产生力矩。

但是，你是知道的，这个棱柱的重量是均匀地分布在整个长度 BC 上，因此靠近 B 点的部分要小于远离 B 点的部分对力矩的贡献。于是，通过二者之间的互补，整个棱柱的重量就可以被认为集中在它的重心上，也就是 BC 的中心。[②] {158}

对于同一个重物，它挂在 C 端时产生的力矩等于挂在 BC 中心时的两倍。因此，如果我们将重量 E 和棱柱 AC 都看作是在 C 处产生力矩时，我们必须用重量 E 加上棱柱自身重量的一半。

辛普 现在我完全明白了。而且，如果我没有弄错的话，图2.4中棱柱 AC 和重物 E 这两个重量产生的力矩，相当于整个棱柱与两倍于重物 E 的重量一起悬挂于 BC 的中心所产生的力矩。

萨尔 完全正确，而且这是一个值得记住的事实。现在，我们很容易理解以下命题：

命题 2

一根杆子，或者毋宁说一个棱柱，如果它的宽度大于厚度，那么，

[①]如果不考虑棱柱自身的重量，就是前面所说的"从绝对的意义上 [assolutamente] 进行考察"。请读者注意区分各个命题是否考虑柱体自身的重量；而在有些命题中，重量 E 是不存在的，即只考虑柱体自身的重量而没有外力。

[②]在本书所有讨论中，伽利略都假设柱体的材料是均匀分布的。另外，伽利略在这里还涉及了与重心有关的知识，这也是阿基米德著作《论平面图形的平衡》中的研究内容。在比萨大学求学时，伽利略阅读到了阿基米德的这一著作，他的引路人是奥斯蒂利奥·里奇 (Ostilio Ricci，1540–1603)。

当外力 [forza] 分别作用在它的宽度方向和厚度方向时，为什么前者比后者所能提供的折断阻力①更大，并求得其比值。②

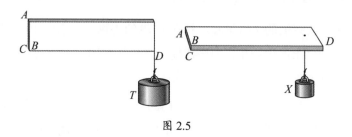

图 2.5

为了清楚起见，以一把直尺 AD 为例，设其宽度为 AC，厚度为 CB，且 CB 远小于宽度 AC。当前的问题是，为什么直尺如左图那样侧放时可以承受一个大的重量 T，但在 [如图2.5右图] 平放时③，却不能承受那个比重量 T 还要小的重量 X？

如果我们能够想到，后者的支点位于 BC 线段 [的下方]，前者的支点位于 AC 线段 [的下方]，而两个外力的作用距离都等于长度 BD，答

---

①此处"折断阻力"的英文是"resistance to fracture"。在英译本中，"resistance to fracture"也表示固体的纵向抗断裂能力，见第4页相关脚注。而这里实际上是指图2.5中的**最大载荷 T**。译者希望对此加以区分，但又苦于找不到对应的汉语术语，因而在后文中只能笨拙地将这个最大载荷译为"折断阻力"或"折断强度"。

"第二天"的多个命题都是讨论一端固定的柱体在改变各种条件时，它在另一端能够承受的最大载荷 (或者是能够承受的最大自身重量) 将按什么比例发生变化。希望读者**务必区分**这里的"折断阻力" (来自外部载荷和/或柱体自身重量) 与源自固体自身"内部结构"的"抗断裂力量"或者说"抗断裂能力"。对同种材料而言，伽利略认为后者只取决于横截面的面积。

②没有阅读过欧几里得《几何原本》的读者可能会觉得奇怪，这怎么是一个命题呢？我们现在所谓的"命题"，是可以作出正误判断的陈述句。但在欧几里得的传统里，命题 (proposition) 分为两大类，一类是定理 (theorem)，另一类是问题 (problem)。例如，《几何原本》全书第一个命题 (问题) 就是：于给定有限直线上构造一个等边三角形。请参看第54页相关脚注。

③请读者注意，这里伽利略默认直尺的 ABC 面是如图2.4那样插在墙内或者完全固定在某处。后面的多个命题都是如此。

案将是显而易见的。

对于抗断裂力量①到支点的距离来说，前者要大于后者，分别是线段 AC 的一半和线段 BC 的一半。因此，重量 T 要大于重量 X，其比值 $\dfrac{\text{重量}T}{\text{重量}X}$ 等于 $\dfrac{\text{宽度}AC\text{的一半}}{\text{厚度}BC\text{的一半}}$。

这是因为，在抗断裂能力 (即截面 ABC 上所有纤维强度的总和②) 相同的情况下，与重量 T 相对的是杠杆力臂 AC，与重量 X 相对的是杠杆力臂 BC。

由此，我们得出结论，对任意给定的宽度大于厚度的直尺或棱柱，它在侧放时的折断阻力③，相比它在平放时更大，二者的比值等于它的宽度与厚度之比。

命题 3

现在考虑棱柱或圆柱在水平方向上变长的情况。我们需要找出，柱体随着重量的增加，它自身在其折断阻力中贡献的力矩将以何种比值增加。我发现，这个力矩随着 [棱柱或圆柱] 长度的二次比而增加。④ {159}

为证明这一点，设 AD 是一个平放的棱柱 (或圆柱)，它的一端 A 牢牢地固定在墙上。再设该棱柱在长度方向上延长一个 BE 部分。

显然，如果不考虑其重量，只是考虑杠杆 [力臂] 的长度

①这个"抗断裂力量"是指柱体自身在支撑截面上提供的。如前所注，伽利略认为它等效于作用在棱柱底面厚度的中心 (也可以理解为是底面的中心)。

②虽然伽利略没有明确地说出来，但他在多个命题中应用了如下结论：同一种材料的抗断裂力量 (强度) 的大小，正比于相应的截面面积。这句话正是伽利略对此的解释：单位面积的任意截面上的"纤维 (fibers)"数目都是恒定的。另外，由于这里说的是"纤维强度"，可知伽利略的实际考虑对象应该是木棒，而不是"没有纤维结构"的金属棒和玻璃棒。

③这个"折断阻力"，就是指直尺 AD 在另一端的最大载荷重量 (按照本命题前面的讨论，严格地说，需要再加上直尺 AD 重量的一半)。读者对后文的类似情形仿此理解即可，除非必要译者不再另加说明。

④命题 3 没有考虑在另一端施加载荷，只关心柱体自身重量的贡献。

图 2.6

从 BA 延长为 CA，那么，一个 [作用在棱柱右端的] 力的力矩 (相对倾向于发生断裂的点 A) 将会按照比值 $\dfrac{CA}{BA}$ 增加。

　　然而，我们还要考虑到棱柱 BE 的重量增加了棱柱 AD 的重量，那么它也会增加棱柱总重的力矩，相应的比值等于 $\dfrac{棱柱AE重量}{棱柱AD重量}$，它也等于相应的长度之比即 $\dfrac{CA}{BA}$。[①]

　　由上可知，当长度和重量都以相同的任意给定比值增加时，力矩发生变化的比值 (长度之比与重量之比的复合) 将是上述比值的二次比 $\left[即等于 \left(\dfrac{CA}{BA} \right) \cdot \left(\dfrac{CA}{BA} \right) 或 \dfrac{CA^2}{BA^2} \right]$。

　　于是得出结论，对于厚度相同但是长度不同的棱柱或圆柱，它们的自身重量产生的弯折力矩之比，等于其长度的二次比，或者等价地，等于这些长度上的正方形 [面积] 之比。

{160}　　接下来，我们将说明，在棱柱或圆柱的长度不变时，其折断阻力将

[①]上一段是设想棱柱重量不变，棱柱长度按 $CA:BA$ 增加。这一段是设想棱柱长度不变，而重量按 $CA:BA$ 增加。下一段则给出二者同时变化时的结论。

如何随其厚度的增加而提高。在这里我要说:

命题 4

　　对于长度相同、粗细不同的棱柱或圆柱,其折断阻力之比等于相应底面厚度或直径的三次比 [triplicata proporzione]。[①]

　　设 A、B 是两个圆柱,其长度 DG 与 FH 相等,并设它们的底面是两个面积不等的圆形,直径分别为 CD 和 EF。那么我说,圆柱 B 与圆柱 A 的折断阻力之比,等于直径 EF 与直径 CD 的三次比。

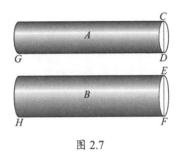

图 2.7

　　如果我们考虑的是纵向的绝对抗断裂能力,它将取决于圆柱底面的圆 EF 和圆 CD,没人会怀疑圆柱 B 的抗断裂能力要大于圆柱 A 的,二者的比值等于 $\dfrac{圆EF面积}{圆CD面积}$。这是因为,圆 EF 的面积要大于圆 CD 的,而它们之比正好等于将相应圆柱的各部分结合在一起的纤维数量之比。

　　但是,如果是考虑横向的外力[②],那么我们将要考察两个杠杆,其外力的作用距离分别是 DG 和 FH,其支点分别是 D 和 F,而其抗断裂力量的作用距离分别是圆 CD 和圆

　　[①] 此处的"折断阻力"可以理解为外加负荷 (以重量计) 与柱体自身重量的共同作用,即"折断阻力"等于另一端外加重量与柱体自身重量的一半之和。

　　[②] 请注意,此处的外部作用力分别作用于 G 和 H 两点,两个圆柱的另一端则分别嵌在墙内,即与图2.4 相比颠倒了左右。

EF 的半径，因为对分布于整个截面上的纤维来说，它们的作用力可以看作是集中于圆心。又，作用于 G 和 H 处的两个外力的力臂 DG 和 FH 相等。因此我们可以理解，对抗 H 处外力的、[可看作是] 位于底面 EF 中心的抗断裂力量，相比对抗 G 处外力的、[可看作是] 位于底面 CD 中心的抗断裂力量，前者要比后者更有效，二者之比等于 $\dfrac{直径EF}{直径CD}$。①

于是，圆柱 B 的折断阻力要大于圆柱 A 的，其比值是圆 EF 与圆 CD 的面积之比与它们半径之比 (即直径之比) 的复合 $\left[即 \dfrac{圆EF面积}{圆CD面积} \cdot \dfrac{直径EF}{直径CD}\right]$。

又，圆的面积之比等于其直径的二次比。因此，[等长圆柱的] 折断阻力之比 (上述两个比的复合)，等于相应直径的三次比 $\left[即 \dfrac{EF^3}{CD^3}\right]$。 证毕。

{161}　　又由于立方体 [体积] 随其边长的三次比而变化，因此我们可以得出结论说：两个等长圆柱的折断阻力之比，等于它们的底面直径上的立方体 [体积] 之比。

推论

根据上面的内容，我们可以得出以下推论：**等长棱柱或圆柱的折断阻力，与其体积的** $\dfrac{3}{2}$ **次方** [sesquialtera proporzione] **成正比。**

这是显然的。等长棱柱或圆柱 [体积] 之比，等于其底面 [面积] 之比，也就是等于其底面边长②或直径的二次比。然而，刚才已经证明，折断阻力随着相应边长或直径的三次比

---

①此处是对伽利略文本的意译，其含义是说：由于 $EF > CD$，如果圆柱底面的抗断裂合力不变，前者产生的相应力矩要大于后者，因此 "效率" 更高。

②这里要么默认了棱柱底面是正方形，要么默认其各条边长等比例地变化，即棱柱的底面都是相似图形，但伽利略没有明说。

136

而变化。因此，折断阻力将随着柱体自身 [体积] 的 $\frac{3}{2}$ 次方而变化，从而也是随着柱体自身重量的 $\frac{3}{2}$ 次方而变化。

辛普 在进一步讨论之前，我希望能够事先消除我的一个疑问。到目前为止，你还没有考虑到另一种抗断裂能力，我认为这种力量随着固体的变长而减小，而且这对于弯折和拉伸来说都是一样的。正是因为这个原因，我们观察到，相比短绳，一根长绳更加难以承受很大的重量。

由此我认为，一根短的木杆或铁杆，要比它被延长时所能承受的重量更大。我这样说的前提是外力一直保持径向作用而不改成横向作用，而且我们要考虑因其长度增加而增加了自身的重量。

萨尔 辛普里丘，如果我正确地理解了你的意思，恐怕在这件事情上，你跟许多人犯了相同的错误：如果你的意思是说，对于相同材料的绳子，一根长绳 (比如说长 40 腕尺) 不能承受一根短绳 (比如说长 1 腕尺或 2 腕尺) 所能承受的重物。

辛普 这就是我的意思，而且在我看来，这个命题很可能成立。

萨尔 相反地，我不仅认为它不只是不大可能成立，而且认为它就是错误的。我想，我能够轻易地让你认识到自己的错误。设 AB 代表一根绳子，固定它的上端 A，在它的下端系一个重物 C，其拉力刚好足以让绳子断裂。现在，辛普里丘，请你指出绳子发生断裂的确切位置。 {162}

辛普 让我们说是在 D 点。

萨尔 那它在 D 点断裂的原因是什么？

辛普 这是因为，在绳子的这一点上，它的强度不足以承受绳子下部 DB 和石头 C 的重量之和。我不妨说它是 100 磅。

萨尔 如果是这样的话，每当绳子在 D 点被 100 磅的重量拉伸时，它都会在那里断裂。

辛普 我是这样认为的。

萨尔 那么，请告诉我，如果重物悬挂的位置不是 B，而是接近 D 点的一个位置 E；或者，绳子上端也不是固定在 A 点，而是固定在略高于点 D 的 F 点，绳子是否仍然在 D 处承受到同样是 100 磅的重量？

辛普 是的，如果你是用绳子 EB 重量加上石头 C 重量的话。

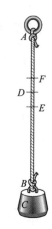

图 2.8

萨尔 那么，让我们假设绳子在点 D 承受的重量为 100 磅，于是根据你自己刚才所承认的，它将会发生断裂。但是，FE 只是 AB 的一小部分，所以，你怎么能够认为长绳比短绳要脆弱呢？[①]因此，请放弃你和许多非常聪明的人们所持有的这个错误观点吧。

现在让我们继续。至此我们已经证明，对于粗细相同的棱柱或圆柱，它为自身的折断所贡献的力矩随着其长度上的正方形 [面积] 而变化；类似地也已经证明，当 [柱体的] 长度相同而粗细发生变化时，其折断阻力随着其底面的边长或直径上的立方体 [体积] 而变化。

我们现在进一步讨论柱体的长度和粗细同时变化时的情形。对此，我发现：

命题 5

不同长度和粗细的圆柱 (或棱柱) 所能提供的折断阻力，是它们的底面直径上的立方体 [体积] 之比与它们的长度之反比的复合。

{163}

[①]伽利略的上述论证过程有一个逻辑上的问题。它实际上假设了绳子的 DB 或 DE 部分除了提供让绳子在 D 处断裂的拉力 (重量) 之外，没有任何其他作用。但这恰恰是他需要证明的，即绳子的长度不影响绳子的强度。前面已经说过，伽利略认为同种材料的等面积截面的"绝对抗断裂力量"相等，这也正是他的论证依据。

设 AC 和 DF 是两个圆柱,那么圆柱 AC 与 DF 的折断阻力之比,等于 $\dfrac{直径AB上的立方体[体积]}{直径DE上的立方体[体积]}$ 与 $\dfrac{EF}{BC}$ 的复合。

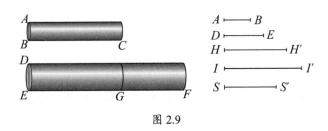

图 2.9

如图,取 $EG = BC$。设 HH'[①]是线段 AB 和 DE 的第三比例项,而 II' 是相应的第四比例项[②],又设 $\dfrac{II'}{SS'} = \dfrac{EF}{BC}$。

由于 $\dfrac{圆柱AC的折断阻力}{圆柱DG的折断阻力}$ 等于 $\dfrac{AB^3}{DE^3}$,也就是等于 $\dfrac{AB}{II'}$。

又由于 $\dfrac{圆柱DG的折断阻力}{圆柱DF的折断阻力}$ 等于 $\dfrac{FE}{EG}$,即等于 $\dfrac{II'}{SS'}$,故

[由等距比的性质] 可知 $\dfrac{圆柱AC的折断阻力}{圆柱DF的折断阻力}$ 等于 $\dfrac{AB}{SS'}$。

而 $\dfrac{AB}{SS'}$ 是 $\dfrac{AB}{II'}$ 和 $\dfrac{II'}{SS'}$ 的复合,故 $\dfrac{圆柱AC的折断阻力}{圆柱DF的折断阻力}$

是 $\dfrac{AB}{II'}$ (也就是 $\dfrac{AB^3}{DE^3}$) 与 $\dfrac{II'}{SS'}$ (也就是 $\dfrac{EF}{BC}$) 的复合。证毕。

在证明了上述命题之后,让我们接下来考察相似的棱柱或圆柱[③]。

[①]辅助线段中凡是带上标 $'$ 的字母均为译者所加,后文中将不再提示。

[②]如果译者理解无误,伽利略此处是假设 $\dfrac{AB}{DE} = \dfrac{DE}{HH'} = \dfrac{HH'}{II'}$ 而不只是

$\dfrac{AB}{DE} = \dfrac{HH'}{II'}$ (克鲁英译本的标注是此意)。因为根据后面的证明过程,AB、DE、HH' 和 II' 应当成**连比例**,这样才能满足 $\dfrac{AB^3}{DE^3} = \dfrac{AB}{DE} \cdot \dfrac{DE}{HH'} \cdot \dfrac{HH'}{II'} = \dfrac{AB}{II'}$。译者这样解释"第四比例项"有一个伽利略本人的"内证",见图2.26以及那里的译注。关于"第四比例项"的不同含义请参考"翻译附录B"。

[③]这里的"相似",与其在"相似三角形"中的含义类似,即两个柱体的所有对应长度均成相同的比例,也就是说,它们之间可以相互通过等比例放缩得到。

对此我们将证明：

命题 6

对于相似的圆柱或棱柱，由其自身重量及其作为杠杆力臂的 [两个] 长度产生的效力 [momenti composti]①之相互比值，等于其底面的抗断裂能力之比的 $\frac{3}{2}$ 次方 [proporzione sesquialtera]。

为了证明这一命题，我们用 AB 和 CD 表示两个相似的圆柱。那么我说，圆柱 AB 的效力 (用于对抗底面 B 上的抗断裂力量) 与圆柱 CD 的效力 (用于对抗底面 D 上的抗断裂力量) 之间的比值，等于底面 B 上的抗断裂能力与底面 D 上的抗断裂能力之比的 $\frac{3}{2}$ 次方。

{164}

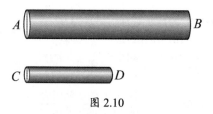

图 2.10

圆柱 AB 与圆柱 CD 分别对抗底面 B 和底面 D 上的抗断裂力量的效力 [momento di]②，既正比于它们的重量，也正比于它们的杠杆力臂的机械利益 [forze]③。

---

① "效力" 一词在这里被用来翻译 "momenti composti (compound moments)" 和 "forza composta (compound force)"，伽利略的这一术语似乎没有现代对应量，它既不是力，也不是力矩。"效力" 这一表达是译者 "杜撰" 出来的，其具体含义请读者参考伽利略的证明过程以及以下几条译注。

②据德雷克的术语解释，词组 "momento di (moment of)" 的大意是 "速度、重量或类似物理量的有效性 (effectiveness)"，故译者也像 "momenti composti" 那样译之为 "效力"。克鲁英译本把 momento di 译为 effective in。

③forze 是 forza (force，力) 的复数。机械利益 (mechanical advantage) 是克鲁英译本根据伽利略的实际含义而采用的近代术语，指杠杆的阻力与动力之比，或相应力臂之反比。这句话可用现代语言理解为："效力" 是重量与机械利益之积。

杠杆 AB 的机械利益 [la forza della leva AB] 与杠杆 CD 的机械利益是相等的 (这是因为两个圆柱是相似的，所以有 $\frac{AB}{CD} = \frac{\text{底面}B\text{的直径}}{\text{底面}D\text{的直径}}$)，故 $\frac{\text{圆柱}AB\text{的效力}}{\text{圆柱}CD\text{的效力}} = \frac{\text{圆柱}AB\text{的重量}}{\text{圆柱}CD\text{的重量}}$ [①]，即等于 $\frac{\text{圆柱}AB\text{的体积}}{\text{圆柱}CD\text{的体积}}$，而后者又等于 $\frac{(\text{底面}B\text{的直径})^3}{(\text{底面}D\text{的直径})^3}$。

另一方面，两个底面的抗断裂能力之比等于它们的底面积之比，也就是等于 $\frac{(\text{底面}B\text{的直径})^2}{(\text{底面}D\text{的直径})^2}$。因此，两个圆柱的效力之比，等于对应底面的抗断裂能力之比的 $\frac{3}{2}$ 次方。[②]

辛普 这一命题让我深受触动，它既新奇又令人意外。乍一看，它非常不同于我的任何猜测。由于这些形体在其他方面都是相似的，因此我之前确信，这些圆柱的效力显然与它们的抗断裂阻力之间的比值应该是相同的。

萨格 这就证明了那个命题，在我们整个讨论刚开始的时候，它让我仿佛从阴影中看见了光明。[③]

[①] 其含义是，杠杆原理中的另一因素即力臂长度的影响被相互抵消了。

[②] 下面根据译者的理解，用现代术语和符号解释命题6。设圆柱的重力为 G，长度为 l，底面直径为 R，底面断裂时抗断裂力量为 F。那么，圆柱重力的力矩等于 $G \cdot \frac{l}{2}$，而底面抗断裂力量的力矩等于 $F \cdot \frac{R}{2}$。当以上两个力矩相等时，圆柱将发生断裂。但本命题似乎并不专门考察圆柱断裂的情形。

如果用符号"$\rightarrow$"表示对应关系，有 $G \cdot \frac{l}{2} \rightarrow F \cdot \frac{R}{2}$，从而 $G \cdot \frac{l}{R} \rightarrow F$。这个 $G \cdot \frac{l}{R}$ 就是所谓的 momenti composti (效力)。由于这里考察的是"相似"的圆柱，故 $\frac{l}{R}$ 为常数 (表示整个"杠杆"的机械利益)，从而有 $G \rightarrow F$。又由于 F 与圆柱底面面积成正比 (这是伽利略的观点)，G 与圆柱体积成正比，故不难得到命题6。

另，对应关系 $F \rightarrow G$ 是"力"的对应，这是汉译"效力"中"力"字的来源。

[③] 在本书"第一天"开始时，萨格雷多说"力学的基础是几何，而在几何中，图形的尺寸是无关紧要的"(第2页)，萨尔维亚蒂说"相比于小机械大机械并不是成比例地更加坚固"(第3页)，之后萨格雷多说"我的头脑就像被闪电照亮的一团云朵"。不过，命题7才更直接地回答了萨格雷多"第一天"的那个困惑。比较奇怪的是，虽

萨尔 辛普里丘，有段时间我曾经跟你一样，认为相似固体的抗断裂能力也是相似的。但是，一个随意的观察让我明白了，相似固体并不会表现出与其尺寸成正比的强度。正如高个子比小孩更容易从高处摔伤一样，较大的固体更不适合于比较暴力的应用。另外，我们一开始就说过，一根大梁或柱子从一定高度跌落后会摔成碎片，但在相同的条件下，一块小的木料或大理石圆柱是不会摔碎的。正是这种观察，指引我研究了我将向你们证明的一个事实。这是一件极其非凡的事实，在无限多种彼此相似的各个固体之中，没有哪两个的效力 [momenti] 与其抗断裂能力之比是相同的。

{165}

辛普 你让我想起亚里士多德在其《力学问题》中的一段话。他在其中试图解释，为什么木梁越长，就会变得越发脆弱和容易弯折，尽管事实上短梁更细而长梁更粗。如果我没有记错的话，他是利用简单杠杆加以解释的。

萨尔 非常正确。但是，由于他的解释似乎仍留有怀疑的空间，德·格瓦拉主教 (Giovanni di Guevara) 用他造诣精湛的评论，极大地丰富和阐明了这部著作，这当中也包含了他更多的聪明思考，以期能够克服里面的所有困难。然而，即使是德·格瓦拉主教也困惑于这一点，即：当固体的长度和粗细等比增加时，它们的强度、抗断裂能力和抗弯折能力是否保持恒定。在考虑了很久之后，关于这个问题我得到了下面要讲的结果。首先，我要证明：

命题 7

在具有相似形状的重棱柱或圆柱中，有且只有一个在其自身重量的作用之下正好处于断裂和不断裂的界限；每一个比它大的柱体将因为不能承受自身重量而断裂，每一个比它小的柱体则在断裂之前能够承受额外的力量。①

然伽利略似乎很看重命题6，但命题7的证明又没有利用它。

①这里默认了所有柱体都均匀地填充同一种材料。命题 7 只考虑柱体自身重量的

设 AB 是一个重棱柱，它具有可支撑其自身重量的最大长度。这意味着，如果它被稍微加长一丁点，它就会断裂。那么我说，这个棱柱在所有相似的棱柱中 (在数量上是无穷的) 是独一无二的，即它位于断裂与不断裂的界限；任何比它大的柱体都将在其自身重量下断裂，任何比它小的柱体都不会断裂，而且能够在自身重量之外支撑更多力量。 {166}

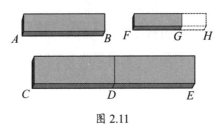

图 2.11

首先设棱柱 CE 与棱柱 AB 相似，但比棱柱 AB 更大。那么我说：棱柱 CE 将不能保持完整，而会在自身重量下断裂。

在 CE 上截取与 AB 相等的长度 CD。

[由命题4] $\dfrac{棱柱CD的折断阻力}{棱柱AB的折断阻力} = \dfrac{(厚度CD)^3}{(厚度AB)^3}$；由于棱柱

CE 与棱柱 AB 相似，故上述比值也等于 $\dfrac{棱柱CE的体积[重量]}{棱柱AB的体积[重量]}$。

由此可知，棱柱 CE 的重量就是与棱柱 CD 等长 [等底] 的棱柱所能承受的最大重量。

但由于棱柱 CE 大于棱柱 CD，故棱柱 CE 将会断裂。[①]

现在，再来看另一个比棱柱 AB 小的相似棱柱 FG。

影响，在证明过程中不考虑外力的力矩。另，命题 7 本质上可据命题 6 推导。

[①]证明逻辑大略是：由命题4，在等长的条件下，棱柱 CD 和棱柱 AB 的折断阻力分别对应于棱柱 CE 的重量和棱柱 AB 的重量；因此，如果棱柱 AB 的重量刚好可以让它自身断裂，那么，将棱柱 CE 的重量全部集于棱柱 CD 时，棱柱 CD 也刚好会断裂；但是，在底面积不变的情况下 (此时棱柱 CD 和棱柱 CE 在底面上的抗断裂力矩不变)，由于棱柱 CE 的重量被分散到整个 CE 长度 (此时棱柱 CE 的重力力矩大于棱柱 CD 的重力力矩)，因此棱柱 CE 是不能承受住自身重量的。

延长 FG 使 $FH = AB$。同理 [命题4]，如果 AB (即 FH)

等于 FG，就有 $\dfrac{\text{棱柱}FG\text{的折断阻力}}{\text{棱柱}AB\text{的折断阻力}} = \dfrac{\text{棱柱}FG\text{的体积[重量]}}{\text{棱柱}AB\text{的体积[重量]}}$。

但事实上 $AB > FG$，因此棱柱 FG 的重量 [被看成] 作用于 G 处[①]的力矩，是不足以让棱柱 FG 折断的。

萨格 这个证明简短而清晰。这一命题虽然乍一看上去不具备可能性，现在却被证明是正确的和必然的。那么，为了让上面所说的更大棱柱处于断裂与不断裂的界限上，就必须改变其厚度和长度的比值，要么是增加厚度，要么是减少长度。我相信，对这个临界状态的研究，需要有同样的创造性。

萨尔 不仅如此，甚至要求更多。因为这个问题要更困难。我之所以知道这一点，是因为我花费了大量时间去探求它，现在我希望能够分享给你们。

命题 8

给定一个圆柱或棱柱，它具有使其在自身重量下不会断裂的最大长度。给定另一个更大的长度，试求得具有这一长度的一个圆柱或棱柱的厚度，使这个柱体成为 [在给定条件下] 能够承受住自身重量的唯一者和最大者。

设圆柱 BC 是 [具有长度 AC 的] 能够承受其自身重量的最大者，又设 $DE > AC$。这里的问题是要确定一个圆柱的直径，它是长度为 DE 的所有圆柱中能够承受住其自身重量的最大的那一个。

令 II' 是 DE 和 AC 的第三比例项 $\left[\text{即 } \dfrac{DE}{AC} = \dfrac{AC}{II'}\right]$，又令直径 FD 满足 $\dfrac{FD}{BA} = \dfrac{DE}{II'}$，由此作出圆柱 FE。那么，在所有与圆柱 FE 具有

[①]说 "作用于 G 处" 是因为默认了外部作用力是加在 G 处。参见第131页关于作用力是 12 磅还是 11 磅的讨论。我们习惯于把重力的作用点放在重心处，而伽利略的困难源自他是用 (几何) 比例语言来思考，因而他总是需要一个共同的参照点 G。

{167}

相同尺寸比例的圆柱中，圆柱 FE 是能够承受其自身重量的最大的和唯一的那一个。[①]

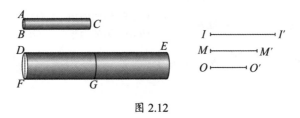

图 2.12

设 MM' 和 OO' 分别是 DE 和 II' 的第三比例项和第四比例项 $\left[\text{即 } \dfrac{DE}{II'} = \dfrac{II'}{MM'} = \dfrac{MM'}{OO'}\right]$[②]，并取 $FG = AC$。

由于 $\dfrac{FD}{AB} = \dfrac{DE}{II'}$，故 $\dfrac{FD^3}{BA^3} = \dfrac{DE}{OO'}$。

但 [由命题4]，$\dfrac{\text{棱柱}DG\text{的折断阻力}}{\text{棱柱}BC\text{的折断阻力}} = \dfrac{FD^3}{BA^3}$。

于是可以得到：$\dfrac{\text{棱柱}DG\text{的折断阻力}}{\text{棱柱}BC\text{的折断阻力}} = \dfrac{DE}{OO'}$。

又由于圆柱 BC [自重] 的力矩与其抗断裂力量的力矩相互平衡，所以，如果我们能够证明 $\dfrac{\text{圆柱}FE\text{[自重]的力矩}}{\text{圆柱}BC\text{[自重]的力矩}}$ 等于 $\dfrac{\text{底面}DF\text{上的抗断裂力量[的力矩]}}{\text{底面}BA\text{上的抗断裂力量[的力矩]}}$，也就是等于 $\dfrac{FD^3}{BA^3}$，或者说等于 $\dfrac{DE}{OO'}$，我们就能达到我们的目标，即证明圆柱 FE [自重] 的力矩等于底面 FD 上的抗断裂力量 [的力矩]。

而 $\dfrac{\text{圆柱}FE\text{[自重]的力矩}}{\text{圆柱}DG\text{[自重]的力矩}} = \dfrac{DE^2}{AC^2}$，也就是等于 $\dfrac{DE}{II'}$。

[①] 设圆柱长度和底面半径分别为 l 和 r，材料密度为 ρ，则刚好在自重下断裂时 (由命题 1)：$\rho V g \cdot l/2 = \sigma S_{\text{底面}} \cdot r$，其中 σ 是底面上抗断裂力量的比例系数。因此有，$\rho \cdot \pi r^2 l \cdot l/2 = \sigma \pi r^2 \cdot r$。可见对同种材料 ($\rho$ 和 σ 相等) 的圆柱而言，在自重下发生断裂时的 l^2 正比于 r。在图2.12中，$\dfrac{r_2}{r_1} = \dfrac{FD}{BA} = \dfrac{DE}{II'} = \dfrac{DE^2}{AC^2} = \dfrac{l_2^2}{l_1^2}$。

[②] 请参见第139页脚注中关于"第四比例项"的解释。

但，$\dfrac{圆柱DG[自重]的力矩}{圆柱BC[自重]的力矩} = \dfrac{FD^2}{BA^2}$，也就是等于 $\dfrac{DE^2}{II'^2}$，即

等于 $\dfrac{II'^2}{MM'^2}$ 或者说 $\dfrac{II'}{OO'}$。

故由等距比的性质，$\dfrac{圆柱FE[自重]的力矩}{圆柱BC[自重]的力矩} = \dfrac{DE}{OO'}$，

即等于 $\dfrac{FD^3}{BA^3}$，或者说等于 $\dfrac{底面DF上的抗断裂力量[的力矩]}{底面BA上的抗断裂力量[的力矩]}$。

证毕。

萨格 萨尔维亚蒂，这个证明非常长，只听一次很难记住。所以我希望你能够再重复一遍。

萨尔 我将如你所愿。不过，我建议另外采用一个更直接、更简短的证明。不过，它需要一幅不同的配图。

{168}

萨格 那就越发帮了我的大忙了。不过，我仍然希望你能够帮我把刚才的论证过程写成书面形式，以便我能在闲暇之时重新加以研究。

萨尔 我将很乐意那样做。

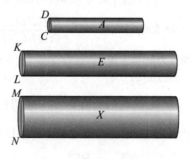

图 2.13

令 A 表示直径为 DC 的圆柱，它是能够承受自身重量的 [具有相应长度的圆柱中的] 最大者。这里的问题是需要求得一个更大 [更长] 的圆柱，使它 [在该长度下] 是最大的和唯一的能够承受自身重量的圆柱。

设 E 是与 A 相似的圆柱，且具有给定的长度，并且其直径是 KL。又设 MN 是 DC 和 KL 的第三比例项 $\left[即 \dfrac{DC}{KL} = \dfrac{KL}{MN}\right]$。

146

作另一个圆柱 X，它以 MN 为直径，且长度与圆柱 E 相同。那么我说，X 就是我们在寻找的圆柱。[①]

[由命题5] $\dfrac{\text{底面}DC\text{的折断阻力}}{\text{底面}KL\text{的折断阻力}} = \dfrac{DC^2}{KL^2}$，即等于 $\dfrac{KL^2}{MN^2}$，或者说等于 $\dfrac{\text{圆柱}E\text{的体积}}{\text{圆柱}X\text{的体积}}$，即等于 $\dfrac{\text{圆柱}E[\text{自重}]\text{的力矩}}{\text{圆柱}X[\text{自重}]\text{的力矩}}$。[②]

又 [由命题4]，$\dfrac{\text{底面}KL\text{的折断阻力}}{\text{底面}MN\text{的折断阻力}} = \dfrac{KL^3}{MN^3}$[③]，即等于 $\dfrac{DC^3}{KL^3}$，或者等于 $\dfrac{\text{圆柱}A\text{的体积}}{\text{圆柱}E\text{的体积}}$，即等于 $\dfrac{\text{圆柱}A[\text{自重}]\text{的力矩}}{\text{圆柱}E[\text{自重}]\text{的力矩}}$。[④]

由调动比例的等距比性质，可以得到：

$$\frac{\text{底面}DC\text{的折断阻力}}{\text{底面}MN\text{的折断阻力}} = \frac{\text{圆柱}A[\text{自重}]\text{的力矩}}{\text{圆柱}X[\text{自重}]\text{的力矩}}$$ [⑤]

[①]根据德雷克英译本的译注，Andrea Arrighetti (1592–1672) 在 1633 年寄给伽利略一个证明，此处将给出它的简化版。它似乎存在一些表述上的错误，详见后面几条译注。但克鲁英译本和德雷克英译本均未指出此处是否存在问题。

[②]等式 $\dfrac{\text{圆柱}E\text{的体积}}{\text{圆柱}X\text{的体积}} = \dfrac{\text{圆柱}E[\text{自重}]\text{的力矩}}{\text{圆柱}X[\text{自重}]\text{的力矩}}$ 是成立的，这是因为圆柱 E 与圆柱 X 的长度相同。但此处似乎需要删除两个"的力矩"，见下一条译注。

[③]由 $\dfrac{\text{底面}KL\text{的折断阻力}}{\text{底面}MN\text{的折断阻力}} = \dfrac{KL^3}{MN^3}$ 可知，这里所比较的不是底面的抗断裂强度 (按照伽利略的理论，它与底面积成正比)，而是在另一端悬挂重物的最大负荷 (图2.4)。这是译者在上一段中标注"[由命题5]"的理由所在。

[④]等式 $\dfrac{\text{圆柱}A\text{的体积}}{\text{圆柱}E\text{的体积}} = \dfrac{\text{圆柱}A[\text{自重}]\text{的力矩}}{\text{圆柱}E[\text{自重}]\text{的力矩}}$ 是不成立的。其原因是，显然有 $\dfrac{\text{圆柱}A\text{的体积}}{\text{圆柱}E\text{的体积}} = \dfrac{\text{圆柱}A[\text{自重}]}{\text{圆柱}E[\text{自重}]}$，但是它们不等于 $\dfrac{\text{圆柱}A[\text{自重}]\text{的力矩}}{\text{圆柱}E[\text{自重}]\text{的力矩}}$，因为圆柱 E 与圆柱 A 的力臂并不相等。此处似乎需要删除两个"的力矩"，见下一条译注。

另外，此处"的力矩"译作"的效力"也是可以的，因为圆柱 A 和圆柱 E 是相似的 (命题 6)。但 $\dfrac{\text{圆柱}E[\text{自重}]\text{的力矩}}{\text{圆柱}X[\text{自重}]\text{的力矩}}$ 中的"的力矩"不能译作"的效力"。

[⑤]如果前面两个译注中"的力矩"都删掉，此处相应地也删除两处"的力矩"，从而根据比例性质可得：$\dfrac{\text{底面}DC\text{的折断阻力}}{\text{底面}MN\text{的折断阻力}} = \dfrac{\text{圆柱}A[\text{自重}]}{\text{圆柱}X[\text{自重}]}$。于是，如果圆柱 A 恰好发生断裂，那么圆柱 X 也会恰好如此。这是因为，根据第131页的讨论，此时圆柱发生断裂时的自重与折断阻力 (以重量计) 之间是固定的 $2:1$ 的关系。

于是，棱柱 X 自重的力矩①与其折断阻力的相互关系，跟棱柱 A 中的对应关系是相同的。 [证毕]

现在让我们推广这个问题，其内容如下：

命题 9

给定一个圆柱 AC，且其自身力矩与其折断阻力之间具有任意的某个给定关系。设 DE 是另一个圆柱的长度，试求得它的厚度，使它的力矩与折断阻力之间的关系与圆柱 AC 相同。

以同样的方式利用前面图2.12，我们可以得到：

$$\frac{圆柱FE[自重]的力矩}{圆柱DG[自重]的力矩} = \frac{DE^2}{FG^2}，也就是等于 \frac{DE}{II'}。$$

又，$\frac{圆柱DG[自重]的力矩}{圆柱AC[自重]的力矩} = \frac{FD^2}{AB^2}$，或者说等于 $\frac{ED^2}{II'^2}$，也

等于 $\frac{II'^2}{MM'^2}$，即等于 $\frac{II'}{OO'}$。

{169}　　根据等距比的性质，$\frac{圆柱FE[自重]的力矩}{圆柱AC[自重]的力矩} = \frac{DE}{OO'}$，即等

于 $\frac{DE^3}{II'^3}$，或者说等于 $\frac{FD^3}{AB^3}$，从而等于 $\frac{底面FD的折断阻力}{底面AB的折断阻力}$。

证毕。

根据前面已经论证的命题，你们可以清楚地看到：无论是人工还是大自然，都不可能把一个结构增加到极其巨大的尺寸。因此，人类不可能建造出极其巨大的船只、宫殿或庙宇，并使它们的桨橹、帆桁、横梁、铁螺栓和所有其他部分都能维持一个整体；这就像大自然不会产生具有超常尺寸的大树一样，因为它们的树枝将在自身重量之下断裂；同样地，大自然也不可能让人类、马匹或其他动物在极大地增加高度时，它

请读者注意，以上三个译注没有错误的前提是，译者对伽利略的术语理解没有重大偏差。所以，译者希望读者能够多多指教。

①按照译者的上述理解，此处的"的力矩"三字也应相应地删除。

们的骨骼结构仍然可以保持完整，并且能够执行它们的正常功能。因为要实现这种高度的增加，只可能采用比一般情况下更加坚硬、更加牢固的材料，或者需要增大这些动物的骨骼尺寸，从而改变它们的形状，直到它们的形体和外貌让人联想到怪物。

也许，这就是我们聪慧的诗人在描述一个超大型巨人时所想到的，他说：

其高不可度，其大不可量。

为了简单地加以说明，我画了一根 [大] 骨头，它的长度是自然长度的三倍，它的粗细也要被放大，直到对于相应的大型动物而言，它所能发挥的功能与小骨头对小动物的功能相同。从这个图中你们可以看到，被放大的骨头看上去是多么地比例不协调。

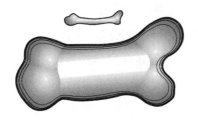

图 2.14

显然，如果我们希望让巨人保持与常人肢体的相同比例，那么，我们或者必须找到一种具有更大硬度和强度的材料来组成骨头，或者必须承认，巨人的强度要弱于中等身材的男性，他如果过于高大，必将在自身重量下垮塌和压毁。另一方面，如果身体的尺寸被减小，它的强度不会等比例地减小；事实上，身体越小，其相对强度就越大。据此，一只小狗有可能在它的背上驮起两三只与它一样大的小狗，但是，我认为一匹马甚至连一匹跟它一般大的马都驮不动。 {170}

辛普　但如果是这样的话，对于某些鱼类的体形可以达到非常之大，我会感到非常困惑。比如鲸，按照我的理解，它们的体型可以达到大象的十倍，但是，它们仍然可以支撑自己。

萨尔 辛普里丘，你的问题让我意识到了此前尚未注意到的一个条件，它也能够使巨人和其他体型巨大的动物实现自我支撑，并且能够像较小的动物那样四处活动。为了获得这样的效果，既可以增加骨骼和其他部位的强度，让它们能够承受住自身重量以及靠它们支撑的其他重量，也可以仍然保持骨架结构的比例不变，并让骨骼材料、肌肉以及动物骨架需要承载的其他所有东西的重量 [gravità] 都以适当的比值减少，从而使动物骨架能够同样地，甚至是更容易地保持完整。正是这第二种技巧，被大自然运用在鱼类的构造上，让它们的骨头和肌肉不仅仅是变得更轻，实际上是变得完全没有重量 [gravità] 了。

辛普 萨尔维亚蒂，我清楚你要采用的论证思路。你想说，为了让鱼类生活在水中，水的密实度 [corpulenza]，或者其他人所说的重量 [gravità]，会减小浸没于其中的物体的重量；因此，鱼类身体将没有重量，所以能够被它们的骨骼所支撑，并且不会对骨骼造成伤害。然而，这并不是全部。因为，尽管鱼类身体的其余部分是没有重量的，但是毫无疑问，它们的骨头材料是一定有重量的。以大如横梁的鲸的肋骨为例，谁又能说它的重量不大，[当它被放到水里时] 不会沉到水底呢？因此，它们在如此巨大的重量 [vasta mole] 之下是不可能维持自身完整性的。

{171}

萨尔 非常精明的反驳！为了回答你的问题，现在请你告诉我，你是否观察到过鱼类随心所欲地在水里一动不动，既不沉到水底下去，也不浮到水面上来，而且不需要通过游动来施加力量？

辛普 这是一种众所周知的现象。

萨尔 那么，鱼类能够在水中随意地静止不动的这个事实，是设想鱼类身体的材料与水具有相同比重 (specific gravity) 的决定性理由。因此，如果它们的结构中有某些部分比水要重，那么一定就有其他部分比水要轻，否则它们就不会在水中产生平衡。

那么，如果骨骼较重，它们的肌肉或身体中的其他成分就必须更轻，以便它们的浮力能够抵消骨骼的重量。因此，对于水生动物而言，它们与陆地动物的情形恰好相反，后者的骨骼既要承受自身的重量也要承受肌肉的重量，而前者是由肌肉支撑自身及其骨骼的重量。因此，我们不能继续犹疑，为什么这些巨型动物可以生活在水里，而不能生活在陆地上，或者说生活在空气中。

辛普 我被你说服了。而且，我只想补充一点。我们所说的陆生动物，实际上应当叫做"气生动物"，因为它们是在空气中生活，是被空气所包围，并且要呼吸空气。

萨格 我很享受辛普里丘刚才的讨论，包括他提出的问题以及它的答案。而且，我现在能够容易地理解，如果有一条那样的巨型鱼被拉到岸上，它将不能在一段很长的时间内支撑住自身，一旦其骨骼之间的连接处发生崩裂，它就会因为自己巨大的身躯而垮塌。

萨尔 现在我倾向于认同你的这一观点。而且，我事实上也倾向于认为，同样的事情可能会发生于一艘大船身上，当它在海上漂浮时，它不会因为载满货物和武器而支离破碎，但是，在陆地上和空气中，它却很可能垮塌得四分五裂。 {172}

不过，我们现在还是继续来证明以下命题：

[命题 10]

给定一个棱柱或圆柱，并且已知它的自身重量和它能够承受的最大载荷。那么，可以确定一个最大的长度，使得该柱体如果延长至超过这一长度的话，就会因为自身重量而断裂。[①]

令 AC 表示一个棱柱，也表示该棱柱自身的重量；同时，令 D 表示该棱柱在它的 C 端可以承受的最大载荷。现在需要确定，在不因自身重量断裂的前提下，该棱柱的长度可以增加到的最大值。

作长度 AH 使其满足 $\dfrac{\text{重量} AC}{\text{重量} AC + 2 \text{倍重量} D} = \dfrac{CA}{AH}$，又设 AG 是 CA

[①]在伽利略原文中，此命题没有编号。这里参考德雷克英译本进行编号，并加 [ ] 与原有命题编号进行区分。这样做的好处之一是方便在译注和导读中引用。

和 AH 的比例中项 [即 $\frac{AH}{AG} = \frac{AG}{CA}$]。那么我说，$AG$ 就是所求的长度。

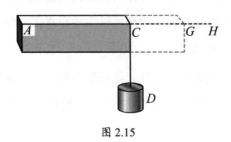

图 2.15

悬挂于点 C 处的重量 D [相对 A 点] 产生的力矩，两倍于同样的重量悬挂于 AC 中点处产生的力矩，这个中点也是重量 AC 的作用点。因此，棱柱 AC 的抗断裂力量相对于点 A 的力矩，等于 2 倍重量 D 和重量 AC 共同作用于 AC 中点时产生的力矩。

又，根据我们的假定，当上述重量均作用于 AC 中点时，满足 $\dfrac{2倍重量D加重量AC的力矩}{重量AC的力矩} = \dfrac{AH}{CA}$，而 $\dfrac{AH}{AG} = \dfrac{AG}{CA}$，因此有：$\dfrac{2倍重量D与重量AC产生的力矩}{重量AC产生的力矩} = \dfrac{AG^2}{CA^2}$。

但是 [相对 A 点]，$\dfrac{棱柱GA重量的力矩}{棱柱AC重量的力矩}$ 也等于 $\dfrac{GA^2}{CA^2}$，因此 AG 就是所要寻找的最大长度。也就是说，当棱柱 AC 延长到该长度时，它仍然能够支撑住自身的重量，但是，如果再要延长它就会发生断裂。

到目前为止，我们已经考虑了当其一端固定，在另一端施加重物时，棱柱和实心圆柱的力矩和折断阻力。我们一共讨论了三种情况，即：仅考虑施加外力的情况；同时考虑外力和柱体自身重量的情况；只考虑柱体自身重量的情况。

{173}　　　现在让我们来稍微研究一下以下情形：这些棱柱或圆柱的两端都被支撑，或者仅在中间的某一个点上被支撑。首先，我要说，**对于一根能**

够承受自身重量的、最长的(超过该长度就会断裂)的圆柱，当它被支撑于它的中点或它的两边端点时，其长度可以两倍于上述只在一端固定于墙上的情形。

这是极其显然的。如果用 ABC 表示一个圆柱，并假设它的一半 AB 是当它的一端固定于 B 点时因承受自身重量而能够达到的最大长度，那么，同样地，如果圆柱被支撑于点 G，它的 AB 这一半将与 BC 那一半相互平衡。[①]

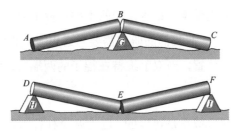

图 2.16

对于一个圆柱 DEF 也是这样，如果它在固定于端点 D 时只能承受住其长度的一半，或者说它在固定于端点 F 时只能承受住其长度的另一半，那么，显然当它被支撑于端点 D 和 F 之下的对应两点 H 和 I 时，若在 E 处施加任意额外的力量或重量时，其产生的力矩将使圆柱在 E 处断裂。[②]

一个更加复杂和困难的问题是：假设忽略固体自身的重量，要确定一个圆柱在它的两端被支撑的情况下，如果一个作用于圆柱中点的外力或重量可以使它断裂，那么，当同样的力量作用于该圆柱上与两端距离不相等的某个点时，是否也会让圆柱发生断裂？

举个例子说：假设一个人希望通过两手分别握住两端、用膝盖顶住中部的方式折断一根棍子，那么，如果采用类似的方式，但膝盖不是作

[①]请读者想象在 B 处有一面无形的墙固定住圆柱 ABC，并参考图2.4或图2.6所示的场景进行理解。

[②]请读者想象在端点 D 和 F 处各有一面无形的墙固定住圆柱 DEF。

用于棍子中间，而是作用在更接近两个端点之一的某个地方，是否需要同样大小的力量来把棍子折断？

萨格　我想，这个问题亚里士多德已经在他的《力学问题》中谈到

{174}　过了。[①]

萨尔　不过，他的研究并不完全相同。因为他只是想弄清楚，为什么当两只手分别握住棍子的两端，也就是远离膝盖 [顶住棍子] 的位置，相比两只手靠得更近时，棍子能够更容易地被折断。他给出了一个概括性的解释，将上述现象归结为：当两手握住棍子的两端时，得到了两个延长的杠杆力臂[②]。而我们的研究需要考虑更多：我们想要知道的是，无论膝盖顶在哪个位置，当双手维持在棍子的两端时，同样的力量是否可以折断它？

萨格　初看起来似乎是可以的。因为两个杠杆力臂总是以一定的方式产生相同的力矩，当一个力臂变短时，另一个力臂就相应地变长了。

萨尔　你将要看到，一个人是多么容易犯错误，而想避免错误需要多么地谨慎和细心。你刚才所说的，乍一看似乎是很有可能，但是，若加以仔细研究，它将被证明是非常远离事实的。这将从如下事实中看出来：膝盖 (两个杠杆的支点) 是否被放置在棍子中间，可以造成极大的差别，以至于如果断裂不是发生在棍子的中点，而是在其他某个位置，那么，在中点处断裂时所需要的外力，变成 4 倍、10 倍、100 倍甚至是 1000 倍也可能不够用。首先我们将进行一般性的考虑，之后我们再来确定，与断裂发生于某一点时相比，为使木棍在另一点发生断裂，外力必须以何种比值关系发生改变。

设 AB 表示一个圆木，并让它在中间 (支撑点 C 上方) 发生断裂。再

[①]《力学问题》的第 14 个问题是：一根同样大小的木头，为什么在握住它的末端并与膝盖保持等距时，相比靠近膝盖的位置握住它更容易被折断？因此，接下来萨尔维亚蒂会说“他的研究并不完全相同”。

[②] 请读者思考这里与图2.16的关联。

用 DE 表示另一个相同的圆柱，但是要让它在不是中间位置的、支点 F 的上方发生断裂。

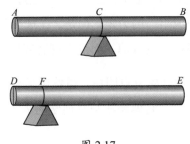

图 2.17

首先，显然由于 $AC = CB$，所以施加在端点 B 和 A 两处的外力也必须相等。其次，由于 $DF < AC$，因此当外力作用在 D 处时，产生的力矩要都小于它作用在 A 处时产生的力矩 (其作用距离是 CA)，二者之比是 $DF : AC$。因此，需要增大在 D 处的外力，才能够克服或者说平衡在 F 处的抗断裂力量。然而，与 AC 相比，DF 的长度可以无限制地减小，相应地，为了抗衡 F 处的抗断裂力量，施加在 D 处的外力就有必要无限制地增加。

另一方面，随着我们增加 $FE : CB$，我们必须减小在 E 处的外力，{175}以抗衡在 F 处的抗断裂力量，但是在支点 F 向端点 D 移动的过程中，$FE : CB$ 这个比值并不会无限制地增大。事实上，FE 甚至不能达到 CB 长度的两倍。因此，在 E 处抗衡 F 处抗断裂力量的外力，一直会超过 B 处相应外力的一半。所以显然，当支点 F 接近端点 D 时，作用于 E 处和 D 处的外力的总和必须无限制地增加，才能平衡或克服 F 处的抗断裂力量。[①]

萨格　我们该说些什么呢，辛普里丘？我们难道不是该承认，对于

[①]萨尔维亚蒂一直在利用命题 1 所给出的杠杆模型。这里一根圆木包含两个"杠杆"，请想象 F 处有一面无形的固定墙 (圆柱被固定于中间某个位置，而不是某个端面)。由于圆柱的横截面积固定，因此所有横截面上的抗断裂力量的力矩是不变的。所以，为了让圆柱在某个点的横截面上断裂，所需外力将与其作用距离成反比。

提升才智和训练正确的思维而言，几何是最强大的工具？柏拉图要求他的学生必须先具备良好的数学基础，难道他不是完全正确的吗？说到我自己，尽管我早就十分了解杠杆的性质，懂得通过增加或减少它的长度，将会增加或减少动力或阻力的力矩，但是，在理解目前这个问题时，我此前却是错误的，不是一点点地，而是彻彻底底地错了。

辛普 说真的，我开始有点明白，虽然逻辑是论述的极好工具，但对于激发新的发现而言，它就无法与几何学的清晰度 [acutezza] 相提并论了。

萨格 在我看来，逻辑可以教导我们，如何去检验已经发现和完成的论证或证明的确定性；但是，我认为它不可以教导我们，如何去发现正确的论证和证明。

不过，现在最好还是让萨尔维亚蒂继续来告诉我们，当支点沿着同一根木棒从一点移动到另一点时，为了使它发生断裂，外力必须以多大的比值增加。

{176}

萨尔 你想知道的比值，可按如下方式得到：

[命题 11]

如果在一个圆柱上标记出分别发生断裂的两个点，那么，这两个点处的折断阻力之比，等于分别由这两个点到圆柱的两个端点之间的距离组成的矩形 [面积] 的反比。[①]

令 A 和 B 表示使圆柱在 C 处断裂的 [两端] 最小外力 [图中用立方体表示]。类似地，用 E 和 F 表示使圆柱在 D 处断裂的 [两端] 最小外力 [图中用球体表示]。[②]

[①]按下文，此处的"折断阻力 (resistance)"是指以圆柱上一点支撑时，能使圆柱在该处 (截面) 折断的两端作用力之和。

[②]请注意，在图2.18中，两种情况下的两端重量 (立方体和球) 本应各画一张图。

156

那么我说，$\dfrac{\text{外力}A+\text{外力}B}{\text{外力}E+\text{外力}F}=\dfrac{\text{以}AD\text{和}DB\text{为边的矩形之面积}}{\text{以}AC\text{和}CB\text{为边的矩形之面积}}$。①

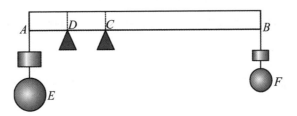

图 2.18

比 $\dfrac{\text{外力}A+\text{外力}B}{\text{外力}E+\text{外力}F}$ 是以下三者的复合，即：

$$\dfrac{\text{外力}A+\text{外力}B}{\text{外力}B}\text{、}\quad \dfrac{\text{外力}B}{\text{外力}F}\quad \text{以及}\quad \dfrac{\text{外力}F}{\text{外力}E+\text{外力}F}\text{。}$$

而 [由杠杆原理和合比性质] $\dfrac{\text{外力}A+\text{外力}B}{\text{外力}B}=\dfrac{AB}{AC}$，[由

命题 1] $\dfrac{\text{外力}B}{\text{外力}F}=\dfrac{BD}{BC}$，[由杠杆原理、合比和反比性质]

$\dfrac{\text{外力}F}{\text{外力}E+\text{外力}F}=\dfrac{AD}{AB}$。②

因此，$\dfrac{\text{外力}A+\text{外力}B}{\text{外力}E+\text{外力}F}$ 是以上三个比 (即 $\dfrac{AB}{AC}$、$\dfrac{BD}{BC}$、$\dfrac{AD}{AB}$)

的复合 $\left[\text{即}\dfrac{\text{外力}A+\text{外力}B}{\text{外力}E+\text{外力}F}=\dfrac{AB}{AC}\cdot\dfrac{BD}{BC}\cdot\dfrac{AD}{AB}\right]$。③

而 $\dfrac{AD}{AC}=\dfrac{AD}{AB}\cdot\dfrac{AB}{AC}$，故 $\dfrac{\text{外力}A+\text{外力}B}{\text{外力}E+\text{外力}F}=\dfrac{AD}{AC}\cdot\dfrac{BD}{BC}$，

且 $\dfrac{\text{以}AD\text{和}DB\text{为边的矩形之面积}}{\text{以}AC\text{和}CB\text{为边的矩形之面积}}=\dfrac{AD}{AC}\cdot\dfrac{BD}{BC}$，

---

① $\dfrac{\text{以}AD\text{和}BD\text{为边的矩形之面积}}{\text{以}AC\text{和}BC\text{为边的矩形之面积}}$ 的伽利略原文很简单，即 il rettangolo ADB al

rettangolo ACB，其汉语直译是"矩形 ADB 比矩形 ACB"。

②以上三个比例的依据依次是：外力$B\cdot BC=$外力$A\cdot AC$；外力$B\cdot BC=$
外力$F\cdot BD=$横截面总抗力·横截面半径，外力$F\cdot BD=$外力$E\cdot AD$。

③为简化表述，后文在证明过程中如涉及**比的复合**，可能会直接给出类似此处
[] 中的内容。请注意，这些由 · 号相连的表达式，对伽利略本人来说并不是相乘
(multiply)，而是比的复合 (compound)。

故有：$\dfrac{\text{外力}A+\text{外力}B}{\text{外力}E+\text{外力}F}=\dfrac{\text{以}AD\text{和}BD\text{为边的矩形之面积}}{\text{以}AC\text{和}BC\text{为边的矩形之面积}}$。

也就是说，C 处与 D 处对应的折断阻力之比，等于以 AD 和 BD 为边的矩形与以 AC 和 BC 为边的矩形 [面积] 之

{177}　比。　　　　　　　　　　　　　　　　　　证毕。

作为上述命题的结果，我们可以解决一个相当有趣的问题，即：

[命题 12]

给定圆柱 (或棱柱) 以中点支撑时可以承受的最大重量 (此时的折断阻力最小)。再给定另一个更大的重量，试确定此圆柱上的一个点，使这个更大的重量是圆柱以该点支撑时的最大载荷。①

对于圆柱 AB，假设给定的较大重量与给定的以中点 D 支撑时的最大载荷之比等于 $\dfrac{EE'}{FF'}$。现在的问题是，需要确定该圆柱上的一个点，使给定的较大重量是圆柱以该点支撑时所能承受的最大重量。

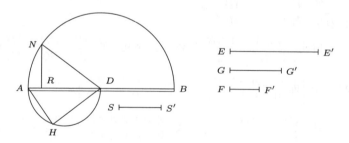

图 2.19

令 GG' 是 EE' 和 FF' 的比例中项 $\left[\dfrac{EE'}{GG'}=\dfrac{GG'}{FF'}\right]$。

作 SS'，使 $\dfrac{EE'}{GG'}=\dfrac{AD}{SS'}$，由此有 $SS'<AD$。

---

①本命题是承接命题11而来的，因此，这里所说的"折断阻力"是指刚好能使圆柱在某个支撑点处断裂时的两端重量之和。另一方面，它也等于支撑点处所受外力，或者说是该点"可以承受的最大重量"。以支点 D 为例，在图2.18中，当柱体 AB 平衡时，D 处的受力等于外力 E 与外力 F 之和 (忽略柱体自身重量)。

又，在以 AD 为直径的半圆 AHD 上，取一点 H 使 $AH = SS'$。

连接 H 和 D，并取 $DR = HD$。那么我说，R 就是要寻找的点，也就是说，给定的较大重量 (大于圆柱以中点 D 支撑时的最大载荷) 将是圆柱以点 R 支撑时的最大载荷。

在以 AB 为直径的半圆 ANB 上，作垂线 RN 交该半圆于点 N，连接 N、D。

那么 [由勾股定理以及 "直径所对的圆周角是直角"]，有

$$NR^2 + DR^2 = ND^2 = AD^2 = AH^2 + HD^2。$$

又由于 $HD^2 = DR^2$，故 [由 "直角三角形斜边上之高的平方，等于这条高把斜边分成的两部分之积" 以及上式可知]：$NR^2 = AR \cdot RB = AH^2 = SS'^2$。

但 $\dfrac{SS'^2}{AD^2} \left[= \dfrac{GG'^2}{EE'^2} = \dfrac{GG'}{EE'} \cdot \dfrac{FF'}{GG'} \right] = \dfrac{FF'}{EE'}$，也就是等于中点 D 的最大承重与给定的较大重量之比。

因此 [根据命题11][1]，这个较大重量就是圆柱在 R 点能够承载的最大重量。这就是我们需要求解的。[2]

萨格 现在我已经透彻地理解了。另外，我在想，既然当越来越远离棱柱 AB 的中点时，它就越来越牢固，对抗负荷的能力越来越强，那么，对于一根粗重的横梁，我们可以切割掉它在两个端点附近的相当一部分，从而大幅减少其重量。如果将这样的横梁用于建造大建筑，应该

---

[1] 由于有 $SS'^2 = AR \cdot RB$ 和 $AD^2 = AD \cdot DB$，从而符合了上一个命题的要求，因为已知的两个最大重量之比等于 $\dfrac{FF'}{EE'} = \dfrac{SS'^2}{AD^2} = \dfrac{AR \cdot RB}{AD \cdot DB}$。

[2] 这个问题可以用代数方法理解如下：

设 $\dfrac{EE'}{FF'} = \dfrac{EE'^2}{GG'^2} > 1$，$AD = DB = a$，待求点与 D 点的距离为 x，则根据命题11 (图2.18) 有：$\dfrac{EE'^2}{GG'^2} = \dfrac{a^2}{(a+x)(a-x)} = \dfrac{a^2}{a^2 - x^2}$。

而在伽利略的几何方法中，$\dfrac{EE'^2}{GG'^2} = \dfrac{AD^2}{SS'^2} = \dfrac{AD^2}{AD^2 - DH^2} = \dfrac{a^2}{a^2 - x^2}$。殊途而同归。对本书中的其他命题，有兴趣的读者可做类似的尝试。

{178}　会既实用又方便。如果谁能确定这种固体的恰当形状，那将是一件极好的事情，因为由此而得的固体在每一点上的折断阻力都相等，此时当负荷作用于固体的中点时，不会比作用于其他点更加容易造成断裂。①

　　萨尔　我正要提到一个有趣而值得关注的事实，它与你的这个问题有关。如果画一张图，我的意思就更清楚了。

　　令 DB 代表一个棱柱。根据我们前面已经证明的命题，当外部力量加在 B 处时，棱柱相对于 AD 端面的折断阻力将小于它相对于 CI 面的折断阻力，二者的比值等于 $BC : AB$。②

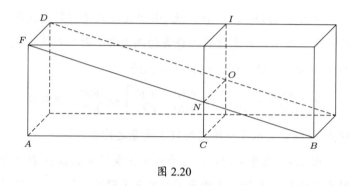

图 2.20

　　现在想象一下，将上述棱柱沿对角线 FB 切开 [去掉上半部分]，使得相对的两面都变成三角形，其中面向我们的是 $\triangle FAB$。这样的一个固体与上述棱柱的性质将有所不同。如果仍将负荷加在 B 处，那么相对于 C 处的折断阻力将小于相对于 A 处的折断阻力，其比值等于 $BC : AB$。这很容易得到证明：

　　　　设 CNO 表示平行于 AFD 的截面，那么在 $\triangle FAB$ 中，

　　[由于 $CN \mathbin{/\!/} FA$] 有 $\dfrac{CN}{FA} = \dfrac{BC}{AB}$。

----
①萨格雷多的问题是，对于何种形状的柱体，当固定它的两端时，其上任一点的载荷 (刚好断裂时的承重) 相等。这个问题显然是命题11和12的延续。但萨尔维亚蒂将要证明的命题又回到了圆柱被固定于一个端面时的情形，参见第155页脚注。

②由前面的命题1或命题5，都不难得到这个结论。这里所谓"相对于 CI 面的折断阻力"，当是指像图2.4中那样将柱体固定于 CI 面。

因此，如果我们分别把 A 和 C 想象成两个杠杆的支点，那么这两个杠杆的力臂分别是 AB 和 AF，以及 BC 和 CN，因而这两个杠杆是相似的。

因此，对任意施加于 B 处的外部力量，它通过力臂 AB 抵抗位于 AF 上的抗断裂力量，与它通过力臂 BC 抵抗位于 CN 上的抗断裂力量，二者的力矩 [momento][①]是相同的。

但，当外部力量均作用于 B 时，以 C 为支点时 (力臂为 CN) 的抗断裂能力要小于以 A 为支点时 (力臂为 AF) 的抗断裂能力，二者之比等于截面 CNO 与截面 AFD 的面积之比，也就是等于 $\frac{CN}{AF}$ 或 $\frac{BC}{AB}$。

因此，[固体] OBC 断裂于 C 处的折断阻力，要小于整个 $DFAB$ 断裂于 A 处的折断阻力，二者之比等于 $\frac{BC}{AB}$。

如果用一个锯沿着对角线切割，我们将横梁或棱柱 DB 切除了一半，只留下一个楔形或三角柱 FBA。于是，我们有了两个具有相反性质的固体，其中一个会因为缩短而强度增加，另一个则会因为缩短而强度减弱[②]。如此一来，不仅是可能地，而且是不可避免地存在这样一条切割线，当多余的材料被切除之后，剩余的固体将是这样一个图形：它在所有点上都将提供相同的折断强度。 {179}

辛普 显然，在从大于过渡到小于的过程中，必然会遭遇到等于。

萨格 不过，现在的问题是：锯子应该沿着什么路径进行切割？

辛普 我觉得这应该不是一项困难的工作。既然在沿对角线切割棱柱，从而是移去一半材料时，剩余固体的性质与整个柱体的性质相反，从而在每一点上后者的强度增加而前者的强度减弱，因此在我看来，只

[①]此处 momento 似乎是指杠杆力臂的机械利益。参见第140页相关译注。

[②]这里的意思是说：对于整个棱柱来说，距离 B 点越近时的折断强度越大；对于三角柱 FBA 而言，距离 B 越近时的折断强度越小。

要取一个中间路线即可。也就是说，通过移除上述一半的一半，或者说移去整个柱体的 $\frac{1}{4}$，剩下的图形中每一个点的强度都将是恒定的，因为在所有点上，上述两个图形的强度增加或减弱的程度都是相等的。

萨尔 你没有击中要害，辛普里丘。这是因为，正如我将立刻向你们展示的，为了从棱柱中切去一部分而不减弱其强度，你需要切去的 [棱柱体积] 不是 $\frac{1}{4}$，而是 $\frac{1}{3}$。

萨格雷多已经提到过，现在剩下要做的工作，就是确定锯子必须沿着什么路径前进。我将证明，它必须是一条抛物线。不过，首先有必要证明如下引理：

[引理]

对于两个杠杆或天平，如果支点所处的位置满足动力臂长度之比等于阻力臂长度的二次比，而且两个阻力的大小之比等于对应阻力臂的长度之比，那么 [在平衡时] 动力的大小将是相等的。

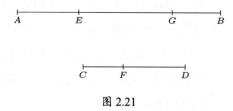

图 2.21

令 AB 和 CD 分别代表一个杠杆，它们的长度分别由支点 E 和 F 划分为两段，且满足 $\dfrac{EB}{FD} = \dfrac{EA^2}{FC^2}$。又设分别作用于点 A 和点 C 的两个阻力之比是 $\dfrac{EA}{FC}$。那么我说，为了分别与点 A 处和点 C 处的阻力相平衡，作用于点 B 和点 D 处的动力必须相等。[1]

{180}

---

[1] 设一杠杆的动力、动力臂、阻力和阻力臂分别为 F_1、L_1、F_2 和 L_2，另一杠杆相应地为 f_1、l_1、f_2 和 l_2，则由 $\dfrac{L_1}{l_1} = \dfrac{L_2^2}{l_2^2}$ 和 $\dfrac{F_2}{f_2} = \dfrac{L_2}{l_2}$，不难得到 $\dfrac{F_2 \cdot L_2}{L_1} = \dfrac{f_2 \cdot l_2}{l_1}$，从而由杠杆原理 ($F_1 \cdot L_1 = F_2 \cdot L_2$、$f_1 \cdot l_1 = f_2 \cdot l_2$) 可知 $F_1 = f_1$。

设 EG 是 EB 和 FD 的比例中项，那么，我们有 $\dfrac{EB}{EG} = \dfrac{EG}{FD} = \dfrac{EA}{FC}$[①]。末项即我们假设的 A 处和 C 处的阻力之比。

又，由 $\dfrac{EG}{FD} = \dfrac{EA}{FC}$，根据更比性质，有：$\dfrac{EG}{EA} = \dfrac{FD}{FC}$。

注意到，DC 和 GA 分别被点 F 和 E 划分为等比例的线段。于是，当一个动力作用于 D 处，并与 C 处的一个阻力相互平衡时，如果同样的动力和阻力分别作用于 G 处和 A 处，二者也将相互平衡。

但是，本问题的一个已知条件是，点 A 处与点 C 处的阻力之比等于 $\dfrac{EA}{FC}$，或者说等于 $\dfrac{EB}{EG}$。

因此，作用于点 G 的动力，或者说作用于点 D 的动力，当它作用于点 B 时，将与点 A 处的阻力互相平衡。　证毕。

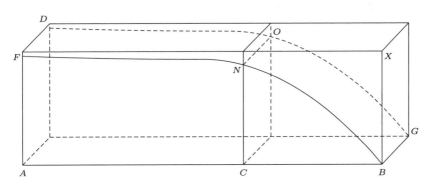

图 2.22

在明白上述内容之后，在棱柱 DB 的 FB 面上作出抛物线 FNB，其顶点是 B。将棱柱沿着该抛物线锯开，剩余的固体包含基底 AD、矩形平面 AG、直线段 BG 以及表面 $DGBF$，该表面上的曲线与抛物线 FNB 相同。我说，这个固体在每一点 [每个截面] 上都有相同的 [折断] 强度。[②]

[①]根据假设，有：$\dfrac{EA^2}{FC^2} = \dfrac{EB}{FD} = \dfrac{EB}{EG} \cdot \dfrac{EG}{FD} = \dfrac{EB^2}{EG^2} = \dfrac{EG^2}{FD^2}$。

[②]外加负荷均作用于点 B，并且不考虑固体自身的重量。

过 C 作平面 CO 平行于平面 AD。

想象 A 和 C 是两个杠杆的支点，其中一个的力臂是 BA 和 AF，另一个的力臂是 BC 和 CN。

在抛物线 FBA 上，我们有：$\dfrac{BA}{BC} = \dfrac{AF^2}{CN^2}$[①]。显然，一个杠杆的力臂 BA 与另一个杠杆的力臂 BC 之比，等于前者的另一个力臂 AF 与后者的另一个力臂 CN 的二次比。

又，力臂 BA 所抗衡的抗断裂阻力与力臂 BC 所抗衡的抗断裂阻力之比，等于 $\dfrac{矩形 DA[的面积]}{矩形 OC[的面积]}$，也就是等于 $\dfrac{AF}{CN}$，而 AF 和 CN 正好分别是两个杠杆的另一条力臂。

因此，根据前面证明的引理，当在 BG 上施加的一个外力可以平衡平面 DA 上的抗断裂阻力时，同样的外力也将平衡平面 CO 上的抗断裂阻力。

{181}　　　　对于其他任意截面，也有相同的结果。因此，这个抛物线形状的固体在各处的 [折断] 强度均相同。

于是，现在可以证明，如果把棱柱 DB 沿着抛物线 FNB 锯开，它将被切除掉 $\dfrac{1}{3}$ [体积]。这是因为：

矩形 FB 与平面图形 $FNBA$ (它的一边以半抛物线为界) 是相夹于两个平行平面 (即矩形 FB 和矩形 DG) 之间的两个固体的底面，因此这两个固体的体积之比等于这两个底面的面积之比。

而矩形 FB 的面积是半抛物线下的平面 $FNBA$ 面积的 $\dfrac{3}{2}$ 倍，因此，通过沿相应的抛物线切割棱柱，我们切去了它总体积的 $\dfrac{1}{3}$。

[①]请注意抛物线的顶点在 B 处。用现代代数语言表示，抛物线的方程可以写为 $y = ax^2$ (其中 a 为常数，请读者建立合适的坐标系)，因此有：$\dfrac{y_1}{y_2} = \dfrac{x_1^2}{x_2^2}$。

我们由此可知，应该如何通过在减少一个横梁的超过 33% 重量的条件下，其强度却不会被削弱。这个事实在建造大型舰船时可以起到不小的作用，对于甲板的支撑物尤其如此，因为在这些结构中减轻重量是至关重要的。

萨格　源于这一事实的用处是如此众多，以至于若全部提及它们既是乏味的，也是不可能的。那我们就把它们放到一边去。我更想知道，棱柱重量的减少，怎么可能是按照上述比值发生的。

当沿着对角线切割时，棱柱有一半的重量被切掉了，对此我是很容易理解的。但是，对于沿着抛物线切割时是切掉棱柱的 $\frac{1}{3}$ 这一点，我可以只是相信萨尔维亚蒂所说的，因为你一直是可靠的。不过，相比信任他这个人，我更喜欢第一手的知识。

萨尔　那么，你是想看到以下事实的证明，即整个棱柱的体积相比我们称之为抛物线固体的体积，会多出棱柱总体积的 $\frac{1}{3}$。我记得我曾经给出过这个证明。现在我要试着回想一下它，记得我在其中使用了阿基米德的著作《论螺线》(*On Spirals*) 中的一个引理，即：[①]

[引理]

给定任意数目的一组线段，它们的长度依次相差一个恒定值，这个值 [公差] 等于其中的最短线段。再给定同等数目的另一组线段，它们均与第一组线段中的最长线段相等。

那么，第二组中所有线段上的正方形 [面积] 之和，要小于第一组中所有线段上的正方形 [面积] 之和的 3 倍。

然而，第二组中所有线段上的正方形 [面积] 之和，要大于在除去最长线段之后的第一组中所有线段上的正方形 [面积] 之和的 3 倍。

设定了这个引理之后，在矩形 $BCAP$ 中作出抛物线 AB，现在我 {182}

①这个引理实际上是阿基米德《论螺线》命题 10 的推论 1，而这个命题 10 又被用作了他的《论锥型体与球型体》(*On Conoids Spheroids*) 命题 2 的引理。关于伽利略此处引理和命题的现代表达及其证明，请读者参见"翻译附录C"。

们需要证明：**以直线段 BP 和 PA 为边、以抛物线段 BA 为底的"混合三角形" ABP 的面积，等于整个矩形 $BCAP$ 面积的 $\frac{1}{3}$。如果不是这样**的话，这个值就会大于或者小于 $\frac{1}{3}$。①

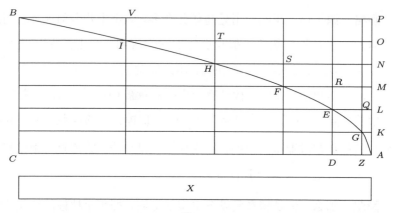

图 2.23

假设"混合三角形" ABP 的面积小于矩形 $BCAP$ 的 $\frac{1}{3}$ 面积，并用 X 表示这二者的差值。

通过作出与 BP、CA 平行的线段，我们可以将矩形 $BCAP$ 划分为很多个相等的部分，将这个过程不断进行下去，最终分割得到的每一个部分都非常之小，以至于它们的面积都小于 X。

假设矩形 OB 就是这样的一个部分。再过上面作出的所有平行线与抛物线的交点，作出与 AP 平行的线段。

现在，我们得到了"混合三角形" ABP 的一个外包图形，它由矩形 BO、IN、HM、FL、EK 和 GA 等组成。[根据假设，] 这个外包图形的面积将会小于矩形 $BCAP$ 面积

①接下来，伽利略要证明这个值既不大于也不小于 $\frac{1}{3}$，因而只能等于 $\frac{1}{3}$ (即采用归谬法，*Reductio ad Absurdum*)。伽利略在这里还运用了古希腊的"穷竭法" (微积分方法的先驱)，整个证明过程比较复杂。现代证明见"翻译附录C"。

的 $\frac{1}{3}$。这是因为，这个外包图形与"混合三角形"ABP 的面积之差，要远小于矩形 BO [的面积]，而我们前面已经假设矩形 BO 的面积小于 X。[1]

萨格 请讲得再慢一点。因为我还看不出来，上述图形超出"混合三角形"ABP 的部分为什么会远小于矩形 BO [的面积]。

萨尔 矩形 BO [的面积]，不就等于抛物线经过的所有小矩形 [的面积] 之和吗？我指的是矩形 BI、IH、HF、FE、EG 和 GA 等，它们都只有一部分位于"混合三角形"ABP 之外。而且，我们此前不是已经选取矩形 BO [的面积] 小于 X 了吗？

因此，假如我们的反对者说，"混合三角形"ABP 的面积加上 X 等于矩形 $BCAP$ 面积的 $\frac{1}{3}$，那么上述外包图形的面积 (等于"混合三角形"ABP 的面积加上一个远小于 X 的面积) 仍然要小于矩形 $BCAP$ 面积的 $\frac{1}{3}$。但是，事实上这是不可能的，因为 [根据前面的引理，] 上述外包图形的面积要大于矩形 $BCAP$ 面积的 $\frac{1}{3}$。因此，"混合三角形"ABP 的面积小于矩形 $BCAP$ 的 $\frac{1}{3}$ 面积的假设是不成立的。

{183}

萨格 你已经解决了我的上述困难。但仍然有待证明的是，这个外包图形的面积要大于矩形 $BCAP$ 的 $\frac{1}{3}$ 面积。我想，这个目标不会那么容易实现。

萨尔 关于它，其实没有多少困难。[2]

---

[1] 这里的论证逻辑稍微有点绕，其含义是：因为 "$S_{外包图形}-S_{混合三角形} < S_{矩形BO} < X = \frac{1}{3}S_{矩形BCAP}-S_{混合三角形}$"，所以 "$S_{外包图形} < \frac{1}{3}S_{矩形BCAP}$"。

[2] 读者可以像助解析几何来帮助理解，设 AP 方向为 x 轴，AC 方向为 y 轴。设 x 轴方向被分成 n 等分，每一等分的长度是 1，图中抛物线上各点的坐标为 (k, k^2)。那么矩形 BO 的面积就是 $PO \cdot BP = 1 \cdot n^2 = n^2$。以下只要参照伽利略的思路和前面的引理，就不难继续理解后面的整个证明过程。

注意到 [对于抛物线上的 G 点和 E 点,] $\dfrac{DE^2}{ZG^2} = \dfrac{DA}{AZ} = \dfrac{\text{矩形}KE\text{的面积}}{\text{矩形}AG\text{的面积}}$。又，由于上面两个矩形的高度 AK 和 KL 相等，因此 $\dfrac{DE^2}{ZG^2} = \dfrac{LA^2}{AK^2} = \dfrac{\text{矩形}KE\text{的面积}}{\text{矩形}KZ\text{的面积}}$。

以完全相同的方式可以证明，其他矩形如 LF、MH、NI 和 OB 等都满足：$\dfrac{\text{矩形}LF\text{的面积}}{MA^2} = \dfrac{\text{矩形}MH\text{的面积}}{NA^2} = \cdots = \dfrac{\text{矩形}NI\text{的面积}}{OA^2} = \dfrac{\text{矩形}OB\text{的面积}}{PA^2}$。

现在，让我们来考虑上述外包图形 [的面积]。它是一系列小面积 [spazii] 之和，这些小面积之间的比值，对应于一系列线段上的正方形 [面积] 之间的比值，这些线段的长度依次有一个公差，这个公差就是其中的最短线段。

另一方面，矩形 $BCAP$ 也由相等数量的小面积组成，每一个小面积都是一系列小面积的最大值，也就是等于矩形 OB 的面积。

因此，根据前面源于阿基米德的引理，上述外包图形的面积将大于矩形 $BCAP$ 面积的 $\dfrac{1}{3}$。

但是，前面我们已经表明上述外包图形的面积比矩形 $BCAP$ 面积的 $\dfrac{1}{3}$ 更小。这是不可能的。因此，"混合三角形" ABP 不小于矩形 $BCAP$ 面积的 $\dfrac{1}{3}$。

类似地，我也要说，"混合三角形" ABP 的面积也不能大于矩形 $BCAP$ 面积的 $\dfrac{1}{3}$。

假设"混合三角形" ABP 的面积大于矩形 $BCAP$ 的 $\dfrac{1}{3}$ 面积，仍用面积 X 代表超出的部分。

[同上,] 将矩形 $BCAP$ 分割成许多相等的 [细长] 小矩形，直到每一个小矩形的面积都小于 X；令 BO 表示这样一

个面积小于 X 的矩形。

利用上面的图，我们得到了"混合三角形"ABP 的一个内嵌图形，它由矩形 VO、TN、SM、RL 和 QK 等组成。[根据假设，] 它的面积将会大于矩形 $BCAP$ 面积的 $\frac{1}{3}$。这是因为，"混合三角形"ABP 超出内嵌图形的面积，要小于它超出 $\frac{1}{3}$ 矩形 $BCAP$ 的面积。

要理解上述论断的正确性，我们只需记起"混合三角形"的面积与 $\frac{1}{3}$ 矩形 $BCAP$ 的面积之差等于 X。而面积 X 要小于矩形 BO 的面积，矩形 BO 的面积又要远小于"混合三角形"超出内嵌图形的面积[①]。这是因为，矩形 BO 是由那些小矩形 AG、GE、EF、FH、HI 和 IB 等组成的，而"混合三角形"超出内嵌图形的面积，还不到这些小矩形 [的面积]之和的一半。

{184}

据此，由于"混合三角形"ABP 与矩形 $BCAP$ 的 $\frac{1}{3}$ 面积之差等于 X，而 X 又大于"混合三角形"ABP 与内嵌图形的面积之差，因此，内嵌图形的面积将大于矩形 $BCAP$ 面积的 $\frac{1}{3}$。[②]

但是，根据我们前面设定的引理，这个内嵌图形的面积又要小于矩形 $BCAP$ 面积的 $\frac{1}{3}$。这是因为：

矩形 $BCAP$ 的面积就是所有那些 [等于矩形 BO 的] 最长矩形的面积之和，上述内嵌图形也是由其中的矩形组成的，这两组矩形的面积之和的比值，等于"一系列最长线段上的正方形 [面积] 之和"与"[同等数目的] 公差等于其最短线段

[①] 如果译者理解无误，这句话中的两个"小于"(两个英译本和意大利文版本都是如此) 似应改为"大于"，因为伽利略在前面是假设矩形 BO 的面积小于 X。

[②] 类似前面的脚注，其含义是：因为 "$S_{混合三角形} - S_{内嵌图形} < S_{矩形BO} < X = S_{混合三角形} - \frac{1}{3} S_{矩形BCAP}$"，所以 "$S_{内嵌图形} > \frac{1}{3} S_{矩形BCAP}$"。

长度的、一系列线段上的正方形之和，再减去其最长线段上的正方形所得的差”之比；

因此 [根据前面的引理]，就像这些线段上的正方形 [面积] 之和的关系一样，所有最长矩形 [面积] 之和 (也就是矩形 $BCAP$ 的面积)，要大于所有依次增大的矩形 (扣除一个最长矩形) 面积之和 (也就是内嵌图形的面积) 的 3 倍。

综上，“混合三角形” ABP 的面积既不大于也不小于矩形 $BCAP$ 面积的 $\frac{1}{3}$，因而只能等于它。

萨格 真是一个优美而聪明的证明。而且，它还给出了抛物线的面积，证明了它是其内接三角形面积的 $\frac{4}{3}$[①]。阿基米德也曾经用两个不同的，但是都令人钦佩的命题系列证明了这个事实。而卢卡·瓦莱里奥 (Luca Valerio)，我们这个时代的阿基米德，最近也建立了同样的定理，他的论证可以在他关于固体重心的著作中找到。

萨尔 的确，与当今或过去最杰出的几何学家所写的任何著作相比，这本书都是首屈一指的。当我们的院士 [伽利略] 看过这本书之后，很快就放弃了自己的相关研究，因为他看到每一件事都被卢卡·瓦莱里奥恰当地处理和证明了。[②]

{185}

萨格 当我从院士 [伽利略] 本人那里了解到这件事时，我曾经请求他让我读一读他在看到卢卡·瓦莱里奥的著作之前发现的证明。但是，他当时并没有答应我的请求。

萨尔 我有这些证明的一个复本，并且会给你展示这些证明。你将会欣赏到，这两位作者采用了不一样的方法去获得和证明同样的结论。

[①] “抛物线的面积”是指“混合三角形” ABC 的面积。根据伽利略前面证明的结果，它是矩形 $BCAP$ 面积的 $\frac{2}{3}$；显然，抛物线的内接三角形即 $\triangle ABC$ 的面积是矩形 $BCAP$ 面积的 $\frac{1}{2}$。因此前者是后者的 $\frac{4}{3}$ 倍。

[②]在本书快结束时，伽利略又将提到这件事，见第332页。

你还会发现，他们对一些结论的解释方式并不相同，尽管二者都是同等地正确的。

萨格 我将很高兴能够了解它们。如果你能在我们的例行聚会中展示它们，这对我而言将是一个很大的恩惠。

另一方面，关于沿抛物线截取棱柱所形成的固体的强度，由于前述结果在许多机械操作中应该会既有趣又有用，如果你能给出一条快速而简单的规则，让机械师们可以在平面上作出一条抛物线，这应该是一件极好的事情。

萨尔 有很多方法可以描绘这些曲线，我在这里只讲两种最快的方法。其中一种确实非比寻常，因为通过这个方法我能够描绘出三四十条抛物线，而且，相比其他人用圆规在纸上清晰地画出 4 个或 6 个大小不同的圆，每一条抛物线都一样地既清晰又精确，所花费的时间也更短。

我取一个核桃大小的完美圆铜球，将它在几近竖立的金属镜面上抛掷，使这个铜球在运动过程中可以再轻压镜面，并在其上描绘出一条精细而清晰的抛物线。当抛掷高度增加或减少时，所得抛物线也会变宽或变窄。上述实验也为抛体运动的轨迹是抛物线提供了清晰、直观的证据。这是我们的朋友 [伽利略] 最先注意到的事实，并且在他关于运动的著作中进行了证明，我们将在下一次聚会时讨论这本书①。

在上述方法的实施过程中，最好采用在手中揉搓的方法，稍微加热和润湿小球，以使它在镜子上的痕迹更加清晰。{186}

在棱柱表面上描绘抛物线的另一种方法如下：

在合适的同一水平高度上，将两个钉子钉入墙内。这两个钉子之间的距离，要两倍于需在其上描绘半条抛物线的矩形的宽度。在这两根钉子上悬挂一根细链条，并使链条的下垂深度正好等于棱柱的长度。那么，这根链条将呈现抛物线的形状。因此，如果我们在墙上一点一点地

①本书将在"第四天"讨论抛物线。伽利略可能在 16 世纪 90 年代或更早就发现了抛体运动轨迹是抛物线，但他正确地从理论上推导出这一结果则要晚得多。

标出这个形状，我们就可以得到一条完整的抛物线。①

如果在两个钉子的中点作一条竖直平分线，可以将抛物线分成相等的两部分。要把所得的曲线 [半条抛物线] 转移到棱柱的两个相对表面上，是一件没有困难的事情；任何一个普通的机械师都知道该怎么做。也可以利用我们的朋友 [伽利略] 的圆规②上的几何线条，很容易地标记出那些点，从而把上述曲线定位到相应棱柱的表面上。

到目前为止，我们已经证明了与固体折断阻力有关的很多结论。作为这门科学的起点，我们假设固体对径向拉伸的抗断裂阻力是已知的。从这个基础出发，我们可以进一步发现许多其他结果及其证明。在自然界中，这些结果的数目是无穷无尽的。

但是现在，为了结束我们今天的讨论，我想谈一谈空心固体的强度。在人类的技艺中 (在自然界更为常见)，空心固体被用于千百种操作，其目的是在不增加重量的情况下大幅提高强度。鸟类的骨头和多种芦苇就是实际的例子，它们都很轻，并且对弯折和断裂都有很强的抗力。

{187} 一根麦秆承载着的麦穗比整个麦秆还要重，如果它是由相同数量的材料构成的实心固体，它对抗弯折和断裂的能力将会变小。这一经验在实践中已经一再得到确证。人们发现，一根空心的长矛，或者一根木头或金属制成的管子，要比同样长度和重量的实心管子坚固得多，当然后者的尺寸也会更小。人们由此已经发现，为了使长矛既强劲又轻便，必须把它们制成空心的。

现在，我们要证明：

[命题 13]

两个 [体积] 相等和等长的圆柱，如果一个是空心的，另一个是实

---

①现在知道，如此得到的曲线是悬链线 (catenary) 而不是抛物线，只是在某些条件下近似于抛物线。悬链线对伽利略的运动研究有特殊意义，但本书未展开。

②指伽利略在 1597 年发明的 "几何与军用圆规 (geometric and military compass)"，有兴趣的读者可以在英文网站上搜索到它的实物图片。

心的，那么，它们的折断阻力之比等于它们的直径 [外径] 之比。[①]

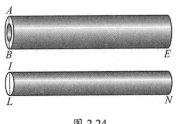

图 2.24

[图2.24] 分别用 AE 和 IN 表示空心圆管和实心圆柱，它们具有相同的重量和长度。那么我说，空心圆管 AE 与实心圆柱 IN 的折断阻力的比值，与直径 AB 与直径 IL 的比值相同。这是极其显然的。

　　由于空心圆管和实心圆柱具有相同的体积和长度，所以圆形底面 IL [的面积] 等于空心圆管 AE 的环形底面 AB[的面积] ("环形"是指两个半径不同的同心圆之间的区域)。

　　因此，它们对径向拉伸的抗断裂强度是相等的。

　　然而，通过横向作用力产生的折断：对于实心圆柱 IN 来说，LN 是一个杠杆力臂的长度，点 L 是一个支点，直径 LI 或者说它的一半则是相对的另一条力臂；但是，对于空心圆管 AE 来说，杠杆的一个力臂是长度 BE，其长度等于 LN，在支点 B 另一边相对的另一条力臂是直径 AB，或者说它的一半。

　　于是显然地，空心圆管的折断阻力要大于实心圆柱的折断阻力，二者的比值等于直径 AB 与直径 IL 之比。　证毕。　　　　{188}

因此，只要所用材料相同，而且重量和长度相等，空心圆管的强度要超过实心圆柱，二者的比值等于它们的直径 [外径] 之比。

[①]命题13和命题14依然是采用图2.4所示的模型。

接下来，我们可以研究更一般的情况：空心圆管与实心圆柱的长度保持相等，但是重量和空心部分的大小发生变化。首先我们要展示：

[引理]

给定一个空心圆管，如何求得一个实心圆柱与圆管 [体积] 相等。

所用的方法非常简单。

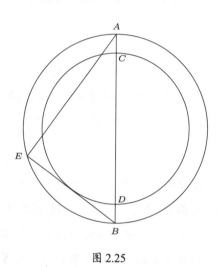

图 2.25

设 AB 和 CD 分别为空心圆管的外径和内径。

在大圆上，作一条与直径 CD 相等的线段 AE [$CD = AE$]，连接点 E 和点 B。

由于嵌于半圆内的 $\triangle AEB$ 中的 $\angle E$ 是一个直角，因此，以 AB 为直径的圆 [的面积]，等于分别以 AE 和 EB 为直径的两个圆 [的面积之和]。

又，AE 等于空心圆管的中空部分的直径 CD。

因此，以 EB 为直径的圆等于环形 $ACBD$ [的面积]。于是，一个以直径等于 EB 的圆为底部的实心圆柱 [体积] 等于等长的给定空心圆管。

证明上述性质之后，我们可以迅速地得到：

[命题 14]

求出任意空心圆管与任意等长实心圆柱的折断阻力之比。

用 ABE 表示一根空心圆管，用 RSM 表示一根等长实心圆柱。现在需要求出它们的折断阻力之比。利用上述 [引理]，先确定一个圆柱 ILN，使它与空心圆管 [体积] 相等且等长。

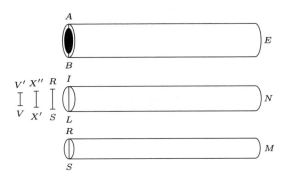

图 2.26

作一条线段 VV'，它是线段 IL 和线段 RS (分别是圆柱 ILN 和 RSM 底面的直径) 第四比例项[①]。那么我说，空心圆管 ABE 与实心圆柱 RSM 的折断阻力之比等于 $\dfrac{AB}{VV'}$。

{189}

[①]图2.26左侧的四条竖直线段应该是构成**连比例**：$\dfrac{IL}{RS} = \dfrac{RS}{X'X''} = \dfrac{X'X''}{VV'}$。

从而有：$\dfrac{IL^3}{RS^3} = \dfrac{IL}{RS} \cdot \dfrac{RS}{X'X''} \cdot \dfrac{X'X''}{VV'} = \dfrac{IL}{VV'}$。克鲁英译本对此处的理解似有误，它说这些线段满足 $\dfrac{VV'}{RS} = \dfrac{RS}{IL}$；如此一来，$VV'$ 将是 IL 和 RS 的"第三比例项"，但原著是"quarta proporzionale (fourth proportional，第四比例项)"。

在伽利略的原图上，线段 $X'X''$ 是没有标记的。这条线段的存在，就是第139页译注所说的"第四比例项"是针对**连比例**的"内证"。因为在这里，我们显然不能说伽利略是假设 $\dfrac{IL}{RS} = \dfrac{X'X''}{VV'}$ (这个表达式是正确的，但是不充分)，事实上他根本就没有说过这个 $X'X''$ 是什么，而只是把它放在附图里了。而且，从数学证明的角度来说，仅用 $\dfrac{X'X''}{VV'}$ 代换 $\dfrac{IL}{RS}$ 是没有意义的。另见"翻译附录B"。

由于空心圆管 ABE 与实心圆柱 ILN [体积] 相等且等

长，故 [由命题13]，$\dfrac{\text{空心圆管}ABE\text{的折断阻力}}{\text{实心圆柱}ILN\text{的折断阻力}} = \dfrac{AB}{IL}$。

又 [由命题4]，$\dfrac{\text{实心圆柱}ILN\text{的折断阻力}}{\text{实心圆柱}RSM\text{的折断阻力}} = \dfrac{IL^3}{RS^3}$，

也就是说：$\dfrac{\text{实心圆柱}ILN\text{的折断阻力}}{\text{实心圆柱}RSM\text{的折断阻力}} = \dfrac{IL}{VV'}$。

因此，根据等距比的性质，可以得到：

$$\frac{\text{空心圆管}ABE\text{的折断阻力}}{\text{实心圆柱}RSM\text{的折断阻力}} = \frac{AB}{VV'}。$$

解毕。

第二天结束[①]

[①] "第二天" 的结尾不像其他三天那样有明显的结束语 (总结当天对话，并预告下一天的内容)。这可能是由于伽利略的相关手稿未能及时送到印刷者手中。

第三天

[萨尔维亚蒂朗读伽利略的拉丁语论文]①

论位置运动 [De Motu Locali]②

我们将要提出关于一个非常古老课题的一门崭新科学。在自然界中，也许没有什么东西比运动更古老了。关于运动，哲学家们撰写的书卷又多又厚。然而，我发现它的一些性质虽然值得我们去了解，此前却从来没有被观察到，更没有得到证明。一些简单的现象确实早就被发现了。例如，做自然运动的下落重物总是连续地加速；然而，这种加速以何种比值发生，却从未被报道过。据我所知，还没有人指出过③，当物体从静止开始下落时，在依次相等的时间间隔内，物体通过的距离之比等于从 1 开始的奇数之比。

人们已经观察到，炮弹或抛体的运动描绘出某种弯曲的路线。但是，没人指出这种路线是抛物线这一事实。然而，包括它在内的诸多值得知

---

①就像"第二天"没有明显的结束语一样，"第三天"也没有开场白，此处 [] 中的话语是译者参考德雷克英译本所加的，否则会显得比较突兀。

②De Motu Locali 即 On Local Motion。在本书原版中，**论文**《论位置运动》是用拉丁文写成的，它是本书"第三天"和"第四天"的主体内容，这意味着原著的大部分是拉丁文。由于本书是对话体，伽利略让《论位置运动》以萨尔维亚蒂向萨格雷多和辛普里丘朗读拉丁文本的方式呈现。在这中间偶尔会插入三人之间的讨论，以对《论位置运动》作进一步的发挥，此时为意大利语。

此汉译本中，源自《论位置运动》中的一般陈述性文字将以仿宋字体加以区别，但以下内容的字体和格式依然与前两"天"相同：所有的命题和定义等采用**黑体**；所有的命题证明采用楷体和段落缩进的方式，但"第四天"有几个命题例外；三人对话内容采用宋体。

③事实上，在 1632 年出版的《关于两大世界体系的对话》中，伽利略已经讨论过自由下落物体运动的一些重要命题，但他在这里是不能引用的，因为在他被审判和定罪之后，该书已经被列入罗马天主教会的禁书目录。

晓的事实，我都已经成功地加以证明。而且，我认为更加重要的是，通往这一广博而卓越的科学之大门已经打开了，我的工作还只是构成它的基础，那些比我更加敏锐的头脑，将会去探索这门科学中更加深远的角落。

　　本讨论一共分为三个部分：第一部分，我们考察均等的或匀速的运动；第二部分，我们研究自然加速运动；第三部分则讨论所谓的受迫运动①，即抛体运动。

{191}

[第一部分] 论匀速运动

　　在讨论均等的或匀速的运动时，我们只需要唯一一个定义。我给出该定义如下：

[匀速运动] 定义

**　　均等的或匀速的运动，是指在任意相等的时间间隔之内，运动物体都通过相等距离 [spazi]②的运动。**

注意　　我们有必要在旧定义 (它只是把匀速运动定义为，在相等时间内通过相等距离的运动) 之上添加限定词"任意"，它的含义是指对所有相等的时间间隔都成立。这是因为，有可能运动物体在某

---

①受迫运动 (violent motion) 和自然运动 (natural motion) 是亚里士多德对位置运动 (local motion) 的二分法。按其字面意思，不难粗略地理解二者的含义。例如，自由落体运动属于"自然运动" (在松开障碍物之后会自然地发生)，抛体运动属于"受迫运动" (需要有初始外力的作用才能发生)。在现在看来，这两种运动并无本质区别，都是物体在自身重力和空气阻力作用下发生的运动。伽利略尚没有完全抛弃亚氏的上述理解框架，天体的"圆周运动"也被他归入"自然运动"之列。在《关于两大世界体系的对话》中，萨尔维亚蒂说，在一个秩序井然的宇宙中，天体的运动只能是圆周运动。但伽利略对此框架已经有所突破，比如说物体在光滑水平面上的匀速运动，就被他称为"neutral motion (中性运动)"。

②距离是基本的运动学术语，伽利略的用词一般是 spazio (space，空间) 而不是现代数学中的 ditanza (distance，两点之间的距离)。参照克鲁英译本，此汉译本将 spazio 及其复数 spazi 译为距离。

一相等时间间隔内都通过相等距离，但是，在更小的时间间隔内，它通过的距离可能并不相等，虽然时间间隔仍然是相等的。[①]

由上述定义，可以给出匀速运动的四个公理。即：

公理 1

对同一个匀速运动，[物体] 在较长时间内所通过的距离 [spazio]，要大于在较短时间间隔内所通过的距离。

公理 2

对同一个匀速运动，[物体] 通过较长距离所需要的时间，要长于通过较短距离所需要的时间。

公理 3

在给定的时间间隔内，速度较快 [的物体] 通过的距离，要大于速度较慢 [的物体] 通过的距离。 {192}

公理 4

在给定的时间间隔内，[物体] 通过较长距离的速度，要大于其通过较短距离的速度。

[①]这个"注意"的内容可能是针对亚里士多德在其《物理学》中的定义 (见苗力田主编《亚里士多德全集》第二卷第 178 页 [237b]，1991 年)。无论是亚里士多德还是伽利略，都没有定义"速度"本身，即使对匀速运动也是如此。

在现代物理中，"速度"是距离与时间之比 (变速运动则需要用到极限)，但是对伽利略及更早的欧洲人而言，"距离与时间之比"是没有意义的。换句话说，伽利略尚不能给出**速度自身**的代数定义，而只能给出**速度相等、更快、更慢**的定义，后者在亚氏那里就已经有了。

命题 1 (定理 1[①])

    如果一个运动物体以恒定的速度均匀地通过了两段距离, 那么二者所需的运动时间之比, 等于通过的距离之比。

    设一个运动物体以恒定的速度通过了两段距离 AB 和 BC, 并设二者所需的时间分别用 DE 和 EF 表示。那么我说: $\dfrac{距离 AB}{距离 BC} = \dfrac{时间 DE}{时间 EF}$。

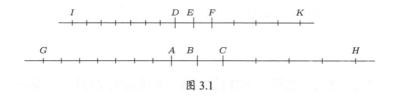

图 3.1

    将距离分别向两边延伸到 G 和 H, 将时间也分别向两边延伸到 I 和 K。

    设 AG 的长度是 AB 长度的任意整数倍, 而 DI 是同等数目 DE 的时间间隔。

    同样地, 设 CH 的长度是 BC 长度的任意整数倍, 而 FK 是同等数目 EF 的时间间隔。

    于是, 距离 BG 和时间 EI 分别等于距离 AB 和时间 DE 的任意相同整数倍。类似地, 距离 BH 和时间 EK 也分别等于距离 BC 和时间 EF 的任意相同整数倍。

    又, 由于 DE 是通过距离 AB 所需的时间, 故整段时间 EI 将是通过整段距离 BG 所需的时间。这是因为运动是均匀的, 而且时间 EI 中含有的时间间隔 DE 的个数, 等于距离 BG 中含有的距离 AB 的个数。类似地, 时间 EK 代表通过距离 BH 所需的时间。

[①]参照德雷克英译本, 此汉译本对原著中命题的编号方式进行了修改, 例如把"定理 1 命题 1"改为"命题 1 (定理 1)", 即把"命题"编号排在前面。这样修改是为了方便引用和查找。

然而，由于运动是均匀的，故 [由定义和公理2] 有：如果距离 $BG = BH$，则时间 $EI = EK$；如果 $BG > BH$，则 $EI > EK$；如果 $BG < BH$，则 $EI < EK$。

现在有四个量，依次是 AB、BC、DE 和 EF。距离 BG 和时间 EI 分别是第一个量和第三个量 (即距离 AB 和时间 DE) 的任意整数倍，距离 BH 和时间 EK 分别是第二个量和第四个量的任意整数倍；而前面已经证明，时间 EI 和距离 BG 总是分别等于、大于或小于时间 EK 和距离 BH。因此，第一个量与第二个量之比 (距离 AB 比距离 BC)，等于第三个量与第四个量之比 (时间 DE 比时间 EF) $\left[即 \dfrac{距离 AB}{距离 BC} = \dfrac{时间 DE}{时间 EF} \right]$。 证毕。[①]

{193}

命题 2 (定理 2)

如果一个运动物体通过两段距离的时间相等，则距离之比等于速度之比。反之，如果距离之比等于速度之比，则所需时间相等。

在上面的图3.1中，用 AB 和 BC 表示运动物体在两个相等时间间隔内通过的两段距离，与距离 AB 对应的速度用 DE 表示，与距离 BC 对应的速度用 EF 表示。那么我说，$\dfrac{距离 AB}{距离 BC} = \dfrac{速度 DE}{速度 EF}$。

类似前面定理1，取距离 AB 和速度 DE 的相等整数倍，分别得到 BG 和 EI；类似地，取距离 BC 和速度 EF 的相

[①]伽利略的这个冗长而"奇怪"的证明用到了欧几里得《几何原本》第五卷的定义 5，它是关于两个比相同的定义。该书第七卷也有比例理论，但是只讨论自然数之间的比例。为了利用比例理论处理"连续"的运动 (因而涉及无理量)，伽利略必须利用《几何原本》第五卷。详见"翻译附录B"。

此处命题 1 也就是阿基米德《论螺线》(On Spirals) 的命题 1。阿基米德的证明思路与此是一样的，但没有给出详细的证明过程。而在本书《论位置运动》中的所有证明，伽利略都给出了详细过程，这种风格或许跟他开展了大量的私人教学有关。

181

等整数倍，分别得到 BH 和 EK。

于是，采用与上面定理1相同的方式，我们可以推断，倍数 BG 和 EI 总是分别等于、大于或小于倍数 BH 和 EK。由此可知本定理显然成立。

命题3 (定理3)

若以不相等的速度通过给定的一段距离，则所需运动时间与运动速度成反比。

分别用 A 和 B 表示两个速度中的较大者和较小者，并假设两个运动均通过给定的距离 CD。

那么我说，以速度 A 经过 CD 所需的时间与以速度 B 经过 CD 所需的时间之比，等于速度 B 与速度 A 之比。

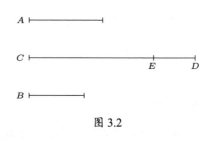

图 3.2

[在 CD 上取点 E] 令 $\dfrac{CD}{CE} = \dfrac{速度A}{速度B}$。

{194}   由上一个定理，以速度 A 通过距离 CD 与以速度 B 通过 CE 所需的时间相等。

又，以速度 B 通过距离 CE 所需的时间，与以速度 B 通过距离 CD 所需的时间之比，等于 $\dfrac{CE}{CD}$。

因此，分别以速度 A 和速度 B 通过 CD 所需的时间之比等于 $\dfrac{CE}{CD}$，也就是等于 $\dfrac{速度B}{速度A}$。   证毕。

命题 4

如果两个物体以不相等的速度做匀速运动，则它们在不相等的时间内通过的运动距离之比，等于它们的运动速度之比与运动时间之比的复合。[①]

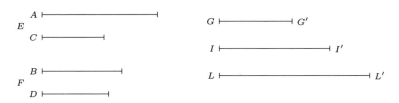

图 3.3

分别用 E 和 F 表示两个做匀速运动的物体，并设它们的运动速度分别等于 A 和 B，设它们的运动时间分别等于 C 和 D。那么我说，物体 E 通过的距离与物体 F 通过的距离之比等于 $\dfrac{速度A}{速度B} \cdot \dfrac{时间C}{时间D}$。

设 GG' 是物体 E 在时间 C 内以速度 A 通过的距离。

又，设 $\dfrac{GG'}{II'} = \dfrac{速度A}{速度B}$，且 $\dfrac{时间C}{时间D} = \dfrac{II'}{LL'}$。

那么，由于 $\dfrac{GG'}{II'} = \dfrac{速度A}{速度B}$，故 [由命题2] II' 是物体 F 在物体 E 通过距离 GG' 所需的时间内 (即在时间 C 内) 通过的距离。

又，由于 $\dfrac{II'}{LL'} = \dfrac{时间C}{时间D}$，而 II' 是 F 以速度 B 在时间 C 内通过的距离，故 [由命题1] LL' 就是 F 以速度 B 在时间 D 内通过的距离。

由于 $\dfrac{GG'}{LL'} = \dfrac{GG'}{II'} \cdot \dfrac{II'}{LL'}$，故 $\dfrac{GG'}{LL'} = \dfrac{速度A}{速度B} \cdot \dfrac{时间C}{时间D}$。

证毕。

{195}

[①] "运动速度之比与运动时间之比的复合" 也可以译作 "运动速度与运动时间的复合比"，此汉译本统一采用前者。关于 "复合" 的含义参见 "翻译附录B"。

命题 5

 如果两个物体分别以不相等的速度均匀地通过不相等的距离, 则运动时间之比等于运动距离之比与运动速度之反比的复合。

 分别用 A 和 B 表示两个做匀速运动的物体, 并设它们的运动速度之比等于 $\dfrac{速度V}{速度T}$, 运动距离分别等于 SS' 和 RR'。那么我说, 物体 A 与物体 B 的运动时间之比, 等于 $\dfrac{速度T}{速度V}$ 与 $\dfrac{距离SS'}{距离RR'}$ 的复比。

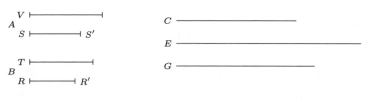

图 3.4

 设 C 是物体 A 所需的运动时间, 并设 $\dfrac{时间C}{时间E} = \dfrac{速度T}{速度V}$。

 由于 C 是物体 A 以速度 V 通过距离 SS' 所需的时间, 且 $\dfrac{速度T}{速度V} = \dfrac{时间C}{时间E}$, 故 E 是物体 B 以速度 V 通过距离 SS' 所需的时间。

 又设 $\dfrac{时间E}{时间G} = \dfrac{距离SS'}{距离RR'}$, 则 G 是物体 B 运动距离 RR' 所需的时间。

 由于 $\dfrac{时间C}{时间G} = \dfrac{时间C}{时间E} \cdot \dfrac{时间E}{时间G}$, 而 $\dfrac{时间C}{时间E} = \dfrac{物体A的速度}{物体B的速度}$,

{196}   也就是等于 $\dfrac{速度T}{速度V}$, 且 $\dfrac{时间E}{时间G} = \dfrac{距离SS'}{距离RR'}$。   证毕。

命题 6

 如果两个物体都做匀速运动, 则运动速度之比将等于运动距离之比与运动时间之反比的复合。

 分别用 A 和 B 表示两个做匀速运动的物体, 并设它们的运动距离

184

分别等于 VV' 和 TT'，运动时间分别等于 S 和 R。那么我说，物体 A 与物体 B 的运动速度之比，等于 $\dfrac{\text{距离}VV'}{\text{距离}TT'} \cdot \dfrac{\text{时间}R}{\text{时间}S}$。

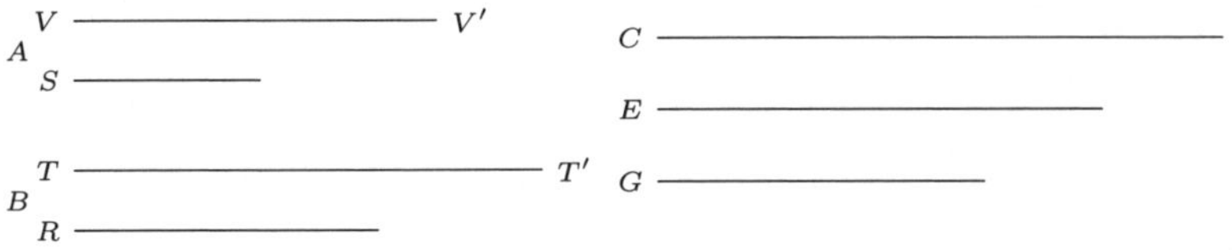

图 3.5

设 C 是以时间 S [匀速] 通过距离 VV' 所需的速度，又设 $\dfrac{\text{速度}C}{\text{速度}E} = \dfrac{\text{距离}VV'}{\text{距离}TT'}$，那么 E 是物体 B 以时间 S 通过距离 TT' 所需的运动速度。

又设 $\dfrac{\text{速度}E}{\text{速度}G} = \dfrac{\text{时间}R}{\text{时间}S}$，那么 G 是物体 B 以时间 R 通过距离 TT' 所需的运动速度。

由此，我们既知道了物体 A 以时间 S 完成距离 VV' 所需的速度 C，也知道了物体 B 以时间 R 完成距离 TT' 所需的速度 G。而 $\dfrac{\text{速度}C}{\text{速度}G} = \dfrac{\text{速度}C}{\text{速度}E} \cdot \dfrac{\text{速度}E}{\text{速度}G}$，根据假设 $\dfrac{\text{速度}C}{\text{速度}E} = \dfrac{\text{距离}VV'}{\text{距离}TT'}$，又 $\dfrac{\text{速度}E}{\text{速度}G} = \dfrac{\text{时间}R}{\text{时间}S}$，由此可知原命题成立。

萨尔　以上是我们的作者 [伽利略] 关于匀速运动所写的内容。现在，我们把注意力转到关于自然加速运动的一种新的、更精深的研究，重的下落物体通常就是经历这种运动。以下是标题和引言部分。　　{197}

[第二部分] 论自然加速运动

在第一部分我们已经讨论了匀速运动的性质。现在，我们要考虑加速运动。

首先，似乎有必要找到并解释完全符合自然现象的一种定义。这是因为，虽然任何人都能够虚构任意形式的某种运动，并对它的性质进行讨论 (比方说，有人就已经想象 [*ex suppositione*] 出螺线或蚌线形状的运动路径①，并且令人赞叹地确立了这些曲线因其定义而具有的性质，但在自然界中从未遇到过这些运动)，但由于自然确实让下落重物采取某种形式的加速运动，因此我们决定考察它的性质，以确证我们将给出的加速运动定义能够跟自然加速运动的本质特征相一致。②

通过反复努力，我们相信现在已经成功地做到了。我们之所以相信这一点，主要是考虑到实验结果能够符合 [这个定义]，并且完全地符合我们 [由这个定义出发] 逐一证明的那些性质。

最后，在研究自然加速运动的过程中，我们犹如被自然之手亲自引领，它总是遵循它自己在各种过程中的习惯和规则，只采用那些最常见、最简单和最容易的方式。我想，没有人会相信，相比鱼类和鸟类本能地采用的那种方式，游泳和飞行可以用一种更加简单或更加容易的方式去实现。

据此，当我观察到一块石头，它从最初的静止状态开始由高处落下，并不断获得新的速度增量时，为什么我不能认为，这种速度的增加，是以一种对所有人来说都极其简单而且相当明显的比值发生呢？

现在，如果仔细研究这个问题，我们就会发现，相比以同一方式不断地重复它自己，没有更加简单的 [速度] 增加方式了。当我们考察时间与运动之间的紧密关系时，我们很容易理解这一点：因为正如运动的均匀性是通过相等时间和相等距离来定义和理解 (即，我们把相等时间内通过相等距离的运动称为匀速运动)，类似地，我们也可以设想速度的增加在相等时间内以同样简单的方式发生。因此，我们可以在大脑中想

{198}

①这里是指阿基米德和他的著作《论螺线》(*On Spirals*)。

②伽利略反复强调他研究的是自然让重物采取的加速运动。这也正是他与那些中世纪哲学家们不同的地方。后者也得出了有关 (广义的) 运动的很多性质，但这些运动是否在自然界中存在，就不在他们的考虑范围之内了。

象一种均匀地、连续地加速的运动，在任意相等的时间间隔之内，它都被给予相同的速度增量。

于是，运动物体从离开其静止位置开始降落的那一刻起，如果经历了任意数目的相等时间间隔，那么，它在前两个时间间隔内获得的速度将 2 倍于它在第一个时间间隔内获得的速度，它在前三个和前四个时间间隔内获得的速度将分别 3 倍和 4 倍于它在第一个时间间隔内获得的速度。简而言之，如果一个物体在第一个时间间隔内获得某个速度之后，继续保持该速度并匀速地运动①，那么这一运动的速度，将是它在前两个时间间隔内加速所得速度的一半。于是，如果把速度增量视作与时间增量成正比，我们似乎不会有太大的错误。

因此，对于我们将要讨论的运动，其定义可以表述如下：

[匀加速运动] **定义**

一个运动被称为相等的或均匀的加速运动，当从静止开始时，它在相等的时间间隔内获得相等的运动速度。

萨格 虽然我不能对这个定义提出理性的反驳 (事实上，对任何作者提出的、具有任意性的其他定义都是如此)，但是，我应该可以毫无恶意地提出怀疑：以一种抽象的方式建立的上述定义，对于我们在自然界中遇到的下落物体的这种加速运动，是否能够符合并得到证实？另外，由于我们的作者 [伽利略] 显然认为，他的定义所描述的正是重物的自然运动，我希望能够排除我头脑中的一些困惑，以使我可以更加专注地投入到后续的命题以及对它们的证明之中。

萨尔 很好，你和辛普里丘可以继续提出一些疑难。我想，它们会与我最初看到这篇论文时的困惑相同，而我对它们的消除，要么是通过与作者 [伽利略] 本人进行讨论，要么是通过自己反反复复的思考。

---

①伽利略之所以要这样表述，可能是因为他还不能明确地给出"瞬时速度"的数学定义。或者说，他需要用这种方式来让时人理解某一时刻的"瞬时速度"。

萨格　我设想一个重物从静止开始下落 (即从速度为 0 开始)，并从运动的初始时刻起与时间成正比地获得速度；举例来说，这一运动在 8 次脉搏期间获得的速度为 8 度[①]，在 4 次脉搏结束时获得 4 度，2 次脉搏结束时获得 2 度，1 次脉搏结束时获得 1 度。于是，既然时间是无限可分的，由此就可以推论，如果物体的前一个速度以此恒定比值小于后一个速度，那么对于任意小的速度 (或者可以说任意大的慢度[②])，在物体从无限大的慢度 (即静止) 开始运动之后，我们都能够遭遇到它。

那么，如果假设以第 4 个脉搏结束时得到的速度做匀速运动，物体将在 1 小时内运动 2 英里，那么，以第 2 个脉搏结束时得到的速度做匀速运动，物体将在 1 小时内运动 1 英里。于是，我们必能推断，当越来越接近起始时刻时，物体的运动速度是如此之慢，以至于如果保持该速度进行运动，它将不能在 1 小时、1 天、1 年甚至是 1000 年中运动 1 英里。事实上，它即使在一个更长的时间里也通过不了 1 拃的距离。这一现象使我们的想象力感到困惑，因为感官告诉我们，一个下落重物很快就能获得一个极大的速度。

萨尔　这也是我最初经历过的疑难之一，但是我很快就解决了它，而且这一解决正是基于给你带来困难的上述经验 [esperienza][③]。你说，这个经验对你而言表明，一个重物从静止开始下落之后，很快就获得了非常可观的速度。而我要说，同一个经验清楚地表明这样一个事实，一个下落物体的初始运动，无论这个物体有多重，都是非常柔缓的。

将一个重物放置在一种易变形的材料之上，除了它的自身重量以外不再施压。显然地，如果我们先将这个重物举起 1 或 2 腕尺，再让它下

[①]现代的速度单位"米/秒"对伽利略来说是完全陌生的。在这里，他的速度"单位"是抽象的、相对的"degree (度)"，它是没有固定标准的。

[②]"慢度 (degree of slowness)"，对伽利略而言是与"速度 (degree of speed)"相对的一个术语。在这里，快速和缓慢都是以"度"来衡量："速度"的数值越大，物体运动越快；"慢度"的数值越大，物体运动越慢。

[③]意大利语 esperienza 兼有 experience (经验) 和 experiment (实验) 之意。

落到同样的材料之上，它将带着它的速度，对该材料施加一个不同于仅由它的自身重量产生的、更大的压迫。而这一作用是由落体的自身重量及其在下落过程中获得的速度共同引起的，它会随着重物下落高度的增加而越来越大，也就是随着重物下落速度的增加而越来越大。于是，根据这一冲击的性质和强度，我们可以准确地判断落体的速度。[①]

但是，先生们，请告诉我，下面的事实难道不是正确的吗？如果一个重物从 4 腕尺的高度落在一个木柱上，并将木柱打进地里，假设是 4 指宽的深度。那么，当这个重物从 2 腕尺下落时，它能将木桩打进地里的深度要小得多。如果这个重物是从 1 腕尺下落，打进深度还要继续减小。如果重物只是被举起一指宽的高度，相比于直接把它放在木桩之上，它又能多打进去多少深度呢？毫无疑问非常之少。而如果重物只是被举起一片叶子的厚度那么高，其效果将是完全无法察觉的。 {200}

由于冲击的效果取决于重物碰撞 [木桩] 的速度，因此当冲击的效果无法被察觉到的时候，谁又能怀疑这时的运动非常之缓慢，速度非常之微小呢？看一看事实的力量吧！同一个经验乍一看似乎表明了一件事，但通过更仔细的研究，却让我们确证了相反的另一件事。[②]

但是，即使不依赖上述经验 (它无疑是很有说服力的)，而仅仅依靠推理去确立上述事实，在我看来应该也不困难。设想有一块静止于空气中的石头，移去其支撑物以把它释放。由于重物要比空气重，它将开始下落，但不是匀速地运动，而是在开始时很慢，并且连续地进行加速运动。既然速度可以无限制地增加或减小，对这样一个从无穷缓慢 (即静止) 开始的运动物体，有什么理由可以相信，它会很快就获得一个 10 度的速度，而不是先获得一个 4 度、2 度、1 度、$\frac{1}{2}$ 度、$\frac{1}{100}$ 度，或者说，

[①]本书讨论物体对其他物体的冲击时，通常是为了考察物体的运动速度，即用冲击强度来表征物体的速度。

[②]这里大概是说，从物体可以很快下落一段距离这一事实，萨尔维亚蒂关注到物体会连续地经历从 0 开始到最大速度之间的任意速度，但萨格雷多认为它的速度不是连续地增加的，而是迅速地达到"非常可观的速度 (very considerable speed)"。

事实上是先获得无穷多的任意小的速度？

请继续听我说！我想你们不会拒绝承认，从静止开始降落的石头的速度增长，与它被某个作用力 [virtù impellente] 上抛到同一高度时所经历的速度减小和丧失，应该遵循相同的序列。哪怕你们不愿意承认这一点，我想你们也无法怀疑，向上运动的石头在它速度减少的过程中，必然在达到静止之前经历所有可能的慢度。

辛普 但是，如果越来越大的慢度是无穷无尽的，那它们就永远不会有尽头。如此一来，一块向上运动的石头永远都达不到静止，而是一直以越来越慢的速度无穷无尽地继续运动。但这不是观察到的事实。

萨尔 辛普里丘，如果在每一个速度之下，运动物体都能够维持一个任意长度的时间间隔，你说的情况确实会发生。但它只是经过每一个 [速度] 点，不会停留超过一瞬间。而每个无论多小的时间间隔，都可以分解为无数个瞬间，它们总是足以与无数个不断减小的速度相对应。[①]

{201}

一个上升重物不会在任意给定的速度上停留任意一段时间间隔[②]，这能够从以下事实明显地看出来：设定某个时间间隔，如果物体在最后一个瞬间与第一个瞬间的运动速度相同，它将以类似的方式从第二个 [高度] 继续上升相等的距离，正如它从第一个 [高度] 运动到第二个 [高度]；根据相同的原因 [per l'istessa ragione]，它将 [匀速地] 从第二个 [高度] 运动到第三个 [高度]，进而物体终将永远维持匀速运动[③]。

[①]在"第一天"中，伽利略认为有限、连续的线段是由无穷多的、不可分割的点组成。他把时间也看成是类似的物理量 (因而就可以用线段表示时间)，并由此解释：为什么虽然运动物体经历了无穷多的速度，它通过的距离却是有限的？

[②]这可以与第一天关于"亚里士多德悖论"的讨论进行类比，在那里小圆上任意一点都不会滑动 (第26页图1.6)。当然，接下来萨尔维亚蒂的分析角度是：物体的上升运动一旦达到匀速，就将维持这一匀速运动。

[③]如果最后半句的"第二个""第三个"分别改作"第三个""第四个"，其逻辑似乎更顺畅。我们不难理解此处作者想要表达的意思，但原文并不清晰 (读者略过 6 个 [] 内的中文即可体会)。译者添加的 5 个"[高度]"是参照克鲁英译本，而德雷克英译本是在第一个 [] 内添加"速度"，在第二个 [] 中添加"瞬间 (instant)"。

萨格 根据这些考察，我觉得我们可以对哲学家们所讨论的那个问题给出一个适当的答案，即：重物在自然运动中的加速原因是什么？依我看，这是由于：[①]

在向上抛掷物体时，抛射者向物体施加了一个作用力 [virtù]，它会持续地减小。这个作用力只要大于与之相对的重量 [gravità][②]，就能推动物体继续向上运动；当这两者达到平衡时，物体就停止向上运动，从而经历一个静止状态。此时施加的冲力 [impeto] 并没有耗尽[③]，而只是损失了它超过物体重量的那个部分 (这个部分导致重物向上运动)。之后，当这一外部冲力继续减弱，从而物体的重量占据上风时，下落就开始了；但由于施加的作用力 [virtù] 的很大一部分仍然存在于物体之中，刚开始的下落是缓慢的。然而，随着它持续地减小，它就越来越多地被重量所超越，从而导致了运动的持续加速。

辛普 这个想法很是聪明，但与其说它合理，倒不如说它只是精致。这是因为：即使上述论证是有说服力的，它也只能解释这样一种情况，即在自然运动之前有一个受迫运动，其中仍有外部作用力的一部分在持续地作用；但是，当不存在这些残余力量，物体是从一个先前的静止状态开始下落运动时，你的整个论证就没有说服力了。[④]

萨格 我认为你弄错了，而且你对这两种情况所作的区分是没有必要的，或者不如说它是不存在的。请告诉我，一个抛体是不是可以从抛

[①]萨格雷多接下来的分析 (其本质依然是"力是物体运动的原因") 是伽利略年轻时曾经持有的观点，在本书写作时已被抛弃。在这个观点中，抛射者 (人或器械) 施加给物体的外力 (冲力) 没有因为二者不再接触而立刻消失，而是逐渐地变小的。这显然与现代力学观点不相符。"冲力理论"是 14 世纪的哲学家们发展出来的，它虽然不够"科学"，却是近代力学理论发展的先声。

[②]关于 gravità (gravity，重性、重量) 的含义，请读者参见第77页相关脚注。

[③]此处译者把 virtù 译为"作用力"，impeto 则按照惯例译为"冲力"。

[④]辛普里丘大概是说，如果物体是从静止开始下落，就不同于萨格雷多前面所说的情况。因为在后者那里，物体刚好达到静止时的所谓"作用力"与物体自身重量相等，而辛普里丘认为，物体此时是没有受到"作用力"的。

{202} 射者那里获得一个或大或小的作用力，从而使之上升到 100 腕尺的高度，或者是 20 腕尺、4 腕尺或 1 腕尺？

辛普 毫无疑问，可以。

萨格 因此，这一外加作用力可以只是极其轻微地超出重量的阻碍，从而只能使之上升一指宽。最后，抛射者的作用力可以刚好精确地与物体的重量平衡，这样物体就不会被上抛，而只是被支撑着。

当你手持一块石头时，难道不就是给予一个推石头向上的、等于拉石头向下的重量 [gravità] 的作用力？而且，只要你还把石头放在手上，你难道不是一直对石头施加这个作用力吗？而且，只要你手持着石头，难道你不是一直对石头施加这一作用力吗？在手持石头的过程中，这个力量有可能随着时间的流逝而减少吗？而且，阻止石头下落的这一支撑是由一个人的手、一张桌子还是由一根绳子提供，又有什么关系呢？

当然没有任何关系。因此，辛普里丘，你必须得出结论，只要石头是被施加一个反抗其重量的、足以使它静止的作用力，无论石头的静止时间是很长、很短还是只有一瞬间，它们之间都没有任何差异。①

萨尔 看来，要探讨导致自然运动加速的原因，现在还不是适当的时机。关于这一原因，不同的哲学家们已经发表了各种各样的意见。有些人把它归结为通向地球中心 [的运动]；另一些人把它归结为介质中存在的连续减小的组成部分，它们仍可进一步分割②；还有一些人则把它归因于周围介质产生的某种挤压，即介质在下落物体后面重新聚集，并推动下落物体从一个位置运动到另一个位置。对所有诸如此类的奇思怪想，我们都必须加以审视。然而，这未必是值得去做的。

---

①这里所谓的"一瞬间"，当指萨格雷多在前面所说的抛体运动到达速度为零时的情形。萨格雷多由此说明，物体在静止时都受到与重量平衡的"作用力"。

②原著是 altri al restar successivamente manco parti del mezo da fendersi，克鲁英译本是 others to repulsion between the very small parts of the body，德雷克英译本是 others to the presence of successively less parts of the medium [remaining] to be divided。此处译文借鉴了上述两个英译本，但译者未能理解它背后的含义。

而我们这位作者 [伽利略] 的当前目标，只是要去研究和证明这种加速运动的一些性质 (不论其原因到底是什么①)。它在从静止出发之后，由其速度产生的动量②，与时间成比例地不断增加；等价地说，在相等的时间间隔内，物体都获得相等的速度增量。如果我们发现，后续将要证明的那些性质，在重物的自然下落和加速运动中实际地发生了，那么我们就可以下结论，前述加速运动的定义涵盖了这种下落物体的运动，而且它们的速度随着运动时间的延长而增加。

{203}

萨格 就我现在所能想到的，我觉得，这个定义可以被陈述得更加清晰而不改变其概念 [concetto]，即：匀加速运动是指，它的速度按照通过距离的增加而增加③。

因此举例来说，一个物体 [从静止出发] 下落 4 腕尺所获得的速度，是它下落 2 腕尺所得速度的 2 倍，后者又是它下落 1 腕尺所得速度的 2 倍。因为毫无疑问的是，当一个重物 [从静止出发] 从 6 腕尺的高度落到地面时，它的动量 [impeto]④是它从 3 腕尺的高度落到地面时的 2 倍，后者又是它从 1 腕尺的高度落到地面时的 3 倍。

萨尔 有你这么个犯相同错误的同伴，这真让我甚感宽慰。而且我还要告诉你，你的命题看上去相当可信，以至于当我向我们的作者 [伽利略] 提出这个意见时，他本人也承认，曾经有一段时间他也有过同样的错误⑤。但是，最让我感到惊奇的是，两个看似可信的命题 (所有见到

---

①事实上，伽利略也一直努力寻找自由落体和抛体运动的"原因"，但最终没有成功。这大概也是他所说的留待后人研究的"更深远的角落"之一。

②"由其速度产生的动量"，原文是"i momenti della sua velocità (the momentum of its velocity)，"它不大符合我们现在的表述方式。在后文中，类似的表达将简单地译为"动量"。伽利略的动量含义与现在相似，它正比于物体的重量和速度。但他似乎只对同一物体的动量进行比较，因而动量与速度是一一对应的"同义词"。

③就当时人们的思维方式来说，这是一个更加"自然"的想法。时间和距离很容易理解为连续的、可以量化的概念，而速度在此前还不是。

④这个 impeto 也可以理解为"冲击力"，辛普里丘下一次发言中的 momento 亦然。关于这两个词语的部分含义的解释，参见第209页相关译注。

⑤在很长时间内，伽利略把"匀加速运动的速度与其通过的距离成正比"当作一

它们的其他人，全都对它们表示赞同)，他居然只用三言两语就能证明它们不仅是错误的，而且是没有可能性的。

辛普 我就是接受这些命题的那群人之一。我认为，一个下落物体在下落的过程中会获得力量 [vires]，它的运动速度随着运动距离成正比地增加；当物体 [由静止出发] 从两倍高度落地时，其动量 [momento] 也要翻倍。在我看来，对这两个命题应当毫不犹豫、无可争议地予以认可。

萨尔 然而，它们依然是错误的和不可能的，如同命题"运动可以在瞬间完成"那样。以下是 [表明第一个命题错误的] 非常清晰的证明：

如果运动速度与运动距离成正比，那么，这些距离都将在相同的时间间隔之内完成①。这意味着，假如说物体下落 4 腕尺的那些速度②[分别] 是物体下落 2 腕尺的 2 倍 (如同前一段距离是后一段距离的 2 倍)，那么通过这两段距离的时间将是相等的。但是，对同一个物体，要使它在相同的时间之内分别下落 4 腕尺和 2 腕尺，唯一的可能性是存在瞬间运动。然而，观察结果告诉我们，下落物体的运动需要时间，下落 2 腕尺所用的时间要短于下落 4 腕尺所用的时间。由此可知，运动速度与运动距离成正比这一说法是不成立的。

{204}

另一命题的错误也可以同样清晰地被证明。如果我们考察一个碰撞物体，它冲击地面的动量 [momento] 之差异，只能取决于它的速度之差

个"公设"，并试图由它推导出命题2，最后得到了相互矛盾的结果。他最终获得正确的自由落体性质的过程，没有萨尔维亚蒂在这里将要表达得那么轻松。

①这里"拓展"利用了"论匀速运动"命题2中的"如果距离之比与速度之比相等，则所需时间相等"。这一论证从它诞生之日起，就是人们 (包括重量级的哲学家和科学史专家) 质疑和争论的对象，因为此处讨论的是匀加速运动。

伽利略的思考逻辑可能是这样：在下落 2 腕尺和 4 腕尺的两个运动中，距离和速度是一一对应的，比如说 2 倍距离对应 2 倍速度，4 倍距离对应 4 倍速度；根据"论匀速运动"命题2，它们的运动总时间 (由与各个距离和速度相对应的一个个时间点组成) 是相等的。请读者自行理解其中的逻辑问题。

②这里"速度"在伽利略的原文中是复数，但克鲁英译本采用的是单数，德雷克英译本采用的是复数，参见第86页的脚注。

异。因此，如果从 2 倍高度下落的物体给予了地面 2 倍动量 [momento] 的冲击，那么这个物体撞击地面的速度也将是 2 倍。然而，在相同的时间之内，物体以 2 倍的速度将通过 2 倍的距离。但是，观察结果表明从 2 倍高度下落所需的时间要更长。①

萨格 这些深奥的问题被你讲得有些过于明白易懂了②。相比于采用一种深奥晦涩的方式，这种极其简易的风格会使它们不那么被人赏识。依我所见，与那些从又冗长又费解的讨论中获得的知识相比，人们更不看重没费多少力气就获得的知识。

萨尔 对于采用简洁清晰的方式，证明了许多流行观念之谬误的那些人来说，如果只是被他人轻视而非感激，由此造成的伤害还算是可以忍受的。但让人极其不快和愤慨的是，看到那些声称在某个研究领域能与任何人相匹敌的人们，把随后就被其他人轻易地证明为谬误的那些结论视为理所当然。

我不想将他们的心情称之为一种嫉妒，嫉妒通常会沦为对谬论发现者的仇恨和愤怒。我愿意称之为一种强烈的欲望，它固执于陈旧的错误思想，而不愿意接受那些新发现的真理。这种欲望有时会促使他们去写作以反对那些真理，即使他们在内心深处相信它们；他们的唯一目的，不过是要让缺乏思考力的公众减少对其他人的推崇。③

①萨格雷多认为"过于明白易懂"的这一论证过程，由于术语和思想的隔膜，我们现代人实际上是不太好理解的。本段文字的论证逻辑大概是：假设物体从 $2h$ 高度下落到地面时，给予地面的冲击(伽利略认为它正比于"动量")是从 h 高度下落时的 2 倍；由于速度正比于动量，前者落地的速度将是后者的 2 倍；根据上一段，2 倍速度在相同时间内将通过 2 倍距离，因而物体下落 $2h$ 与下落 h 所需时间相同；但是，这一推论与实际观察到的结果不符，因而假设不成立(归谬法)。站在现代人的"马后炮"角度，我们知道，要表征自由下落物体的地面冲击效果，其更佳参数应该是能量(下落物体动能)，而后者与物体的自由下落高度成正比而不与其速度成正比，因为下落物体的动能 $E_k = mgh = \frac{1}{2}mv^2$。

②读者若是从"第一天"开始阅读，应该已经注意到，伽利略多次借萨格雷多和辛普里丘之口夸赞自己和贬损他人，这也是他招致论敌疯狂攻击的原因之一。

③伽利略在其一生中，一直受到信奉亚里士多德学说的哲学家和神学家的攻击。

事实上，我曾经听我们的院士 [伽利略] 谈过许多这样的谬论，它们被有些人坚称为真理却极易被反驳。我也记录下了这些谬误的一部分。

萨格　请你不要对它们有所保留，务必在适当的时候告诉我们这些谬误，哪怕必须要有一次额外的聚会。但现在请延续我们今天的讨论思路。到目前为止我们已经确立了匀加速运动的定义，可以表述如下：

{205}

[匀加速运动定义重述] **一种运动被称作是均等地或均匀地加速，是指当它从静止开始之后，其动量在相等时间内获得相等的增量。**

萨尔　在确立这一定义之后，我们的作者 [伽利略] 只作了唯一的假设，即：

[公设]　**同一物体沿不同倾角的平面向下运动，如果这些斜面的高度相同，那么物体获得的速度 [大小] 相等。**[①]

所谓的斜面高度是指，从斜面的上端到经过该平面下端的水平线 [水平面][②]的垂线长度。[如图3.6所示] 用直线 AB 表示水平面，平面 CA 和平面 CD 倾斜于水平面 AB。于是，我们的作者 [伽利略] 把竖直线 CB 称为平面 CA 和平面 CD 的"高度"。

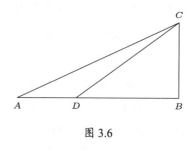

图 3.6

以上两段话总结了他晚年对这些攻击的态度。

[①]这个假设 (assumption) 或原理 (principle) 在本书 1638 年版中被当作一个"公设 (postulate)"。按照欧几里得的传统，"公设"是不能被证明的，所以萨尔维亚蒂接下来将通过一个 (跟斜面运动不直接相关的) 实验来"使它达到接近证明的程度"。但是，伽利略后来又试图要证明它，见于本书 1655 年版，详见后文及其脚注。

[②]请读者注意，由于本书对于斜面运动只绘制平面图，所以本书后文在说某一条"线"时，实际上是指它所对应的、垂直于纸面的"平面"。

他 [伽利略] 假设，同一物体分别沿平面 CA 和平面 CD 下降到终点 A 和终点 D 时，它所获得的速度 [大小] 是相等的[1]，因为这两个平面的高度都等于 CB。另外，我们还必须知道，这个速度就是同一个物体从点 C 下落到点 B 所获得的速度。[2]

萨格 我感觉这个假设是非常合理的，以至于应该无可怀疑地予以承认。当然前提是要满足以下条件：不存在任何偶然的或是外在的阻力，斜面坚硬且光滑，运动物体的形状是完美的球形，于是斜面和物体都不是粗糙的[3]。在移除了所有的阻碍或阻力之后，我的理智立刻告诉我，当一个重的完美圆球分别沿 CA、CD 和 CB 线段向下运动，并分别到达终点 A、D 和 B 时，它们的动量 [impeti] 将是相等的。

萨尔 你的话听上去非常可信。但是，我希望进一步通过实验 [esperienza] 来增加它的可靠性，以使它能够达到接近严格证明的程度。　　{206}

[图3.7] 设想此页纸面代表一堵垂直的墙壁，在其上钉一个钉子。在该钉子处，用一根竖直细线 AB 悬挂一个重 1 盎司或 2 盎司的小铅球，

---

[1] 从上述"公设"开始，本书涉及了斜面运动速度的不同**方向**，伽利略的术语不会明确地区分运动 (速度、动量) 的方向 (但在"第四天"中会区分水平运动和竖直运动)。在现代物理学术语中，速度是矢量，速率是标量。由于对速率和速度的区分是后来的事情，此汉译本统一把伽利略的术语"velocità"译为 [日常用语中的]"速度"，必要时用 [ ] 增添本不属于原著的文字，使其符合现代人的理解。

[2] 我们现代读者或许会很奇怪，为什么伽利略会把这样一个似乎显然可以通过实验来证明的命题当成是"公设"？如果我们不知道这个"公设"背后的历史，就很难理解伽利略在他坚苦卓绝的实验和永不停息的思考中所面临的困难和困惑。这个命题/公设遭到了同时代人的质疑，包括笛卡儿 (Descartes) 和梅森 (Mersenne) 等学界名流，而伽利略终其一生都未能弄清它。这一问题出在，若要考虑竖直方向的自由下落，这个命题只有当斜面运动是**理想滑动**时才能成立，而他的实验对象是小球 (梅森亦然)，它沿斜面的运动是**滚动**，伽利略手稿中的实验数据也证实了这一点。而对小球"滑动"和"滚动"问题的彻底解决，要等到 1765 年数学家和物理学家欧拉的著作《刚体运动理论》(*Theoria motus coporum solidorum seu rigidorum*)，他告诉我们，在斜面上理想滚动与理想滑动的质心运动速度之比是 $\sqrt{5}:\sqrt{7}$。

[3] 在这些假设之下，小球的运动是理想的滑动。但现实中小球的运动是滚动。

AB 长度为 2 至 3 腕尺。在墙上作一条水平线 CD，它将与竖直线 AB 垂直，而 AB 离开墙面的距离约为两指宽。将细线 AB 连同小球拉至位置 AC 后，将小球释放。

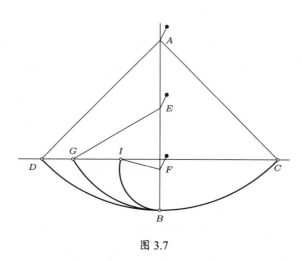

图 3.7

首先，可以观察到小球沿着圆弧 $\overset{\frown}{CB}$ 下降，通过点 B 后，又沿圆弧 $\overset{\frown}{BD}$ 向上，直到非常接近水平线 CD。这一非常细微的高度下降，是由于空气和细线的阻力造成的[①]。根据这一结果，我们可以恰当地推断，小球沿圆弧 $\overset{\frown}{CB}$ 下降至点 B 时获得了一个动量 [impeto]，其大小刚好足以让小球沿着类似的圆弧 $\overset{\frown}{BD}$ 运动到相同的高度。

在多次重复验证这个实验之后[②]，让我们在墙上靠近垂线 AB 的地方[③]再钉一个钉子，比方说在点 E。这个钉子突出墙面的长度有 5 个或 6 个手指宽。于是，虽然细线依然可以携带小球沿圆弧 $\overset{\frown}{CB}$ 运动，但当

[①]这里不单说"由于空气的阻力"，而说"由于空气和细线的阻力"，是因为伽利略认为"即使除掉空气的阻力，[绳子的] 振动最后也会使小球停下来"，参见《关于两大世界体系的对话》"第二天"图 16 的相关内容。

[②]伽利略会一再强调他的实验是重复过很多次的，而这正是现代科学的精神。

[③]请注意，前面萨尔维亚蒂说过，AB 离墙面有约两指宽。这在所附平面图上是显示不出来的。图中 A、E 和 F 都是既分别表示纸面上的对应点，也分别表示钉在该处的、突出墙面的钉子。

小球运动至点 B 时，细线将碰上钉子 E，从而迫使小球沿圆弧 $\overarc{BG}$ 运动，其中心是点 E。

由此，我们将能看到同一个动量 (它之前曾经让小球从 B 点沿着圆弧 $\overarc{BD}$ 运动到水平线 CD) 将造成什么样的结果。先生们，你们将会颇有兴致地观察到，小球将摆动到水平线 CD 上的点 G。

如果障碍物 [钉子] 被放置得稍低一点，你们将观察到类似的现象，比方说设置在点 F，小球将绕着它描绘出圆弧 $\overarc{BI}$。小球的上升总是精确地终止于水平线 CD 上。不过，如果钉子的位置过低，导致其下的细线不足以回到水平线 CD 的高度 (当钉子与点 B 之间的距离，小于它与 AB 和 CD 交点之间的距离时，就会出现这种情况)，那么细线就会转到钉子的上方，然后缠绕在它上面。{207}

对我们上述假设的真实性来说，这个实验让它没有任何被怀疑的余地。由于圆弧 $\overarc{CB}$ 和 $\overarc{BD}$ 是相等的，且它们的放置方式也类似，所以小球沿圆弧 $\overarc{CB}$ 下降与它沿圆弧 $\overarc{BD}$ 下降所获得的动量 [大小] 相等。但，小球沿圆弧 $\overarc{CB}$ 下降至 B 点处的动量，能够让该小球沿着圆弧 $\overarc{BD}$ 上升。因此，小球沿着圆弧 $\overarc{DB}$ 下降获得的动量，[其大小] 等于将小球沿着同一条圆弧从点 B 上升至点 D 所需的动量。一般地，一个物体沿着一条圆弧下降所获得的动量，[其大小] 等于让同一个物体沿着同一个圆弧上升所需的动量。

所以，由于所有能够使得小球分别沿着圆弧 $\overarc{BD}$、$\overarc{BG}$ 和 $\overarc{BI}$ 上升的各个动量都是相等的 (因为实验过程表明，它们都源自同一个动量，即由小球沿圆弧 $\overarc{CB}$ 下降所得)，因此小球从圆弧 $\overarc{DB}$、$\overarc{GB}$ 和 $\overarc{IB}$ 下降所得的所有动量也都是相等的。

萨格 在我看来，上述论证是如此地具有结论性，上述实验也是如此地适用于确立我们的假设，以至于我们确实可以把它看成是已经被证明了的。

萨尔 萨格雷多，我不想在这件事情上过多地纠缠，因为接下来我们还要去应用上述原理，并且主要是应用于平面上的运动，而不是曲面上的运动。因为物体沿着曲面运动的加速变化方式，非常不同于我们对沿着平面运动的加速变化所作的假设①。

所以，尽管上述实验向我们表明，运动物体沿圆弧 $\overset{\frown}{CB}$ 下降所得到的动量，刚好足以使它沿着圆弧 $\overset{\frown}{BD}$、$\overset{\frown}{BG}$ 或 $\overset{\frown}{BI}$ 上升到相同的高度；但是，我们不能通过类似的 [实验] 方式证明：对于与这些圆弧所对的弦分别具有相同倾角的平面，当一个完美的圆球沿着它们下降时，出现的现象会完全相同。

相反地，由于这些平面在点 B 处形成一个角度，它们将对从弦 CB 下降的小球构成障碍。这个小球将继续沿着弦 BD、BG 或 BI 向上运动②，但由于在小球撞击这些平面时，它会丢失一部分动量，从而不再能够上升到与水平线 CD 相等的高度。然而，一旦去除掉干扰实验的上述障碍，那就很显然地，上述由沿平面下降所得的动量将足以让物体上升到相同的高度。

{208}

所以，现在让我们把它当作一个公设。当我们发现，从这个公设中得出的结论可以与实验结果相对应并且完全相符时，它就可以被确立为一个绝对的真理。

我们的作者 [伽利略] 在设定了这个唯一的原理之后，他就开始清晰地证明各个命题。其中第一个命题如下：

命题 1 (定理 1)

当一个物体从静止开始做匀加速运动时，它完成一段给定距离所需的时间，等于同一物体以其最大速度之一半做匀速运动通过该距离所

---

①这是指前面对匀加速运动的定义，即运动速度与运动时间成正比。在本书中，伽利略研究匀加速运动的"假设"或"原理"只有两个，一个是匀加速运动的定义，另一个就是此处讨论的"公设"。

②这里所说的弦，实际上是指对应的斜面，所以接下来萨尔维亚蒂说"小球撞击这些平面"。后文中将不再对此加以说明。此处解释了不用斜面验证前述"公设"的原因。但是验证它的真正困难并不在这里，见第197页的相关脚注。

需的时间。①

设物体从点 C 出发，由静止
开始做匀加速运动，其通过距离
CD 所需的时间用线段 AB 表示，
并以 BE 表示物体经过时间 AB
后获得的最大速度。

连接 AE，等间距地作出 AB
的垂线。那么，所有从 AB 上的等
间距点作出的、与 BE 平行的线

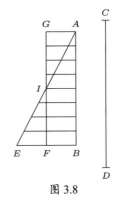

图 3.8

段都将表示物体从时刻 A 开始的、不断增加的运动速度。②

设 F 平分线段 BE，作 $FG \parallel BA$ 以及 $GA \parallel FB$，由
此将形成一个平行四边形 $\square AGFB$。

由于 GF 在点 I 处平分 AE，故 $\square AGFB$ 与 $\triangle AEB$ 的
[面积] 相等③。于是，如果将位于 $\triangle AEB$ 中的平行线均延长

---

①这个命题的现代含义是说，若物体由静止开始匀加速运动，它的平均速度等于
它在中间时刻的瞬时速度。但伽利略本人未必是这个思路 (他在本书中没有用到过
"平均速度"这种说法，虽然他经常要表达类似的含义)。此命题有看上去雷同的中
世纪自然哲学家版本，即所谓的默顿规则 (Merton rule，或称默顿加速定理，Merton
acceleration theorem)。关于二者之间的关系众说纷纭，远不是一个脚注可以解释清
楚的，故从略 (笔者倾向于认为它们只是形似而神不似)。

②这里是利用相似三角形中的线段比例关系，来表示速度与时间成正比的关系。
由此我们可以看到，伽利略已经有"瞬时速度"的概念，但他只能用几何的方式进
行表示 (线段可以表示出连续改变的速度"点")，而不能用代数的方式把它"定义"
出来。另外还可以看到，伽利略关于匀加速运动的第一个命题，居然没有类似于
"那么我说"的固定陈述，这可能意味着他在本书出版前夕还在修改这个极其重要
的命题，参见接下来的几个译注。

③对现代读者来说，由于"运动距离＝速度×时间"，所以可以用 $\square AGFB$ 与
$\triangle AEB$ 的**面积**来分别表示这两个运动通过的距离。于是，命题1的证明过程到这里
就该结束了。但显然伽利略不是这样看待这个问题的，对他来说，"速度×时间"
的意义可能是不可理解的。他的证明过程还远未结束。

到 GI，由于在 $\triangle IEF$ 与 $\triangle IAG$ 中所含的平行线之和相等，而在梯形 $AIFB$ 中的平行线是公共的，可知 $\square AGFB$ 中的所有平行线之和等于 $\triangle AEB$ 中的所有平行线之和。

由于在时间 AB 内，它的每一个时刻都与线段 AB 上的一个点相对应，从这些点开始在 $\triangle AEB$ 内作出的平行线又代表不断增加的速度，而在 $\square AGFB$ 中的平行线代表一个恒定的速度，因此，类似地，物体所具有的各个动量 [momenta] 也可以用 $\triangle AEB$ (匀加速运动的情形) 和 $\square AGFB$ (匀速运动的情形) 来表示。

{209}

由于在加速运动的前一半中相对不足的动量 (即 $\triangle IAG$ 中的平行线所表示的部分) 可以由 $\triangle IEF$ 中的平行线所表示的动量构成，因而显然[①]，这里的两个物体在相等的时间内将通过相等的距离。其中，一个物体是做从静止开始的匀加速运动，另一个物体则做匀速运动，其动量是匀加速运动的最大动量的一半。   证毕。[②]

命题 2 (定理 2)

一个从静止开始下落并做匀加速运动的物体，在经过任意时间之后，其运动距离之比等于相应运动时间的二次比，也就是等于运动时间

[①]这个"显然"恰恰是我们现代读者看不明白的地方。伽利略在这里似乎是把物体在各个时刻的"动量 (momenta)"或速度与相应的运动距离一一对应起来了，之后再去求它们的和。至于伽利略为什么会这样做，背后的科学思想到底是什么，译者特别希望国内的科学史专家们能够加以研究，并介绍给国内读者。

[②]细心的读者可以发现，此处结论 (实际证明的命题) 与原命题的表述并不一致。按照命题1的文字表述是要证明"两个时间相等"(给定距离)，而实际上证明的是"两段距离相等"(给定时间)。另外，此处是说"两个物体"，但在前面的命题1文字表述中是说"一个物体"。匀加速运动的规律是伽利略极其重要的科学贡献。为什么在第1个命题里就出现各种"问题"，这很难简单地说清楚。无论如何，这表明伽利略从未停止过思考；甚至在本书出版后他双目失明时，也是如此。

的平方之比。①

用直线段 AB 表示从任意时刻 A 开始的时间，从中截取任意两个时间 AD 和 AE。

物体从 H 点由静止开始匀加速下落一段距离 HI。设 HL 和 HM 分别表示物体在时间 AD 和时间 AE 内运动的距离，那么有 $\dfrac{HM}{HL} = \left(\dfrac{AE}{AD}\right)^2$，或者我们可以简单地说 $\dfrac{HM}{HL} = \dfrac{AE^2}{AD^2}$。

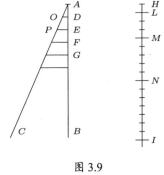

图 3.9

作一条与线段 AB 成任意角度的线段 AC，从点 D 和点 E 作 $DO \parallel EP$，其中 DO 表示在时间 AD 内获得的最大速度，EP 表示在时间 AE 内获得的最大速度。

根据刚刚证明的命题1 (物体从静止开始匀加速下落，或者它以上述匀加速运动中所得的最大速度的一半匀速下落，二者在相等时间内通过相等距离)，如果距离 HM 和 HL 分别是在时间 AE 和 AD 之内由匀速运动完成的话，其速度将分别等于以 DO 和 EP 表示的速度的一半。②

于是，如果我们可以证明 $\dfrac{\text{距离}HM}{\text{距离}HL}$ 是 $\dfrac{\text{时间}AE}{\text{时间}AD}$ 的二次比，我们的上述命题即可得到证明。

{210}

在第一部分"均匀运动"命题4 [第183页] 中，我们已经证明，当两个物体做匀速运动时，它们的运动距离之比等于

---

①这是著名的时间平方定理 (time-squared theorem)，其现代含义即初速度为 0 的匀加速运动距离公式 $s = \frac{1}{2}at^2$。如同命题1一样，这个命题的证明只需要用到匀加速运动的定义，而不必用到前面的所谓"公设"。

②《论位置运动》第二部分的前几个重要命题都要利用第一部分的结论，也就是把"匀加速运动"转化为"匀速运动"进行研究。

运动速度之比与运动时间之比的复合。

但在这里,因为速度之比等于时间之比(因 $\dfrac{AE}{AD} = \dfrac{\frac{1}{2}EP}{\frac{1}{2}DO} = \dfrac{EP}{DO}$),故距离之比等于时间的二次比。   证毕。

于是显然地,运动距离之比也等于运动末速度的二次比,即等于 $\dfrac{EP}{DO}$ 的二次比,这是因为 $\dfrac{EP}{DO} = \dfrac{AE}{AD}$。

推论 I   因此很明显,如果我们从运动开始的时刻,依次选取任意相等的时间间隔,例如 AD、DE、EF 和 FG,且相应的运动距离分别是 HL、LM、MN 和 NI,那么这些距离之间的相互比值,与从单位元素开始的奇数数列 1、3、5 和 7 中的对应数之比相等。[①]

取一序列线段,它们 [的长度] 等差而且此差等于它们的最小者。那么,上述比值将等于这些线段上的正方形 [面积] 的差值 (或者我们可以说,从 1 开始的连续完全平方数的差值) 之比。

于是,由于在依次相等的时间间隔内,其运动末速度依照自然数递增,因而相应的运动距离的递增量之比,将等于从 1 开始的奇数之比。

萨格 请暂停朗读一会儿,因为我刚刚产生了一个想法。为了让你我都更清晰,我想用一张图来加以说明。

令 AI 表示从初始时刻 A 开始的一段时间,从 A 开始在某个角度下作直线 AF,并连接点 I 和点 F。将时间 AI 平分为两部分,中点是 C,并作 $CB \parallel IF$。

[①]此命题有时被称作匀加速运动的 "奇数定律 (the law of odd numbers)"。伽利略通过斜面实验发现了这一现象。起初 (1604 年左右),伽利略企图通过假设匀加速运动的 "速度与距离成正比" (见前面第193页开始的讨论) 去解释它。

让我们假设 BC 是从静止开始运动到时刻 C 时所具有的最大速度。当运动时间增加时,这个最大速度之比等于在延伸的 $\triangle ABC$ 中、与 BC 平行的边长之比 (这等于是说,速度随着时间成正比地增加)。

那么,根据前面的论证,我将毫无疑问地承认,物体按照上述方式下落所通过的距离,将等于在相同时间内同一个物体以速度 EC (即 BC 的一半) 匀速运动所通过的距离。进一步地,让我们想象这个物体已经以一定的加速度下落,使其在时刻 C 的速度是 BC。显然地,如果该物体不再加速,而是继续以速度 BC 匀速下落,那么在下一个 [相等的] 时间间隔 CI

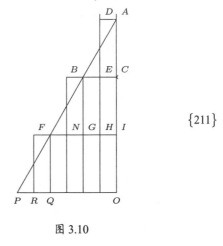

图 3.10

{211}

内,它通过的距离将是在时间间隔 AC 内的运动距离之 2 倍,因为后者的均匀速度 BE 是 BC 的一半。

但是,由于落体在相等的递增时间之内获得相等的速度递增量,因此在时间 CI 内,速度 BC 的增加可用 $\triangle BFG$ (它等于 $\triangle ABC$) 中的平行线表示。于是,如果我们将速度 GI 加上由此确定的最大速度增加量 FG 的一半,将得到在时间 CI 内完成相同运动距离的均匀速度。由于这个速度 IN 是速度 EC 的 3 倍,可知物体在时间 CI 内通过的距离,将 3 倍于在时间 AC 内通过的距离。

让我们想象,上述运动延续到下一个相等的时间 IO,整个三角形将扩展为 $\triangle APO$。显然,如果在时间 IO 内,物体继续以在时间 AI 内因加速而获得的速度 IF 做匀速运动,那么由于速度 IF 是 EC 的 4 倍,物体在时间 IO 内的运动距离,将 4 倍于在第一个时间间隔 AC 内的运动距离。但如果我们将三角形扩展到包含 $\triangle FPQ$ (它等于 $\triangle ABC$),并依然假设恒定加速,我们就要在上述均匀速度的基础上,再增加一个速度 RQ (它等于速度 EC)。于是,在时间 IO 内的 [等效] 均匀速度,将是在第一个时间间隔 AC 内的 [等效] 均匀速度的 5 倍。相应地，前者的运动距离也将是后者的 5 倍。

因而显然通过这一简单计算可以知道，当一个物体从静止开始运动，且其运动速度与运动时间成正比时，在依次相等的时间间隔内，物体通过的距离之比，将对应于从 1 开始的奇数之比，即 1、3、5[等]。

{212}　如果考虑的是物体通过的总距离，那么在 2 个时间间隔内的运动距离将 4 倍于单个时间间隔内的运动距离，在 3 个时间间隔内则是 9 倍的运动距离。概括地说，运动距离之比要等于运动时间的二次比，即运动时间的平方之比。

辛普　说实话，萨格雷多的上述简单明晰的证明，让我感受到了更多的乐趣，而我们的作者 [伽利略] 的证明对我来说相当晦涩。由此我相信事实正如上面所说的那样，只要我们已经认可关于匀加速运动的前述定义。然而，在自然界中我们遇到的下落物体，是否就是采用这样的加速方式，我对此依然是怀疑的。而且我觉得，现在应该是合适的时机介绍那些实验中的一个，既为了我，也为了持有相同看法的其他人。你曾经说过，这些实验有很多个，它们以不同的方式表明已经证明的结论是成立的。

萨尔　你提出了一个非常合理的要求，像一个真正的科学家。对于那些应用数学证明去研究自然现象的各门科学，诸如光学、天文学、力学、音律学以及其他领域，这应该是惯常的和必须的：通过可观察的实验确立其中的原理，并以它们作为整个建筑的基础。

因此，如果我们花费了相当长的时间去讨论这第一个也是最重要的基本问题，我希望这并不会显得是在浪费时间。因为这个问题关联着大量的结论，而我们的作者 [伽利略] 只在这本著作中为我们提供了很少的一部分。但是，他已经做了足够多，为那些爱思考的头脑开辟了一条新的道路，在此之前这条道路都是封闭的。

那么，说到实验，它们并没有被我们的作者 [伽利略] 忽视。在他的陪同下，我经常按以下方式进行尝试，以让我自己确信，下落物体所真实经历的加速运动正如我们在上面所说的。

选取一块木板，约 12 腕尺 [braccia] 长，半腕尺宽，3 个手指厚。在它的边缘开出一条细槽，仅约一指宽。这条凹槽需要做得笔直并打磨光滑，再沿着它贴上尽可能打磨光滑的羊皮纸。我们需要在这个凹槽中，让一个坚硬、光滑、圆润的铜球下降。 {213}

我们要先将这块木板的一端抬高 1 至 2 腕尺[①]，以把它放置成一个斜面。如前所述，我们沿着凹槽让小球下降[②]，并记录所需的时间 (所用的方法将在后面进行说明)。我们多次重复了实验，以使时间测量的准确度能够满足如下要求，即两次测量结果的偏差从不超过 $\frac{1}{10}$ 次脉搏的时间。在完成上述操作并确认实验的可靠性之后，我们再让小球在凹槽的 $\frac{1}{4}$ 长度内下降。通过对下降时间的测量，我们发现它精确地是前述整个时间的一半。

之后，我们实验了其他下降距离，并将小球完成整个凹槽长度所需的时间，与它完成该长度的 $\frac{1}{2}$、$\frac{2}{3}$ 或 $\frac{3}{4}$ 或任意其他比值所需的时间进行对比。在上百次的重复实验中，我们发现：运动距离之间的比值总是等于运动时间的平方之比，而且对于任意的斜面倾角 (即我们用于让小球下降的凹槽的倾角)，这一结论都成立。我们还发现，小球从不同倾角的斜面上滑落所需时间的比值，与我们的作者 [伽利略] 所预测和证明的比值精确地相等。在后文中，我们将要看到这些命题及其证明。

对时间的测量，我们采用了一个置于高处的盛水大容器，并在它的底部焊接一根小直径水管，从中可以喷出一小股水柱。无论小球滑下整

[①]读者可以计算，如此搭建的斜面，其倾角是很小的。伽利略实际上还使用了更小的倾角。只有这样，铜球下降的时间才相对容易被准确地测量和比较。

[②]在小球和斜面都不可能完全光滑的情况下，铜球的运动是"滚动"。伽利略在其 1632 年出版的《关于两大世界体系的对话》中明确说完美圆球在斜面上"滚动"，但在此处拉丁语论文《论位置运动》中，他已回避使用"滚动"一词。此处 (意大利语) 伽利略的用词是 scendere(下降)，但克鲁英译本把它理解为 roll (滚动)。

个凹槽还是它的一部分，我们都用一个小玻璃杯收集喷出的水。在每次下降实验之后，通过这种方法收集到的水都用一个非常准确的天平进行称重。这些重量的差值和比值，为我们提供了小球下降时间的差值和比值。它们的精度非常之高，即使一个实验重复了很多很多次，实验结果之间也没有可以观测到的差异。[①]

辛普　我真希望自己曾经参与这些实验。不过，我对你们实施这些实验时的谨慎性，以及对你描述这些实验的客观性都充满信心，因此我很满意地接受它们是真实的和有效的。

{214}　　**萨尔**　那么，现在我们可以暂停讨论，继续进行朗读。

推论 II　　其次，从运动起点开始，任意选取在两个时间间隔内通过的两段距离，那么，这两个时间间隔之比，等于 [前] 一段距离与这两段距离的比例中项之比。[②]

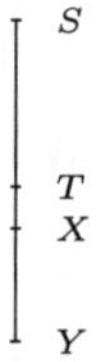

设运动起点是 S，选取两段不同的距离 ST 和 SY，并设它们的比例中项是 SX。

那么，$\dfrac{\text{下落距离}ST\text{所需时间}}{\text{下落距离}SY\text{所需时间}} = \dfrac{ST}{SX}$。

或者说，$\dfrac{\text{下落距离}SY\text{所需时间}}{\text{下落距离}ST\text{所需时间}} = \dfrac{SY}{SX}$。

图 3.11

[①]科学史专家柯瓦雷曾经怀疑，伽利略并没有真正做过这些实验。但现在很少有人这样想了，因为其他科学史专家重复了伽利略的大多数实验。对于这个实验而言，它的实验设计看似简单，却可以达到较高的时间测量精度：0.1 秒，甚至 0.05 秒。还有一些科学史专家详细研究了现存伽利略手稿，也表明那些实验不可能是虚构的，并且发现的长度测量单位 (punti) 是 0.92 mm。

[②]读者不难由公式 $s = \dfrac{1}{2}at^2$ 证明这个推论。我们现在很少用到这个推论 (文献中有时称之为"比例中项定理")，但它对于伽利略而言具有重要意义，因为它涉及**在几何图形上计算和标示运动时间**的一种重要方法：假设物体从 S 处由静止开始做匀加速运动，伽利略若用线段 ST 自身表示物体通过距离 ST 所需的时间；根据本推论，此时物体通过 SY 所需的时间可用 SY 和 ST 的比例中项 SX 表示。或者，如果先假设用 SY 表示它通过距离 SY 的时间，那么物体通过 ST 所需的时间，同样也可以用线段 SX 表示。后文将反复用到这一推论。

我们已经证明，从起点开始的运动距离之比等于运动时间的平方之比 [命题2]。

又 [由于 $\frac{SY}{SX} = \frac{SX}{ST}$]，$\frac{SY}{ST} = \left(\frac{SY}{SX}\right)^2$。

因此，$\frac{\text{下落距离} SY \text{所需时间}}{\text{下落距离} ST \text{所需时间}} = \frac{SY}{SX}$。[同理可证另一式]

注释　上述推论的证明是针对竖直下落的情形，但它对任意倾角的斜面也都成立。这是因为，我们已经认定，物体沿着所有这些斜面运动时，其速度都分别以相同的比值增长，也就是都分别与其运动时间成正比。或者，你也可以说，其速度都是按从 1 开始的自然数序列成正比地增加。

萨尔　[1] 萨格雷多，在这里，我希望可以暂时中断目前的讨论，以　[214]
便作一些补充，哪怕我可能会让辛普里丘觉得太烦琐。这些补充是基于
到目前为止已经证明的命题，以及从我们的院士 [伽利略] 那里学到的
力学结论。我的这个补充，是为了从逻辑和实验上更好地确立我们在前
面所考虑的那个原理。更重要的，是为了用几何方法证明它。在此之前，
首先要证明一个引理，它对于推动力[2] [impeti[3]] 的思考而言是基本的。

---

[1]从此处到第217页命题3之前的内容，在本书 1638 年第一版中都是没有的。这
是由已经双目失明的伽利略口述给他的年轻学生兼助手文森佐·维维亚尼，再由后
者改成对话形式加入本书 1655 年版本中。插入这些内容的目的，是要利用"力学原
理"，把前面的那个假设 (伽利略又称之为"原理""公设") 变成一个**定理**。

这里所谓的"力学原理"，如果要用现代语言表述，相当于是说：物体 G 在斜
面上的重力分力，满足 $F_{\text{分}} = G \cdot \sin\alpha$，其中 α 是斜面的倾角。

[2]读者需要把本书中的**推动力**和**运动力**进一步替换为**动量、速度、运动和运动倾
向**之类的表达，才有可能理解伽利略的真正含义。详见后文及相关译注。

[3]impeti 是意大利语 impeto 的复数。在对 impeto 的名词解释中，德雷克表示：在
本书中，单词 impeto 与 [表达**动量** (momentum) 含义的] momento 经常可以互换，此
时与现代术语**动量**相当；在比较同一物体的两个运动时，impeto 有时被当成 velocità
(速度) 的同义词；在本书中，萨尔维亚蒂 [伽利略] 不主张使用 impeto 的 impressed
force (外力，冲力) 含义，impeto 更多是指运动的效果而非动因；在讨论重物的运动

萨格 既然你向我们允诺它可以证实并完全地确立关于运动的这些科学理论,那无论需要多长时间,我都很乐意投入。事实上,我现在 [215] 不仅是乐意让你继续,而且,我请求你能够立刻满足我因你的提议而激起的好奇心。而且我想,辛普里丘的看法也是一样的。

辛普 是这样的。

萨尔 既然已经得到你们的允许,那么,让我们首先考虑一个显然的事实,它是关于同一个运动物体的运动力 [momenti] 或速度随着斜面倾角的变化。

当沿竖直方向运动 [降落] 时,[在相等时间内] 物体可以达到最大的速度。在其他方向上,平面倾角偏离竖直方向越大,[在相等时间内] 物体可获得的速度就越小。因此,运动物体下降的推动力 [impeto]、能力 [talento]、能量 [energia],或者说运动力 [momento]①都因支撑物体运动

时,impeto 通常与所考察的运动 (motion) 本身没有区别。

在与所谓的"力学原理"相关的文本中 (包括 1655 年版插入的部分和后面命题6的第二种证明),译者将 impeto 译为"推动力 (impelling force)";如果 momento (力矩,动量,动力) 表达了相似含义,则译为 (译者杜撰的)"运动力"以示区分。这两个汉译并不能完整地呈现 impeto 和 momento 的含义,而且违背了德雷克的上述说法。克鲁英译本会把 impeto 意译成不同的表达,比如说这里的 impeti 被翻译为 motion (运动)。德雷克英译本则基本上都把 impeto 对译为 impetus,因此反而对汉译没有多少帮助,因为 impetus 本身有"动力,推动,促进,刺激,动量,惯性"等多种含义。

①在这段话,译者所加的两处"[在相等时间内]"是受到了后文的启发,即第213页伽利略所说的"它们的运动倾向 [le lor propensioni al moto](即它们在相等时间内通过的距离)"。它似乎是理解 impeto、velocità、talento、energia、momento、propensione al moto 和 resistenza 等一系列被伽利略并列的术语的钥匙。

在图3.12中,同一个物体沿 FC 和 FA 方向上的推动力 [impeto] 或运动力 [momento] 之比是 $FA:FC$。如果要物体保持静止,需要施加的阻力 [resistenza] 之比也等于 $FA:FC$。如果物体在上述两个推动力之下分别由静止开始运动,那么,由于二者的加速度之比等于 $FA:FC$,**在相等时间内物体的** (平均) 运动速度 [velocità]、运动距离 [或运动倾向,propensione al moto]、动量 [impeto 或 momento] 之比也都等于 $FA:FC$。至于 talento (克鲁英译本为 ability,即"能力";德雷克英译本为 power,

的平面而减小。

为了更清晰起见，作线段 AB 垂直于水平线 AC，再作与水平线成不同角度的 AD、AE、AF 等。那么我说：当物体沿竖直方向下落时，其推动力是一个完整值和最大值；当物体沿着 DA、EA 以及更远离竖直线的 FA 运动时，其推动力将依次越来越小；最后，当物体位于水平面时，它

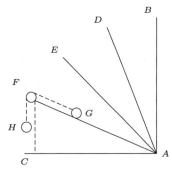

图 3.12

的推动力将完全消失。此时物体所处的环境对于运动或静止而言是中立的，既没有向任何方向运动的内在趋势，也不对运动提供任何阻力。

这是因为，一个重物或多个重物的组合，都不可能自主地向上运动，或者说，都不可能自主地远离所有重物都趋向的公共中心。据此，除了使物体的重心趋向于上述公共中心的运动之外，任何物体都不可能自发地进行其他任何运动。于是，[起初静止的] 物体在地平线上 (我们把它理解为一个面，它上面的所有点都与上述公共中心的距离相等，因而没有任何倾角[①]) 不会有任何推动力或运动力 [impeto o momento]。　　　　[216]

在清楚了推动力的上述变化趋势之后，我在这里有必要解释一下我们的院士 [伽利略] 在帕多瓦时研究的一个问题，他在专门为他的学生准备的力学论文中[②]包含了它，并在考察那个奇妙的机械——螺旋的产

即"能力、功率") 和 energia (energy，即"能量")，伽利略很可能认为它们也与物体的速度成正比。如此一来，所有这些术语都可以"代表"同一个运动，因而可以当作近义词甚至是同义词并列使用。伽利略用这一系列术语来表示物体沿斜面下降的"动力""趋势"或"运动"本身，反映了他尚没有清晰的术语来表达自己的思想，因而也造成了后人理解和翻译的困难。这些"混乱"的术语也能让我们感受到近代科学在草创时期的困难。译者对它们的理解是否基本准确，还请专家们赐教。

① "公共中心"是指地球的中心。按照此处的解释，这里所说的"表面"，在小范围之内可以看作是"平面"，在大范围内将是"球面"。

② "力学论文"当指伽利略的 *Le Mecaniche*，见第126页脚注。

生和本性时，详尽无疑地证明了它。他证明的是，推动力随平面的倾角以何种比值发生变化。以斜面 FA 为例，它一端抬高的竖直距离是 FC。当重物沿着 FC 下落时，其推动力和运动力最大。现在，我们来确定**这个运动力与同一个物体沿斜面 FA 的运动力之比值**。我说，这个比值**等于前面所说的那两个长度的反比**[①]。这就是待证定理[②]的引理，我希望稍后能由此给出这一定理的证明。

显然，物体下落的推动力 [impeto] 等于可使该物体静止的阻力或最小力 [resistenza o forza minima][③]。为度量这个力和阻力的大小，我打算利用另一个物体的重量 [gravità]。[④]

现在，我们在平面 FA 上放一个物体 G，它利用越过点 F 的细绳与另一个重量 H 相连。于是，物体 H 可以沿竖直方向上升或下降，其运动距离等于物体 G 沿斜面 FA 上升或下落的距离，但这一距离不等于 G 沿竖直方向上升或下降的距离；只有在竖直方向上，物体 G(像其他物体一样) 才会表现出阻力。

这是很显然的。假设我们考查物体 G 从 A 至 F (在包含水平边 AC 和竖直边 CF 的 $\triangle AFC$ 上) 的运动。前面我们说过，物体 G 在水平方

[①]这里所说的"两个长度"分别是 FA 和 FC。伽利略对这个引理的表述采用了术语 momento (运动力) 而不是 impeto，而克鲁英译本和德雷克英译本均把本段的三个 momento 译为 momentum (动量)，那这里就要理解为同一个物体分别从 F 出发、经过相同时间之后的动量之比值。不过，接下来伽利略进行论证的第一句话，其用词是 impeto 并且明显地与作用力有关。

[②]这个待证定理，就是指前面第196页的公设，它在第214页将被重述。

[③]此句的现代含义大概是：如果"阻力"等于"推动力"，物体就不会发生运动(假设之前是静止的)；如果"阻力"更小的话，物体就会沿"推动力"方向运动，因而上述阻力又是"最小力"。此处克鲁英译本将 impeto 译为 impelling force。

[④]此句大概是说，要用另一个物体的 gravità (gravity，重量/重性；克鲁英译本为 weight，德雷克英译本为 heaviness) 来衡量上述 impeto。这里是要度量物体的重力及其沿斜面的分力，但伽利略尚无清晰的力与重力的概念。译者正是因为这句话而不把相关的 impeto 和 momento 译为"动量 (momentum)"：斜面运动的动量是随时间变化的，而从逻辑上说，不能用不变的 gravità 去衡量变化的 momentum。举例来说，第214页所标的 [impeto] 就与此处不同，在那里它需要被译为"动量"或"速度"。

向上运动时不会受到阻力 (因为这样的运动不会改变物体与所有重物之 [217]
公共中心的距离)。由此可知，物体 G 只是由于要上升竖直距离 CF 才
会表现出阻力。

于是，虽然在物体 G 从 A 到 F 的运动中，物体 G 只需对抗竖直上
升的距离 CF，另一个物体 H 却必须竖直下落整个距离 FA。又，无论
运动 [距离] 是大是小，上述二个距离的比值都维持不变 (因为两个物体
之间的连接不可伸缩)。我们可以肯定地断言，在平衡时 (两个物体处于
静止)①，两个物体的运动力、速度或它们的运动倾向 [le lor propensioni
al moto](即它们在相等时间内通过的距离)之比，将与二者的重量成反
比。这正是在所有机械运动中都已经得到了证明的。②

因此，为了防止重量 G 下降，我们必须使重量 H 小于重量 G，如同
距离 CF 等比值地小于距离 FA。如果我们这样做的话，就有"重量G:
重量$H = FA : FC$"，由此平衡就会发生。也就是说，此时重量 H 和重
量 G 具有相同的运动力 [momenti]③，于是二者相互静止。

又，我们已经同意，一个运动物体的推动力、能量、运动力或运
动倾向 [la propensione al moto]，等于足以阻止它运动的力或最小阻力。
又，我们已经发现重物 H 可以阻止重物 G 的运动。由此可知，较小重量
H (其全部运动力 [momento totale] 都沿着竖直的 FC 方向)，可以精确
地度量较大重量 G 沿着平面 FA 的部分运动力 [momento parziale]。但
是，对物体 G 的全部运动力的度量是它自身的重量，因为阻止它下落
只需要一个与之相等的重量与之平衡，只要这第二个重量也可以自由地

①在现代人看来，这个"平衡"既可以是静止，也可以是二者以相同的速率进行
运动。伽利略在这里可能默认了两个物体最初处于静止状态。

②即此处有 $FA : FC =$ 重量G:重量H。这里伽利略头脑中所想大概是杠杆定
律。请读者设想一下，挂在杠杆两端且相互平衡的两个物体，如果让它们绕支点转
动，其速度大小之比与物体的重量是什么关系。

③克鲁英译本将此 momenti (momento 的复数) 译为 impelling forces，德雷克译为
moments (力矩，这个源自杠杆原理的术语用在此处也是有道理的)。按牛顿力学，G
的重力沿斜面上的分力等于 H 的重力，因而二者处于平衡状态 (未必是静止)。

竖直运动①。

因此，物体 G 沿着斜面 FA 的部分推动力或运动力，与物体 G 沿着竖直方向 FC 的、最大的和全部的推动力之比，等于重量 H 与重量 G 之比②。根据图形的构造，这个比值等于斜面高度 FC 与斜面长度 FA 之比。于是，我们就得到了我之前提出要证明的引理。你们将看到，我们的作者 [伽利略] 在这篇论文的命题6的第二部分中假定了它。③

萨格　根据你到目前为止已经证明的内容，由调动比例的等距比性质，我认为我们可以得出结论：对同一个物体来说，它沿倾角不同但高度相同的斜面运动 (如斜面 FA 和 FI) 的运动力之比，与两个斜面的长度成反比。④

[218]

萨尔　完全正确。在确定了这一点之后，我将继续证明下述定理：

[本书 1655 年版的新增定理] 一个物体沿着高度相等但倾斜度任意的、没有阻力的平面自然运动，它到达斜面底部水平面时的速度 [大小] 都相等。

我们首先必须注意的事实是：在任意倾角的平面上，一个从静止开始的物体获得的速度，或者说动量 [impeto] 的大小，将随着时间成正比地增加，这是根据我们的作者 [伽利略] 给出的

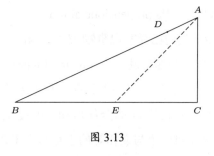

图 3.13

---

①重物 G 在斜面上和在竖直方向上的"推动力"需要分别用一个"重量"度量，由此所得的两个"重量" (两个同类量) 才能有一个比 (ratio)，见"翻译附录B"。

②由这句话可清晰地看出，伽利略在这里把 impeto 和 momento 视为同义词。

③指本书第222页命题6的基于"力学原理"的第二个证明。

④以下是可能的推导过程：用 H_{FA} 和 H_{FI} 分别表示重物 G 在斜面 FA 和 FI 上的"推动力"；根据前面的引理，分别有 $\frac{H_{FA}}{G} = \frac{FC}{FA}$ 和 $\frac{G}{H_{FI}} = \frac{FI}{FC}$；因此根据"调动比例的等距比性质" (现代做法就是两式相乘)，有 $\frac{H_{FA}}{H_{FI}} = \frac{FI}{FA}$。

自然加速运动的定义。

因此，正如他在上一命题中 [匀加速运动命题2] 所证明的那样，物体通过的距离与时间的平方成正比，因而也与速度的平方成正比。此时的速度关系与最初研究的运动 [即竖直运动] 是相同的，因为这两种情况下获得的速度都与时间成正比。

设 AB 是一个斜面，它在水平线 BC 之上的高度是 AC。

如前 [引理] 所证，物体在竖直方向 AC 上的推动力，与它在斜面 AB 上的推动力之比等于 $\frac{AB}{AC}$。

在斜面 AB 上，取 AD 等于 AB 和 AC 的第三比例项 $\left[$即假设 $\frac{AB}{AC} = \frac{AC}{AD}\right]$，从而物体在竖直方向 AC 上的推动力，与它在斜面 AB 上 (也就是斜面 AD 上) 的推动力之比，[等量代换] 也等于 $\frac{AC}{AD}$。[①]

因此，在物体下落竖直距离 AC 所需的相同时间内，它将沿着斜面 AB 运动距离 AD (运动力之比等于距离之比 [essendo i momenti come gli spazii])，而且物体在 C 处的速度与 D 处的速度 [大小] 之比，也会等于 $\frac{AC}{AD}$。

但另一方面，根据匀加速运动的定义，同一个物体在 B 处的速度与 D 处的速度之比，等于它通过 AB 和通过 AD 所需的时间之比。

而且，根据命题2的最后一个推论，通过距离 AB 的时间与通过距离 AD 的时间之比，等于距离 AC (它是 AB 和 AD 的比例中项) 与距离 AD 之比。[②]

[①] 当 $AC^2 = AB \cdot AD$ 时，点 D 是直角三角形 $\triangle ABC$ 斜边上的垂足。对同一个物体，它在 AC 和 AD 方向的加速度之比等于 $AC:AD$，因而当从 A 点由静止匀加速运动时，相等时间内的运动距离和 (平均) 速度也等于 $AC:AD$。

[②] 这是对命题2推论 II 的第一次应用，参见第208页脚注。请留意这一做法。

于是，物体在 B 处和在 C 处的两个速度，均与它在 D 处的速度之比相同，即都等于 $\dfrac{AC}{AD}$。

因此，这两个速度是相等的。这正是我要证明的定理。[①]

根据上述内容，我们能更好地证明作者 [伽利略] 接下来的命题3，他在其中利用了上述原理。命题3是说：物体通过一个斜面所需的时间，与它自由下落时通过斜面的高度所需的时间之比，等于斜面的长度与高度之比。

[219]

[图3.13] 根据命题2的第二个推论，若用线段 AB 表示物体通过距离 AB 所需的时间[②]，那么物体通过 AD 所需的时间将是这两段距离 [AB 与 AD] 的比例中项，因而后一时间可以用线段 AC 表示。

但另一方面，如果线段 AC 能够表示物体通过 AD 所需的时间，它也就可以表示物体自由下落距离 AC 所用的时间，这是因为物体通过距离 AC 和 AD 所需时间是相等的。[③]

于是，如果用线段 AB 表示物体通过距离 AB 所需的时间，就意味着线段 AC 能够表示物体通过 AC 所需的时间。因此，物体通过 AB 和 AC 所需的时间之比，正好等于距离 AB 和距离 AC 之比。[④]

同理，物体竖直下落 AC 高度所需时间与它通过任意其他斜面 AE 所需时间之比，等于长度 AC 与 AE 之比。于是，

[①]到此为止，伽利略把本书 1638 年版本的"公设"(第196页) 变成了"定理"。本书对匀加速运动的命题1和命题2的证明，都只用到了匀加速运动的定义，而没有用到他的"公设"或"原理"(即这里的"新增定理")。但是，伽利略对命题3的证明利用了它，见第217页。这也是他把"新增定理"插在命题2之后的原因。

[②]直接在图形上用一段距离表示时间，是伽利略在本书后文中的通用做法。

[③]伽利略是在这里利用了前面"新增定理"证明过程中的结果。

[④]到这里就完成了匀加速运动命题3的新增证明，以下是简单证明它的推论。

216

根据等距比的性质，物体沿斜面 AB 下降所需时间与沿斜面 AE 下降所需时间之比，等于距离 AB 和 AE 之比。[①]

利用上述定理，萨格雷多将会很容易看出，我们可以直接地证明作者的命题6。但是，让我们在这里结束这次离题，虽然我认为它对理解运动的理论非常重要，但萨格雷多或许已经感觉非常乏味了。

萨格 恰恰相反，它给了我极大的满足感。而且，事实上我觉得，这对透彻地理解前面那个原理来说是必要的。

萨尔 那我现在继续朗读作者的文本。[②] {215}

命题 3 (定理 3)

如果一个物体从静止开始，分别沿高度相同的一个斜面和一个竖直方向降落，那么二者的降落时间之比，等于相应的斜面长度与竖直长度之比。

设 AC 为斜面，AB 为竖直方向，二者在水平面以上具有相同的竖直高度，即 AB。

那么我说，一个物体沿斜面 AC 下降所需时间与它沿竖直方向 AB 下落所需时间之比，与长度 AC 与长度 AB 之比相同。

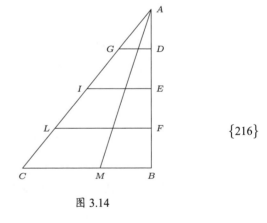

图 3.14

{216}

[①]到这里就完成了匀加速运动命题3推论的证明。可用现代符号表示如下：

由于 $\dfrac{t_{AB}}{t_{AC}} = \dfrac{AB}{AC}$，且 $\dfrac{t_{AC}}{t_{AE}} = \dfrac{AC}{AE}$，故由等距比的性质，有 $\dfrac{t_{AB}}{t_{AE}} = \dfrac{AB}{AE}$。

[②]本书第二版插入的对话到此结束。以下又是本书 1638 年第一版的内容，即接着前面的命题2，开始命题3的陈述与证明。

设 DG、EI 和 FL 是平行于水平线 BC 的任意直线段。

那么，根据前面的讨论①，一个从 A 开始运动的物体，在点 G 和点 D 处将获得相等的速度 [大小]，因为两种情况下的竖直下落距离相等。同理，这个物体在点 I 和点 E 处的速度 [大小] 也相等，在点 L 和点 F 处亦然。概括地说，从 AB 上的任意一点处开始，与 AC 上的对应点相连接，得到的任意一条平行线段的两个端点处的速度 [大小] 都相等。因此，物体通过距离 AC 和距离 AB 的速度 [大小] 相等。②

{217}　　　但另一方面，前面已经证明 [匀速运动命题1]，如果一个物体以相同的速度完成了两段距离，那么物体降落所需的时间之比等于这两段距离自身之比。因此，物体分别沿 AC 与 AB 降落所需时间之比，等于斜面长度 AC 与竖直长度 AB 之比

$$\left[\frac{\text{沿}AC\text{的下降时间}}{\text{沿}AB\text{的下落时间}} = \frac{\text{距离}AC}{\text{距离}AB} \right]。$$

证毕。

{218}　**萨格**　我认为，利用前面已经证明的命题 [匀加速运动命题1]，上述命题可以得到清晰和简要的证明，即：

{219}　　　[图3.14] 沿 AC 或 AB 的匀加速运动，相当于以其最大速度 (即在 CB 上的速度) 的一半做匀速运动。

　　　因此，距离 AC 和距离 AB 相当于是以相等的均匀速度通过的；根据第一部分命题1，显然二者的降落时间之比等于它们的运动距离之比。

推论　于是，我们可以推断：**物体沿着倾斜度不同但高度相同的斜面下降，所需时间之比等于相应的斜面长度之比。**

---

①指本书在命题1之前对伽利略所谓唯一"公设"的讨论。
②按我们现代的理解是，物体通过距离 AC 和距离 AB 的**平均速率**相等。

[图3.14] 对于从 A 延伸到水平面 CB 的任意平面 AM,

同上可以证明：$\dfrac{沿AM的下降时间}{沿AB的下落时间} = \dfrac{距离AM}{距离AB}$。

而 [命题3] $\dfrac{沿AB的下落时间}{沿AC的下降时间} = \dfrac{距离AB}{距离AC}$。

由等距比性质，可知 $\dfrac{距离AM}{距离AC} = \dfrac{沿AM的下降时间}{沿AC的下降时间}$。 ①

命题 4 (定理 4)

物体沿着长度相同但倾角不同的斜面下降，所需时间之比等于斜面高度的平方根之比 (subduplicated ratio) 的反比。

从同一个点 B 开始作斜面 BA 和斜面 BC，它们的长度相等但是倾角不同。设 AE 和 CD 是分别与垂线 BD 相交于 E 和 D 的水平线，于是可用 BE 表示斜面 AB 的高度，用 BD 表示斜面 BC 的高度。

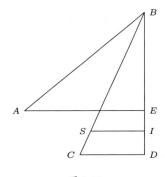

{220}

图 3.15

又令 BI 是 BD 和 BE 的比例中项，从而有 $\dfrac{BD}{BI} = \sqrt{\dfrac{BD}{BE}}$。

现在我说，物体沿着斜面 BA 和斜面 BC 下降所需的时间之比，等于 BD 与 BI 之比；从而沿斜面 BA 下降所需时间与另一斜面 BC 的高度 BD 相对应，如同沿斜面 BC 下降所需时间与高度 BI 相对应。现在需要证明，$\dfrac{沿斜面BA下降所需时间}{沿斜面BC下降所需时间} = \dfrac{长度BD}{长度BI}$。

作 $IS \parallel DC$。已证 [命题3] $\dfrac{沿BA下降所需时间}{沿BE下落所需时间} = \dfrac{BA}{BE}$，

---

① 匀加速运动命题3及其推论提供了另一种在几何图形上计算和标示时间的方法。即在图3.14中，若用长度 AB 表示物体从 A 开始自由下落通过 AB 所需的时间，那就分别可以用长度 AC 和 AM 表示通过斜面 AC 和 AM 的时间。

也已证 [命题2推论 II] $\dfrac{\text{沿}BE\text{下落所需时间}}{\text{沿}BD\text{下落所需时间}} = \dfrac{BE}{BI}$。

类似地，$\dfrac{\text{沿}BD\text{下落所需时间}}{\text{沿}BC\text{下降所需时间}} = \dfrac{BD}{BC}$ 或者说等于 $\dfrac{BI}{BS}$。

根据等距比性质，$\dfrac{\text{沿}BA\text{下降所需时间}}{\text{沿}BC\text{下降所需时间}} = \dfrac{BA}{BS}$ 或 $\dfrac{BC}{BS}$。

然而，$\dfrac{BC}{BS} = \dfrac{BD}{BI}$，我们的命题从而得证。

命题 5 (定理 5)

物体沿着长度、倾角和高度不同的斜面下降所需时间之比，等于斜面长度之比与斜面高度的平方根之反比的复合。

作斜面 AB 和 AC，其倾角、长度与高度均不相同。于是，我的定理就是说，物体分别沿 AC 和沿 AB 下降所需的时间之比，等于 AC 与 AB 之比与相应高度的平方根之反比的复合。

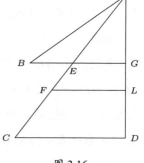

图 3.16

设 AD 是竖直线段，分别作水平线段 BG 和 CD 与之相交于 G 和 D。又设 AL 是高度 AG 和 AD 的比例中项 $\left[\dfrac{AG}{AL} = \dfrac{AL}{AD}\right]$。从点 L 作水平线交 AC 于 F，从而 AF 是 AC 和 AE 的比例中项 $\left[\dfrac{AC}{AF} = \dfrac{AF}{AE}\right]$。

由 [命题2推论 II] $\dfrac{\text{沿}AC\text{下降所需时间}}{\text{沿}AE\text{下降所需时间}} = \dfrac{AF}{AE}$，[由命题3]

$\dfrac{\text{沿}AE\text{下降所需时间}}{\text{沿}AB\text{下降所需时间}} = \dfrac{AE}{AB}$，显然 $\dfrac{\text{沿}AC\text{下降所需时间}}{\text{沿}AB\text{下降所需时间}} = \dfrac{AF}{AB}$。

{221} 于是只需证 $\dfrac{AF}{AB} = \dfrac{AC}{AB} \cdot \dfrac{AG}{AL}$，因为已有 $\dfrac{AG}{AL} = \sqrt{\dfrac{\text{高度}AG}{\text{高度}AD}}$。

显然，如果我们考虑线段 AC 与线段 AF、线段 AB 满

足的关系 $\left[\dfrac{AF}{AB} = \dfrac{AC}{AB} \cdot \dfrac{AF}{AC}\right]$，其中 $\dfrac{AF}{AC} = \dfrac{AL}{AD} = \dfrac{AG}{AL} =$

$\sqrt{\dfrac{\text{高度} AG}{\text{高度} AD}}$，而 $\dfrac{AC}{AB}$ 就是它自身。于是本定理得证。[①]

命题 6 (定理 6)

如果从位于竖直方向内的圆的最高点或最低点开始，作截止于该圆周的任意斜面，那么物体沿这些斜面下降所需的时间都相等。[②]

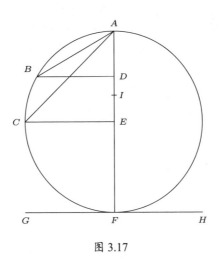

图 3.17

[图 3.17] 在水平线 GH 上作一个竖直圆，从圆的最低点 (与水平线的切点) 作出直径 FA，从最高点 A 向圆周上任意两点 B 和 C 作斜面。那么，物体沿它们下降所需的时间都相等。

分别作 BD 和 CE 垂直于直径 AF，并令 AI 是这两个斜面的高度 AD 和 AE 的比例中项 $\left[\dfrac{AD}{AI} = \dfrac{AI}{AE}\right]$。

[①]可以看到，匀加速运动命题4和命题5都是命题2和命题3的简单应用。

[②]由于命题6在几何上甚是优美，伽利略非常看重它。在这里他共给出了三种证明方法。请注意，这个命题成立的前提是，物体的运动都是理想的"滑动"，否则需要排除物体自由下落的情形。设位于地面上竖直平面内的一个圆的半径为 r，A 是其最低点，B 是圆上除 A 以外的任意一点。可以证明，若一个质点无摩擦地从 B 点开始沿弦 BA 运动，它走完 BA 所需的时间都是 $\sqrt{2r/g}$，其中 g 是重力加速度。

因 $[\triangle ACE \sim \triangle AFC, \triangle ABD \sim \triangle AFB^{①}]$ $FA \cdot AE = AC^2, FA \cdot AD = AB^2$；由 $\dfrac{FA \cdot AE}{FA \cdot AD} = \dfrac{AE}{AD}$，故 $\dfrac{AC^2}{AB^2} = \dfrac{AE}{AD}$。

又由于 $\dfrac{AE}{AD} = \dfrac{AI^2}{AD^2}$，可知 $\dfrac{AC^2}{AB^2} = \dfrac{AI^2}{AD^2}$，于是也可以得到 $\dfrac{AC}{AB} = \dfrac{AI}{AD}$。

但，前面已经证明 [命题 5] $\dfrac{\text{沿}AC\text{下降所需时间}}{\text{沿}AB\text{下降所需时间}} = \dfrac{AC}{AB} \cdot \dfrac{AD}{AI}$，而 $\dfrac{AD}{AI} = \dfrac{AB}{AC}$，故 $\dfrac{\text{沿}AC\text{下降所需时间}}{\text{沿}AB\text{下降所需时间}} = \dfrac{AC}{AB} \cdot \dfrac{AB}{AC}$，从而两个时间之比等于相等者之比。我们的命题由此得证。

利用力学原理，我们可以得到相同的结果，即落体通过如图3.18所示的距离 CA 和距离 DA 所需时间相同。

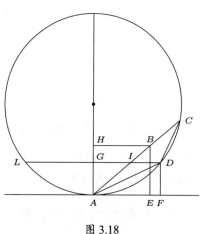

图 3.18

在 CA 上取 $BA = DA$，并让物体分别沿竖直线 BE 和 DF 下落。根据力学原理，物体沿斜面 CA 运动的部分运动力 [momentum ponderis]② 与其全部运动力之比，等于 $\dfrac{BE}{BA}$。

{222}

---

①两个三角形的相似关系在图3.13等处已经出现过。

②拉丁语 momentum ponderis 的机器翻译是 moment of the weight，克鲁英译本为

类似地, 物体沿斜面 AD 运动的部分推动力与其全部推动力之比, 等于 $\frac{DF}{DA}$ 或者说 $\frac{DF}{BA}$。

因此, 同一个物体沿斜面 DA 的推动力与沿斜面 CA 的推动力之比, 等于 $\frac{DF}{BE}$。

由此, 根据第一部分命题2, 同一个物体在分别沿斜面 CA 和斜面 DA 运动时, 在相同时间内完成的距离之比, 等于 $\frac{BE}{DF}$ [①]。但是, 可以证明 $\frac{CA}{DA} = \frac{BE}{DF}$。由此可知, 落体将在相同时间内分别通过距离 CA 和距离 DA。

关于 $\frac{CA}{DA} = \frac{BE}{DF}$ 这一事实, 可以证明如下:

[图3.18] 连接 C 和 D, 作线段 DGL 平行 AF, 并与线段 CA 交于点 I; 过 B 作线段 $BH \parallel AF$。

于是 $\angle ADI = \angle ACD$, 因为它们所对的弧 $\overset{\frown}{LA}$ 和弧 $\overset{\frown}{DA}$ 相等。又由于 $\angle DAC$ 是公共角, 故 [$\triangle CAD \sim \triangle DAI$], $\triangle CAD$ 和 $\triangle DAI$ 的对应边成比例。因此, $\frac{CA}{DA} = \frac{DA}{IA}$, 后者也就是 $\frac{BA}{IA}$, 或者说等于 $\frac{HA}{GA}$, 也就是等于 $\frac{BE}{DF}$。证毕。

命题6还可以按如下方法更简单地证明:

在水平线 AB 上作圆, 其直径 DC 是竖直的。从该直径的最高点作斜面 DF 交圆周于 F。那么我说, 物体沿平面 DF 降落与沿直径 DC 降落所需时间相等。

---

the component of the momentum (动量分量), 德雷克英译本为 [static] moment of the weight (重量的静力矩), 译者则沿用前面 momento 的汉译术语"运动力"(第209页)。另外, 请读者思考德雷克上述英译的合理之处。

[①]现代语言理解,"运动力"之比等于同一个物体的加速度之比。在运动时间相同时, 它也等于相应的 [平均] 速率之比, 因而等于相应的运动距离之比。请注意, 伽利略又一次将匀速运动的命题2直接应用到了匀加速运动。

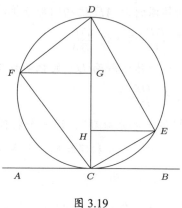

图 3.19

作 $FG \parallel AB$，则 $FG \perp DC$；连接 FC。

{223} 由 [命题2 推论 II] $\dfrac{\text{沿}DC\text{降落所需时间}}{\text{沿}DG\text{降落所需时间}} = \dfrac{DC\text{与}DG\text{的比例中项}}{DG}$，

又由 DF 是 DC 和 DG 的比例中项 (内接于半圆的 $\angle DFC$ 是直角，且 $FG \perp DC$)，得 $\dfrac{\text{沿}DC\text{降落所需时间}}{\text{沿}DG\text{降落所需时间}} = \dfrac{DF}{DG}$。

又，已经证明 [命题3] $\dfrac{\text{沿}DF\text{降落所需时间}}{\text{沿}DG\text{降落所需时间}} = \dfrac{DF}{DG}$。

因此 $\dfrac{\text{沿}DC\text{降落所需时间}}{\text{沿}DG\text{降落所需时间}} = \dfrac{\text{沿}DF\text{降落所需时间}}{\text{沿}DG\text{降落所需时间}}$，故物体沿 DF 降落与沿 DC 降落所需时间相等。

类似地，如果从直径 DC 的最下端作弦 CE，再作 EH 平行于水平线，连接 E 和 D，同理可证物体沿 EC 降落与沿直径 DC 降落所需时间相等。

推论 I 由上可知，**物体** [从静止开始] **沿过点 C 或点 D 所作的所有弦降落，所需时间相等。**

推论 II 由上还可知，**从任意点开始分别作一条竖直线和斜线，如果物体** [从静止开始] **沿它们降落所需的时间相等，那么上述斜线将是以上述竖直线为直径的半圆的一条弦。**[①]

①当出现斜边在竖直方向的直角三角形时，读者需要联想到本命题以及上述两个

推论 III　另外，对于两个不同的斜面，如果在截取相等长度时，二者所对的高度之比等于两个斜面的自身长度之比，那么物体 [从静止开始] 通过这两个斜面所需的时间相等。

事实上这已经得到证明，在倒数第二张图 [图3.18] 中，物体沿 CA 和 DA 下降所需的时间是相等的，此时斜面 AB (满足 $AB = AD$) 的高度 BE 与 [斜面 DA 的] 高度 DF 之比等于 CA 与 DA 之比。

萨格　请允许我暂时打断一下你，以便能够弄清我刚刚产生的一个想法。如果它不至于是谬论的话，它至少可以暗示一种异想天开而有趣的情景，就像在自然界和具有必然性的领域中经常发生的那样。 {224}

假设从水平面上的任意一个定点出发，沿着所有方向作直线并无限制地延长。再设想，在每一条直线上都有一个点以恒定速度运动，它们是在同一时刻从上述定点出发的，并且运动速度彼此相同。那么，显然所有这些运动的点都将同时位于一个越来越大的圆周上，而且这些圆周一直以上述定点为圆心。这些圆周的生长方式，恰如小卵石落入安静的水面，它的冲击激起水面上所有方向的运动，而冲击点一直是这些不断扩展的圆形波纹的中心。

然而，想象一个竖直方向，从它的最高点开始向每一个角度作直线并且无限地延伸。再设想，各有一个重物以自然加速运动沿着这些直线降落，即它们的运动速度都与所在直线的倾角相对应。如果这些运动物体总是可见的，那么，在任何时刻它们所处位置的轨迹会是什么呢？这个问题的答案让我很是惊讶。因为前述命题使我相信，这些运动物体总是位于同一个圆周上，当这些运动物体离它们的起点越来越远时，这个圆周的尺寸将不断地增大。

推论。当物体沿这种直角三角形的三条边 (图3.19中 DF、FC 和 DC) 分别做由静止开始的理想滑动时，通过它们所需的时间均相等。其逆命题 (推论 II) 也成立。

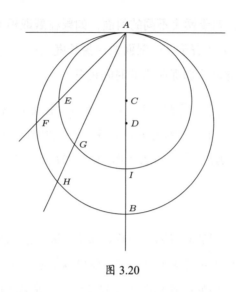

图 3.20

　　为了说得更明确一些 [图3.20]，设 A 是上述定点，从它开始作任意倾角的直线 AF 和 AH。在竖线 AB 上取任意两点 C 和 D，分别以它们为中心作过点 A 的圆，并分别与各条直线相交于点 E、G、I 和 F、H、B。很明显，根据前述定理，如果运动物体在同一时刻从 A 开始沿这些直线降落，那么当其中一个位于点 E 时，另外两个分别位于点 G 和 I；{225} 在后面的某个时刻，它们又将同时出现在点 F、H 和 B 处。这些运动物体，以及无穷多个沿着无数个不同倾角运动的其他运动物体，在各个相继的时刻始终位于一个不断扩大的圆上。

　　于是，在自然界中发生的这两种运动，产生了两组无穷无尽的圆圈，它们既相似，又彼此不同。其中一组起始于无穷多个同心圆的圆心，另一组起始于无穷多个偏心圆 (eccentric circles) 的、位于最高处的公共点。产生前者的运动是相等的和均匀的；产生后者的运动既不是均匀的，也不是相等的，而是随着倾角的不同而不同。

　　而且，如果分别从作为运动起点的上述两个定点出发，我们不只是沿水平和竖直方向作直线，而是沿所有方向作直线，那么，就像前述的从一点出发产生不断扩大的圆形那样，将从一点出发产生无数个球形，或者更确切地说是一个不断扩大的、尺寸不受限制的球形。其产生方式也是两种，一种起始于公共球心，另一种则起始于这些球的公切面上。

萨尔 这个想法真是漂亮，的确配得上萨格雷多的聪明头脑。

辛普 对我而言，我大致能够理解这两种自然运动如何产生圆形和球形，但是对于加速运动产生圆形及其证明，我还没有完全弄清楚。然而，我们可以把运动起点置于球形最深处的中心，或是置于球形的最高点，这一事实让我想到，在这些真实和奇妙的结果背后，可能隐藏了一个巨大的奥秘。这个奥秘关乎宇宙 (据说是球形的) 的起源，也关乎第一因 [prima causa]①的处所。

萨尔 我对你的意见并不抵触。但是，相比我们所研究的，这类深奥的思考属于更高深的学说。对于我们来说，应该满足于自己属于那些不怎么有价值的工匠。工匠们从采石场采得大理石，而后，由天才的雕刻家制作出隐藏于它们粗糙的、不成形的外表之下的杰作。

如果你愿意的话，现在让我们继续。 {226}

命题 7 (定理 7)

如果两个斜面的高度之比，等于两个斜面长度的二次比，那么，从静止开始运动的物体将在相等时间内通过这两个斜面。

取长度和倾角不同的两个斜面 AE 和 AB，其高度分别为 AF 和 AD。

令 $\dfrac{AF}{AD} = \left(\dfrac{AE}{AB}\right)^2$。那么我说，从 A 点开始运动的物体将在相等的时间内通过斜面 AE 和 AB。

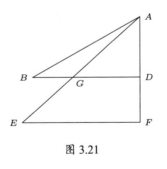

图 3.21

---

①亚里士多德的第一因 (first cause) 即终极因，它自身不需要原因，故等同于上帝。不过，亚里士多德所设想的上帝，与后来西方宗教中的上帝并不是一回事。

从竖直线 AF 出发，作水平的平行线段 EF 和 BD，二者交 AE 于 G。

由于 $\dfrac{AF}{AD} = \dfrac{AE^2}{AB^2}$，且 $\dfrac{AF}{AD} = \dfrac{AE}{AG}$，所以 $\dfrac{AE}{AG} = \dfrac{AE^2}{AB^2}$。

于是，AB 是 AE 和 AG 的比例中项。

又 [由命题3]，$\dfrac{\text{沿}AB\text{下降所需时间}}{\text{沿}AG\text{下降所需时间}} = \dfrac{AB}{AG}$。

[由命题2推论II] $\dfrac{\text{沿}AG\text{下降所需时间}}{\text{沿}AE\text{下降所需时间}} = \dfrac{AG}{AG\text{和}AE\text{的比例中项}}$，

也就是 $\dfrac{\text{沿}AG\text{下降所需时间}}{\text{沿}AE\text{下降所需时间}} = \dfrac{AG}{AB}$。

因此，由等距比的性质，可得 $\dfrac{\text{沿}AB\text{下降所需时间}}{\text{沿}AE\text{下降所需时间}} = \dfrac{AB}{AB}$。

由此可知，这两个时间是相等的。　　　　　　　证毕。[①]

命题 8 (定理 8)

对于被一个竖直圆所截的所有斜面：当它们与圆的一个交点位于圆的竖直直径的最高点或最低点时，物体沿该斜面下降所需的时间等于沿竖直直径下降所需的时间；当斜面不与竖直直径相交时，物体下降所需的时间更短；当斜面穿过竖直直径时，物体下降所需的时间更长。

设 AB 是圆的竖直直径，该圆与水平面相切。

前面已经证明 [命题6]，物体通过由 A 或 B 连接至圆周的斜面所需的时间都是相等的。

为了证明沿不与直径相交的斜面 DF 下降所需时间更短，我们可以作出斜面 DB，它相比 DF 更长而且倾角更小，{227} 由此可知通过 DF 所需时间要短于通过 DB 所需的时间，从而也就短于通过 AB 所需的时间。

[①]以 $\triangle ADB$ 为例，此命题现代含义如下：因加速度 $a = g\sin\theta = g\dfrac{AD}{AB}$，由 $AB = \dfrac{1}{2}at^2$ 知 $t^2 = \dfrac{2}{g} \cdot \dfrac{AB^2}{AD}$，故当满足题设条件时，运动时间是相等的。

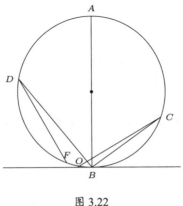

图 3.22

同理可证，通过与直径相交的斜面 CO 所需的时间更长，因为它比斜面 CB 更长且倾角更小。由此定理得证。[①]

命题 9 (定理 9)

从水平面上任意一点作两个任意倾角的斜面，再用一条直线去截这两个斜面，如果该直线与其中一个斜面的夹角等于另一个斜面与水平线的夹角，那么物体通过被该直线截得的两个斜面所需的时间相等。[②]

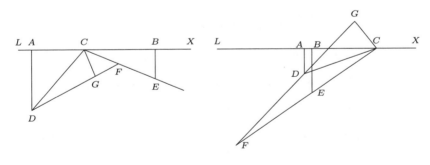

图 3.23

[①]命题 8 是命题 6 的简单拓展；在命题 6 的基础之上，可以很直观地理解它。此命题没有构图说明和"那么我说"，这表明命题 8 可能是伽利略匆忙添加的。它放的位置也有点问题，从逻辑上讲，它更适合紧跟在命题 6 之后。

[②]命题 9 证法 2 用到了命题 7，要把它转化成我们熟悉的物理表述并不容易。

从水平面 X 上的点 C 开始，作两个任意倾角的斜面 CD 和 CE。在线段 CD 上任意取一点，则 $\angle CDF = \angle XCE$。又设 DF 与 CE 交于点 F，就会同时有 $\angle CDF = \angle XCE$ 和 $\angle CFD = \angle LCD$。那么我说，物体通过 CD 和 CF 所需的时间是相等的。

根据构图有 $\angle CDF = \angle XCE$，显然必有 $\angle CFD = \angle LCD$。这是因为：如果从 $\triangle CDF$ 的三个角（它们的总和等于两个直角，也等于直线 LX 下方点 C 处所有角之和）中减去公共角 $\angle DCF$，可得 $\angle CDF$ 与 $\angle CFD$，$\angle CDF + \angle CFD = \angle XCE + \angle LCD$；根据假设有 $\angle CDF = \angle XCE$，因此剩下的 $\angle CFD = \angle LCD$。

取 $CE = CD$，分别从 D 和 E 作 DA 和 EB 垂直于水平线 LX，从 C 作 $CG \perp DF$。

由于 $\angle CDG = \angle ECB$ 且 $\angle DGC$ 和 $\angle CBE$ 都是直角，所以 $\triangle CDG$ 和 $\triangle ECB$ 是等角的 [对应角相等]，故 $\dfrac{DC}{CG} = \dfrac{CE}{EB}$，又由于 $DC = CE$，故 $CG = EB$。

又，$\triangle DAC$ 中的 $\angle C$ 和 $\angle A$ 分别等于 $\triangle CGF$ 中的 $\angle F$ 和 $\angle G$，因此我们有 $\dfrac{DC}{DA} = \dfrac{FC}{CG}$。

根据更比性质，有 $\dfrac{DC}{FC} = \dfrac{DA}{CG} = \dfrac{DA}{EB}$。

{228}　于是，相等长度的斜面 CD 和 CE 所对的高度等于长度 DC 和 FC 之比。根据命题 6 的推论 3 可知，沿 DC 和 CF 下降所需的时间相等。　　　　　　　　　证毕。

命题 9 的另一个证法如下：

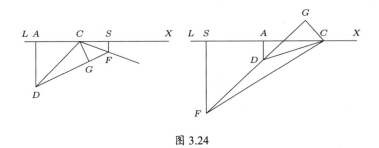

图 3.24

作 FS 垂直水平线 AS，从而 $\triangle CSF \sim \triangle DGC$，于是我们有 $\dfrac{SF}{FC} = \dfrac{GC}{CD}$。

又 $\triangle CFG \sim \triangle DCA$，因此 $\dfrac{FC}{CG} = \dfrac{CD}{DA}$。

于是，根据等距比的性质有 $\dfrac{SF}{CG} = \dfrac{CG}{DA}$。

因此 CG 是 SF 和 DA 的比例中项，即有 $\dfrac{DA}{SF} = \dfrac{DA^2}{CG^2}$。

又 $\dfrac{DA}{CD} = \dfrac{CG}{FC}$（$\triangle DCA \sim \triangle CFG$），

由更比性质，有 $\dfrac{DA}{CG} = \dfrac{CD}{FC}$，也有 $\dfrac{DA^2}{CG^2} = \dfrac{CD^2}{FC^2}$。

前面已经证明 $\dfrac{DA^2}{CG^2} = \dfrac{DA}{SF}$，故有 $\dfrac{CD^2}{FC^2} = \dfrac{DA}{SF}$。

根据前面的命题 7，由于斜面 CD 的高度 DA 与斜面 CF 的高度 FS 之比，等于斜面长度上的正方形之比，可知物体通过这两个斜面所需的时间相等。

命题 10 (定理 10)

物体通过高度相同但倾角不同的斜面所需的时间之比，等于这些斜面的长度之比。而且，无论物体是从静止出发，还是在此前经历了从同一高度开始的自由下落，以上结论都成立。[①]

[①]命题 10 是命题 3 的推广。对于匀加速运动来说，如果初速度和末速度均相同 (因而平均速度相同)，运动时间之比将等于运动距离之比。

设物体下落的路径分别是沿 ABC 和 ABD 到达水平面 DC，从而在沿 BD 和 BC 下落之前，物体都是先沿 AB 自由下落。那么我说，此时物体沿 BD 下落所需的时间与沿 BC 下落所需的时间之比，等于长度 BD 与 BC 之比。

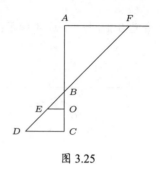

图 3.25

{229} 作水平线 AF 并延长 DB 至与 AF 相交于点 F。

令 FE 是 DF 与 FB 的比例中项，作 $EO \parallel DC$，则 AO 将是 CA 和 AB 的比例中项。

如果我们用 AB 表示物体通过 AB 所需的时间，那么物体通过 FB 的时间可用 FB 表示，而物体通过整个长度 AC 所需的时间可用上述比例中项 AO 表示，类似地，物体通过 FD 所需的时间可用 FE 表示。

于是，物体通过距离 BC 的时间可用 BO 表示，通过距离 BD 的时间可用 BE 表示。

又由于 $\dfrac{BE}{BO} = \dfrac{BD}{BC}$，可知如果我们让物体首先沿着 AB 和 FB 运动，或者等价地说，让物体都首先沿着共同的路径 AB 运动，那么物体继续分别通过 BD 和 BC 所需的时间之比将等于 $\dfrac{BD}{BC}$。

又，前面已经证明，若运动是从静止开始的，物体分别通过 BD 和 BC 所需的时间之比等于 $\dfrac{BD}{BC}$。

因此，无论物体是从静止出发还是先有一个从相等高度下落的运动，物体通过相等高度的斜面所需的时间之比，都等于这些斜面的长度之比。 证毕。

232

命题 11 (定理 11)

如果斜面被分割为两部分，而且运动是从静止开始的，那么通过第一部分所需的时间与通过第二部分所需的时间之比，等于第一部分的长度与"第一部分的长度与斜面总长度的比例中项，扣除第一部分长度"之比。[①]

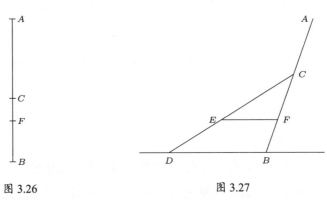

图 3.26　　　　　　　图 3.27

假设物体的下落是在 A 处从静止出发，通过的总距离是 AB，它被任意一点 C 分割。设 AF 是总长度 AB 与第一部分 AC 的比例中项。那么我说，物体沿 AC 下落所需的时间与沿后续的 CB 下落所需的时间之比，等于 AC 与 CF 之比。这是显然的。

因为物体通过 AC 与通过总长度 AB 所需的时间之比等于 AC 与比例中项 AF 之比。

因此，根据分比性质，物体通过 AC 与通过第二部分 CB 所需的时间之比，等于 AC 与 CF 之比。

如果我们约定用 AC 表示通过 AC 所需的时间，那么通过 CB 所需的时间就可以用 CF 表示。　　　　　证毕。　　{230}

如果物体的运动不是沿着直线 ACB，而是沿着折线 ACD 到达水

[①]设两段距离分别为 s_1 和 s_2，运动时间分别为 t_1 和 t_2，则总距离 $s = s_1 + s_2$，总时间 $t = t_1 + t_2$。由命题 3 推论 II，有：$\dfrac{t_1}{t_1+t_2} = \dfrac{t_1}{t} = \dfrac{s_1}{\sqrt{ss_1}}$，故由比例性质有：$\dfrac{t_1}{t - t_1} = \dfrac{t_1}{t_2} = \dfrac{s_1}{\sqrt{ss_1} - s_1}$。

平线 BD，从点 F 出发作水平线 FE，类似地可以证明，物体通过 AC 所需的时间与通过斜线 CD 所需的时间之比，等于 $\dfrac{AC}{CE}$。

物体通过 AC 和 CB 所需的时间之比是 $\dfrac{AC}{CF}$。

又，已经证明，物体在先从 AC 下落之后，通过 CB 和 CD 所需的时间之比等于 $\dfrac{CB}{CD}$，或者说等于 $\dfrac{CF}{CE}$。

故根据等距比的性质，物体通过 AC 与 CD 所需的时间之比等于 $\dfrac{AC}{CE}$。

命题 12 (定理 12)

若一条竖直线与一个任意斜面被两个水平面所截，并分别求取它们的总长度与二者交点到上方水平面之间的两个长度之比例中项，那么，物体通过竖直线所需的时间，与通过该竖直线的上半部分以及上述斜面的下半部分所需的总时间之比，等于竖直线总长度与"竖直线上的比例中项，加上斜面总长度与斜面上的比例中项的差"之比。[①]

设 AF 和 CD 是限制垂直平面 AC 和斜面 DF 的两个水平面，并设 AC 与 DF 相交于 B。

[①] 命题 12 是说，$\dfrac{t_{AC}}{t_{AB}+t_{BD,F}} = \dfrac{AC}{\sqrt{AC \cdot AB} + \left(FD - \sqrt{FD \cdot FB}\right)}$。

其中各字母的位置请对照图3.28，$t_{BD,F}$ 是指由 F 点出发时 (从等高的点 A 出发亦然)，物体经过 BD 所需的时间。后文在注释中将采用类似的表示，即用 $t_{YZ,X}$ 表示静止出发点为 X 时，物体从 Y 运动到 Z 所需的时间；如果 X 与 Y 是同一点，则省去下标中的 X，即用 t_{YZ} 表示物体由静止从 Y 运动到 Z 所需的时间。

这是因为：$\dfrac{t_{AC}}{t_{AB}} = \dfrac{AC}{\sqrt{AC \cdot AB}}$ 且 $\dfrac{t_{AC}}{t_{BD,F}} = \dfrac{AC}{FD - \sqrt{FD \cdot FB}}$。前式可由命题 2 推论 II 得到，同理 $\dfrac{FD}{\sqrt{FD \cdot FB}} = \dfrac{t_{FD}}{t_{FB}}$，故 $\dfrac{FD}{FD - \sqrt{FD \cdot FB}} = \dfrac{t_{FD}}{t_{FD}-t_{FB}}$。又由命题 3 可知：$\dfrac{t_{AC}}{t_{FD}} = \dfrac{AC}{FD}$。由此不难得到本命题的结论。

令 AR 是整个竖直线 AC 与其上部 AB 的比例中项，又令 FS 是 FD 与其上部 FB 的比例中项。

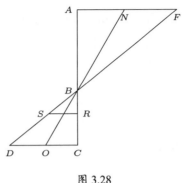

图 3.28

那么我说，物体沿整个竖直路径 AC 下落所需的时间，与物体通过竖直路径上部 AB 以及斜面下部 BD 所需的总时间之比，等于长度 AC 与竖直线上的比例中项 AR 加上 DS（长度 DF 与它上面的比例中项 FS 之差）的总和之比。

连接点 R 和 S，得到水平线 RS。

由于物体通过整个距离 AC 所需的时间与通过它的一部分 AB 所需的时间之比，等于 AC 与比例中项 AR 之比，因此，如果我们约定用长度 AC 表示物体通过距离 AC 所需的时间，那么它通过 AB 所需的时间可以用 AR 表示，从而它通过剩余部分 BC 所需的时间可用 RC 表示。

又，如果用长度 AC 表示物体通过距离 AC 所需的时间，它通过 FD 所需的时间就等于长度 FD。

类似地，我们可以得出，物体沿 BD 下落所需的时间（物体先沿 FB 或 AB 下落）在数值上就等于长度 DS。

因此，物体沿路径 AC 下落所需的时间等于 $AR + RC$，沿折线段 ABD 下落所需的时间等于 $AR + DS$。　　证毕。 {231}

如果把上述竖直方向换成任意其他平面，比如上图中的 NO，同样的结论依然成立，证明方法也相同。

命题 13 (问题 1)

给定一条长度有限的竖直线，试求与之高度相等的一个斜面，使其满足：当一个物体由静止开始先沿给定竖直线下落，再沿所求斜面下落时，二者所需的时间相等。

设 AB 是给定的竖直线，将它延长到点 C 使 $BC = AB$，作水平线 CE 和 AG。问题是从 B 开始作一个斜面交于线段 CE，并满足如下要求：物体从点 A 静止出发沿 AB 下落之后，将在相等的时间之内通过所作斜面。

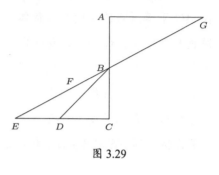

图 3.29

在 CE 上截取 $CD = BC$，连接 BD，再作 $BE = BD + CD$。那么我说，BE 就是所求斜面。[①]

延长 EB 使之与水平线 AG 交于点 G。

设 GF 是 EG 和 GB 的比例中项，于是 $\dfrac{EF}{BF} = \dfrac{EG}{GF}$，且有 $\dfrac{EF^2}{BF^2} = \dfrac{EG^2}{GF^2} = \dfrac{EG}{GB}$。

又由于 $EG = 2GB$，因此 $EF^2 = 2BF^2$，而 $DB^2 = 2BC^2$，因此 $\dfrac{EF}{BF} = \dfrac{DB}{BC}$。

由更比性质和合比性质，有 $\dfrac{BE}{DB + BC} = \dfrac{BF}{BC}$。

然而，$BE = DB + BC$，故 $BF = BC = AB$。

如果我们约定用长度 AB 表示物体沿 AB 下落所需的时间，那么长度 GB 将表示物体沿 GB 下落所需的时间，而 GF 将表示沿整个 GE 下落所需的时间。

[①]由命题 2 推论 II 可知，由 $s = \dfrac{1}{2}at^2$，易知 $\dfrac{t_{AB}}{t_{BC,A}} = \dfrac{1}{\sqrt{2}-1} = \sqrt{2}+1$。由命题 10 可得 $\dfrac{t_{BE,A}}{t_{BC,A}} = \dfrac{BE}{BC}$。要使 $t_{AB} = t_{BE,A}$，需要 $BE = (\sqrt{2}+1)BC = BD + BC$。

236

于是，BF 将表示物体从 G 或 A 开始下落时，通过上述
两段距离之差 (即 BE) 所需的时间。 解毕。

命题 14 (问题 2)

给定一个斜面和一条与其端点相交的竖直线，试求竖直线上部的
一段长度，使其满足：当物体从静止开始，先沿着所求距离下落，再继
续通过给定斜面时，二者所需的时间相等。

设 AC 是给定的斜面，DB 是
给定的垂面。问题是在竖直线 AD
上求出一段长度，使之满足：当
物体从静止开始沿该长度下落所
需的时间，等于物体继续沿 AC
下落所需的时间。作水平线 CB，
在直线 AC 上取长度 AE 使之满

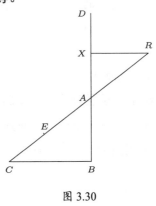

图 3.30

足 $\dfrac{AB+2AC}{AC} = \dfrac{AC}{AE}$，取 AR 使

$\dfrac{AB}{AC} = \dfrac{AE}{AR}$。作 $RX \perp DB$，那么我说，X 就是所要寻找的点。[①]

因 $\dfrac{AB+2AC}{AC} = \dfrac{AC}{AE}$，由分比性质有 $\dfrac{AB+AC}{AC} = \dfrac{CE}{AE}$。

又 $\dfrac{AB}{AC} = \dfrac{AE}{AR}$，由合比性质可得 $\dfrac{AB+AC}{AC} = \dfrac{ER}{RA}$。

于是，$\dfrac{CE}{AE} = \dfrac{ER}{AR} = \dfrac{\text{前项之和}}{\text{后项之和}} = \dfrac{CR}{ER}$。

因此，ER 是 CR 和 AR 的比例中项。

又，由于已经假定 $\dfrac{AB}{AC} = \dfrac{AE}{AR}$，且通过三角形相似可得

$\dfrac{AB}{AC} = \dfrac{AX}{AR}$，于是有 $\dfrac{AE}{AR} = \dfrac{AX}{AR}$，故 $AE = AX$。

[①] 读者不难看出本命题与上一命题的关系。由命题10反推，有：$\dfrac{AB}{AC} = \dfrac{t_{AB,X}}{t_{AC,X}} = \dfrac{t_{AB,X}}{t_{XA}} = \dfrac{t_{AC,R}}{t_{RA}} = \dfrac{t_{RC}-t_{RA}}{t_{RA}}$，根据合比性质需要有 $\dfrac{AB+AC}{AC} = \dfrac{t_{RC}}{t_{RA}}$。

如果我们约定用长度 RA 表示沿 RA 下落所需的时间，那么沿 RC 下落所需的时间可用 RA 与 RC 的比例中项 RE 表示。

类似地，AE 将表示物体在沿 RA 或 XA 下落之后，继续沿 AC 下落所需的时间。

另一方面，当用 RA 表示通过 RA 所需的时间时，沿 XA 下落所需的时间就可以用长度 XA 表示。然而，前面已经证明 $XA = AE$。   解毕。

命题 15 (问题 3)

给定一条竖直线和一个斜靠在其上的斜面，试在二者交点以下的竖直线上求得一段长度，使其满足：当物体先沿给定竖直线下落之后，分别继续通过所求长度和给定斜面时，二者所需的时间相等。

设 AB 表示给定竖直线，BC 表示给定斜面。问题是在二者交点以下的竖直线上求出一段长度，使之满足：当物体从 A 点静止出发通过 AB 之后，物体分别继续通过所求长度的竖直线和斜面 BC 时，所需的时间相等。

作水平线 AD，交 CB 的延长线于 D。令 DE 是 CD 和 DB 的比例中项。在竖直线上取 $BF = BE$，又令 AG 是 AB 和 AF 的第三比例项。那么我说，BG 就是所求的距离，在物体沿 AB 下落之后，物体分别继续通过平面 BC 和通过 BG 所需的时间相等。

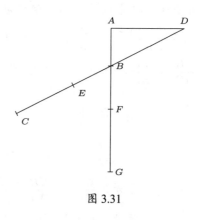

图 3.31

{233}

如果我们约定用 AB 表示物体沿 AB 下落所需的时间，那么物体沿距离 DB 下落所需的时间可用 DB 表示。

238

由于 DE 是 BD 和 DC 的比例中项，故 DE 可用于表示物体沿整段距离 DC 下落所需的时间，而 BE 将表示通过距离 DC 与 DB 之差即 BC 所需的时间。以上结论成立的前提是，物体的下落都从点 D 或点 A 由静止开始。

类似地，我们可以推断，在经历相同的初始下落之后，可用 BF 表示物体继续通过 BG 所需的时间。由于 $BF = BE$，所以问题已经得到解决。[①]

命题 16 (定理 13)

给定从同一点作出的一个有限斜面和一条有限竖直线，并假定物体从静止出发通过这二者所需的时间相等，那么，一个先从任意更高处下落的物体，继续通过斜面所需的时间要少于继续通过竖直线所需的时间。

设 EB 是给定竖直线，EC 是给定斜面，二者均始于公共点 E，且当物体从该点由静止出发时，通过二者所需的时间相等。

向上延长竖直线到任意一点 A，物体先从该点由静止开始运动。那么我说，在下落 AE 之后，物体继续通过 EC 所需的时间，要少于继续通过 EB 所需的时间。

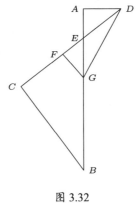

图 3.32

连接 CB，作水平线 AD，延长 CE 并与 AD 相交于 D。

令 DF 是 CD 和 DE 的比例中项，且 AG 是 AB 和 AE 的比例中项。连接 FG 和 DG。

{234}

[①]限于篇幅，请有兴趣的读者自行用现代物理语言求解命题15以及译者在后文中未加注释的命题，其中有若干命题的现代解法并不容易。

那么，由于从 E 静止出发时，通过 EC 和 EB 所需的时间是相等的，所以根据命题 6 推论 II 可知，$\angle C$ 是直角。

又由于 $\angle A$ 也是直角，且 E 处对顶角相等，所以 $\triangle AED$ 和 $\triangle CEB$ 对应角相等，所以相等角的两边对应成正比，即有 $\dfrac{EB}{EC} = \dfrac{ED}{EA}$，于是 $EB \cdot EA = EC \cdot ED$。

又由于 $CD \cdot ED = EC \cdot ED + ED^2$，且 $AB \cdot EA = BE \cdot EA + EA^2$，所以 $CD \cdot ED - AB \cdot AE = FD^2 - AG^2 = ED^2 - EA^2 = AD^2$。

从而有 $FD^2 = AG^2 + AD^2 = GD^2$，故 $DF = DG$，$\angle DGF = \angle DFG$，从而 $\angle EGF < \angle EFG$，于是二者所对的边满足 $EF < EG$。

如果我们约定用长度 AE 表示物体通过 AE 所需的时间，那么物体通过 DE 所需的时间可用 DE 表示。

又由于 AG 是 AB 和 AE 的比例中项，从而 AG 将表示物体下落整个距离 AB 所需的时间，于是 AG 与 AE 的差值将表示物体由 A 从静止开始运动时，通过 EB 所需的时间。

同理可得，EF 表示物体由 D 或 A 从静止开始运动时，通过 EC 所需的时间。前面已经证明 $EF < EG$，故待证定理成立。

推论　根据本定理和上一个命题，很显然，在预先下落一段距离时，物体在继续通过一个斜面所需的时间之内通过的竖直距离，要大于该斜面的长度；但是，该竖直距离要小于当没有预先下落时，物体在经过该斜面的相等时间内所通过的竖直距离。[①]

我们刚刚已经证明，[图3.32] 物体先从较高点 A 静止出发之后，继续通过斜面 EC 所需的时间，要少于继续通过竖

[①] 此推论后半部分的克鲁英译本有误，有兴趣的读者可以查找英文文献中关于这一推论的讨论。

直线 EB 所需的时间，所以，显然在物体继续通过斜面 EC 所需的时间之内，物体继续沿 EB 方向运动的距离要小于 EB 自身的长度。[①]

现在，为了证明这个竖直距离要大于斜面 EC 的长度，我们复制了上一个命题中的图 [见图3.31和图3.33]。在其中，物体预先从 AB 下落之后，分别继续通过竖直距离 BG 和斜面 BC 所需的时间相等。

关于 $BG > BC$ 可以证明如下：

由于 $BE = BF$，而 $AB < BD$，因此 $\dfrac{BF}{AB} > \dfrac{BE}{BD}$，于是取合比，有：$\dfrac{AF}{AB} > \dfrac{DE}{BD}$。 {235}

又因为 AF 是 BA 和 AG 的比例中项，故 $\dfrac{AF}{AB} = \dfrac{GF}{BF}$，同理有 $\dfrac{DE}{BD} = \dfrac{CE}{BE}$，因此有 $\dfrac{BG}{BF} > \dfrac{BC}{BE}$，于是 $BG > BC$。

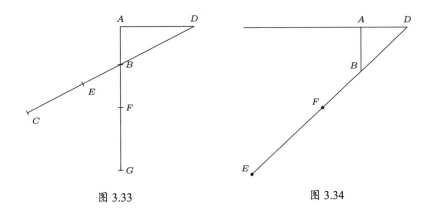

图 3.33   图 3.34

[①]此处先证明推论的后半部分。根据命题 16 的假设，当从 E 点静止出发时，物体在 $t_{EC} = t_{EB}$ 时间内运动的距离是 EB；根据命题 16 的结论，当从 A 点静止出发时，$t_{EC,A} < t_{EB,A}$，故在时段 $t_{EC,A}$ 内，物体沿 EB 方向运动的距离 $s < EB$。

命题 17 (问题 4)

给定一条竖直线和一个斜面，试在斜面上求一段长度，使其满足：在沿给定竖直线降落之后，物体继续通过斜面上的所求长度所需的时间，等于物体从静止开始下落通过竖直线所需的时间。

[图3.34] 设 AB 是给定竖直线，BE 是给定斜面。问题是在 BE 上求一段距离，使之满足：物体先从 AB 下落，继续通过该距离所需的时间，等于物体从静止开始通过竖直线 AB 所需的时间。

作水平线 AD，并延长斜面 EB 使之与 AD 相交于 D。取 $FB = AB$，并取点 E 使 $\dfrac{DB}{DF} = \dfrac{DF}{DE}$。

那么我说，物体在沿 AB 自由下落之后，继续通过 BE 下降所需的时间，将等于物体从 A 点静止出发开始下落时，通过 AB 所需的时间。

如果我们约定用 AB 表示物体沿 AB 下落所需的时间，那么物体沿 DB 下降所需时间可用 DB 表示。

又由于 $\dfrac{DB}{DF} = \dfrac{DF}{DE}$，因此 DF 将表示物体从静止开始由 D 点出发沿整个平面 DE 下降所需的时间，而 BF 表示此时通过 BE 所需的时间。

然而，物体在先沿 DB 下降和先沿 AB 下落两种情形下，继续通过 BE 所需的时间相同。

因此物体在先沿 AB 下落之后通过 BE 的时间也是 BF，它当然等于物体从 A 开始静止下落通过 AB 所需的时间。

{236}

解毕。

命题 18 (问题 5)

在一段给定的时间内，物体从静止出发，竖直地通过一段给定的距离。再给定另一段较短的时间，试确定一段相等的竖直距离，使物体将在给定的较短时间内通过它。

242

过 A 作出给定竖直线，在其上取距离 AB，物体从静止开始由 A 点通过 AB 所需的时间也可以用 AB 表示。作水平线 CBE，在其上截取 BC，用于表示比 AB 更短的时间。

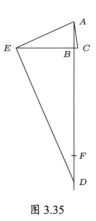

图 3.35

问题是在给定垂线上确定一段距离，使其长度等于 AB，并且物体从 A 点开始运动时，通过该距离所需的时间等于时间 BC。

连接 AC。由于 $BC < BA$，于是 $\angle BAC < \angle BCA$，作 $\angle CAE = \angle BCA$，并设 E 是 AE 与水平线的交点，作 $ED \perp AE$，且 ED 交竖直线于 D。在竖直线上截取 $DF = AB$。那么我说，DF 就是物体从 A 静止出发沿竖直线运动时，在给定的 BC 时间之内通过的 [长度等于 AB 的] 那一部分。

在直角 $\triangle AED$ 中，从直角顶点 E 作垂线至其对边 AD，那么 AE 将是 AD 和 AB 的比例中项，而 BE 将是 BD 和 AB 的比例中项，也是 AF 与 AB 的比例中项 (因为 $AF = BD$)。

又由于已经约定用 AB 表示物体通过 AB 所需的时间，因此 AE 或者说 CE 将表示物体通过整个距离 AD 所需的时间[①]，而 BE 将表示物体通过 AF 所需的时间。

于是 $BC(= CE - BE)$ 将表示物体通过 $DF(= AD - AF)$ 所需的时间。　　　　　　　　　　　　　解毕。　　{237}

[①]这一结论也可由匀加速运动命题 3 和命题 6 得到：$t_{AB} : t_{AE} = AB : AE$，$t_{AE} = t_{AD}$。再次请读者留意，根据命题 6 及其推论，对于斜边位于竖直方向的直角 $\triangle AED$，有 $t_{AE} = t_{AD} = t_{ED}$。

命题 19 (问题 6)

物体沿一条竖直线由静止开始下落, 给定它通过的一段距离和对应的运动时间, 试求出同一物体通过在同一竖直线上任意选取的一段相等距离所需的时间。

在竖直线 AB 上, 取 AC 等于给定的从 A 由静止开始下落时通过的距离, 同时任意选取 $DB = AC$。用 AC 表示物体沿 AC 下落所需的时间。

问题是需要求得物体从 A 由静止开始下落时, 通过 DB 所需的时间。以整段长度

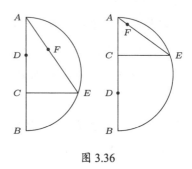

图 3.36

AB 为直径作半圆 AEB, 从 C 开始作 $CE \perp AB$, 连接点 A 和 E。那么 $AE > EC$, 在 AE 上截取 $EF = EC$。那么, 我说, $AF(= AE - EF)$ 将可以表示通过 DB 所需的时间。

由于 AE 是 AB 和 AC 的比例中项[1], 又由于 AC 可代表物体沿 AC 下落所需的时间, 因此 AE 可以表示物体沿整个 AB 下落所需的时间。[2]

又由于 CE 是 DA 和 AC 的比例中项 (因为 $DA = BC$), 因此 CE 也就是 EF, 可以表示物体沿 AD 下落所需的时间。

于是, AF 将表示物体通过 DB 所需的时间。   解毕。

推论 由此可以得到: 对于任意给定的距离, 约定用它本身表示物体由静止开始下落并通过该距离所需的时间, 那么, 在 [由静止开始] 通过 [上方的] 一个新增距离之后, 物体继续通过上述给定距离所

---

[1] 由 $\triangle AEB \sim \triangle ACE \implies AC : AE = AE : AB$。

[2] 这一结论也可以直接由匀加速运动命题 6 直接得到。

需的时间，将可以用"总距离与给定距离的比例中项"减去"新增距离与给定距离的比例中项"之差表示。

举例来说，如果我们用 AB 表示物体从 A 点由静止开始下落并通过距离 AB 所需的时间，用 AS 表示距离增量，那么物体在先运动 SA 之后，继续运动 AB 所需的时间，将等于 SB 和 AB 的比例中项与 AB 和 AS 的比例中项之差。

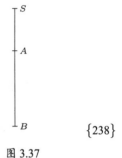

图 3.37

{238}

命题 20 (问题 7)

给定任意一段距离，在其上从运动起点开始截取一定长度，试从给定距离的下端开始，确定另一段长度，使物体通过它所需的时间等于通过上述截取长度所需的时间。

设给定的距离是 CB，并设 CD 是从物体运动起点出发截取的一部分长度。

问题是需要从另一端 B 开始确定一段长度，使物体通过它所需的时间等于通过 CD 所需的时间。设 BA 是 BC 和 CD 的比例中项，并令 CE 是 BC 和 CA 的第三比例项 $[BC : CA = CA : CE]$。

那么我说，EB 就是所求的距离，当物体从 C 处开始运动时，物体通过该距离所需的时间等于它通过 CD 自身所需的时间。

图 3.38

如果我们约定用 CB 表示物体通过整段 CB 所需的时间，那么 BA(它是 BC 和 CD 的比例中项) 就可用来表示物体通过 CD 所需的时间。

又由于 CA 是 BC 和 CE 的比例中项，因此 CA 可以表示物体通过 CE 所需的时间。

由于总长度 CB 表示通过总距离 CB 所需的时间，因此 BA(等于 $CB - CA$) 是物体从 C 静止出发时通过 EB(等于 $CB - CE$) 所需的时间。

然而，BA 又是物体通过 CD 所需的时间，因此当物体从 C 处由静止开始运动时，通过距离 CD 和 EB 所需的时间相等。　　　　　　　　　　　　　　　　　　解毕。

命题 21 (定理 14)

如果在物体由静止开始竖直下落的路径上，从运动起点开始截取在任意时间内通过的一段距离，又假设物体在下落该段距离之后，其运动转向任意倾角的一个斜面，那么在前述相同时间内，物体沿着该斜面运动的距离将大于上述距离的 2 倍，但小于它的 3 倍。[①]

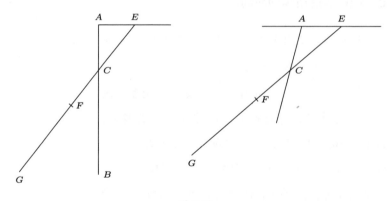

图 3.39

设 AB 是从水平线 AE 引出的一条竖直线，物体从 A 点静止开始沿着它运动。在 AB 上任意截取一段 AC，过 C 任意作一个斜面 CG，物体在沿 AC 下落之后继续沿 CG 下落。

{239}　　那么我说，在与它通过 AC 相等的时间内，物体沿 CG 下降的距离将大于 2 倍 AC，但小于 3 倍 AC。

[①]易知：如果物体是继续自由下落，它在相等时间内通过的距离是截取距离的 3 倍；如果是转向水平面运动，它在相等时间内通过的距离是截取距离的 2 倍。

在 CG 上截取 $CF = AC$，并延长 GC 至与水平线 AE 相交于 E，且选择 G 点使 $\dfrac{CE}{EF} = \dfrac{EF}{EG}$。

如果我们约定物体沿 AC 下落所需的时间就用长度 AC 表示，那么 CE 将表示它沿 EC 下降所需的时间，而 CF 或 AC 将表示物体沿 CG 下降所需的时间。

现在还要证明的是，$CG > 2AC$ 且 $CG < 3AC$。

由于 $\dfrac{CE}{EF} = \dfrac{EF}{EG}$，所以 $\dfrac{CE}{EF} = \dfrac{CF}{FG}$。因为 $CE < EF$，所以 $CF < FG$，且 $GC > 2FC$，即 $GC > 2AC$。

又由于 $EF < 2CE$（因为 $CE > AC = CF$），我们有 $FG < 2CF$，且 $GC < 3CF$，即 $GC < 3AC$。   证毕。

上述命题可以表述为更一般的形式。因为已经证明的、先后在竖直方向和斜面上运动的情况，也同样适用于如下情况：物体先在一个任意倾角的斜面上运动，之后继续在另一个任意倾角更小的斜面上运动，如上图 [图3.39] 的右侧图形所示。其证明方法完全相同。   {240}

命题 22 (问题 8)

给定两段不相等的时间，并给定物体在较短的给定时间内从静止开始竖直下落通过的距离。试求一个从该竖直距离最高点出发的斜面，使物体从静止开始沿着该斜面下降所需的时间等于给定的较长时间。[①]

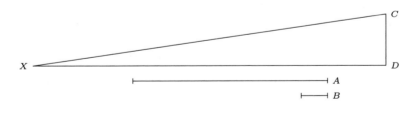

图 3.40

[①]本命题放在此处显得有点突兀，这个简单的结果可直接由命题 3 得到。它可以说是伽利略设计"斜面"实验的直接依据，越是平缓的"斜面"，相对地就越容易对物体的下降时间进行测量。

令 A 和 B 分别表示给定的较长和较短时间，同时令 CD 表示在较短时间 B 内物体由静止开始下落的竖直距离。

问题是求从 C 出发的一个斜面，它具有这样的坡度，使它将在时间 A 内被物体通过。

从 C 点开始向水平线作出 CX，使 $\frac{B}{A} = \frac{CD}{CX}$。显然 CX 就是物体将在时间 A 内沿着它下降的斜面。

前面已证 [命题 3]，物体沿着斜面下降的时间与沿着斜面的竖直高度下落的时间之比，等于斜面长度与高度之比。

因此，物体通过 CX 所需的时间与通过 CD 所需的时间之比，等于 $\frac{\text{长度}CX}{\text{长度}CD}$，即等于 $\frac{\text{时间}A}{\text{时间}B}$。

由于 B 是物体由静止开始通过竖直距离 CD 所需的时间，因此 A 是对应的沿着平面 CX 下降所需的时间。

命题 23 (问题 9)

给定物体沿一竖直线下落一定距离所需的时间，试求一个起始于上述竖直下落最低点的斜面，使其坡度满足：**物体在上述竖直下落之后，在与之相等的时间之内，继续沿该斜面下降的距离等于某个指定的距离**（已知该距离比上述竖直下落距离的 2 倍要大，但比它的 3 倍要小）。[①]

{241}

设 AS 是任意一条竖直线，令 AC 同时表示从 A 点静止开始竖直运动的距离和时间。令 IR 是一段大于 $2AC$ 且小于 $3AC$ 的距离。

问题是求从 C 点出发的一个斜面，其倾角满足如下条件：当物体沿 AC 下降之后，将在 AC 所表示的时间之内，继续在所求斜面上通过等于 IR 的一段距离。

在 IR 上截取 $RN = NM = AC$，过点 C 作斜面 CE 直至与水平面 AE 相交于 E，且满足 $\frac{IM}{MN} = \frac{AC}{CE}$。将斜面 EC 延长至 O，分别截

[①]本命题显然是命题21的反问题，因此其更合适的位置应该是紧跟命题21。

取 $CF = RN$、$FG = NM$ 和 $GO = MI$。那么我说，物体从 A 点由静止开始运动，在沿 AC 下落之后，它沿斜面 CO 下降的时间等于它沿 AC 下落的时间。

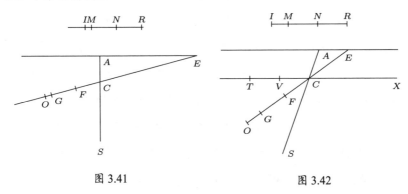

图 3.41　　　　　　　　　　图 3.42

由于 $\dfrac{OG}{FG} = \dfrac{FC}{CE}$，由合比性质得 $\dfrac{OF}{FG} = \dfrac{OF}{FC} = \dfrac{EF}{CE}$。

又，前项比后项等于前项之和比后项之和，故有 $\dfrac{OE}{EF} = \dfrac{EF}{CE}$，从而 EF 是 OE 和 CE 的比例中项。

由于已经约定用 AC 表示物体通过 AC 所需的时间，所以 CE 将表示物体通过 EC 所需的时间，EF 将表示通过整段 EO 所需的时间，二者的差值 CF 将表示通过距离的差值 CO 所需的时间。

然而 $CF = AC$，故问题得到了解决。这是因为 AC 是从 A 点由静止开始通过 AC 所需的时间，而 CF(等于 AC) 是物体在从 EC 或 AC 下落之后，继续通过 CO 所需的时间。

解毕。

同样地应当指出，如果第一部分运动不是沿竖直方向而是沿一个斜面，对问题的解答是一样的。[见图3.42] 其第一部分运动是沿着斜面 AS，它位于水平面 AE 之下。整个证明与上述过程完全相同。 {242}

249

注释[①]

仔细考察 [图3.41] 可以清楚地知道：给定线段 IR 的长度越接近 $3AC$，第二部分运动所在的斜面 CO 就越靠近竖直线；当第二部分运动在竖直线上时，物体在 AC 时间内通过的距离等于 $3AC$。这是因为：如果 IR 长度接近 $3AC$，那么 IM 将几乎等于 MN；又，由作图过程可知 $\dfrac{IM}{MN} = \dfrac{AC}{CE}$，因此 CE 只是略大于 AC；于是，点 E 将接近点 A，线段 CO 与线段 CS 几乎重合，二者形成一个极其尖锐的角。

另一方面，如果给定线段 IR 的长度只是略大于 $2AC$，IM 将非常地短，从而 AC 相比 CE 要短得多，此时 CE 几乎与水平线重合。于是可以推断，在沿 [图3.42] 斜面 AC 运动之后，物体将继续沿水平线 CT 运动，在与通过 AC 的相等时间内，运动距离正好等于 $2AC$[②]。其证明过程同上：显然，由于 $\dfrac{OE}{EF} = \dfrac{EF}{CE}$，$CF$ 可表示物体沿 CO 运动的时间；但，当水平线 $TC = 2AC$ 时，若将它在 V 处分为相等的两部分，那么，只有向 X 方向无限延长才能与直线 AE 相交，相应地有 $\dfrac{无限长 TX}{无限长 VX} = \dfrac{无限长 VX}{无限长 CX}$。

{243} 相同的结果可由另一种方法得到，即回到我们证明命题 1 的思路。让我们考虑 $\triangle ABC$，作平行于其底边的平行线，用以表示随时间成正比增加的速度。如果这些线的数目是无穷的，犹如线段 AC 上的点是无穷多个，或者任意时间段中时刻的数目是无穷多，它们将构成 $\triangle ABC$ 自身。

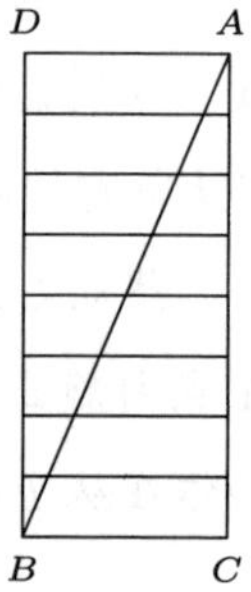

让我们假定物体在达到最大速度 (用线段 BC 表示) 之后保持不变，并且在没有加速的情况下，匀速地运动与

图 3.43

[①] 伽利略这一长长的"注释"非常重要，它涉及多个重要结论和原则。

[②] 这是一个重要的结论，英语文献中把它称为"double-distance rule(二倍距离规则)"。本书从命题21开始的多个命题都与它有关。

第一段运动相同的时间，这些速度将类似地构成平行四边形 $ADBC$，它是 $\triangle ABC$ 的 2 倍。相应地，由这些相等速度在给定时间内通过的距离，将等于那些由 $\triangle ABC$ [中的平行线段] 代表的速度在相等时间内通过的距离之 2 倍。

然而，沿着平面的运动就是均匀的，它既不加速也不减速，所以我们断定它在时间 AC 内运动的距离 CT①就是 $2AC$：这是因为，前一个 [沿斜面 AC 的] 运动是由一个从静止开始的、对应于三角形中平行线段的运动所构成的，而后一个运动是由对应于平行四边形中平行线的运动所构成的，且平行四边形中的无穷多条平行线是三角形中的无穷多条平行线的 2 倍。

进一步地，我们可以指出，给予一个运动物体的任意速度，只要移除加速或减速的外部原因，将严格地被保持不变。这种情形只能在水平面上出现，因为向下的斜面存在一个加速的原因，而向上的斜面则存在一个减速的原因。由此可知，在水平面上的运动是永恒的。因为如果速度是均匀的，它就不能被减缓或减弱，更不用说完全消失了。②

再进一步地，虽然就物体的本性来说，一个物体从自然降落中获得的任意速度将 [在水平运动中] 被永久地保持；但必须知道，如果在沿一个斜面下降之后，物体又转到向上的一个斜面上运动，后一斜面就存在一个减速原因；因为在任意此类平面上，物体都将有一个自然的向下加速度。于是，我们此处有两个相反作用的混合，一个是此前下降过程中

---

①此处 CT 在克鲁英译本中作 CD，这里据德雷克英译本修改，其译注说 1638 年原版是 CT。如果是 CD (用以指代矩形 $ACBD$)，将意味着伽利略把图3.43矩形 $ACBD$ 的面积理解为"距离"(这是我们现在的理解)，但他并不是这样看待矩形 $ACBD$ 的，而是接下来他本人阐明的含义：由无穷多个运动 [速度] 构成三角形或平行四边形。见第200页命题1。

②这里阐述了伽利略的"惯性定律"(牛顿第一定律)。按照这种理解，地表重物的永恒水平匀速运动应当是沿地球表面的圆周运动。因为相对于地心，只有在球面上才是既不向上也不向下。事实上，伽利略认为"唯一能够保持均匀性的运动"正是圆周运动，见第300页。因此，后世研究者们对他的"惯性定律"有所争议。

获得的速度，物体若只有该速度，它将以恒定速度直到无穷远，另一个是所有物体都具有的、由自然的向下加速趋势产生的速度。因此，当物体沿一个斜面下降之后又转向另一个斜面朝上时，如果我们想要追踪物体接下来的运动，可以假设物体在上升过程中一直保持其在下降过程中获得的最大速度，这看上去是完全合理的；然而，在它向上的运动过程中，又叠加了一个自然的向下运动，这个运动从静止开始，具有通常情况下的加速度。

{244}

如果上述讨论不够清楚，接下来的图形将有助于使它更加清晰。

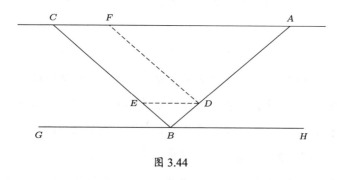

图 3.44

假设下降的运动是沿着向下的斜面 AB，之后物体发生转向，继续沿着向上的斜面 BC 运动。首先，假设这两个斜面的长度相同，其摆放位置与水平线 GH 也成相同的角度。我们已经非常清楚，当物体从 A 点由静止开始沿 AB 下降时，获得的速度与时间成正比。该速度在 B 点达到最大值，并且只要移除了所有加速或减速的原因，就会被一直保持。我所说的加速是指如果沿着延长的 AB 斜面继续运动时所具有的，而所说的减速是指物体在转而沿向上的斜面 BC 运动时所遭遇的。但是，在平面 GH 上，物体将维持一个等于从 A 下降到 B 所得到的均匀速度。而且，在该速度之下，物体在等于它沿 AB 下降的时间之内，通过的水平距离等于 2AB。

现在，让我们设想同一个物体以同样的均匀速度沿 BC 运动，它在与沿 AB 下降的相同时间之内，通过延长的 BC 的距离将等于 2AB。但是，让我们设想，由于它的本性，从物体开始上升的那一刻起，它将受到相同于从 A 开始沿 AB 下降时的影响。也就是说，它从静止开始以与 AB 上相同的加速度下降，且在相同的时间之内，它在第二个斜面上通过的距离等于沿 AB 的距离[①]。显然，通过如此将一个匀速上升运动和加速下降运动叠加于该物体，它最终被带到斜面 BC 上的 C 点，此时以上两个运动的速度相等。

[图3.44] 现在，如果我们指定与顶点 B 等距的任意两点 D 和 E，我们可以推断物体沿 BD 下降的时间等于它沿 BE 上升的时间。作 $DF \parallel BC$。我们知道，在沿 AD 下降之后，物体可以沿着 DF 上升。或者说，在物体到达 D 后，如果它先沿着 DE 运动，它到达 E 处时的动量 [impetus] 将与 D 处相同，因此该物体将从 E 处上升直到 C 点。由此也表明，E 处的速度与 D 处相等。

由此我们可以合乎逻辑地推断，一个沿任意斜面下降的物体，由于其获得的动量，在继续沿另一个斜面向上运动时，将到达同一水平面之上的相等高度。因此，[图3.45] 如果物体是沿 AB 下降的，它将沿 BC 平面运动直到水平线 ACD。这一结论在两个斜面的倾角相同或不同 (如平面 AB 和 BD) 时都成立。然而，根据前面的公设，物体沿具有相同竖直高度的不同斜面下降后得到的速度相等；因此，假设斜面 EB 和 BD 具有相同的坡度，沿 EB 的下降将推动物体沿 BD 运动直到点 D。又由于这一推动来自物体到达 B 点时的速度，而无论是沿 AB 还是 EB 下降，物体到达 B 处时的速度都是相等的，于是显然地，物体无论是沿 AB 还是 EB 下降，都将被带上 BD。但是，物体沿 BD 上升的时间将大于沿 BC 上升的时间，正如沿 EB 下降的时间要大于沿 AB 下降的时间[②]。而且，前面已经证明 [命题 3 及其推论]，这些时间的长

{245}

[①]用现代语言来说，就是 $AB = s = v_0 t - \frac{1}{2}at^2$，其中 v_0 是 B 处的上升初速度，且 $v_0 = at$。从而有 $v_0 t = 2AB$，$\frac{1}{2}at^2 = \frac{1}{2}v_0 t = AB$。伽利略在这里进行了同一直线上两个运动的叠加。另，伽利略在这里的相关"注释"是纯理论的，即默认图中转角处不会有速度的损失，请参考图3.7的相关讨论。

[②]这两个定性的大小关系依靠"直觉"就可以得到：对于等高的斜面来说，坡度

度之比等于这些斜面的长度之比。

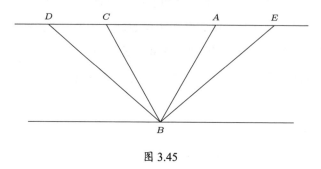

图 3.45

接下来，我们需要确定，在相同时间内，物体沿坡度不同但高度相同的斜面 (即，沿着相夹于同一组平行水平线的斜面) 的运动距离之比。其做法如下：

命题 24 (命题 15)

给定两个平行水平面和一条连接它们的竖直线段，同时给定一个一端位于上述竖直线段最低点的斜面，那么，如果一个物体先沿竖直线自由下落，之后该运动转向沿着给定斜面，那么在与竖直下落相等的时间内，物体通过该斜面的距离大于竖直线段距离的 1 倍，但小于其 2 倍。

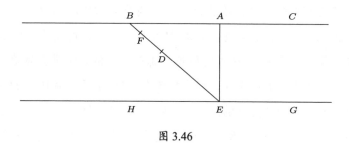

图 3.46

设 BC 和 HG 是两个给定的水平面，它们由给定的竖直线段 AE 相连，又设 EB 表示给定的斜面，物体在沿 AE 下落之后，又从 E 点

越斜就越长，物体运动 (加速) 也越慢，因此耗时越长。参见命题8的证明过程。

折向 B 点。那么我说，在与沿 AE 下落经历的相等时间内，物体沿斜面上升的距离大于 AE 但小于 $2AE$。[①]

在 EB 上截取 $DE = AE$，并选择 F 点使 $\dfrac{EB}{BD} = \dfrac{BD}{BF}$。

我们首先将证明在与沿 AE 下落经历的相等时间内，物 {246}
体从 E 点折向 B 点的运动将到达 F 点，之后再证明距离
$EF > EA$ 且 $EF < 2EA$。

如果我们约定用长度 AE 表示物体沿 AE 下落的时间，
那么沿 BE 下降的时间，或者等价地说，沿 EB 上升的时间
可用长度 EB 表示。

由于 BD 是 EB 和 BF 的比例中项，且 BE 可表示沿整
个 BE 下降的时间，所以 BD 可表示沿 BF 下降的时间，而
相应的余量 DE 将是继续沿余量 FE 下降所需的时间。

但是，从 B 点由静止开始下降时通过 EF 所需的时间，
等于物体以沿 AE 或 BE 下落获得的速度转向由 E 点上升
至 F 点所需的时间。

于是，DE 表示物体在从 A 点下落至 E 点再转向沿 EB
运动并通过 EF 所需的时间。根据作图有 $DE = AE$。这就
完成了证明的第一部分。

现在由于 $\dfrac{EB\,整体}{BD\,整体} = \dfrac{BD\,部分}{BF\,部分}$，故 $\dfrac{EB\,整体}{BD\,整体} = \dfrac{余量\,DE}{余量\,DF}$。
因为 $EB > BD$，所以 $DE > DF$，且 $EF < 2DE$ 或者
说 $EF < 2AE$。   证毕。

当前一部分运动不是沿着竖直线段，而是沿着斜面时，只要向上的
斜面相比向下的斜面坡度更小 (也就是更长)，上述结论也是成立的，其
证明也相同。

[①]如果物体在 E 处竖直反弹，理想情况下将在相等时间内返回 AE；如果它在 E
处转向水平面运动，理想情况下将在相等时间内运动 $2AE$。

命题 25 (定理 16)

如果物体在沿斜面运动之后继续沿一个水平面运动，那么物体沿斜面下降所需的时间与通过水平面上任意给定距离所需的时间之比，将两倍于斜面长度与给定的水平面长度之比。

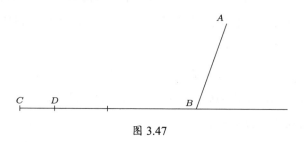

图 3.47

设 BC 和 AB 分别为任意的水平面和斜面，物体在沿 AB 下降之后，继续通过指定的水平面长度 BD。那么我说，物体沿 AB 下降所需的时间与通过 BD 所需的时间之比，将两倍于 AB 与 BD 之比。

选取 $BC = 2AB$，根据上一命题可知，物体沿 AB 下降所需的时间等于通过 BC 所需的时间。

但是，$\dfrac{\text{沿}BC\text{运动所需时间}}{\text{沿}BD\text{运动所需时间}} = \dfrac{\text{长度}BC}{\text{长度}BD}$。

{247}　　　　于是，$\dfrac{\text{沿}AB\text{运动所需时间}}{\text{沿}BD\text{运动所需时间}} = 2 \cdot \dfrac{\text{长度}AB}{\text{长度}BD}$。　　　证毕。

命题 26 (问题 10)

给定连接两条平行水平线的竖直高度，同时给定大于该高度 1 倍但小于其 2 倍的一段距离。试求一个斜面，它通过给定竖直线段的下端，且当物体在沿给定竖直高度下落之后，继续转向该斜面运动时，通过上述给定距离所需的时间等于竖直下落所需的时间。

设 AB 是给定的竖直距离，位于两条平行线 AO 和 BC 之间，又设 $EF > AB$ 且 $EF < 2AB$。

256

问题是求过 B 并延伸到上水平线的一个斜面,使之满足:一个物体在从 A 下落到 B 之后,如果它的运动转向该斜面,将在与沿 AB 下落相等的时间内通过一段等于 EF 的距离。

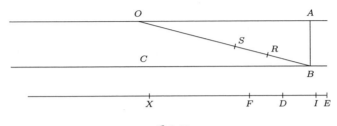

图 3.48

在 EF 上截取 $ED = AB$,由于 $EF < 2AB$,因此其余量 $DF < AB$。在 ED 上截取 $DI = DF$,并在 EF 延长线上选取一点 X 使 $\dfrac{EI}{ID} = \dfrac{DF}{FX}$。从 B 点作斜面 BO,其长度 $BO = EX$。

那么我说,BO 就所求的斜面,物体在沿 AB 下落之后,在该斜面上继续通过给定距离 EF 所需的时间等于它沿 AB 下落所需的时间。

在 BO 上截取 $BR = ED$ 和 $RS = DF$。由于 $\dfrac{EI}{ID} = \dfrac{DF}{FX}$,由合比性质,有 $\dfrac{ED}{ID} = \dfrac{DX}{FX} = \dfrac{EX}{XD} = \dfrac{BO}{RO} = \dfrac{RO}{OS}$。

如果我们约定用长度 AB 表示物体沿 AB 下落所需的时间,那么 OB 将表示物体沿 OB 下落所需的时间,RO 将表示通过 OS 所需的时间,而相应的余量 BR 将表示从 O 静止开始的运动通过距离 SB 所需的时间。但是,该时间又等于物体在沿 AB 下落之后,从 B 上升到 S 所需的时间。 {248}

因此,BO 就是所求的过点 B 的斜面,物体在沿 AB 竖直下降之后,在等于以 BR 或 AB 的时间之内,通过斜面上等于给定距离 EF 的距离 BS。 解毕。

命题 27 (定理 17)

如果物体分别沿长度不同而竖直高度相同的两个斜面下降,那么,

在与沿较短斜面下降所需的相等时间内，物体在较长斜面的下部所通过的距离将等于较短斜面的长度加上其长度的一部分，且此二者之比等于较长斜面的长度与两个斜面长度的差值之比。

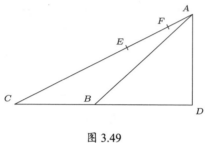

图 3.49

设 AC 和 AB 分别是较长和较短的斜面，AD 是它们的共同高度。在 AC 上取 $CE = AB$，取点 F 使 $\dfrac{AC}{AE} = \dfrac{AC}{AC - AB} = \dfrac{CE}{EF}$。

那么我说，FC 就是当物体从 A 静止下落时，在与沿 AB 下降所需的相等时间内通过的距离。

由于 $\dfrac{AC}{AE} = \dfrac{CE}{EF}$，所以 $\dfrac{余量AE}{余量AF} = \dfrac{AC}{AE}$，于是 AE 是 AC 和 AF 的比例中项。

相应地，如果约定使用长度 AB 衡量物体沿 AB 下降所需的时间，那么 AC 将可以衡量物体沿 AC 下降所需的时间。

因此沿 AF 下降所需的时间可用长度 AE 表示，故 [由 A 出发] 沿 FC 下降所需的时间可用长度 CE 表示。而 $CE = AB$，于是命题得证。

{249}

命题 28 (问题 11[①])

设 AG 是相切于圆上点 A 的任意水平线，AB 是过切点 A 的直径，又令 AE 和 BE 表示圆的任意两条弦。问题是确定物体沿 AB 下落所需的时间与物体连续沿 AE 和 EB 下落所需时间的总和之比。

①原文对此命题没有描述，这意味着它可能是伽利略匆忙加入的命题。

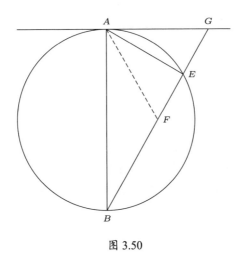

图 3.50

延长 BE 使其交切线 AG 于 G，作 $\angle BAE$ 的角平分线 AF。那么我说，物体通过 AB 所需的时间与连续通过 AE 与 EB 所需时间的总和之比，等于长度 AE 与长度 AE 和 EF 的总和之比。

$\angle FAB = \angle FAE$，而 $\angle EAG = \angle ABF$，因此 $\angle GAF = \angle FAB + \angle ABF$，但同时也有 $\angle GFA = \angle FAB + \angle ABF$，所以 $GF = GA$。

又由于 $BG \cdot GE = GA^2$，故 $BG \cdot GE = GF^2$，或者说 $\dfrac{BG}{GF} = \dfrac{GF}{GE}$。

现在，如果我们约定用长度 AE 表示沿 AE 下降所需的时间，那么沿 GE 下降所需的时间可以用长度 GE 表示，而沿整个 GB 下降所需的时间可用长度 GF 表示，而且 EF 也可用于表示物体在由 GE 或 AE 下降后继续通过 EB 所需的时间。

于是，物体沿 AE 或 AB 下落所需的时间与相继沿着 AE 和 EB 下落所需的时间总和之比，等于 $\dfrac{AE}{AE+EF}$。

解毕。

259

一个更短的证明是在 GB 上截取 $GF = GA$，从而使 GF 是 BG 和 GE 的比例中项。其余证明过程同上。

命题 29 (定理 18)

给定一条有限的水平线，其一端立有一条有限的竖直线，后者的长度等于给定水平线长度的一半，那么，当一个物体先沿竖直线运动再转向沿水平线运动时，它连续通过给定的竖直线和水平距离所需的时间，{250} 相比连续通过任何其他竖直距离和给定水平距离都要短。[①]

设 BC 是给定的水平距离，其端点 B 处立有一竖直线段，在该线段上截取 $BA = \frac{1}{2}BC$。

那么我说，物体从 A 处由静止出发并连续通过 AB 和 BC 两段距离所需的时间，是它连续通过任意一段高度 (无论大于或小于 AB) 和同一段 BC 所需的所有可能时间之最小者。

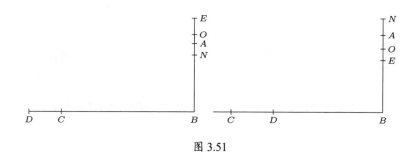

图 3.51

在竖直线段上截取 $EB > AB$ [图3.51左]；在竖直线段上截取 $EB < AB$ [图3.51右]。

[①]设竖直距离为变量 X，那么物体沿它自由下落所需的时间为 $t_1 = \sqrt{\dfrac{2X}{g}}$，其末速度为 $v_1 = \sqrt{2gX}$，其中 g 为重力加速度。

再设水平方向的距离为固定值 $2s$，则物体经过它所需的时间 $t_2 = \dfrac{2s}{\sqrt{2gX}}$。

于是，总时间 $t = t_1 + t_2 = \sqrt{\dfrac{2}{g}} \cdot \left(\sqrt{X} + \dfrac{s}{\sqrt{X}} \right)$。

由均值不等式 $a + b \geq 2\sqrt{ab}$ 易知，当且仅当 $X = s$ 时，t 有最小值 $\sqrt{\dfrac{8s}{g}}$。

我们必须证明，物体连续通过 EB 和 BC 所需的时间，大于它连续通过 AB 和 BC 所需的时间。

我们约定用长度 AB 表示物体沿 AB 下落所需的时间，那么此时通过水平线段 BC 所需的时间也可用 AB 表示，这是因为 $BC = 2AB$。

于是，物体连续通过 AB 和 BC 所需的总时间可用 $2AB$ 表示。在竖直线段上选取点 O 使 $\dfrac{EB}{OB} = \dfrac{OB}{AB}$，于是可用 OB 表示物体沿 EB 下落所需的时间。

接着在水平线上截取 $BD = 2BE$，由此显然 OB 可用于表示物体在从 EB 下落之后，继续沿 BD 运动所需的时间。在竖直线段上选取一点 N，使 $\dfrac{DB}{BC} = \dfrac{EB}{AB} = \dfrac{OB}{BN}$。

由于水平运动是匀速的，且 OB 可表示从 E 点下落后继续通过 BD 所需的时间，所以 NB 可用于表示在同样的下落之后继续通过 BC 所需的时间。

又由于 $2AB$ 可表示物体连续通过 AB 和 BC 所需的时间，故只需再证明 $OB + BN > 2AB$。

由于 $\dfrac{EB}{OB} = \dfrac{OB}{AB}$，故 $\dfrac{EB}{AB} = \dfrac{OB^2}{AB^2}$。

又，由于 $\dfrac{EB}{AB} = \dfrac{OB}{BN}$，所以有 $\dfrac{OB}{BN} = \dfrac{OB^2}{AB^2}$。

而 $\dfrac{OB}{BN} = \dfrac{OB}{AB} \cdot \dfrac{AB}{BN}$，于是有 $\dfrac{AB}{BN} = \dfrac{OB}{AB}$。

也就是说，AB 是 OB 和 BN 的比例中项，从而有 $OB + BN > 2AB$。[①]   证毕。   {251}

命题 30 (定理 19)

从一条水平线上的任意点向下引一条竖直线，试从上述水平线上任一 [固定] 点开始，作一个与竖直线相交的斜面，使物体沿该斜面下降

[①] 因为 a 和 b 的比例中项是 $\sqrt{ab}$，故当 $a \ne b$ 时，有 $a + b > 2\sqrt{ab}$。

到上述竖直线所需的时间最短。

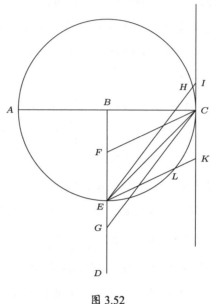

图 3.52

设 AC 是任意水平线，B 是其上任意一点，由 B 向下作一竖直线段 BD。在水平线上任取一点 C，并在竖直线上截取 $BE = BC$，连接点 E 和点 C。那么我说，对于所有从 C 点出发且与竖直线相交的斜面，当物体沿它们运动至竖直线时，CE 斜面是所需时间最短的那一个。[①]

分别作斜面 CF 和 CG 与竖直线相交于 E 点上方和下方。作竖直线 IK，与以 BC 为半径的圆交于点 C。作 $EK \parallel CF$，与圆周相交于点 L，与切线 IK 相交于点 K。

显然沿 LE 下降所需的时间等于沿 CE 下降所需的时间。

[①]命题30等价于，当斜面在水平面上的投影为定值 $L = BC$ 时，求物体沿这些斜面下降的最短时间。设斜面倾角为 θ，则其长度为 $\dfrac{L}{\cos\theta}$，物体沿斜面下降的加速度为 $g\sin\theta$，故由公式 $s = \dfrac{1}{2}at^2$ 可知所需的时间为 $t = \sqrt{\dfrac{2L}{g\sin\theta\cos\theta}} = \sqrt{\dfrac{4L}{g\sin 2\theta}}$，不难知道当 $\theta = 45°$ 时，所求的时间 t 最小。

但是, 沿 KE 下降所需的时间要大于沿 LE 下降所需的时间。

而物体沿 KE 下降所需的时间等于沿 CF 下降所需的时间, 因为它们有相等的长度与坡度。[于是, 物体沿 CE 运动所需的时间要小于沿 CF 运动所需的时间。]

同理可知, 具有相同长度与坡度的斜面 CG 和 IE, 物体通过它们的时间相等。

又, 由于 $HE < IE$, 所以物体沿 HE 运动的时间小于沿 IE 运动的时间。

于是, 物体沿 CE 运动所需的时间 (等于沿 HE 运动所需的时间) 要小于沿 IE 或 CG 运动所需的时间。 证毕。

命题 31 (定理 20)

如果一条直线以任意角度倾斜于水平线, 从水平线上任意给定点出发, 可以向上述倾斜直线作一个最速下落斜面, 该斜面将平分由给定点作出的两条直线的夹角, 其中一条垂直于水平线, 另一条垂直于倾斜直线。 {252}

设 CD 是以任意角度倾斜于水平线 AB 的一条直线, 从水平线上任意给定点 A 开始作 $AC \perp AB$, 作 $AE \perp CD$ 于 E, 作 FA 平分 $\angle CAE$。那么我说, 在所有从点 A 出发并与 CD 相交的斜面中, AF 是物体沿之下落所需时间最短的斜面。

作 $FG \parallel AE$, 则内错角 $\angle GFA$ 与 $\angle FAE$ 相等, 又 $\angle EAF = \angle FAG$, 所以在 $\triangle FGA$ 中有 $GF = GA$。

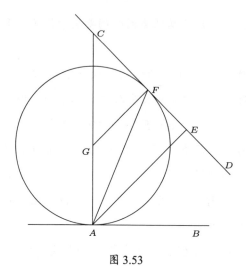

图 3.53

于是，如果我们以 G 为圆心、GA 为半径作圆，它将通过点 F，且分别与水平线相切于 A，与斜线相切于 F。

由于 $\angle GFC$ 是直角 (因为 $FG /\!/ AE$)，于是显然有，除了唯一例外的 FA，从 A 引至斜线的所有线段都将延伸至圆周之外，从而通过它们当中任意一条所需的时间都要大于通过 FA 所需的时间。   证毕。[①]

[①]本命题如果要用代数法求解，其过程倒不是很难，但远不如伽利略在这里所用的几何方法简捷明了。设 CD 的倾角是定值 α，并与 AB 交于点 M，且 AM 的长度是定值 L，又设所作斜面与水平面的倾角是 θ，长度是 s，那么由正弦定理有 $\dfrac{L}{\sin(\pi - \theta - \alpha)} = \dfrac{s}{\sin\alpha}$，由此可求得 s。与命题30脚注同理可得，$t = \sqrt{\dfrac{2L\sin\alpha}{g\sin\theta\sin(\theta+\alpha)}}$。欲使 t 取最小值，就需要 $y = \sin\theta\sin(\theta+\alpha)$ 最大。对 θ 求导后整理可得，$y' = \sin(\alpha+2\theta) = 0$，故需要 $\alpha+2\theta = \pi$，也就是 $\theta + \dfrac{\alpha}{2} = \dfrac{\pi}{2}$。在图3.53中，$\angle FAC = \dfrac{\alpha}{2}$，$\angle BAF = \theta$。另，对于 $y = \sin\theta\sin(\theta+\alpha)$ 的最大值，也可以采用如下初等方法求得：由公式 $\sin(A-B)\sin(A+B) = \sin^2 A - \sin^2 B$，可得 $y = \sin^2\left(\theta + \dfrac{\alpha}{2}\right) - \sin^2\dfrac{\alpha}{2}$，故当 $\theta + \dfrac{\alpha}{2} = \dfrac{\pi}{2}$ 时，y 取得最大值。

引理

设两圆内切，作任意一条直线与内圆相切、与外圆相交，从两圆的切点作三条直线，分别到达该切线上的三点，即切线与内圆的切点及其与外圆的两个交点，那么这三条线所夹的两个角相等。

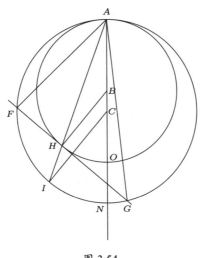

图 3.54

设两圆的内切点为 A，小圆圆心为 B，大圆圆心为 C。作直线 FG 与内圆相切于 H，与外圆相交于 F 和 G；分别连接 AF、AH 和 AG。那么我说，这三条线所夹的两个角相等，即 $\angle FAH = \angle GAH$。 {253}

延长 AH，与圆周相交于 I；分别从两圆圆心开始，连接 BH 和 CI；连接圆心 B 和 C，并向一边延伸至两圆切点 A，向另一边延伸至分别交两圆于 O 和 N。

$BH \parallel CI$，这是因为 $\angle ICN = \angle HBO = 2\angle IAN$。

又由于 $BH \perp FG$（因为 BH 由圆心连接切点），所以 $CI \perp FG$ 且 $\overset{\frown}{FI} = \overset{\frown}{IG}$，于是 $\angle FAI = \angle IAG$。 证毕。

命题 32 (定理 21)

如果从一条水平线上任取两点，从其中一点开始引一条斜线，从另一点开始在一个方向上向该斜线作一线段，使其在此斜线上截得的部分等于水平线上给定两点之间的距离，那么，物体沿所作线段下降所需的时间，要短于从后一点引至斜线的任何其他线段所需的时间；其中，位于所作线段的两侧并成等角的那些线段，物体沿它们下降的时间相等。

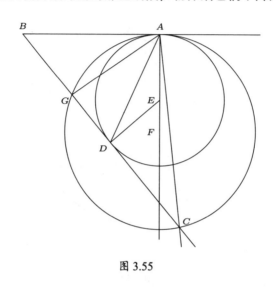

图 3.55

设 A 和 B 是一条水平线上的任意两点，过 B 作倾斜直线 BC，并在其上截取 $BD = BA$，连接点 A 和 D。

那么我说，相比沿从 A 连接至 BC 的任何其他线段下降，物体沿 AD 下降所需的时间都要短。[①]

{254}

过 A 点作 $AE \perp BA$，过点 D 作 $DE \perp BD$ 并与 AE 相交于点 E。由于在等腰 $\triangle ABD$ 中，我们有 $\angle BAD = \angle BDA$，故它们的余角 $\angle DAE = \angle EDA$。

于是，如果以 E 为圆心、以 EA 为半径作圆，它将过点 D，且与 BA 和 BD 分别相切于点 A 和点 D。

[①]很有意思的是，命题32的最值部分表面上与命题31差异很大，其代数解法却几乎雷同。令 $AB = L$，$\angle ABC = \alpha$，所作线段与水平线 AB 的夹角为变量 θ，则所作线段长度、物体加速度和运动时间的表达式将与命题31脚注完全一样。有兴趣的读者可对此加以研究。

又由于 A 是竖直线 AE 的端点，因此，相比其他从端点 A 引至 BC 上的全部延伸到圆外的任意线段，沿 AD 的下降将耗时最少，故命题的前一部分成立。

如果延长竖直线 AE，并在其上任选一点 F，以 F 为圆心、FA 为半径作圆 AGC，设它与小圆的切线 BC 交于 G 和 C。

连接 AG 和 AC，根据上一引理，它们与中线 AD 所偏离的角度相等。物体通过这两条线段的时间相等，因为它们都起始于最高点 A，且都结束于圆 AGC 的圆周。

命题 33 (问题 12)

给定一条有限竖直线，以及一个具有相同最高点和相同高度的斜面，试在竖直线向上延伸段上求得一点，使物体从该点出发之后，转向继续通过给定斜面所需的时间，等于物体从同一最高点由静止出发下落时，通过给定竖直线所需的时间。

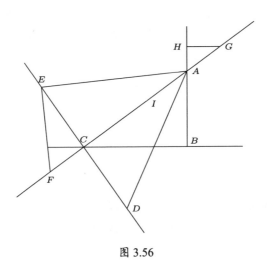

图 3.56

设 AB 是给定的有限竖直线，AC 是与之等高的斜面。

问题是在竖直线 AB 的 A 点上方找到一点，使之满足：物体从该点出发下落，继续通过距离 AC 所需的时间，等于它从 A 点由静止开始通过竖直线 AB 所需的时间。

作直线 $DE \perp AC$，在其上截取 $CD = AB$，连接 AD，将有

{255} $\angle ADC > \angle CAD$，因为 $AC > AB = CD$。作 $\angle DAE = \angle ADE$，作 $EF \perp AE$ 与两边延长的斜面 AC 相交于点 F。在 AC 上截取 $AI = CF$ 和 $AG = CF$，过 G 作水平线 GH。那么我说，H 就是所求的点。

如果我们约定用长度 AB 表示物体沿 AB 下落所需的时间，那么 AC 同样可以表示从 A 由静止出发通过 AC 所需的时间。

又由于在直角 $\triangle AEF$ 中，EC 是由直角顶点 E 作向斜边 AF 的垂线，因此 AE 是 FA 和 AC 的比例中项，而 CE 是 AC 和 CF 的比例中项，也就是 AC 与 AI 的比例中项。

由于 AC 表示通过 AC 所需的时间，故 AE 可以表示通过整个 AF 所需的时间，CE 可以表示通过 AI 所需的时间。

由于在等腰 $\triangle AED$ 中，有 $AE = ED$，因此 ED 也可以表示沿 AF 下落所需时间。于是，CD 或 AB 可以表示物体从 A 由静止沿 AF 运动时，通过 IF 所需的时间。这也相当于说，AB 是从 G 或 H 出发后，继续通过 AC 下落所需的时间。　　　　　　　　　　解毕。

命题 34 (问题 13)

给定具有共同顶点的一个有限斜面和一条竖直线，试在给定竖直线 [上方] 的延长线上求出一点，使物体从该点出发开始下落，再通过给定斜面所需的总时间，等于物体从给定斜面顶点由静止出发，仅通过该斜面所需的时间。

分别用 AB 和 AC 表示给定的斜面和竖直线，其共同顶点为 A。

现需要在竖直线的 A 点上方找到一点，使其满足：当物体从该点开

始下落，随后转向沿 AB 运动时，物体通过竖直线上部和斜面 AB 所需 {256}
的总时间，等于物体从 A 点由静止出发，仅通过斜面 AB 所需的时间。

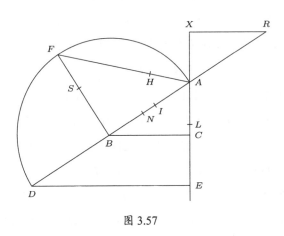

图 3.57

作水平线 BC，在 AB 上取 $AN = AC$。在 AC 上选取点 L，使 $\frac{AB}{BN} = \frac{AL}{LC}$。在 AB 上截取 $AI = AL$。选取点 E，使 AC 延长线上的 CE 是 AC 和 BI 的第三比例项。

那么我说，CE 就是所求的长度，使得当竖直线 AC 向 A 点上方延伸到 $AX = CE$ 时，物体从 X 出发通过 XA 和 AB 两段距离所需的总时间，等于它从 A 点由静止出发，仅通过斜面 AB 所需的时间。

作 $XR \parallel BC$，与 BA 延长线相交于 R；作 $ED \parallel BC$，与 AB 延长线相交于 D；以 AD 为直径作半圆；过 B 作 $BF \perp AD$，并延长至与圆周相交于 F。

显然，FB 是 AB 和 BD 的比例中项，而 FA 是 DA 和 {257}
AB 的比例中项。分别取 $BS = BI$，$FH = FB$。

由于 $\frac{AB}{BD} = \frac{AC}{CE}$，可得 $\frac{AB}{AC} = \frac{AB}{AN} = \frac{FB}{BS}$。

由换比性质，有 $\frac{FB}{FS} = \frac{AB}{BN} = \frac{AL}{LC}$。

故 $FB \cdot LC = AL \cdot FS$。而 $AL \cdot FS = AL \cdot FB$（或 $AI \cdot BF$）$- AI \cdot BS$（或 $AI \cdot IB$），$FB \cdot LC = AC \cdot BF - AL \cdot BF$，

269

且 $AC \cdot BF = AB \cdot BI$（因 $\dfrac{AB}{AC} = \dfrac{FB}{BI}$），故 $AB \cdot BI - AI \cdot BF$(或 $AI \cdot FH$) $= AI \cdot FH - AI \cdot BI$。

因此，$2AI \cdot FH = AB \cdot BI + AI \cdot BI$，或 $2AI \cdot FH = 2AI \cdot BI + BI^2$。在等式两边同加 AI^2，得 $2AI \cdot BI + BI^2 + AI^2 = AB^2 = 2AI \cdot FH + AI^2$。

在等式两边再同时加上 BF^2，可得 $AB^2 + BF^2 = AF^2 = 2AI \cdot FH + AI^2 + BF^2 = 2AI \cdot FH + AI^2 + FH^2$。

由于 $AF^2 = 2AH \cdot HF + AH^2 + HF^2$，因此有 $2AI \cdot FH + AI^2 + FH^2 = 2AH \cdot HF + AH^2 + HF^2$。

两边同减 HF^2，可得 $2AI \cdot FH + AI^2 = 2AH \cdot HF + AH^2$。

该式中 HF 是公共项，故可得到 $AH = AI$，因为无论 $AH > AI$ 或 $AH < AI$，都有 $2AI \cdot FH + AI^2 > 2AH \cdot HF + AH^2$ 或 $2AI \cdot FH + AI^2 < 2AH \cdot HF + AH^2$，从而与上述已经证明的结果矛盾。

如果我们约定用长度 AB 表示物体沿 AB 下落所需的时间，那么类似地物体通过 AC 所需的时间可用长度 AC 表示，而作为 AC 和 CE 比例中项的 BI 将表示物体由静止开始下落通过 CE 或 XA 所需的时间。

又由于 AF 是 DA 与 AB 或 RB 与 AB 的比例中项，且 $BF = FH$ 是 AB 与 BD，即 AB 与 AR 的比例中项，由前面命题 19 的推论可知，差量 AH 表示物体从 R 或 X 静止下落时通过 AB 所需的时间。

但前面已经证明，物体通过 XA 的时间可用 BI 度量，物体在沿 RA 或 XA 下落之后再通过 AB 所需的时间则是 IA。因此，物体通过 XA 和 AB 两段距离所需的总时间可用 AB 度量，它当然也表示物体从 A 静止出发只通过 AB 所需的时间。   解毕。

{258}

270

命题 35 (问题 14)

给定一个斜面和一条有限的竖直线, 试在该斜面上求一段距离, 使得当一个物体由静止出发开始运动时通过该段距离所需的时间, 等于该物体 [由静止出发] 连续通过给定竖直线和该段距离所需的总时间。

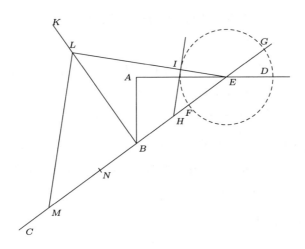

图 3.58

设 AB 是给定竖直线, BC 是给定斜面。问题是要在 BC 上截取一段距离, 使其满足: 当一个物体由静止开始运动时, 物体通过该段距离所需的时间等于它通过竖直线 AB 和给定斜面所需的总时间。

作水平线 AD, 它与斜面 CB 的延长线交于点 E。在 BE 上截取 $BF = AB$, 以 E 为圆心、EF 为半径作一个圆 FIG。延长 FE 直至与该圆周相交于 G。

[在斜面延长线上] 选取点 H, 使 $\dfrac{GB}{BF} = \dfrac{BH}{HF}$。作 HI 与圆相切于 I。过 B 作 $BK \perp FC$, 与直线 EI 交于 L。再作 $LM \perp EL$, 与 BC 相交于 M。

那么我说, BM 就是所求的距离: 当物体从 B 由静止出发通过 BM 所需的时间, 等于物体从 A 出发连续通过 AB 和 BM 两段距离所需的总时间。

在 EM 上截取 $EN = EL$。由于 $\dfrac{GB}{BF} = \dfrac{BH}{HF}$，故由更比性质有 $\dfrac{GB}{BH} = \dfrac{BF}{HF}$，再由分比性质有 $\dfrac{GH}{BH} = \dfrac{BH}{HF}$。

因此 $GH \cdot HF = BH^2$，而 $GH \cdot HF = HI^2$ [$\triangle HIG \sim \triangle HFI$]，所以 $BH = HI$。

于是，由于在四边形 $ILBH$ 中有 $HB = HI$，且 $\angle B$ 和 $\angle I$ 是直角，可知也有 $BL = LI$。

{259}　　　　因为 $EI = EF$，所以总长度 EL(或 NE) $= LB + EF$。如果减去公共部分 EF，可得余量 $FN = LB$。

但根据作图有 $FB = AB$，因而有 $LB = AB + BN$。

如果仍然约定用长度 AB 表示物体通过 AB 下落所需的时间，那么物体通过 EB 下落所需的时间可用 EB 度量。又，由于 EN 是 ME 和 EB 的比例中项，EN 可以表示物体通过整个距离 EM 所需的时间。

于是，物体从 EB 或 AB 下落之后，继续通过上述距离的差值 BM 所需的时间，可以用 BN 表示。但由于已经约定用 AB 表示物体通过 AB 下落所需的时间，所以物体下落通过 AB 和 BM 两段距离所需的时间可以用 $AB + BN$ 表示。

又由于 EB 可以度量物体由 E 静止下落通过 EB 所需的时间，所以物体由 B 静止出发通过 BM 所需的时间可用 BE 和 BM 的比例中项表示，即 BL。

于是，物体由 A 静止出发通过路径 $AB + BM$ 所需的时间是 $AB + BN$，但由 B 静止出发仅通过 BM 自身的时间是 BL，又由于已经证明 $BL = AB + BN$，于是命题解毕。

以下是另一个更简短的证明 [求解过程]。

设 BC 是斜面，BA 是竖直线。过 B 作 EC 的垂线且向两边延长，在其上截取 $BH = BE - BA$。作 $\angle HEL = \angle BHE$，EL 与 BK 交于 L。过 L 作 $LM \perp EL$，LM 与 BC 相交于 M。那么我说，BM 就是在

BC 上待求的长度。

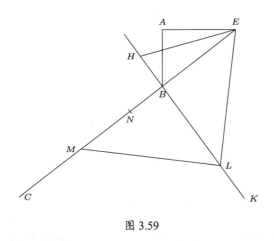

图 3.59

因为 $\angle MLE$ 是直角，所以 BL 是 MB 与 BE 的比例中项，LE 是 ME 和 BE 的比例中项。在 EC 上截取 $EN = EL$。

那么，$EN = EL = LH$，且 $HB = EN - BL$。

但又有 $BH = NE - (NB + BA)$，因此 $BN + BA = BL$。

又如果约定用长度 EB 表示物体沿 EB 下落所需的时间，那么物体从 B 静止出发通过 BM 的时间可用 BL 表示。

但，如果物体是从 E 或 A 静止出发，它通过 BM 下落所需的时间将可以用 BN 度量。

另外，AB 将表示物体从 A 静止出发通过 AB 所需的时间。于是，物体通过 AB 以及 BM 所需的时间就是 $AB + BN$，等于它从 B 静止出发仅通过 BM 所需的时间。 解毕。 $\{260\}$

引理 1 作 DC 垂直于直径 BA。从端点 B 任意作线段 BED，作线段 FB。那么我说，FB 是 DB 和 BE 的比例中项。

连接点 E 和 F；过 B 作切线 BG，有 $BG \parallel CD$。

由于 $\angle DBG = \angle FDB$，且内错角 $\angle DBG = \angle EFB$，可知 $\triangle FDB \sim \triangle FEB$，从而有 $\dfrac{BD}{BF} = \dfrac{BF}{BE}$。

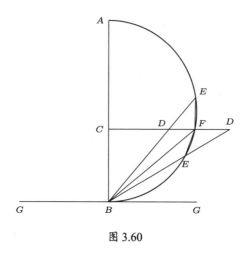

图 3.60

引理 2 设线段长度 $AC > DF$，且 $\dfrac{AB}{BC} > \dfrac{DE}{EF}$。那么我说，$AB > DE$。

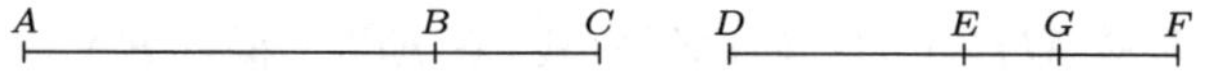

$$A \qquad\qquad B \quad C \qquad D \qquad\quad E \ G \quad F$$

图 3.61

如果 $\dfrac{AB}{BC} > \dfrac{DE}{EF}$，那么 DE 与一个较短线段的长度之比等于 $\dfrac{AB}{BC}$。该长度记为 EG，则由 $\dfrac{AB}{BC} = \dfrac{DE}{EG}$，以及分比性质和换比性质可得 $\dfrac{CA}{AB} = \dfrac{GD}{DE}$。但由于 $CA > GD$，故 $AB > DE$。

引理 3 [图3.62] 设 $ACIB$ 是四分之一圆。从 B 作 $BE \parallel AC$。以直线 BE 上的任意一点 D 为圆心作圆 $BOES$，它与 AB 相切于 B，与上述四分之一圆周相交于 I。连接 C 和 B，作线段 CI 并延长至圆周上另一点 S。那么我说，恒有 CI 小于 CO。

{261} 作线段 AI，它将与圆 BOE 相切：如果连接 DI，将有 $DI = DB$；但由于 DB 与四分之一圆相切，所以 DI 亦与之相切，且 $DI \perp AI$，于是 AI 与 BOE 相切于点 I。

又由于 $\angle AIC > \angle ABC$（因为前者所对的弧更大），所

以 $\angle SIN > \angle ABC$。于是 $\overparen{IES} > \overparen{BO}$，且更靠近圆心的线段 CS 要大于 CB。又因为 $\dfrac{CS}{CB} = \dfrac{CO}{CI}$，所以 $CO > CI$。

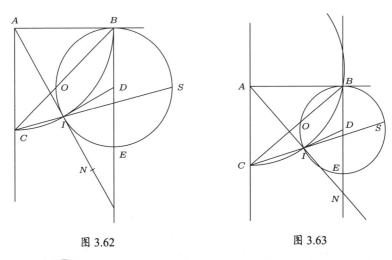

图 3.62   图 3.63

如果 $\overparen{BIC}$ 是小于四分之一的圆弧，上述结果就更加显著 [图3.63]。

此时竖直线 DB 将与圆 CIB 相割，而且也有 $DI = BD$，$\angle DIA$ 将是钝角，从而线段 AIN 将切割圆 BIE。

由于 $\angle ABC < \angle AIC = \angle SIN$，$\angle SIN$ 还要小于圆 BIE 在点 I 处的切线与 IS 组成的锐角，可知 $\overparen{SEI}$ 远大于 $\overparen{BO}$。以下略。   证毕。

命题 36 (定理 22)

设有一个位于竖直方向上的圆，如果从其最低点出发，作一条所对圆弧不大于四分之一圆周的弦，再从该弦的两个端点出发，分别向该圆弧上的任一点作另外两条弦，那么物体 [由静止出发] 相继沿后两条弦下降所需的总时间，将短于 [由静止出发] 沿上述第一条弦下降所需的时间，也将等量地短于沿后两条弦中较低的那一条下降所需的时间。   {262}

[图3.64] 设弧 $\overparen{CBD}$ 是一条不超出四分之一圆的弧，它来自以 C 为最低点、位于竖直方向的圆。设 CD 是与该弧所对的弦，又设从弧上

任一点 B 分别向 C 和 D 作出了另外两条弧。那么我说，物体相继沿弦 DB 和 BC 下降所需的总时间，将小于仅沿 DC 下降所需的时间，或者说仅沿 BC(从点 B 出发) 下降所需的时间。

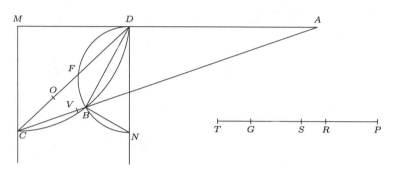

图 3.64

过点 D 水平线 MDA,交 CB 延长线于 A,分别作 $ND \perp DM$ 和 $CM \perp MD$，作 $NB \perp BD$。

围绕直角 $\triangle DBN$ 作半圆 $DFBN$，交 DC 于 F。在 DC 上选取点 O，使 DO 是 CD 和 DF 的比例中项；类似地，在 AC 上选取点 V，使 AV 是 AC 与 AB 的比例中项。

令长度 PS 表示物体沿 DC 或 BC 下落所需的时间，因为这两个时间相同 [命题 6 及其推论]。

截取 PR 使 $\dfrac{CD}{DO} = \dfrac{\text{时间}PS}{\text{时间}PR}$。那么 PR 将表示物体由 D 通过距离 DF 所需的时间，RS 则度量通过距离差值 FC 所需的时间。

但由于 PS 也是物体由 B 静止下落通过 BC 所需的时间，且如果选取 T 使 $\dfrac{BC}{CD} = \dfrac{PS}{PT}$，那么 PT 将度量物体由 A 下落至 C 所需的时间，这是因为我们已经证明 DC 是 AC 与 BC 的比例中项 [引理 1]。

最后，选择 G 使 $\dfrac{AC}{AV} = \dfrac{PT}{PG}$，那么 PG 将是物体由 A 下落至 B 所需的时间，而 GT 则是物体在由 A 下落至 B 之

后，继续沿 BC 下落还需要的时间。

于是，如果可以证明，物体在沿 DB 下降之后继续通过 BC 所需的时间，小于它沿 DF 下落之后继续通过 FC 所需的时间，上述定理即可得到证明。

然而，物体由 D 沿 DB 下落之后继续通过 BC 所需的时间，等于它由 A 出发沿 AB 下落之后继续通过 BC 所需的时间，因为物体沿 DB 和 AB 下落获得的动量相同。 {263}

于是只需证明物体在由 AB 下落之后继续通过 BC 所需的时间，要快于由 DF 下落之后继续通过 FC 所需的时间。

然而，我们已经证明 GT 表示物体由 AB 下落之后继续通过 BC 所需的时间，且 RS 度量物体由 DF 下落之后继续通过 FC 所需的时间。因此，必须证明 $RS > GT$。

其证明过程如下：

由于 $\dfrac{PS}{PR} = \dfrac{CD}{DO}$，于是由反比性质和合比性质可得 $\dfrac{RS}{PS} = \dfrac{OC}{CD}$；另外也有 $\dfrac{PS}{PT} = \dfrac{DC}{AC}$。

又由于 $\dfrac{PT}{PG} = \dfrac{AC}{AV}$，所以由反比性质 [和合比性质] 可得，$\dfrac{PT}{TG} = \dfrac{AC}{CV}$。

于是，由等距比性质，有 $\dfrac{RS}{GT} = \dfrac{OC}{CV}$。

但是，我们将要证明 $OC > CV$，从而有时间 $RS >$ 时间 GT，这就是要证明的。

因 [引理 3] $CF > CB$ 且 $FD < BA$，故 $\dfrac{CD}{DF} > \dfrac{CA}{AB}$。

但 $\dfrac{CD}{DF} = \dfrac{CO^2}{OF^2}$（因为 $\dfrac{CD}{DO} = \dfrac{DO}{DF}$）[①]，且有 $\dfrac{CA}{AB} = \dfrac{CV^2}{VB^2}$，故有 $\dfrac{CO}{OF} > \dfrac{CV}{VB}$，所以 $CO > CV$ [引理 2]。

[①] 由 $\dfrac{CD}{DO} = \dfrac{DO}{DF} = \dfrac{CD-DO}{DO-DF} = \dfrac{CO}{OF}$，可知 $\dfrac{CD}{DF} = \dfrac{CD}{DO} \cdot \dfrac{DO}{DF} = \dfrac{CO^2}{OF^2}$。

另，易知 $\dfrac{\text{沿}DC\text{下落的时间}}{\text{沿}DBC\text{下落的时间}} = \dfrac{DOC}{DO + CV}$。

注释

根据上述命题似乎可以推断出，从一点到另一点之间的最速下落路径不是距离最短的路径，即不是直线，而是圆弧。在四分之一圆 $BAEC$ 中，其 BC 边是竖直的。将弧 $\overset{\frown}{AC}$ 分成任意相等的部分，如 $\overset{\frown}{AD}$、$\overset{\frown}{DE}$、$\overset{\frown}{EF}$、$\overset{\frown}{FG}$ 和 $\overset{\frown}{GC}$，并从 C 点分别向点 A、D、E、F 和 G 作直线，且作直线段 AD、DE、EF、FG 和 GC。

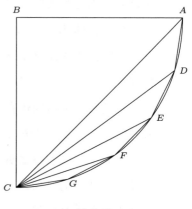

图 3.65

显然，物体沿 A–D–C 路径下降

{264} 所需的时间，要小于仅沿 AC 下降所需的时间，或者说，要小于由 D 静止沿 DC 下落所需的时间。

但是，当物体由 A 静止出发时：它通过 DC 的时间要短于通过 A–D–C[①]；而且，它通过路径 D–E–C 的时间似乎又要短于通过 DC[②]。因此，物体沿着三条弦 A–D–E–C 下落所需的时间，要短于通过两条弦 A–D–C 所需的时间。

类似地，在通过 A–D–E 下降之后，物体继续通过 E–F–C 所需的时间要小于仅是继续通过 EC 所需的时间。因此，物体沿着四条弦 A–D–E–F–C 下降所需的时间，要小于通过三条弦 A–D–E–C 所

[①]其含义是 $t_{DC,A} < t_{A-D-C}$。如果表达成 $t_{A-D-C} = t_{AD} + t_{DC,A}$，似乎会使接下来的论述逻辑更严谨。因为 $t_{D-E-C,A} < t_{DC,A}$，所以有 $t_{AD} + t_{D-E-C,A} < t_{AD} + t_{DC,A}$，即 $t_{A-D-E-C} < t_{A-D-C}$。另见下一条译注。

[②]伽利略并没有严格地证明这个命题。因为命题36只证明了"由静止出发"的情形，而此处在 D 点是有初速度的。克鲁英译本忽略了关键的"似乎 [verisimile est]"一词，导致这句话的意义有较大变化。此处据有关文献提供的拉丁语原文及分析加以订正。伽利略未能完成"最速下降曲线"的证明，参见第109页译注。

需的时间。

最后，物体在通过 A–D–E–F 下降之后，继续通过两条弦 F–G–C 要快于仅是继续通过 FC。于是，物体沿五条弦 A–D–E–F–G–C 下降，要比通过四条弦 A–D–E–F–C 更快。

于是，内接多边形越接近于圆，从 A 到 C 下降所需的时间就越短。

关于 $\frac{1}{4}$ 圆所证的上述结论也适用于更小的弧，其论证过程相同。

命题 37 (问题 15)

给定一条有限竖直线和一个与之等高的斜面，试在斜面上求一段距离，使其长度等于给定竖直线，且物体 [由最高点静止下降] 通过它所需的时间等于沿着给定竖直线下落所需的时间。

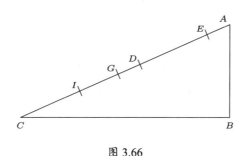

图 3.66

设 AB 是给定竖直线，AC 是给定斜面。我们需要在斜面上确定一段等于竖直线 AB 的距离，使它满足：当物体从 A 静止下降时，物体通过该距离的时间，等于物体由 A 静止下落通过给定竖直线的时间。在 AC 上取 $AD = AB$，并以 I 平分所剩的 DC。在 AC 上选取 E，使 $\frac{AC}{CI} = \frac{CI}{AE}$，并截取 $DG = AE$。

显然有 $EG = AD = AB$，而且我说，EG 就是所求的距离，当物体由 A 静止下落时，它通过该距离所需的时间等于通过距离 AB 所需的时间。

由于 $\frac{AC}{CI} = \frac{ID}{DG}$，由换比性质有 $\frac{AC}{AI} = \frac{ID}{IG}$。

{265}　　又由于 $\dfrac{AC\text{整体}}{AI\text{整体}} = \dfrac{CI\text{部分}}{IG\text{部分}}$，故　$\dfrac{\text{余量}AI}{\text{余量}AG} = \dfrac{AC\text{整体}}{AI\text{整体}}$。

　　于是可知 AI 是 AC 与 AG 的比例中项，而 CI 是 CA 和 AE 的比例中项。

　　那么，如果物体沿 AB 下落所需的时间用长度 AB 表示，那么沿 AC 下降所需的时间将可用 AC 表示，从而 CI 或 ID 可度量沿 AE 下降所需的时间。

　　由于 AI 是 AC 与 AG 的比例中项，且 AC 可以度量物体通过整个距离 AC 所需的时间，可知 AI 是通过 AG 的时间，两个时间的差值 IC 则是通过距离差值 GC 的时间。

　　但是 DI 又是通过 AE 的时间，于是 DI 和 IC 将分别表示物体通过 AE 和 CG 的时间。从而余量 AD 表示通过 EG 的时间，后者当然等于沿 AB 的时间。　　　　　解毕。

推论 根据上述命题，显然，**所求距离的两端分别被斜面的两个部分限制，物体 [从顶点由静止下落] 通过这两部分的时间相等。**

命题 38 (问题 16)

　　给定被一条竖直线相截的两个水平面，试在竖直线上部确定一点，使其满足：当两个物体分别从该点出发下落到其中一个水平面之后，转而继续在相应的水平面上运动时，在等于它们沿竖直线下落的相等时间内，二者通过的 [水平] 距离之比等于某个给定的小量与大量之比。

　　设 CD 和 BE 是与竖直线 ACB 相交的给定水平面，且令 $\dfrac{NN'}{FG}$ 是给定的较小量与较大量之比。需要在竖直线 AB 的上部找到一点，使其满足：当一个物体由该点下落到水平面 CD，继而转向沿该水平面运动，在与其下落相等的时间内通过一段距离；当另一个物体由该点下落到水平面 BE，继而转向沿该水平面运动，在与其下落相等的时间内通 {266} 过另一距离；那么，后一距离与前一距离之比是 $\dfrac{FG}{NN'}$。

在 FG 上截取 $GH = NN'$，在 AB 上部选取点 L，使 $\dfrac{FH}{HG} = \dfrac{BC}{CL}$。那么我说，$L$ 就是所求的点。

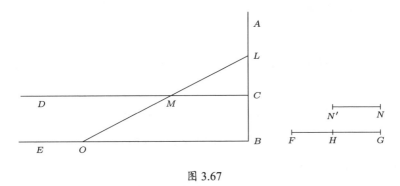

图 3.67

在 CD 上截取 $CM = 2CL$，连接 LM 并延长至交水平面 BE 于 O，那么 $BO = 2BL$。

因为 $\dfrac{FH}{HG} = \dfrac{BC}{CL}$，所以由合比性质和换比性质，有

$$\frac{HG}{GF} = \frac{NN'}{GF} = \frac{CL}{BL} = \frac{CM}{BO}。$$

由于 $CM = 2CL$，显然 CM 就是物体由 L 下落通过 LC 后，在与之相等的时间内于水平面 CD 通过的距离。

同理，由于 $BO = 2BL$，显然 BO 就是物体沿 LB 下落之后，在与之相等的时间内于水平面 BE 通过的距离。解毕。

萨格 事实上，我想我们可以毫无奉承地承认我们的院士 [伽利略] 的主张，即根据这篇论文中提出的原理，他已经建立了研究一个非常古老课题的一门新科学。注意到他是如此简洁地从一个极其简单的原理出发，演绎出了如此多定理的证明，我感觉非常好奇，特别是由于已经有许多冗长的著作探讨过运动这一主题，为什么这一问题没有引起阿基米德、阿波罗尼[1]、欧几里得以及其他众多数学家和著名哲学家的注意？ {267}

---

[1]阿波罗尼 (Apollonius，约公元前 262–前 190)，古希腊最伟大的数学家之一，著有《圆锥曲线论》，此书已有中译本。

萨尔 欧几里得有一些讨论运动的片段，但是其中没有迹象表明他曾经研究过加速运动的比例及其随坡度的变化情况。因此，我们确实可以说，现在大门第一次被打开了，它是通往无数奇妙结果的新思考，并将在未来的岁月里吸引其他心灵的关注。

萨格 我确实相信，就像欧几里得在其《几何原本》第三卷中证明的关于圆的少数几个性质，可以导出许多其他更深奥的结论那样，这篇短文提出的那些原则，当被其他爱思考的头脑接受时，可以产生很多更加引人注目的结果。由于这一主题要高于其他所有关于自然的课题，我相信事实也将会如此。

在这漫长而辛苦的一天里，我更多的是享受了这些简单的定理，而非它们的证明。对许多证明的完全理解，每一个都可能要花上一个小时以上的时间。对于这一研究，如果你愿意把这一著作留给我的话，我打算等我们读完剩余的抛体运动部分之后，在将来有空闲时进行。如果你愿意的话，我们明天将继续。

萨尔 我一定不会跟你们爽约。

{268} 第三天结束

第四天

萨尔 辛普里丘又一次准时到达了。那我们不要耽搁，开始讨论运动问题吧。我们作者 [伽利略] 的文本如下。

[第三部分] 论抛体运动

我们在前文中已经讨论了匀速运动的性质，以及沿任意倾角斜面的自然加速运动的性质。现在，我要阐明做如下运动的物体的那些性质，其运动是由两个运动复合而成的，即一个是均匀运动，另一个是自然加速运动。这些性质很值得了解，我打算用一种严格的方式加以证明。这种运动类型在抛体的运动中可以看到，我这样理解它的产生过程：

设想一个物体，它没有阻碍地沿一个水平面运动。那么，根据前文所作的充分解释，我们知道，如果这个平面没有边界，该物体就会沿着这个平面匀速、永恒地运动下去。但是，如果该平面有限且具有一定高度，那么，当运动物体 (我们假设它有重量 [gravità]) 在经过平面边缘时，它在原有的均匀和永恒运动的基础上，将会由于自身重量而获得向下运动的倾向。由此产生的运动，我称之为抛体运动 [projectio]，它是由一个均匀的水平运动和另一个竖直的自然加速运动复合而成的。[①]

现在我们进而证明它的一些性质。其中第一个性质是： {269}

命题 1 (定理 1)

　　抛体所做的运动包含一个均匀的水平运动和一个自然加速的竖直运动，它在运动中描绘出一条半抛物线。

[①]此处所说的"抛体运动"只是平抛运动，接下来的命题1也是针对平抛运动的。后面的命题将涉及斜抛运动，但都是按平抛运动来理解的。

萨格 萨尔维亚蒂,在这里必须暂停一会儿,既是为了我,我相信也是为了辛普里丘。因为碰巧我对阿波罗尼的研究还不够深入,只是知道他研究过抛物线和其他圆锥曲线这一事实;如果不理解它们,我想没人可以理解后续的其他命题,其证明将以此为基础。即使在这漂亮的第一个定理中,作者 [伽利略] 都有必要证明抛射体的轨迹是一条抛物线,而且我想我们将只需与这类曲线打交道,所以绝对有必要至少对当前研究所需的性质 (如果不是对阿波罗尼关于圆锥曲线已经证明的所有性质的话) 有一个彻底的了解。

萨尔 你实在是过于谦虚了,假装不了解那些不久前你还承认非常熟悉的事实——我指的是在我们讨论材料强度时,需要用到阿波罗尼的一个定理,而它没有对你造成任何困难①。

萨格 可能我碰巧知道它,也可能对那个讨论而言,在有必要时我假设它是成立的。但是现在,当我们必须理解关于这些曲线的所有证明时,我就不能将之囫囵吞下,造成时间和精力的浪费。

辛普 即使萨格雷多——如我所相信的——为他所有的需要都做了充足的准备,我却甚至连最基本的术语都不懂。虽然我们哲学家也研究抛射体的运动,但我却记不起谁说过抛射体的轨迹具体是什么,只是{270} 笼统地表述它总是一条曲线,抛射方向竖直向上时除外。所以,如果在之前的讨论中所学的那点欧几里得几何,不足以让我理解之后的那些证明,那我只好在不能完全理解的情况下,单凭信仰就接受那些定理。

萨尔 与之相反,我希望你能从作者 [伽利略] 本人那里理解这些证明。当他给我阅读他的这部作品时,由于我还没有阿波罗尼的著作,他慷慨地为我证明了抛物线的两个重要性质。他的证明方式无须预备知识,这些性质也是当前的讨论唯一需要的。阿波罗尼也的确给出了这两个定理,但在这之前还需要很多前驱定理,按此理解的话需要花费很长

---

① 参见"第二天"中图2.22和图2.23与抛物线相关的讨论。

时间。而我希望单纯而简单地基于抛物线的生成方式推导出第一个性质，再由它直接推导出第二个性质，由此可以缩短我们的讨论时间。

现在证明第一个性质。**设想在圆 $IBKC$ 上方竖立着一个正圆锥，其顶点为 L。那么，用平行于侧边 LK 的平面去截该圆锥，所得曲线 BAC 就被称作抛物线。**该抛物线的底 BC 垂直于圆 $IBKC$ 的直径 IK，其对称轴 AD 平行于侧边 LK。

在曲线 BFA 上任取一点 F，作 FE // BD。那么我说，BD 上的正方形 [面积] 与 FE 上的正方形 [面积] 之比等于对称轴 AD 与它的一部分即 AE 之比。[①]

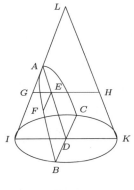

图 4.1

过点 E 作平面平行于圆 $IBKC$，在圆锥上截得直径为线段 GEH 的圆[②]。因为在圆 $IBKC$ 中，有 $BD \perp IK$，故 $BD^2 = ID \cdot DK$[③]。同理，在上方过点 G、F、H 的圆中，$FE^2 = GE \cdot EH$。因此，$\dfrac{BD^2}{FE^2} = \dfrac{ID \cdot DK}{GE \cdot EH}$[④]。

又由于 ED // HK，EH // DK，所以 $EH = DK$。

因此 $\dfrac{ID \cdot DK}{GE \cdot EH} = \dfrac{ID}{GE}$，也就是等于 $\dfrac{AD}{AE}$，而 $\dfrac{ID \cdot DK}{GE \cdot EH} = \dfrac{BD^2}{FE^2}$，故 $\dfrac{BD^2}{FE^2} = \dfrac{AD}{AE}$。   证毕。 {271}

[①]由抛物线方程 $y = ax^2$ $(a \neq 0)$ 可得 $\dfrac{y_1}{y_2} = \dfrac{x_1^2}{x_2^2}$。另，所谓一条线段上的正方形，就是以该线段为边长的正方形。

[②]相应的平面和圆在图4.1中均未实际作出。

[③]易知 BD 同时垂直于 AD 和 LD，故 BD 垂直于平面 LIK；而 $\triangle IBK$ 是直角三角形。另外，图中 D 看上去是 IK 中点，但实际上 D 可以是 IK 上任意一点。

[④]此比例式的原著直译是：BD 上的正方形对 FE 上的正方形，与矩形 IDK 对矩形 GEH 具有相同的比。请读者仿此理解后文中类似的二次式和比例式。

对于本讨论需要的另一命题，我们可以证明如下。

作一条抛物线，将其对称轴 CA 向上延长至点 D；从抛物线上任一点 B 作 BC 平行于抛物线的底。若选取 $AD = CA$，那么我说，过 B 和 D 所作的直线与抛物线相切于点 B。[①]

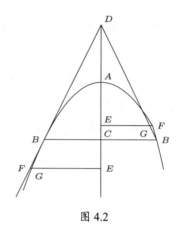

图 4.2

假设 BD 可以在 B 上方切割抛物线，或者在其下方延长线上切割抛物线，过抛物线内部任一点 G 作直线 FE。

由于 $FE^2 > GE^2$，故 $\dfrac{FE^2}{BC^2} > \dfrac{GE^2}{BC^2}$。

又，根据上一性质，有 $\dfrac{FE^2}{BC^2} = \dfrac{EA}{CA}$，可得 $\dfrac{EA}{CA} > \dfrac{GE^2}{BC^2} = \dfrac{ED^2}{CD^2}$（因为 $\triangle DEG$ 和 $\triangle DCB$ 对应边成比例）。

但，$\dfrac{EA}{CA}$ 或 $\dfrac{EA}{AD} = \dfrac{4EA \cdot AD}{4AD^2}$ 或等价地等于 $\dfrac{4EA \cdot AD}{CD^2}$，这是因为 $CD^2 = 4AD^2$。

于是 $\dfrac{4EA \cdot AD}{CD^2} > \dfrac{ED^2}{CD^2}$，由此可得 $4EA \cdot AD > ED^2$。

但这一结论是错误的，相反的结论才是事实，因为线段 ED 的两个分段 EA 和 AD 不相等。[②]

因此，线段 DB 与抛物线相切而不是相割。　　　证毕。

辛普　你的证明进展得太快了，而且你似乎一直假定我对欧几里

[①] 以下证明采用了"反证法"。本命题的代数意义是：抛物线 $y = ax^2$ 在其上一点 (x_0, y_0) 处的切线方程是 $y = 2ax_0 \cdot x - y_0$。请读者自行验证。

[②] 后文将说明，此处利用了《几何原本》第二卷命题 5，它可用代数式表达为：$\left(\dfrac{a+b}{2}\right)^2 - a \cdot b = \left(\dfrac{a-b}{2}\right)^2$，其中 $a + b$ 是线段的总长度，当 $a = b$ 时 $a \cdot b$ 最大。

得的所有定理就像对他的前几个公理那样熟悉，但是这远非事实。在 {272}
这里，你向我们展示的事实 (即因为 EA 和 AD 这两部分不相等，所以
$4EA \cdot AD < DE^2$) 一点也不让我觉得踏实，而是置我于悬念之中。

萨尔 事实上，所有真正的数学家都默认他的读者至少对欧几里得
的《几何原本》完全熟悉。在你的这个问题中，你只需回忆《几何原本》
第二卷中的一个命题，欧几里得证明了：当一条线段分别被分割成相等
和不等的两个分段时，由不等的两个分段包含的矩形 [面积]，要小于相
等的两个分段包含的矩形 (即该线段之一半上的正方形)[面积]，其差值
等于两个分割点之间的线段上 [相等线段与不相等线段之差值] 的正方
形。显然，根据该命题，整条线段上的正方形 [面积](等于一半线段上的
正方形 [面积] 之 4 倍)，要大于两条不等分段包含的矩形 [面积] 之 4 倍。

为了理解这篇论文接
下来的部分，必须谨记我
们刚刚证明的上述两个关
于圆锥曲线的基本定理。
而且，事实上它们也是作
者 [伽利略] 唯一用到的。

现在我们可以回到论
文，看看他是如何证明他

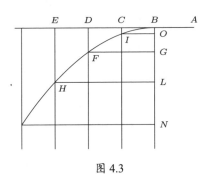

图 4.3

的第一个命题的，即：**做均匀水平运动和自然加速运动之复合运动的下
落重物，描绘出的是一条半抛物线。**

> 设想有一个位于高处的水平线或水平面 AB，一个物体
> 以均匀速度沿之从 A 运动到 B。
>
> 设该水平面在 B 处突然终止，那么在该点处，由于它的
> 重量，物体又将获得一个沿竖直线 BN 的自然下落运动。
>
> 沿水平面 AB 作直线 BE 表示时间的流逝或度量，并将
> 之划分为若干片段如 BC、CD、DE，以表示相等的时间间

隔：分别从点 C、D 和 E 向下作平行于竖直线 BN 的直线。

在其中第一条竖直线上截取任意长度 CI，在第二条上截取四倍于 CI 的长度 DF，在第三条上截取 9 倍于 CI 的长度 EH，等等。所截长度分别与 BC^2、BD^2 和 BE^2 成正比，或者说，其比等于对应线段的二次比。

于是，我们注意到，在物体以均匀速度由 B 运动到 C 的同时，它在竖直方向上通过了距离 CI，因而在 BC 时间段的终点所处位置是点 I。

类似地，在 BD 时间段 $(BD = 2BC)$ 的终点，竖直运动的距离将等于 $4CI$，因为在上一次讨论时，我们已经证明，物体在自然下落过程中通过的距离按照时间的平方发生变化。

类似地，在时间 BE 内物体运动的距离 EH 将等于 $9CI$。

因此很明显，距离 EH、DF 和 CI 相互之比，分别对应于 BE^2、BD^2 和 BC^2 相互之比。

现在分别从点 I、F 和 H 作线段 IO、FG 和 HL 与线段 BE 平行，则 HL、FG 和 IO 分别等于 BE、BD 和 BC，线段 BO、BG 和 BL 也分别等于 CI、DF 和 EH。

于是 $\dfrac{HL^2}{FG^2} = \dfrac{BL}{BG}$，且 $\dfrac{FG^2}{IO^2} = \dfrac{BG}{BO}$，故点 B、I、F、H 位于同一条抛物线上。

同理可知，如果我们取任意大小的时间间隔，又假设物体所做的复合运动与前相同，那么在这些时间间隔的最后时刻，该物体所处的位置都将位于同一条抛物线上。　　证毕。

萨尔　上述结论利用了前述两个命题之中第一个的逆命题。其成立的理由如下：在作出过点 B 和 H 的抛物线之后[①]，如果任意其他两点 F 和 I 不在该抛物线上，就会位于其内或其外，从而 FG 会大于或小于

[①]这里默认了 B 是抛物线的顶点，因此两点就可以确定唯一一条抛物线。

相应的终点位于抛物线上的线段，导致 $\dfrac{HL^2}{FG^2}$ 不等于 $\dfrac{BL}{BG}$，从而应该是大于或小于；但 $\dfrac{HL^2}{FG^2}$ 确实等于 $\dfrac{BL}{BG}$，因此 F 必须位于该抛物线上。所有其他点亦然。

萨格 不可否认这个论证是新颖、巧妙和有说服力的，但这个论证是基于想象的 [argomentando *ex suppositione*]①。也就是说，它基于如下假设：水平运动一直保持均匀，而竖直运动一直向下加速，其运动距离与时间的平方成正比；而且，这两个运动及其速度相互组合，不会相互改变、干扰或妨碍②。如此一来，随着物体运动的持续，抛体经过的路径就不会转变成其他曲线。但依我所见，这是不可能的。由于这条抛物线的对称轴 (我们设想落体沿着它进行自然下落运动) 垂直于一个水平面，且终止于地球的中心，又由于抛物线上的点离对称轴越来越远，所以没有哪个抛体最终能够到达地球中心，或者说，如果它要到达地球中心的话 (这似乎是必然的)，那么抛体的轨迹必然会变成与抛物线很不相同的其他曲线。③ {274}

辛普 对此我还可以补充其他困难。其一，假定既不向上也不向下倾斜的水平面可以用一条直线表示，直线上的每个点似乎与地球中心的距离都相等，但事实却不是这样。如果物体从直线的中心出发，无论朝哪一端运动，都将离地球中心越来越远，因而一直在向上移动。所以，这个运动在任何距离上都不可能维持均匀不变，而必须持续地变慢。另外，我认为不可能避免介质的阻力，它必然会破坏水平运动的均一性，并且改变落体加速运动的规则。由于这种种困难，要让从这些不可靠的

①一些欧美科学史专家对拉丁词语 *ex suppositione* 的含义有较多讨论和争议。读者参考第186页 (那里它的含义相当明确)，可以大略地知道伽利略使用这一术语时的含义。

②萨格雷多实际上在这里列出了抛体运动命题1成立的几个基础：惯性原理，自由落体定律，速度合成法则。这些正是伽利略研究平抛运动的基本假设。

③在萨格雷多这一疑难的背后，默认了重物的下落必然会通往地球的中心。请读者思考，如果以极大的速度抛射一个物体，它最终可能会做什么形式的运动？

假设中推导出来的结果能够在实际中也成立，这是极不可能的。[①]

萨尔　你们提出的这些困难和反对意见的依据都很充分，因而不可能被消除。从我的角度看，我打算完全承认它们，我想我们的作者 [伽利略] 也会这样做。我承认，这些被抽象地证明的结论，在具体地应用时将是不同的，甚至是相当错误的，以至于水平运动不是匀速的，自然加速运动不按既定的比值加速，抛体的运动路径也不是抛物线，等等。

但是，另一方面，我希望你们不要吝于认可我们的作者 [伽利略] 所作的、其他杰出人物也曾做过的假设，尽管它们不是严格正确的。仅提及阿基米德一人的权威，应该就能让大家都满意。在他的《论平面平衡》[*Mecaniche*] 以及《抛物线求积》(*Quadrature of the Parabola*) 中，他把天平或杆秤的横臂都视作直线，其上各点与所有重物的公共中心 [地心] 的距离都相等，并认为悬挂重物的绳索相互平行。[②]

一些人认为这一假设是可以接受的，因为在实践中，我们的设备及其涉及的距离，与到地球中心的距离相比是非常之小的，以至于我们可以把这一大圆的一段小弧视为直线，并把小弧两端的铅垂直线视作平{275}行。因为，如果在实践中一定要计较这么小的量，那么，首先就必须批评建筑师们，他们利用一根铅垂线，就敢于建造具有平行竖墙的高塔。

我可以补充说，在阿基米德和其他人的所有讨论中，都把自己与地心的距离看作是无限的 (由此他们的假设不会有错)，从而他们的结论是绝对正确的。然后，对于已经证明的结论，当我们要把它们用于虽然有限但非常大的距离时，就有必要根据已经证明的事实，推断需要作出什么样的修正，因为事实上我们离地球中心的距离不是真的无限大，而只是相对于我们装置的较小尺寸而言是极大的。我们涉及的最大尺寸，就是抛体 (对此我们也只需考虑大炮) 的抛射范围，它最大也不会超过 4 英

[①]辛普里丘大略是说：只有球面上各点到地球中心的距离恒定，才能维持均匀速度 (参见第251页相关译注)；空气阻力的存在会改变抛射体的轨迹。

[②]将考察对象进行抽象化处理，摒弃次要因素，保留关键要素，从而构建理想化的模型，是近代科学重要的研究方法。

里，而地心与我们之间的距离有数千英里。而且，由于抛体运动的终点位于地球表面，因此其抛物线轨迹只会发生极小的变形。但我们必须承认，如果运动终止于地心，这些轨迹就会极大地发生改变。

至于因介质阻力引起的扰动，它是更加显著的；而且由于介质的形式多种多样，它不服从固定的规则和精确的描述。如果只考虑空气对我们研究的运动所产生的阻力，可以看到空气会干扰所有这些运动，而且其干扰方式是无限多的，对应于抛体的形状、重量和速度的无限变化。

单就速度而言，速度越大，空气的阻力也越大；当运动物体的密实度更小时，它受到的阻力也会更大。因此，虽然落体的运动距离理应与时间的平方成正比，但无论物体有多重，只要它是从足够高的地方开始下落，空气的阻力都将增大到足以阻止物体运动速度的增加，从而使其运动变为匀速的。对于相对稀疏的物体，这一匀速运动将更快地在更短的下落距离内达到。 {276}

即使是水平运动 (它在没有阻碍时理应是均匀不变的)，也会因空气的阻力而发生变化，并且最终停止。在这里，依然是物体越稀疏，上述过程就越快。由于物体的重量、速度和形状等性质在数量上是无限的，因而不可能作出任何确切的描述。所以，要用科学的方式处理这一问题，就必须摆脱这些困难：在不考虑阻力时发现并证明那些定理，并在实际经验教导的限制条件下去运用它们。这一做法的用处将是不小的，因为对抛体的材料和形状可以加以选择，使其尽量致密和尽量呈现球形，从而使抛体在介质中遇到的阻力最小。而相应的距离和速度一般也不会特别大，从而可以容易地对它们进行精确的修正。

对于我们使用的抛体，或是用致密材料制成的球体，或是用较轻材料制成的圆柱体 (比如从弓弩上射出的箭)，它们的运动路径相对于精确抛物线的偏离是很难察觉的。事实上，如果你们允许我稍微多说几句，我可以通过两个实验向你们说明，我们的器械是如此之小，以至于很难观察到这些外部的、偶然的阻力 (其中，介质的阻力又是最显著的)。

　　我现在继续考虑在空气中的运动，因为这是目前最为关注的。[①]空气阻力的表现有两种方式：第一，对稀疏的物体相比对致密的物体具有更大的阻力；第二，对快速运动的物体相比同一物体在缓慢运动时具有更大的阻力。

　　关于第一种情况，考察两个尺寸相同的球体，其中一个的重量是另一个的 10 倍或 12 倍。比方说一个是铅制的，另一个是橡木制的，二者都从 150 或 200 腕尺的高度开始降落。

　　实验结果显示，它们将以稍有不同的速度到达地面；这就向我们表明，在这两种情况下空气阻力造成的减速都很小。这是因为，如果两个球是在同一时刻、同一高度开始下落的，且铅球只是稍被减速而木球是被大幅减速，那么前者相比后者将会提前相当远的距离到达地面，因为 {277} 前者是后者的 10 倍重。但这种情况并没有发生。事实上，前者超出后者的距离不到整个下落距离的 $\frac{1}{100}$。进一步地，如果另一个是石球，其重量是铅球的 $\frac{1}{3}$ 或 $\frac{1}{2}$，它们到达地面的时间差将几乎察觉不到。

　　那么，由于铅球从 200 腕尺高度降落所获得的动量 [impeto] 非常之大 (如果物体以此做均匀运动，它在与该下落过程相等的时间内，足以通过 400 腕尺)，而且相对于我们通过弓弩或其他机器 (枪炮除外) 给予抛体的速度，上述速度都要大得多，因此，那些我们将在不考虑介质阻力时证明的命题，可以被认为绝对正确，其误差是难以觉察的。

　　再来看第二种情况，此时我们必须证明，空气对快速运动物体的阻力，与对缓慢运动的同一个物体相比并不会大很多。下述实验就可以提供充分的证明。在两根等长的 4 码或 5 码的细绳下方分别系一个相同的铅球，并悬挂于天花板上。现在把它们从竖直位置拉起，其中一根的角度达到 80° 或更大的角度，另一根则不超过 4° 或 5°。于是，当把它们释放后，前者下落后穿过竖直位置，它摆出的弧线很大且缓慢地变小，比如分别是 160°、150°、140° 等，后者摆出的弧线较小并且也缓慢地变

[①] 萨尔维亚蒂接下来的讨论，总体上是重复了"第三天"的相关论述。

小，比如分别是 10°、9°、8° 等。

首先必须说明，在一个摆经过 180°、160° 等幅度的相等时间内，另一个摆经过了 10°、8° 等幅度。因此，前一个球的速度达到第二个球的 16 倍或 18 倍之多。因此，如果空气对快速运动提供的阻力要明显大于对低速运动的阻力，那么以 180° 或 160° 等大幅度摆动时的频次，应当小于以 10°、8° 或 4° 等小幅度摆动时的频次，更加小于以 2° 或 1° 等小幅度摆动时的频次。但是，这一预测并没有得到实验的证实。因为，如果两个人分别对大摆动和小摆动进行计数，他们将会发现，在数到几十甚至几百次之后，二者之间的差异不会达到一次摆动，甚至都不会达到几分之一次。[①]

{278}

这一观察结果同时向我们证实了这两个命题，即：大幅度摆动与小幅度摆动所需时间相同；空气阻力对高速运动的影响并不大于对低速运动的影响[②]。这与迄今为止普遍接受的观点相反。

萨格 [与普遍观点] 相反地，由于我们不能否认空气对这两种运动都有阻碍，二者都变得更慢且最终消逝，我们就必须承认，这一减速在每种情况下都以相同的比值发生。但是，空气是如何做到的？事实上，如果不是给予快速物体更多的动量和速度 [阻碍]，空气施加于一个物体的阻力怎么会比施加于另一个物体的阻力更大呢？那么，如果是这样的话，物体运动所具有的速度就同时是它遭受阻力的原因以及阻力大小的量度。因此，所有的运动，无论快或慢，都按照同样的比值被阻碍和衰减。这一结果，在我看来，并非无关紧要。

萨尔 因此，对于这第二种情况，我们可以说，在忽略那些偶然因素引起的误差之后，由于我们的机械所涉及的速度基本上都很大，所产生的距离与地球或其一个大圆的半径相比也都可以忽略不计，我们即将

[①]有兴趣的读者可以重复上面的实验，看看伽利略的叙述是不是符合事实。

[②]根据接下来萨格雷多的发言，伽利略认为阻力正比于速度，即 $f = kv$，因而这里所谓的"不大于"当理解为比例系数 k 不变。

证明的那些结果的误差都是很小的。

辛普 我想要听听你的理由，你为什么要将利用火器发射的抛体 (也就是那些利用火药的抛体)，与那些采用弓弩和投石器发射的抛体划分为不同的类型，把它们因空气而发生的变化和阻碍视为有所不同。

萨尔 我之所以有这种看法，是由于发射此类抛体的外力 [furia] 非常之大，可以说是超越自然的 [soprannaturale]。因为，事实上我认为可以毫不夸张地说，从一把步枪或一门大炮中发射出去的弹球，其速度是超越自然的。假如让这样一个球从极高的高处自然下落，它的速度由于空气阻力的原因，不会无限制地增加。较低密实度的物体从短距离下落时就会发生的事情 (我指的是它们的运动会转变为匀速)，一个铁球或铅球在下落数几千腕尺之后也会发生。这一终极速度是这一重物在空气中

{279}　自然下落时所能获得的最大速度。我估计，相比火药燃烧施加于该球的速度，上述速度要小得多。

可以用一个恰当的实验来证明这一事实。用一杆火枪，从 100 腕尺或更高处，竖直向下地朝地面的石头上发射一颗铅弹；再用同一杆火枪，从 1 腕尺或 2 腕尺的高度向一块类似的石头上射击。之后，我们观察这两个小球中哪一个会凹陷得更厉害。如果来自更高处的铅弹是二者之中变形较小的，那就将表明，空气阻碍了该铅弹的运动，并减缓了火药最初给予它的速度。这同时也表明，无论一个铅弹从多高处下落，空气都不会允许它达到如此大的一个速度。否则，假如火枪施加给铅弹的速度要小于它自然下落时能获得的最大速度，那么它向下的冲击效果应该更大而不是更小。

我尚未做过这个实验。但我的观点是，无论从多高处下落，一颗步枪子弹或炮弹所造成的冲击，都比不上它们从只有数腕尺远处向一堵墙发射时所造成的冲击；在如此短的距离之下，空气的挤压分散将不足以剥夺火药给予子弹或炮弹的、超越自然的外力。这些猛烈的子弹或炮弹的巨大动量，可能会引起运动轨迹发生一定程度的变形，使得抛物线在

起始处相比终结处更加平坦，弯曲度更小。

但是，就我们的作者 [伽利略] 所考虑的而言，这在实际应用中是一个影响较小的问题。其中一个主要的应用是编制炮弹发射距离的表格，给出该小球达到的距离随着不同发射仰角的变化。由于此类炮弹是由采用较少炸药的、不会给予超自然动量 [impeto] 的臼炮 [mortari] 发射的，它们的运动将相当精确地遵循规定的路径。

但是现在，让我们继续作者 [伽利略] 的讨论，他将带领我们研讨一个运动物体的动量 [impeto del mobile]，它是由另外两个运动合成的。首先讨论的情况是，这两个运动都是均匀的，其一是水平运动，另一个是竖直运动。

{280}

命题 2 (定理 2)

当一个物体的运动是由两个均匀运动 (一个是水平运动，另一个是竖直运动) 合成时，合动量之平方等于前两个动量的平方和。①

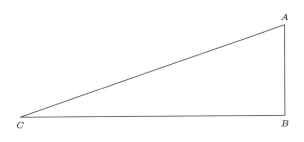

图 4.4

我们设想被两个均匀运动推动的任意一个物体，用 AB 表示其在竖直方向的运动距离，用 BC 表示其在相同时间内沿水平方向的运动距离 [图4.4]。那么，由于 AB 和 BC 分别是两个均匀运动在相等时间内经过的距离，它们对应的动量之比将等于 AB 与 BC 之比。

---

①伽利略并没有使用"平方""平方和"这样的表达，其术语是 potentia aequale、potenza eguale 之类，即合动量与前两个动量是"equal in power(在二次幂上相等)"。

由这两个运动推动的物体将描绘出对角线 AC，因此物体的动量将与 AC 成正比。

又由于 $AC^2 = AB^2 + BC^2$，因此，合动量之平方等于与 AB 和 BC 对应的两个动量之平方和。

辛普　在这个地方，我有一个小小的疑惑需要弄清楚。在我看来，刚刚得出的结论与先前的一个命题有矛盾。那个命题说，一个物体从 A 运动到 B 的动量 [impeto]，等于它从 A 运动到 C 的动量[①]，而现在你的结论是，C 处的动量要大于 B 处的动量。

萨尔　辛普里丘，这两个命题都是正确的，但是它们之间的差异非常之大。在这里，我们谈论的是一个物体由一个运动推动，这个运动本身又是两个均匀运动的合成；而之前我们谈论的是两个物体分别被自然加速运动所推动，其中一个沿竖直方向 AB，另一个沿斜面 AC。而且，在那里我们并不要求二者的运动时间相等，而是沿斜面 AC 的运动时间要大于沿竖直方向 AB 的运动时间。但对于我们现在讨论的运动来说，沿 AB、BC 和 AC 的运动都是均匀的和同时进行的。

{281}　**辛普**　抱歉，我现在明白了。请你继续。

萨尔　接下来，我们的作者 [伽利略] 试图解释，当一个物体被一个水平均匀运动和另一个竖直自然加速运动合成的运动 (由这两个运动产生的抛体运动路径，即一条抛物线) 推动时，其动量将会如何。问题就是要确定抛体在每一点上的动量。为了达到这个目的，我们的作者 [伽利略] 提出如下方式 [modo]，或者毋宁说是方法 [metodo]，用以度量一个重物从静止出发并以自然加速运动下落的运动路径上各点的动量。

[①]这是指"第三天"所谓的"唯一的假设"，见第196页。在那里，伽利略的用词是拉丁语 gradus velocitatis (速度)，而这里是意大利语 impeto。后者在他那里既可理解为"动量"，有时也等价于"速度"。

命题 3 (定理 3①)

设物体从 A 由静止出发沿线段 AB 运动。在该线段上任选一点 C，约定用 AC 表示物体下落通过距离 AC 所需的时间 (或表示时间的量度)，也用 AC 表示物体由此在 C 处获得的速度或动量 [impetus seu momentum]②。

在 AB 上任选另一点 B。现在的问题是，确定物体经由 AB 下落后在 B 处获得的动量与它在 C 处获得的动量的比值，而后者是用长度 AC 来度量的。取 AS 为 AC 和 AB 的比例中项，我们将要证明，B 处动量与 C 处动量之比，等于长度 AS 与长度 AC 之比。

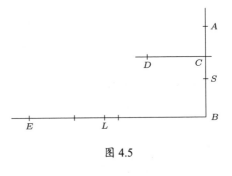

图 4.5

作水平线 CD，其长度 $CD = 2AC$；又作水平线 BE，其长度 $BE = 2AB$。

根据之前的证明③，如果一个物体先沿 AC 下落，再以在 C 处获得的动量转向沿水平线 CD 做均匀运动，那么，物体将在与它沿 AC 加速下落所需的相等时间内通过 CD。

{282}

同理，物体将在与它通过 AB 的相等时间内通过 BE。由于物体通过 AB 的时间可用 AS 表示，故物体通过水平距离 BE 的时间也是 AS。

---

①此处伽利略的原文没有对定理的文字表述。这个定理实际上是从物体运动的动量 [impeto] 之角度重述了"第三天"匀加速运动命题2推论 II。下面的证明过程看上去比较迂回，这应该与伽利略跟我们对术语的理解以及使用的数学工具不同有关。

②克鲁英译本此处把拉丁语"impetus seu momentum"(impetus or momentum) 译为"velocity (速度)"。如前面的译注所述，伽利略有时会把相应的意大利术语 impeto 和 velocità 作为同义词使用。我们将尽可能按照伽利略原著的用词进行汉译。

③二倍距离规则，参见"第三天"命题23的作者"注释"和相关译注。

在 BE 上取一点 L，使 $\dfrac{时间 AS}{时间 AC} = \dfrac{BE}{BL}$。由于沿 BE 的运动是均匀的，因此若以在 B 处获得的动量通过 BL，所需的时间将是 AC。但是，在与 AC 相等的时间内，物体能够以在 C 处获得的动量通过 CD。

由于两个动量 [momenta] 之比等于它们在相同时间内通过的距离之比，因此有 $\dfrac{C 处动量}{B 处动量} = \dfrac{CD}{BL}$。

由于 $\dfrac{CD}{BE} = \dfrac{AC}{AB}$ 且 $\dfrac{BE}{BL} = \dfrac{AB}{AS}$ [因为 $\dfrac{AS}{AC} = \dfrac{AB}{AS}$]，根据等距比的性质，有 $\dfrac{CD}{BL} = \dfrac{AC}{AS}$。换言之，$\dfrac{C 处动量}{B 处动量} = \dfrac{AC}{AS} = \dfrac{通过距离 AC 的时间}{通过距离 AB 的时间}$。

于是，确定物体沿着下落方向的动量的方法已经弄清楚了；这个动量被认为是与时间成正比地增加的。

但是，由于这个讨论要研究水平匀速运动和竖直向下加速运动的复合运动 (得到抛体的运动路径，即抛物线)，在继续之前，我们有必要定义一个共同的标准，用以度量这两个运动的速度或动量 [velocitatem, impetum seu momentum]。由于匀速运动的速度可以有无数个，而其中只有一个速度 (它不是随机选择的) 将与自然加速运动获得的速度进行关联和合成，除了假设同一类型的另一种运动，我想不出其他更简单的方法来选择和确定它。[①]

[图4.6] 为了清楚起见，作竖直线 AC 与水平线 BC 相交于点 C。其中，AC 和 BC 分别是半抛物线 AB 的高度 (height) 和宽度 (amplitude)。这条抛物线是由以下两个运动产生的，其中一个是物体由 A 静止开始以自然加速运动经过竖直距离 AC，另一个是以匀速运动经过水平距离 AD。物体通过距离 AC 下落至 C 处的动量是由距离 AC 确定的，

{283}

[①]为了对不同方向上的速度进行合成，就需要确定度量两个速度 (或动量) 的共同标准 (即我们现在所理解的速度单位，但伽利略时代尚不知道类似于 "米/秒" 这样的表达)。此处的具体含义参见后面的命题4。

因为一个物体下落相同高度所获得的动量总是相等的。但在水平方向上，我们可以给予物体无数个均匀的速度。然而，为了能够从这众多速度中选出一个，并以完全确定的方式与剩下的速度进行区分，我把高度 CA 向上恰到好处地延伸至某一点 E，并把距离 AE 称为"准高"(sublimity)①。

设一个物体从 E 由静止开始下落，显然我们可以使它在 A 处的动量等于它沿水平线 AD 方向的动量。它的速度将满足，在沿 EA 下落的时间内，物体能够运动 2 倍于长度 EA 的水平距离。

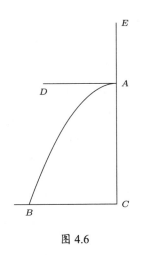

图 4.6

以上预备性的说明看上去是必要的。还要提请注意的是，在上面我把水平线 CB 称为半抛物线 AB 的"宽度"，把它的对称轴 AC 称为"高度"；而物体沿之下落以确定水平动量的线段 EA 被称为"准高"。

在作出以上解释之后，我将开始进行证明。

萨格 请允许我打断一下，这样我可以指出，作者 [伽利略] 的上述思想，与柏拉图关于天体运行具有的各种均匀速度之起源的观点是一致的。

柏拉图偶然地发现了以下思想，一个物体若要在从静止到达任意给定的速度之后保持匀速，唯一的办法是，它必须经过介于给定速度和静止之间的所有较小速度 (或者说，更大的慢度)。他认为，上帝在创造了众多运动天体之后，为它们分配了合适的均匀速度，并让它们以之永不停歇地旋转；上帝让它们从静止开始，在自然的直线加速运动下 (按照地面上物体一样的法则) 移动一段给定的距离。他还说，一旦这些天体

---

①把 sublimity 译作"准高"的原因，请读者参见后文命题5及其译注。

{284}   获得了合适的永恒速度，其直线运动就被转变为圆周运动；这是唯一能够保持均匀性的运动，物体在这一运动中发生旋转，既不远离也不趋近它的目标。

这不愧是柏拉图的思想。而且，它值得获得更高的评价，因为其潜在原理未被揭示，直到我们的作者 [伽利略] 在揭去它们的面具和诗意的表达之后，从真实的历史视角 [verace istoria] 发现了它们。

关于行星轨道的大小，这些天体与其旋转中心之间的距离，以及它们的运动速度，天文学为我们提供了极其完备的信息。鉴于这一事实，我不禁想到，我们的作者 [伽利略]（柏拉图的上述想法对他不是隐秘的）会有一定的好奇心去发现，对每一颗行星是否可以给予一个确定的"准高"，使它如果在这一高度上从静止开始沿直线自然加速地下落，然后把由此得到的速度转变为匀速 [圆周] 运动，由此它的轨道大小和旋转周期将符合实际观测到的结果。

萨尔 我想，我记得他告诉过我，他曾经做过这个计算，并发现它与观察结果的符合是令人满意的。但是他不愿意把它说出来，因为他的许多新发现已经给他带来了憎恶，唯恐它又火上浇油。但是，无论谁希望得到这样的信息，他自己都可以根据这里提出的理论去获得它。

但是，让我们继续当前的工作，也就是要证明：

命题 4 (问题 1)

确定抛体在其给定的抛物线轨迹上每一特定点的动量。

设 BEC 是给定的半抛物线，其宽度是 CD，高度是 DB，后者向上延长并与抛物线的切线 CA 相交于点 A。过顶点 B 作水平线 BI，则 $BI \parallel CD$。

如果 $CD = AD$，那么 $BI = AB = BD$。又，假设我们用 AB 表示物体下落一段距离 AB 所需的时间，也用它表示物体从 A 由静止下落至 B 所获得的动量。那么，如果转到水平方向，物体由 AB 下落获得的动量在相同时间内的水平运动距离可用 CD 表示 ($CD = 2BI$)。

但是,一个从 B 由静止沿 BD 下落的物体,将在相同时间内下落抛物线的高度 BD。

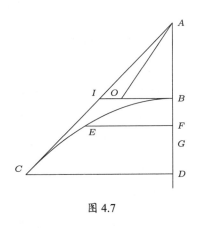

于是,一个物体从 A 处由静止下落,以动量 AB 转向水平方向后,将穿过等于 CD 的空间。如果在这一运动上叠加沿 BD 下落的运动,其在描绘出抛物线 BC 的过程中通过高度 BD,那么物体在终点 C 的动量,将是匀速水

图 4.7

平动量(其值用 AB 表示)与另一个从 B 下落到终点 D 或 C 获得的动量之合成。而这两个动量 [大小] 是相等的。

因此,如果我们以 AB 作为其中一个动量的度量,比如说那个均匀水平的动量,那么,与 BD 相等的 BI 将表示在 D 或 C 处获得的动量,从而斜边 IA 将表示这两个动量的合动量,也就是说,表示沿抛物线运动的抛体冲击 C 点时的总动量。

知道这一点之后,我们取抛物线上的任意一点,比如 E,并确定抛体通过这一点时具有的动量。

作水平线 EF,取 BG 为 BD 和 BF 的比例中项。

既然 AB 或 BD 被约定为物体由静止下落距离 BD 的时间和动量的度量,那么 BG 将度量物体由 B 下落至 F 的时间和动量。

因此,如果我们截取 $BO = BG$,并连接 A、O,那么 AO 将表示物体在 E 点的动量 [大小]。这是因为:

已经约定以长度 AB 表示物体在 B 处获得的动量,在转向水平方向之后,该动量保持不变。BO 可以度量物体在 F 或 E 处获得的动量,它是物体从 B 由静止下落高度 BF 得到的。

    又 $AO^2 = AB^2 + BO^2$，于是就得到了我们的所求。

萨格 你将这些不同的动量合成在一起，从而得到其合动量的方式，对我而言是如此新奇，以至于我的头脑非常困惑。我不是指两个均匀运动的合成，即使它们并不相等，并且一个是沿水平方向的运动，另一个是沿竖直方向的运动；因为在这种情况下，我完全相信，其合运动的平方等于两个分运动的平方和。困惑来自于要把一个均匀的水平运动跟一个自然加速的竖直运动合成在一起。因此，我相信我们应该更详细
{286} 地讨论这个问题。

辛普 我甚至比你更有这个需要，因为关于那些基本命题 (其他命题以它们为基础)，我的头脑都还不能达到应有的清晰。即使对于两个均匀运动的情形，其中一个水平，另一个竖直，我都希望能够更好地理解你获得两个分量之合成动量的方式。萨尔维亚蒂，现在你了解我们的需求和愿望了。

萨尔 你们的要求完全合理。我也想看一看，我对这些事情的长期思考，是否能够使我让你们弄清楚它们。但是，如果在解释中我重复了作者 [伽利略] 已经说过的许多事情，你们必须原谅我。

关于运动及其速度或动量，无论是匀速运动还是自然加速运动，在确立对这些速度和时间的一个度量之前，我们不能清晰地说出它们。关于时间的度量，我们已经拥有广泛采用的小时、分和秒 [delle ore, minuti primi e secondi]，等等。因此，对于速度，就像对时间的度量那样，也需要有一个共同的标准，它要能被每个人理解和接受，并且对所有人都是一样的。如前所述，我们的作者 [伽利略] 认为自然下落物体的速度适用于这个目的，因为这一速度在世界各地都按照同一规律增加。比方说，一个重 1 磅的铅球从静止开始竖直下落一定高度，比如说一支长矛的高度，它由此获得的速度在所有地方都是一样的。因此，它能够极好地用于表征自然下落时获得的动量 [impeto]。

对于匀速运动，我们尚需寻找一种度量其动量的方法，以使所有讨论这一主题的人们对其大小和速度形成相同的概念。这就可以防止一个人把它想象得比实际更大，另一个人把它想象得比实际更小。这样的话，在将给定的匀速运动与加速运动进行复合时，不同的人就不会产生不同的复合动量大小。为了确定和表示这样的动量和速度，我们的作者 [伽利略] 发现，与采用物体在自然加速运动中获得的动量 [作为标准] 相比，没有更好的方法了。以这种方式获得任意动量的物体，在转变为匀速运动之后，其速度将准确地得以保持；在与该下落相等的时间内，此速度将使物体通过一段等于物体下落高度 2 倍的距离。但是，由于这是我们讨论的一个基本问题，我们最好能用一些具体的实例来把它完全讲清楚。

{287}

让我们考虑把一个物体从高处落下时 (比如说一支长矛的高度) 所获得的速度和动量，在需要时作为衡量其他速度和运动的标准。假设该下落所需的时间是 4 秒 [minuti secondi d'ora]。现在，为了确定物体从任意高度 (无论是更高还是更低) 下落时获得的速度，我们一定不要断言这些速度之比等于下落高度之比。举例来说，以下说法是不正确的：从 4 倍于给定高度处下落获得的速度，将 4 倍于从该给定高度下落获得的速度。自然加速运动的速度不是随着距离成比例地增大或减小，而是与时间成正比。正如前面已经证明的，物体的运动距离随着时间的二次比而增加。于是，如果约定用同一条有限直线段同时度量物体的速度、运动时间以及在该时间内的运动距离 (为了简洁起见，这三个量经常用同一条直线段表示)，那么，对任意一段其他运动距离、运动时间以及所获得的速度都不能用后一段距离表示，而要用这两个距离的比例中项来表示。

我可以用一个实例来更好地说明这一点。在竖直线 AC 上，截取一部分 AB，用以表示物体以加速运动自然下落所经过的距离。对应的下落时间可以用任意的有限直线段来表示；但是，为了简洁起见，我们将用同一段长度 AB 来表示。这个长度也可以用于度量物体在这个运动

303

中所获得的动量和速度。一句话，假设 AB 是讨论中涉及的各种物理量的度量。

{288} 　在人为地约定选择 AB 作为距离、时间和动量这三个不同物理量的度量之后，我们的下一个工作就是找出物体沿给定竖直距离 AC 下落所需的时间，以及它在终点 C 处获得的动量，且二者都是依据 AB 所代表的时间和动量来度量的。这两个需要求解的物理量，可通过截取 AD (即 AB 与 AC 的比例中项) 来得到。[①]

图 4.8

换句话说，如果我们约定从 A 下落至 B 所需的时间用 AB 表示，在相同的标度之下，从 A 下落至 C 所用的时间就可以用 AD 表示。类似地我们可以说，物体在 C 处获得的动量或速度 [impeto o grado di velocità] 与它们在 B 处的对应量之间关系，等同于线段 AD 与 AB 之间的关系。这是因为速度随时间成正比地变化，它曾被当作一个公设 [postulato][②]，然而我们的作者 [伽利略] 希望在前面的命题 3 中阐释它的应用。

在弄清并确认这一点后，我们进而考虑两类复合运动之下的动量，其中一类是一个均匀水平运动与一个均匀竖直运动的复合，另一类则是一个均匀水平运动与一个自然加速竖直运动的复合。当两个运动都是均匀的，而且二者

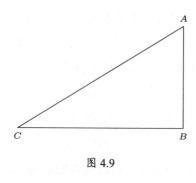

图 4.9

互相垂直时，我们在前面已经看到，合成量的平方是两个分量的平方之和，这在图示中可以清晰地看出 [图4.9]。

让我们想象一个物体以均匀动量 3 沿竖直线 AB 运动，到达 B 后继续以动量 4 沿水平方向向 C 运动。那么，在相同时间内，物体分别在竖直和水平方向上运动 3 腕尺和 4 腕尺。然而，以合速度运动的一个

[①]此处内容实质上重述了"第三天"命题2及其推论 II。

[②]在"第三天"，"速度随时间成正比地变化"是匀加速运动的**定义**而非**公设**。

物体在相同时间内将通过斜边 AC，其长度不是 7 腕尺 (即距离 AB 与 BC 之和，3 腕尺 +4 腕尺)，而是 5 腕尺。5 的二次幂等于 3 与 4 的二次幂之和；也就是说，3 的平方与 4 的平方相加等于 25，后者是 AC 上的正方形 [面积]，也是 AB 和 BC 上的正方形 [面积] 之和。于是，AC 是面积为 25 的正方形 [del quadrato 25] 之边长 (或者说平方根)，也就是说 $AC = 5$ [腕尺]。

因此，为了求得两个均匀动量 (一个水平，另一个竖直) 的合动量，{289}
作为一个确定无误的规则，我们有：分别求得两个分动量的平方，再把二者相加，最后对其和求取平方根，所得即是二者合动量的大小。据此，在上面的例子中，物体因其竖直运动将以动量 3 撞击水平面，物体仅因其水平运动将以动量 4 撞击点 C。但是，如果物体以这两者的合动量来撞击，那么它的撞击将对应于以动量 5 运动的物体。而且，这一撞击在斜边 AC 上的所有点处都是相同的，因为组成它的两个动量总是保持不变，既不增加也不减少。

现在，让我们转而讨论均匀水平运动与由静止开始的、自然加速的竖直运动的复合。显而易见的是，代表二者之复合运动的对角线 [diagonale] 不再是一条直线，而是一条半抛物线，正如已经证明的那样。在这条抛物线上，动量 [大小] 总是不断增加，因为竖直运动的速度不断增加。

因此，为了确定这一抛物线形"对角线"上任意给定点的动量，必须首先确定水平方向的均匀动量，之后再仅考虑物体的下落运动，由此求出在给定点处的竖直动量。后者只有通过考察下落时间才能确定；在速度和动量始终不变的两个匀速运动的合成中，这一点是不用考虑的。但是在这里，其中一个运动是从静止开始且速度随时间成正比地增加，因此给定点的速度必然取决于时间。在确定两个动量之后，剩下要做的就是求得二者的合动量，其方法是使合动量的平方等于两个分动量的平方之和 (其做法与两个匀速运动的合成一样)。

不过，这里最好还是通过一个实例来加以说明。

305

{290} 在竖直线 AC 上任意截取一部分 AB，并用 AB 作为物体沿竖直方向自然下落所通过的空间的度量，类似地也作为时间和速度 (或者说动量) 的度量。显然，如果物体由 A 静止下落至 B 处的动量，在转向水平方向 BD 之后进行匀速运动，那么它的速度将满足：在用 AB 所表示的时间内，物体通过的距离可以用线段 BD 表示，则 $BD = 2AB$。

现在选择一点 C，使 $BC = AB$，过 C 作 CE，使 $CE = BD$ 且 $CE \parallel BD$，过点 B 和 E 作抛物线 BEI。在时间 AB 内，物体以动量 AB 运动的水平距离等于 BD 或 CE，即等于长度 AB 的 2 倍。而且，在相等的时间内，物体可以 [从静止开始] 下落竖直

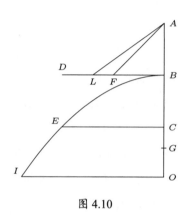

图 4.10

距离 BC，且在 C 处获得的动量与 BD 水平方向的动量相等。因此，在时间 AB 内，物体将由 B 沿着抛物线 BE 运动到点 E，而且在到达 E 点时，其动量是两个 [大小] 等于 AB 的动量之合动量。又因为这两个动量中一个是水平的，另一个是竖直的，因此，合动量的平方等于两个分动量的平方之和，也就是等于二者中任意一个的 2 倍。所以，如果我们在 BD 上截取 $BF = AB$，并连接 AF，可得物体在 E 处的动量 [大小] 和冲击 [percossa] 与它从 A 下落至 B 获得的动量 [大小] 和冲击之比，或者等价地说，前者与沿 BD 方向的水平动量所带来的冲击之比，将等于 AF 与 AB 之比。

现在，如果我们选择一个下落高度 BO，$BO > AB$，并设 BG 是 AB 和 BO 的比例中项。仍然采用 AB 作为物体 从 A 由静止下落至 B 的距离的度量，也用它度量相应的时间以及落体在 B 处获得的动量。可知，BG 将可以度量物体由 B 下落至 O 所需的时间以及获得的动量。类似地，正如动量 AB 在时间 AB 内能使物体运动一段等于 $2AB$ 的水平

距离，此时在时间 BG 内，物体在水平方向的运动距离将相应地按 BG 与 AB 之比增加。

在 BD 上截取 $LB = BG$，并作出斜边 [diagonale] AL，由此我们得到两个动量 (一个水平，一个竖直，由它们产生抛物线) 的复合量。其中，水平方向的均匀动量是从 A 下落至 B 得到的，另一个动量则是由物体沿 BO 下落至 O 处得到的，其运动时间可用线段 BG 表示，相应的物体动量 [大小] 也可用线段 BG 表示。

{291}

类似地，当抛物线端点的高度小于准高 AB 时，通过截取这两个高度的比例中项，我们也可以确定该端点处的动量 [大小]。沿水平方向作出该比例中项以代替 BF，并作出另一条斜边以代替 AF，所得斜边就可以表示此抛物线端点处的动量 [大小]。

到目前为止，我们关于抛体的动量、撞击 [colpi] 或者冲击 [percossa] 所说的内容，需要再加上一条非常重要的注意事项：为了确定冲击的力量或能量 [forza ed energia]，只考虑抛体的速度是不够的，我们还必须考虑目标物具有的性质和条件，它在很大程度上决定了冲击的效率。[①]

首先，众所周知，目标物承受的、源自抛体速度的作用 [violenza]，与它阻挡抛体运动的程度 (部分地或者完全地) 成比例。因为如果一个冲击落在毫无阻力地随之变形的目标之上，这个冲击就会毫无效果。类似地，如果一个人用长矛攻击敌人，并在敌人以相等速度逃跑时刺向他，那就不会对敌人造成任何撞击，而只会发生无法造成伤害的接触。

其次，如果冲击落在一个只是部分地随之变形的目标之上，那么这一冲击就不能发挥全部的效果，其伤害程度将与抛体跟后退物体的速度之差成正比。例如，如果炮弹以速度 10 击中目标，而后者以速度 4 后退，那么造成的冲力或冲击 [impeto e percossa] 将可以用 6 表示。

最后，单就抛体而言，当目标完全不后退，而是 (如果可能的话) 完

[①]伽利略在这里讨论冲击或碰撞问题的原因可能有：他经常用所谓"冲击"来衡量速度，见第189页相关译注；在他的本书写作计划中，原本还有一"天"对话是关于物体碰撞的，此处可能是为它埋伏笔，参见第309页译注。

全地抵抗和阻止抛体的运动时，它产生的冲击将是最大的。我之所以说"单就抛体而言"，是因为假如目标物迎着抛体运动的话，碰撞造成的冲击将会更大，即按照这两个速度之和与抛体自身速度之比增大。

{292} 此外，我们还可以观察到，目标物的形变量不仅取决于其材料的特性 (以硬度来说，取决于它到底是铁、铅还是羊毛等)，而且还取决于目标物的位置。如果目标物的位置恰好让弹球垂直冲击，这一撞击所产生的冲力 [impeto del colpo] 将是最大的。但是，如果运动是倾斜的，或者说是歪的，那么撞击就会较弱。而且，它会随着倾斜度的增加而成比例地越来越弱。这是因为，当目标物处于此种位置时，无论它的材料有多硬，抛体运动的动量都不会完全消耗或停止；这个抛体将会滑过目标物，并在某种程度上，沿其对立物的表面继续运动。

因此，前面关于抛体在抛物线末端的冲击力 [impeto] 所说的全部内容，都必须理解为是指在与抛物线成直角的直线上，或者说沿着给定点的抛物线切线方向的冲击。这是因为，如果运动有两个分量，一个水平的，一个垂直的，无论沿水平方向还是沿与之垂直的平面上的冲击力 [impeto] 都不是最大值，因为它们都是被斜着接受的。

萨格 你提到的这些撞击和冲击使我想起了力学中的一个难题 [problema]，或者说是一个疑问 [questione]，关于它还没有哪个作者给出过解答，或者说过任何可以减轻我的惊奇程度的，哪怕只是在一定程度上抚慰我心智的东西。

我的困难和惊奇之处在于，我无法理解，在一个冲击过程中出现的能量和巨大的力量是从哪里产生的，又是基于什么原理产生的。举个例子，我们可以看到，一个重量不超过 8 磅或 10 磅的锤子通过简单的一击就可以克服某个阻力，但如果不是用击打的方式，这一阻力都不会屈服于一个仅靠挤压产生冲击力 [impeto] 的物体重量，哪怕这个物体有好几百磅重。我希望能够找到一种测量这种冲击力量 [forza] 的方法。我想它应该不是无限大的，相反地，我认为它有一定的限度，并且可以被其他力量抵消和度量，比如说采用重量，或者采用杠杆、螺旋以及其他用于增强力量的机械装置 (其运作方式我能很好地理解)。

萨尔 不只是你一个人对这一效果感到惊奇，并且对这一非凡特性的成因感到晦暗不清。我曾经自己徒劳地对此研究过一段时间，但只是徒然地增加了我的困惑，直到遇到我们的院士 [伽利略]，我从他那里得到了极大的安慰。 {293}

他告诉我，他也曾在黑暗中摸索了很长一段时间。但他又说，在对此进行数千个小时的猜测和思考之后，他得到了一些见解。它们与我们早前的想法相去很远，并因其新颖性而引人注目。现在，既然我知道你很乐意听听这些新奇的见解是什么，即使你不要求，我也向你承诺，一旦我们完成对抛体的讨论，我将会向你解释所有这些奇思妙想 [fantasie]，或者如果你愿意，也可以称之为异想天开 [stravaganze]，我将尽可能地从我们的院士 [伽利略] 的话语中去回忆它们。①

现在，我们继续作者 [伽利略] 的命题。

命题 5 (问题 2)

给定一条抛物线，试在其对称轴的向上延长线上求得一点，使一个物体只有从该点开始下落，[并以它到达抛物线顶点时的速度为恒定的水平速度] 才能描绘出给定的抛物线。

设 AB 是给定的抛物线，HB 是其宽度，HE 是其延长了的对称轴。问题是要求得一点 E，一个物体必须从该处开始下落，才能满足：将物体在 A 处获得的动量转向水平方向之后，其运动将描绘出抛物线 AB。

作水平线 AG，则 $AG \ // \ BH$；选取 $AF = AH$，作直线 BF 与抛物线相切于点 B，并与水平线 AG 相交于 G。

---

①物体之间的碰撞是现代物理学中的重要研究内容。以上是关于物体碰撞 (比如说炮弹击打目标物) 的一些定性描述，伽利略尚不能给出定量的规律。萨尔维亚蒂在此处 "承诺" 的内容，伽利略后来并未全部完成，其已经写就的内容有时被称为本书的 "第六天" (*the Sixth Day*)，标题是《论冲击力》(*On the Force of Percussion*)。

取一点 E, 使 AG 是 AF 和 AE 的比例中项, 那么我说, E 就是所求的点。也就是说, 如果一个物体以从 E 静止出发开始下落, 且在 A 处获得的动量沿水平方向运动, 再与物体由 A 静止出发下落至 H 的动量相复合, 物体将描绘出抛物线 AB。

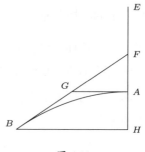

图 4.11

如果我们约定用 EA 表示物体由 E 静止下落至 A 所需的时间, 也用它表示物体此时在 A 处获得的动量, 那么 AG (它是 EA 和 AF 的比例中项) 将可以表示物体由 F 静止下落至 A (或者等价地, 从 A 下落至 H) 所需的时间以及获得的动量。

又因为, 一个从 E 处开始下落的物体, 如果它以在 A 处获得的动量做匀速水平运动, 将在时间 EA 内在水平方向上通过距离 $2EA$, 因此若该物体被同一个动量推动, 它将在时间 AG 内通过距离 $2AG$ ($AG = \frac{1}{2}BH$)。之所以会如此, 是因为在匀速运动时, 运动距离与运动时间成正比。

{294}

又, 类似地, 如果物体由静止开始做竖直运动, 它将在时间 AG 内通过距离 AH。因此, 物体在相等的时间内通过宽度 BH 和高度 AH。于是, 抛物线 AB 可由物体从准高点 E 处下落描绘得到。   解毕。

推论 故由上可知, 半抛物线宽度的一半 (也就是整个抛物线宽度的四分之一), 是半抛物线的高度与它的准高 (一个由它开始下落的物体将描绘出这条半抛物线) 的比例中项。[①]

[①]在图4.12中, 以 B 为原点、AC 为 y 轴建立坐标系, 设图中抛物线的标准方程

命题 6 (问题 3)

给定一条半抛物线的准高和高度，试求出它的宽度。

设 AC 垂直于水平线 CD，在 AC 上包含了给定的高度 CB 和准高 AB。

问题是在水平线 CD 上求得半抛物线的宽度，它由其准高 BA 和高度 BC 确定。

在水平线上截取 CD，使其等于 CB 与 BA 的比例中项的 2 倍。那么，CD 就是所求的宽度。

根据上一个命题 [的推论]，这一结论是显然的。　　　　　　解毕。

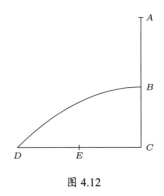

图 4.12

命题 7 (定理 4)

如果 [斜] 抛体描绘的半抛物线的宽度均相等，那么，当该宽度等于抛物线高度的 2 倍时，其所需的动量 [impetus] 要小于任意其他情况。[①]

设 BD 是一条半抛物线，其宽度 CD 等于其高度 CB 的 2 倍。向

为 $x^2 = 2py\,(p < 0)$，则其准线方程为 $y = \dfrac{|p|}{2}$。因此有 $\dfrac{x}{2} \cdot \dfrac{x}{2} = \dfrac{|p|}{2} \cdot |y|$，该式对应于图4.12中的 $\dfrac{CD}{2} \cdot \dfrac{CD}{2} = AB \cdot BC$。

换句话说，根据解析几何，这个推论是显而易见的。另一方面，我们由此也理解了伽利略的"准高 (sublimity)"的含义。由于他选择了合适的度量"标准"，这个"准高"就是抛物线的顶点到其准线的距离。

[①]当斜抛运动的水平射程为常数时，在本命题所说的条件下初速度最小。但本命题是以平抛运动来理解斜抛运动 (怎么做到的？)。

设平抛运动的水平速度为 $v_{水平}$，运动时间为 t_0，则水平位移 $s_{水平} = v_{水平} \cdot t_0$。当 $s_{水平}$ 为常数时，末动量 $v_t^2 = v_{水平}^2 + (g \cdot t_0)^2 = v_{水平}^2 + g^2 \cdot \dfrac{s_{水平}^2}{v_{水平}^2} \geqslant 2gs_{水平}$，取等号的条件是 $v_{水平}^2 = gs_{水平}$，从而 $gt_0^2 = g \cdot \dfrac{s_{水平}^2}{v_{水平}^2} = s_{水平}$。此时竖直方向的位移为 $s_{竖直} = \dfrac{1}{2}gt_0^2 = \dfrac{1}{2}s_{水平}$。

上延长该抛物线的对称轴,并取 $BA = BC$。作 AD 与该抛物线相切于点 D,并与水平线 BE 相交于点 E,从而有 $BE = BC = BA$。

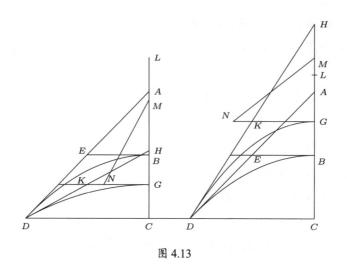

图 4.13

显然,如果一个物体的匀速水平动量等于它由 A 静止下落至 B 处获得的动量,而其自然加速的竖直动量与它从 B 由静止下落至 C 相对应,那么该物体将描绘出上述抛物线。

于是可知,在终点 D 处的动量 (以上两个运动的合动量) 可以用对角线 AE 表示,其平方等于两个分量的平方之和。

现在,令 GD 是具有相同宽度 CD 的任意其他半抛物线,但其高度 CG 大于或小于高度 BC。

{295}　　设 HD 是抛物线 GD 的切线,它与过 G 的水平线相交于点 K。在 GH 上选取一点 L,使 $\dfrac{HG}{GK} = \dfrac{GK}{GL}$。那么,根据前面的命题 5 可知,$GL$ 就是物体为了描绘出抛物线 GD 所必须下落的高度。

设 GM 是 AB 和 GL 的比例中项,那么 GM 将表示物体由 L 静止下落至 G 所需的时间和获得的动量,这是因为我们约定用 AB 表示物体从 A 静止下落到 B 的时间和动量。

令 GN 表示 BC 和 CG 的比例中项,GN 也将表示该物体由 G 静止下落至 C 所需的时间和获得的动量。连接 M 和 N,线段 MN 将表

示抛体沿抛物线 DG 运动至点 D 时的动量。我说，这一动量要大于物体沿抛物线 BD 运动至点 D 时的动量 (可用 AE 表示)。

因为 GN 被选取为 BC 和 CG 的比例中项，又 $BC = BE = GK = \frac{1}{2}DC$，因此 $\frac{CG}{GN} = \frac{GN}{GK}$。

又 $\frac{CG或HG}{GK} = \frac{NG^2}{GK^2}$，但根据作图有 $\frac{HG}{GK} = \frac{GK}{GL}$，所以 $\frac{GN^2}{GK^2} = \frac{GK}{GL}$。但，由于 GM 是 GK 和 GL 的比例中项，故 $\frac{GK}{GL} = \frac{GK^2}{GM^2}$。所以 GN^2、GK^2 和 MG^2 形成一个连比例，即 $\frac{GN^2}{GK^2} = \frac{GK^2}{GM^2}$。

又，上述比例的外项之和 (等于 MN^2) 要大于 $2GK^2$，而 $AE^2 = 2GK^2$，所以 $MN^2 > AE^2$，故 $MN > AE$。 证毕。 {296}

推论 反之，显然地，让一个抛体从端点 D 开始沿半抛物线 DB 运动所需的动量，[当水平射程恒定时] 要小于让它沿仰角更大或更小的任意其他抛物线运动所需的动量。而半抛物线 BD 在 D 处的切线与水平线的夹角是 $45°$[angolo semiretto，半直角]。由此可知，如果抛体以相同的动量、不同的仰角在端点 D 处发射，那么，它最大的射程 (即半抛物线或整个抛物线的宽度) 将在仰角等于 $45°$ 时获得。无论仰角更大或更小，其他所有发射的射程都更短。[①]

萨格 仅在数学中才会出现的严格证明 [dimostrazioni necessarie] 的力量，使我充满惊奇和喜悦。根据炮手们的描述，我早就意识到了这一事实，即在使用加农炮和臼炮时，最大的射程 (即炮弹打得最远时) 发

[①]当斜抛运动的初速度相等时，抛射角为 $45°$ 时射程最远。

设 $v_0^2 = v_{水平}^2 + v_{竖直}^2$，物体从抛出至落地的时间为 $\frac{2v_{竖直}}{g}$，故水平射程 $s = \frac{2v_{竖直} \cdot v_{水平}}{g} \le \frac{v_{水平}^2 + v_{竖直}^2}{g} = \frac{v_0^2}{g}$，中间的不等式当且仅当 $v_{水平} = v_{竖直}$，即抛射角为 $45°$ 时取等号。

生于仰角等于 45° 时，或者按照他们的说法，发生于四分仪 (quadrant) 的第 6 点处。但是，理解它为什么会这样，要远胜于仅仅依靠他人的证词，甚至远胜于通过重复实验获得的信息。

萨尔　你说的很对。关于一个单一的事实，通过发现其原因所获得的知识，可以让我们的头脑在不依赖于实验的条件下理解和确信其他事实。目前的情形就是这样的，我们的作者 [伽利略] 仅通过论证，就确切地证明了最大射程发生于仰角为 45° 时。他进而证明了一个或许从未在经验中发现的事实，即：当仰角不等于 45° 时，那些仰角分别大于和小于 45°、且与之差值相等的发射，其射程相等。因此，如果一个炮弹在 [四分仪的] 第 7 点处发射，另一个在第 5 点处发射，它们将在经过相等距离之后落地。如果炮弹分别在 [四分仪的] 第 8 点和第 4 点处发射，或在 [四分仪的] 第 9 点和第 3 点处发射，其结果亦然。现在，我们来听听这一事实的证明。

{297}

命题 8 (定理 5)

如果两个抛体的发射动量相等，但其仰角分别以相同值大于和小于 45°，那么它们描绘的两条 [半] 抛物线的宽度相等。

在 △MCB 中，令在点 C 处成直角的水平边 BC 与竖直边 CM 相等，那么 ∠MBC 将等于直角的一半。

将线段 CM 延长至 D，使在点 B 处分别位于斜线 MB 上方和下方的两个角相等，即 ∠MBE = ∠DBM。

现在需要证明，对于在 B 处以相同动量发射的两个抛体，若其中一个的发射角度是 ∠EBC，另一个的发射角度是 ∠DBC，则它们由此分别描绘

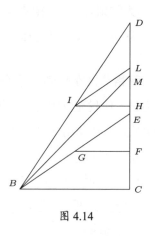

图 4.14

出的两条 [半] 抛物线的宽度相等。①

由于外角 $\angle BMC$ 是两个内角之和即 $\angle MDB + \angle DBM$，故也有 $\angle MDB + \angle DBM = \angle MBC$。如果用 $\angle MBE$ 替换 $\angle DBM$，即可得 $\angle MBC = \angle MBE + \angle BDC$。

又，如果上述等式两边同减 $\angle MBE$，可得两个差值满足 $\angle BDC = \angle EBC$。于是有 $\triangle DCB \sim \triangle BCE$。

分别在点 H 和点 F 处平分线段 CD 和 EC，并作线段 HI 和 FG 分别平行于水平线 BC。在 CD 上选择点 L，使其满足 $\dfrac{DH}{HI} = \dfrac{HI}{HL}$，则有 $\triangle IHL \sim \triangle DHI \sim \triangle GFE$。

又由于 $IH = GF = \dfrac{1}{2}BC$，故 $HL = FE = FC$。如果我们在每一项上加上一个公共部分 FH，可得 $CH = FL$。

设想一条半抛物线，它通过点 H 和 B，其高度是 HC，准高是 HL。那么，它的宽度将等于 $CB(CB = 2HI)$，这是因为 HI 是 $DH($ 或 $CH)$ 与 HL 的比例中项。线段 DB 将与该抛物线相切于 B，这是因为 $CH = HD$。

再设想另一条半抛物线，它通过点 F 和 B，其准高是 FL，高度是 FC，二者的比例中项是 $FG = \dfrac{1}{2}CB$。那么，同上，CB 将是相应的宽度，且 EB 与此抛物线相切于 B，这是因为 $EF = FC$，而仰角 $\angle DBC$ 以及仰角 $\angle EBC$ 与 45° 的差值相等。   证毕。   {298}

①由上一个脚注知，水平射程 $s = \dfrac{2v_{\text{竖直}} \cdot v_{\text{水平}}}{g}$。而在本命题的两种抛射情形中，其抛射角之和是直角，故 $v_{\text{竖直}}$ 和 $v_{\text{水平}}$ 互换，从而水平射程 s 不变。

命题 9 (定理 6)

如果 [半] 抛物线的高度和准高成反比，那么它们的宽度相等。[①]

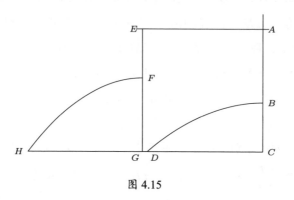

图 4.15

令抛物线 FH 的高度 GF 与抛物线 BD 的高度 CB 之比，等于准高 BA 与准高 FE 之比。那么我说，[半抛物线的] 宽度 GH 等于宽度 CD。

由于 $\dfrac{GF}{CB} = \dfrac{BA}{FE}$，故 $GF \cdot FE = CB \cdot BA$。因此，与它们相等的正方形也相等。

但是，[根据命题5推论] 有 $\left(\dfrac{1}{2}GH\right)^2 = GF \cdot FE$，且 $\left(\dfrac{1}{2}CD\right)^2 = CB \cdot BA$。由此可得，$\left(\dfrac{1}{2}GH\right)^2 = \left(\dfrac{1}{2}CD\right)^2$，故 $GH = CD$，而两个半抛物线的宽度分别是 GH 和 CD。

证毕。

引理

如果一条线段被其上的任意一点分割，并分别取整条线段与两个分段的比例中项，那么这两个比例中项上的正方形 [面积] 之和等于整条线段上的正方形 [面积]。

[①]本命题极易由第309页命题5的推论得到。

设线段 AB 被分割于 C 点。那么我说，AB 与 AC 的比例中项上的正方形 [面积]，加上 AB 与 CB 的比例中项上的正方形 [面积]，等于整条线段即 AB 上的正方形 [面积]。①

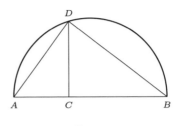

图 4.16

以整条线段 AB 作一个半圆，在 C 处作一垂线 CD 与该半圆周交于点 D，连接 DA 和 DB，上述结论立刻就很明显了。

这是因为，[由 $\triangle ADB \sim \triangle ACD$] DA 是 AB 和 AC 的比例中项，且 DB 是 AB 和 CB 的比例中项；而内接于半圆的 $\angle ADB$ 是一个直角，因此 $DA^2 + DB^2 = AB^2$。因此，引理成立。

{299}

命题 10 (定理 7)

一个运动物体在其任意一条半抛物线轨迹的端点处的动量 [impetus seu momentum]，与该物体 [由静止开始] 沿一段等于该半抛物线的准高与高度之和的竖直距离下落时所获得的动量 [momento] 相等。②

---

① 设 $AB = AC + CB$，易知有 $\left(\sqrt{AB \cdot AC}\right)^2 + \left(\sqrt{AB \cdot CB}\right)^2 = AB \cdot AC + AB \cdot CB = AB \cdot (AC + CB) = AB^2$。

② 设物体在端点处的水平速度和竖直速度分别为 $v_{水平}$ 和 $v_{竖直}$，又设抛物线的标准方程为 $x^2 = 2py$，在图4.17中，$AD = \dfrac{|p|}{2}$，$AC = |y|$。根据机械能守恒定律知，本命题是要证明：$\dfrac{1}{2}m\left(v_{水平}^2 + v_{竖直}^2\right) = mg\left(\dfrac{|p|}{2} + |y|\right)$。由竖直方向的运动易知 $\dfrac{1}{2}mv_{竖直}^2 = mg|y|$，故只需证明 $\dfrac{1}{2}mv_{水平}^2 = mg\dfrac{|p|}{2}$ 即 $\dfrac{|p|}{2} = \dfrac{v_{水平}^2}{2g}$。

由 $v_{水平}t = |x|$ 和 $\dfrac{1}{2}gt^2 = |y|$ 消去 t 可知，$x^2 = \dfrac{2v_{水平}^2}{g}|y|$，故准线高度满足 $\dfrac{|p|}{2} = \dfrac{v_{水平}^2}{2g}$，于是得证。命题10很有意思，深刻体现了数学与物理的交融。

另，在图4.17中，若要使 F 在 B 的右边，DA 本应大于 $3AC$。这是因为，$CF^2 > x^2 \iff (y + \dfrac{p}{2}) \cdot \dfrac{p}{2} > 2py \iff \dfrac{|p|}{2} > 3|y| \iff DA > 3AC$。

设 AB 是一条半抛物线，其准高为 DA，高度为 AC，二者之和即竖直线段 DC。那么我说，物体在 B 处的动量 [impetum]，等于它从 D 至 C 自然下落所获得的动量 [momento]。

图 4.17

以 DC 自身作为时间和动量的度量，并在水平线上取 CF 等于 CD 和 DA 的比例中项，另在竖直线上取 CE 等于 CD 与 CA 的比例中项。

那么，CF 将是物体从 D 静止下落通过距离 DA 所需时间和所获动量的度量，而 CE 则是物体从 A 静止下落通过距离 CA 所需时间和所获动量的度量。斜边 EF 将表示以上二者的合动量，因而就是抛物线端点 B 处的动量。

因为 DC 被点 A 分割，而 CF 和 CE 分别是 CD 与其两个分段即 DA 和 AC 的比例中项，故根据上述引理，有 $CF^2 + CE^2 = DC^2$。

又，$EF^2 = CF^2 + CE^2$，因此可得 $EF = DC$。

相应地，物体由 D 静止下落至 C 处所得的动量，等于它通过抛物线 AB 时在 B 处获得的动量。　　证毕。

推论 于是可得，对于准高与高度之和为常数的所有半抛物线，同一运动物体在各抛物线末端处的动量 [impetus] 也是常数。

命题 11 (问题 4)

给定半抛物线 [在末端处的、以准高与高度之和表示] 的动量 [impetus] 及其宽度，试求其高度。

用竖直线 AB 表示给定的动量，用水平线 BC 表示给定的宽度。问题是要确定终动量为 AB、宽度为 BC 的半抛物线的高度。

根据前述内容 [命题5推论]，易知宽度 BC 的一半是抛物线的高度和准高的比例中项。根据上一命题，此抛物线终点处的动量，等于物体从 A 静止出发通过距离 AB 获得的动量。

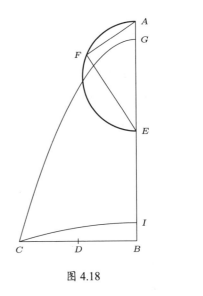

{300}

图 4.18

于是，线段 AB 必可被某一点分割，使所得的两个分段包含的矩形 [之面积]，等于以 $\frac{1}{2}BC$ 即 BD 上的正方形 [面积]。

于是，必有 $BD \leqslant \frac{1}{2}AB$，其原因是所有由整条线段的两个分段包含的矩形 [的面积]，其最大值在线段被分割为两个相等分段时取得。

设 E 是线段 AB 的中点，如果 $BD = BE$，则问题已经解决，因为此时 BE 和 EA 分别是抛物线的高度和准高 (我们可以顺带地发现一个已经证明的结论，即：由给定的端点速度所描绘的所有抛物线中，当仰角等于 45° 时，其宽度最大)。

但如果 $BD < \frac{1}{2}AB$，将 AB 分成两部分，使二者包含的矩形 [面积] 等于 BD^2。以 EA 为直径作半圆 EFA，并在其中作弦 AF，使 $AF = BD$。连接 FE，并截取 $EG = FE$。

于是，$BG \cdot GA + EG^2 = EA^2 = AF^2 + FE^2$。从等式两边分别减去相等的 EG^2 和 FE^2，可得 $BG \cdot GA = AF^2 = BD^2$，因此 BD 是 BG 与 GA 的比例中项。

由此易知，由宽度 BC 和用 AB 表示的端点动量所确定的半抛物

线 GC，其高度是 BG，准高是 GA。然而，如果我们截取 $BI = GA$，那么 BI 将等于半抛物线 IC 的高度，而 IA 将是其准高。

根据上述证明过程，我们可以解释下一个问题。

命题 12 (问题 5)

以相同初动量发射的抛体，试计算其能够描绘的各种半抛物线的宽度，并作成表格。

据前可知，对高度与准高之和是一个恒定竖直高度的任意一组抛物线，它们都可以由具有相同初速度的抛体描绘得到。于是，这些抛体由此达到的高度都位于两条平行水平线之间。

{301}

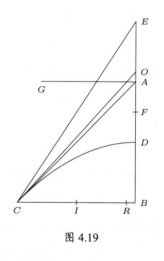

图 4.19

设 CB 是一条水平线，AB 是与 CB 相等的一条竖直线段，连接斜边 AC，则 $\angle ACB = 45°$。令 D 是竖直线段 AB 的中点，那么半抛物线 DC 就是由准高 AD、高度 DB 所决定的，而端点 C 处的动量等于物体由 A 静止下落至 B 所获得的动量。如果作 $AG \parallel BC$，那么，根据前面的解释，对具有相同端点动量的任意其他半抛物线，其高度与准高之和等于平行线 AG 与 BC 之间的距离。[①]

另外，前面已经证明 [命题8]，当其仰角与 45° 的差值相等时，两条半抛物线的宽度相等，因此可用于较大仰角发射的计算结果，也可用于较小仰角的发射。

[①]如图4.19所示，物体的发射点是 C。如果物体沿水平面投出，其运动轨迹是 CB；如果它竖直向上抛出，根据假设其最大上升高度将等于 $AB = AD + DB$ (准高＋高度)。另，图4.19中的点 I 是 CB 的中点。

我们再假设仰角为 45° 时所得的半抛物线的最大宽度是 10000，那么它将是线段 AB 的长度以及半抛物线 BC 的宽度。之所以选择 10000 这个数，是因为在计算中我们应用了一个正切表，在其中 45° 的正切值用 10000 表示[①]。

现在让我们继续。作直线 CE，使锐角 $\angle ECB > \angle ACB$。问题是要作一条半抛物线，使之与直线 EC 相切，而且其准高与高度之和等于距离 AB。

从正切表中查出角度 $\angle ECB$ 的正切值，它是正切线 BE 的长度。设 F 是 BE 的中点，继而确定 BF 和 BI(BC 的一半) 的第三比例项，它必然会大于 FA，设为 FO [即 $BF : BI = BI : FO$]。

现在我们发现 [命题5的推论]，对嵌于 $\triangle ECB$ 中且具有切线 CE 和宽度 CB 的抛物线来说，其高度是 BF，且准高是 FO。但是，此二者之和 BO 大于平行线 AG 与 CB 之间的距离，而我们的问题中求得的准高与高度之和应该等于这一距离 (因为待求的抛物线以及抛物线 DC，都可以通过在 C 处以相等动量发射的抛体描绘得到)。[②] {302}

现在，由于在 $\angle ECB$ 中可以描绘出无数或大或小的相似抛物线，我们必须在其中找到一条与 CD 相似的另一条抛物线，其高度和准高之和等于高度 AB(也等于 BC)。[③]

于是，截取 CR，使 $\dfrac{BO}{AB} = \dfrac{BC}{CR}$，那么 CR 将是一条半抛物线的宽度，$\angle ECB$ 是相应的仰角，且相应的高度和准高之和等于平行线 AG 与 CB 的距离，这符合设定的要求。

因此，整个过程可表述如下：作出 $\angle ECB$ 的正切值；取其一半，并

[①] 正切 $\tan 45° = 1$。但在伽利略所用的正切表中，它用 10000 来表示。

[②] 上面是在未考虑发射动量的情况下，求得了一个在 C 处发射、发射角为 $\angle BCE$、发射动量可用 BO ($BF + FO$) 表示的抛物线 CF (图4.19中未作出)。接下来要由此求得在 C 处发射、发射角为 $\angle BCE$、发射动量可用 AB 表示的抛物线。

[③] 如果把图4.19等比例缩小，图中的抛物线 CF(未作出) 显然还是抛物线。而且此时仰角还是 $\angle BCE$，因而只要让缩小所得抛物线的"准高 ＋ 高度"满足要求即可得到问题的解答。这只需要一个简单的比例式，即下一段所用的方法。

加上一个等于 FO 的量 (它是正切值的一半与 BC 的一半之第三比例项); 再通过比例 $\frac{BO}{AB} = \frac{BC}{CR}$ 得到所求的宽度 CR。

举个例子。设 $\angle ECB = 50°$, 其正切值为 11918, 它的一半 $BF = 5959$; BC 的一半是 5000; 这两个一半的第三比例项是 4195, 它与 BF 相加得到 $BO = 10154$。进一步地, 由 $\frac{BO}{AB} = \frac{10154}{10000} = \frac{BC}{CR} = \frac{10000}{CR}$, 可知所求的半抛物线宽度 $CR = 9848$。所有半抛物线的最大宽度是 $BC = 10000$。而整条抛物线的宽度是它们的两倍, 因而此时分别是 19696 和 20000。19696 也是仰角为 $40°$ 时的整条抛物线宽度, 因为 $40°$ 和 $50°$ 二者与 $45°$ 偏离相等的值。

{303}

表4.1 初始动量相等时描绘的半抛物线宽度

仰角	宽度	仰角		仰角	宽度	仰角
45°	10000					
46°	9994	44°		68°	6944	22°
47°	9976	43°		69°	6692	21°
48°	9945	42°		70°	6428	20°
49°	9902	41°		71°	6157	19°
50°	9848	40°		72°	5878	18°
51°	9782	39°		73°	5592	17°
52°	9704	38°		74°	5300	16°
53°	9612	37°		75°	5000	15°
54°	9511	36°		76°	4694	14°
55°	9396	35°		77°	4383	13°
56°	9272	34°		78°	4067	12°
57°	9136	33°		79°	3746	11°
58°	8989	32°		80°	3420	10°
59°	8829	31°		81°	3090	9°
60°	8659	30°		82°	2756	8°
61°	8481	29°		83°	2419	7°
62°	8290	28°		84°	2079	6°
63°	8090	27°		85°	1736	5°
64°	7880	26°		86°	1391	4°
65°	7660	25°		87°	1044	3°
66°	7431	24°		88°	698	2°
67°	7191	23°		89°	349	1°

萨格 为了完全理解上述论证，请为我解释为什么 BF 和 BI 的第三比例项 [FO] 必然大于 FA，我们的作者 [伽利略] 是这么说的。

萨尔 我认为可以按以下方法得到这一结果。两条线段的比例中项上的正方形 [面积] 等于这两条线段包含的矩形。因此，BI(或等于 BI 的 BD) 上的正方形 [面积] 必等于由 BF 与求得的第三比例项包含的矩形 [面积][$BI^2 = BF \cdot FO$]。这个第三比例项 [FO] 必然大于 FA，因为由 BF 与 FA 包含的矩形 [面积] 要小于 BD 上的正方形 [$BF \cdot FA < BD^2$]，其差值等于 DF 上的正方形 [面积]，欧几里得《几何原本》第二卷中的一个命题证明了这一点①。

另外可以观察到，正切边 BE 中点 F 一般是位于 A 的上方，只在一种条件下与 A 重合。由此不证自明地，正切值的一半与准高的第三比例项 [FO] 都位于点 A 之上。但是，我们的作者 [伽利略] 考虑过一种情况，此时这个第三比例项并不显然地总是大于 FA，从而在 F 点之上截取它时，将超出平行线 AG。②

现在让我们继续。有必要利用上表 [表4.1] 计算另一个表格，以给出具有相同初动量的 [斜] 抛体所描绘的半抛物线的高度。其方式如下：

{305}

命题 13 (问题 6)

根据上表给出的半抛物线宽度，求出具有相同初动量的 [斜] 抛体所描绘的每一条抛物线的高度。

设 BC 是给定的半抛物线宽度，用 BO (即相应的高度和准高之和) 表示保持恒定的初始动量。接下来我们必须寻找和确定抛物线的高度。我们可以按如下方式完成该工作。

用满足 $BF \cdot FO = \left(\frac{1}{2}BC\right)^2$ 的 F 点分割 OB。分别用 D 和 I 表示 BO 和 BC 的中点。因此，$IB^2 = BF \cdot FO$，而 $DO^2 = BF \cdot FO + FD^2$。

---

① 指《几何原本》第二卷命题 5，参见第286页脚注。
② 此处最后一句不知其所指为何，或许是译者理解有问题。

于是，如果从 DO^2 中减去 IB^2（等于 $BF \cdot FO$），所剩为 FD^2。

所需求解的高度 BF，现在就可以由 $BD + DF$ 得到。

因此，整个过程可概述如下：从已知的 $\left(\dfrac{1}{2}BO\right)^2$ 中，扣除已知的 BI^2；对得到的差开方，并加上已知长度 BD，就得到待求高度 BF。

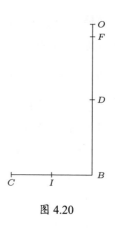

图 4.20

表 4.2 初始动量相等时半抛物线的高度

仰角	高度	仰角	高度	仰角	高度	仰角	高度
1°	3	24°	1685	47°	5346	70°	8830
2°	13	25°	1786	48°	5523	71°	8940
3°	28	26°	1922	49°	5698	72°	9045
4°	50	27°	2061	50°	5868	73°	9144
5°	76	28°	2204	51°	6038	74°	9240
6°	108	29°	2351	52°	6207	75°	9330
7°	150	30°	2499	53°	6379	76°	9415
8°	194	31°	2653	54°	6546	77°	9493
9°	245	32°	2810	55°	6710	78°	9567
10°	302	33°	2967	56°	6873	79°	9636
11°	365	34°	3128	57°	7033	80°	9698
12°	432	35°	3289	58°	7190	81°	9755
13°	506	36°	3456	59°	7348	82°	9806
14°	585	37°	3621	60°	7502	83°	9851
15°	670	38°	3793	61°	7649	84°	9890
16°	760	39°	3962	62°	7796	85°	9924
17°	855	40°	4132	63°	7939	86°	9951
18°	955	41°	4302	64°	8078	87°	9972
19°	1060	42°	4477	65°	8214	88°	9987
20°	1170	43°	4654	66°	8346	89°	9998
21°	1285	44°	4827	67°	8474	90°	10000
22°	1402	45°	5000	68°	8597		
23°	1527	46°	5173	69°	8715		

实例。求抛体在仰角为 55° 时描绘出的半抛物线之高度。从表 4.1 可以看出，其宽度为 9396，它的一半为 4698，相应的平方为 22 071 204。当这个数减去 BO 一半的平方 (恒为 25 000 000)，其差值是 2 928 796，相应的平方根约为 1710。加上 BO 的一半，也就是 5000，我们就得到 BF 的高度是 6710。 {306}

绘制第三个表格将是有用的，即在半抛物线的宽度恒定时，给出它们的高度和准高。

萨格 我将很高兴看到它。这样我就可以从它了解到，当用臼炮发射具有相同射程的抛体时，所需的动量或力量 [degl'impeti e delle forze] 的差别。我相信，随着仰角的变化，这一差别是很大的。比方说，若想采用 3° 或 4°、87° 或 88° 的发射角发射炮弹，并且想让它与发射角为 45° 时 (我们已经证明此时的初始动量最小) 的射程相同，我想，所需的额外力量将是非常之大的。

萨尔 你说得很对！你将会发现，为了在所有发射角都能完成这一操作，你必须能够获得接近无限大的动量。

现在我们继续该表 [表4.3] 的构建。

{308}

命题 14 (问题 7)

当半抛物线具有恒定宽度时，试求每一个仰角下的高度和准高。

这个问题很容易求解。如果我们假定一个 10000 份的恒定宽度，那么，对于任意仰角，其正切值的一半就是高度①。于是，举例而言，仰角为 30°、宽度为 10000 的抛物线，其高度为 2887，大约是正切边的一半。

得到这个高度之后，对应的准高可按如下方式得到。由于已经证明半抛物线宽度的一半是其高度和准高的比例中项，又该高度已经求得，

---

①根据图4.2所示的抛物线切线 (发射方向) 性质以及伽利略在本书中用 10000 表示 tan 45°，不难得到这一结论。

表 4.3 宽度恒为 10000 时，不同仰角下半抛物线的高度和准高

仰角	高度	准高	仰角	高度	准高	仰角	高度	准高
1°	87	286533	31°	3008	8336	61°	9020	2771
2°	175	142450	32°	3124	8001	62°	9403	2658
3°	262	95802	33°	3247	7699	63°	9813	2547
4°	349	71531	34°	3373	7413	64°	10251	2438
5°	437	57142	35°	3501	7141	65°	10722	2331
6°	525	47573	36°	3633	6882	66°	11230	2226
7°	614	40716	37°	3768	6635	67°	11779	2122
8°	702	35587	38°	3906	6395	68°	12375	2020
9°	792	31565	39°	4049	6174	69°	13025	1919
10°	881	28367	40°	4196	5959	70°	13237	1819
11°	972	25720	41°	4346	5752	71°	14521	1721
12°	1063	23518	42°	4502	5553	72°	15388	1624
13°	1154	21701	43°	4662	5362	73°	16354	1528
14°	1246	20056	44°	4828	5177	74°	17437	1433
15°	1339	18663	45°	5000	5000	75°	18660	1339
16°	1434	17405	46°	5177	4828	76°	20054	1246
17°	1529	16355	47°	5363	4662	77°	21657	1154
18°	1624	15389	48°	5553	4502	78°	23523	1062
19°	1722	14522	49°	5752	4345	79°	25723	972
20°	1820	13736	50°	5959	4196	80°	28356	881
21°	1919	13024	51°	6174	4048	81°	31569	792
22°	2020	12376	52°	6399	3906	82°	35577	702
23°	2123	11778	53°	6635	3765	83°	40222	613
24°	2226	11230	54°	6882	3632	84°	47572	525
25°	2332	10722	55°	7141	3500	85°	57150	437
26°	2439	10253	56°	7413	3372	86°	71503	349
27°	2547	9814	57°	7699	3247	87°	95405	262
28°	2658	9404	58°	8002	3123	88°	143181	174
29°	2772	9020	59°	8332	3004	89°	286499	87
30°	2887	8659	60°	8600	2887	90°	无穷大	

且这个宽度的一半是常数 5000，可知如果我们用一半宽度上的正方形 [面积] 除以高度，就得到待求的准高。

所以，在我们的例子中，高度是 2887，5000 的平方是 25 000 000，后者除以 2887，即得到准高的近似值，即 8659。

萨尔 在这里，首先，我们可以看到，上面的陈述是多么正确。也就是说，对于不同的仰角，在偏离平均值 [即 45°] 越大时，无论是偏高还是偏低，将抛体发射至相同射程所需的初始动量或力量 [impeto e violenza] 就越大。由于这个速度是两种运动的合成，一种是水平的匀速运动，另一种是竖直的自然加速运动，又由于高度与准高之和可以表征这个动量，因此由表 4.3 可知，这个和在仰角为 45° 时达到最小值，此时抛物线的高度与准高相等，也就是说二者都等于 5000，和为 10000。然而，如果我们选择一个较大的仰角，比方说 50°，我们将发现高度为 5959，准高为 4196，加起来等于 10155；类似地我们可以发现在仰角为 40° 时恰好是该值，因为 50° 与 40° 同等地偏离仰角的平均值。

其次，需要注意的是，对于同等地偏离平均值的两个仰角，虽然需要的发射速度相等，但这里有一个不寻常的交互变化，也就是说，大仰角时的高度和准高，分别对应于小仰角时的准高和高度。因此，在前面的例子中，在 50° 时高度为 5959，准高为 4196，而在 40° 时相应的高度为 4196，准高为 5959。而且，这个结论一般地都成立。但是需要记住，为了避免冗长乏味的计算，我们完全没有考虑分数，它们与如此大的数目相比显得微不足道。 {309}

萨格 我还注意到，对于初始动量的两个分量，抛体被射得越高时，其水平分量越小，而其竖直分量越大；另一方面，在仰角较小、抛体达到的高度很小时，其初始动量的水平分量必然很大。对于一个以 90° 仰角发射的抛体而言，我深知世界上所有的 [上抛] 力量都不足以使它与竖直线偏离一指宽，而是必然会回到其初始位置。但是，对于一个以 0° 仰角发射的抛体来说 (此时抛体是被水平发射的)，我就不是那么确定，一个小于无穷大的力量，会不会将抛体 [水平地] 带到某个距离。即使是加农炮，也不能沿完全水平的方向 (或者我们可以说，[四分仪的] 空白点方向；也就是说，完全没有仰角) 发射抛体。

我承认这里存在一定的怀疑空间。我也不能彻底地否认这一事实，因为存在另一个显然同样地引人注目，然而是我可以严格证明的现象。它是说，不可能直接地将一根绳子拉伸成与水平面平行的直线。事实是，绳子总是下垂和弯曲的，没有任何力量足以把它完美地拉成直线。

萨尔 萨格雷多，关于绳子，你之所以对它的现象不再感到惊奇，是因为你知道它的论证过程。但是，如果我们更仔细地考虑一下，我们可能就会发现，大炮和绳子之间有某种对应关系。水平发射的炮弹，其路径的弯曲似乎是由两种力量造成的，一种使它水平发射 (即武器的力量)，另一种使它竖直向下运动 (即自身的重量 [gravità])。同样地，在拉伸绳子时，你具有水平拉伸绳子的力量，以及绳子向下作用的自身重量。因此，这两种情况非常相似。那么，如果你认为绳子的重量具有对抗和克服拉力 (无论它有多大) 的能力和能量 [possanza ed energia]，为什么要拒绝承认枪弹具有这种力量呢？①

{310}

此外，我必须告诉你一件令你既惊讶又喜欢的事情，那就是，一根绳子被或紧或松地拉伸时，将呈现出一条非常接近于抛物线的线条。如果你在一个竖直平面上作一条 [开口向下的] 抛物线，然后把它倒转，使其顶点在下方且基底保持水平，这种相似性就能清晰地被看到。你将发现，如果把一根链条悬挂于抛物线基底下方，让链条的松弛度变得更大或更小，它就会弯曲并使自身贴合该抛物线。当所作抛物线弯曲得越小，或者说它越发舒展时，其贴合就越精确。因此，对于仰角小于 45° 时所描绘出的抛物线，链条与抛物线的吻合几乎是完美的。

萨格 那么用一条细链就能在平面上快速地画出很多条抛物线。②

萨尔 确实如此。而且，我稍后会告诉你，这样做有不小的用处。

---

①除去空气阻力和端点，大炮和绳子都只受重力的作用，因此二者确有相似之处。伽利略认为绳子的下垂形状也如大炮的轨迹一样应该是抛物线。但二者一个是动力学问题，一个是静力学问题，一个是可看作单一质点，一个是连续体。在本书中，读者还能找到伽利略并不明确区分动力学和静力学问题的多个例子。

②即所谓"在棱柱表面上描绘抛物线的另一种方法"，参见第171页。

辛普 但在进一步讨论之前,我希望至少能够确信你所说的可以严格论证的命题。我指的是这个陈述:无论采用多大的力量,都不可能把一根绳子拉得笔直而且水平。

萨格 我来看看能不能回忆起整个证明。但是为了理解它,辛普里丘,你有必要认可关于各种机械的一个事实;它不仅在经验上是显然的,在理论证明上也是如此。这一事实是,某一运动物体的速度,即使在该物体的动力 [forza] 很小的时候,也能够克服另一个由缓慢运动的物体施加的极大阻力 [resistenza],只要前一运动物体的速度与其对抗物体的速度之比,大于该对抗物体施加的阻力与前一运动物体的动力之比。①

辛普 这一点我知道得很清楚,因为亚里士多德在他的《力学问题》中已经给出了证明。从杠杆和杆秤中,也可以清晰地看到这一点;不超过 4 磅的秤锤重量可以举起 400 磅的重量,其前提是,秤锤重量到轴 (杆秤可以绕它转动) 的距离大于重物支点到该轴之间的距离之 100 倍。之所以如此,是因为 [轻] 秤锤重量在下降时通过的距离,要大于重物在相同时间内通过的距离之 100 倍。换句话说,轻秤锤的运动速度是重物运动速度的 100 倍以上。 {311}

萨格 你说得很对。你一定会毫不犹豫地承认,无论运动物体的动力 [forza] 有多么小,只要它在速度上的盈余超过在力量和重量上 [vigore e gravità] 的不足,就能够克服任何阻力,无论这个阻力有多么大。

现在,让我们回到关于绳子的问题。如图所示 [图4.21上图],AB 表示过两个 [等高的] 定点 A 和 B 的直线。如你所见,在这条线的两端分别悬挂着两个大的重量 c 和 d。细绳将被极大的力量拉伸,并保持完全笔直,此时我们只把细绳看作是没有重量的线段。现在我想指出,如果在该线段中点 E 处悬挂任意小的重量 h,线段 AB 将朝着点 F 方向发生变形,并且由于它的伸长,它将迫使重物 c 和重物 d 有所上升。对此我将证明如下:

---

①这里的阻力和动力都对应于物体的重量。参见图4.21的相关表述。

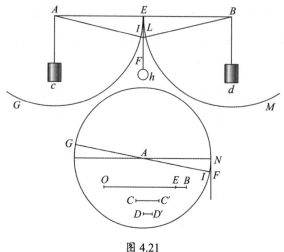

图 4.21

分别以点 A 和 B 为中心作两个四分之一圆 EIG 和 ELM。现在，由于半径 AI 和 BL 都等于 AE 和 EB，故 AF 和 FB 超出 AE 和 EB 的差量分别是 FI 和 FL，从而后两者决定重物 c 和 d 的上升距离，当然在这里我们假设重量 h 能够下降到 F，这只需 $\dfrac{\text{重物}h\text{下降的线段}EF}{\text{重物}c\text{或}d\text{上升的线段}FI} > \dfrac{\text{重物}c\text{或}d\text{的重量}}{\text{物体}h\text{的重量}}$。

即使重量 c 和 d 极大，重量 h 极小时，这一结果也会必然出现。因为重量 c 和 d 无论超出重量 h 多少，切线段 EF 都可以等比例地超出线段 FI。这又可以证明如下 [图4.21下图]：

作一个直径为 GAI 的圆和一条线段 BO，使后者的长度与另一个长度 $CC'(CC' > DD')$ 之比等于重量 c 或重量 d 与重量 h 之比。

由于 $CC' > DD'$，故 $\dfrac{BO}{DD'} > \dfrac{BO}{CC'}$。

取 BO 与 DD' 的第三比例项 BE，延长 GI 至点 F，使 $\dfrac{GI}{IF} = \dfrac{OE}{EB}$，从点 F 作切线 FN。那么，由于我们已经有 $\dfrac{OE}{EB} = \dfrac{GI}{IF}$，由合比性质可得 $\dfrac{OB}{EB} = \dfrac{GF}{IF}$。

{312}

330

但 DD' 是 BO 和 EB 的比例中项 $\left[\dfrac{OB}{DD'} = \dfrac{DD'}{EB}\right]$，而

NF 是 GF 与 FI 的比例中项 $\left[\dfrac{GF}{NF} = \dfrac{NF}{FI}\right]$[①]。

因此有 $\dfrac{NF}{FI} = \dfrac{OB}{DD'}$，而后者要大于 $\dfrac{\text{重量}c\text{或}d}{\text{重量}h}$。

于是，由于重量 h 的下降量 (或速度) 与重物 c、d 的上升量 (或速度) 之比要大于 $\dfrac{\text{重量}c\text{或}d}{\text{重量}h}$，显然重量 h 会下降而线段 AB 不能保持笔直和水平。

而当没有重量的绳子 AB 在点 E 处附加任意小的重量 h 时发生的事实，也会发生在绳子是由具有重量的物质组成，但又不附加任何其他重量的情形。因为在后一种情形中，构成绳子的材料所起的作用相当于另外附加的重物。

辛普 我完全满意了。所以，现在萨尔维亚蒂可以解释前述链条的用处，之前他承诺过；然后，再给出我们的院士 [伽利略] 关于冲击的力量 [forza della percossa] 这一主题的思考。

萨尔 前面的讨论对于今天来说足够了。时间已经晚了，而且，剩余的时间不足以让我们理清这一提议的主题。所以，我们可以推迟我们的聚会，等待下一个更适当的机会。

萨格 我赞成你的意见，因为在与我们的院士 [伽利略] 的亲密朋友们的各种交谈中，我已经得出结论，关于冲击力量的这一问题非常难以理解。而且我认为，到目前为止，那些研究过这个主题的人们，没有任何一个有能力清理它的黑暗角落，它们几乎超越了人类想象力的界线。在我听到过的各种各样的观点表述之中，我依然记得一种稀奇古怪的说法，那就是，冲击力的大小是不确定的 [interminata]，如果说不是无限大的话。所以，让我们静候萨尔维亚蒂的合适时机吧。但在此期间， {313}

①这是根据圆的**切割线定理**：从圆外一点作其切线和割线，切线长度是该点割线与圆交点的两条线段长度的比例中项。参见《几何原本》第三卷命题 36。

请你告诉我，在讨论抛体之后的下一个主题是什么？^①

萨尔 是一些关于固体重心的命题，我们的院士 [伽利略] 在年轻时发现了它们。他之所以做这些研究，是因为他觉得科曼迪诺 (Federigo Comandino) 的研究不够完备。他认为这些命题——就是你们现在看到的，可以弥补科曼迪诺著作中的不足之处。这项研究是在杰出的圭多巴尔多 (Guidobaldo del Monte) 侯爵的提议下开展的。他是当时非常杰出的一位数学家，他的各种著作就是证明。我们的院士 [伽利略] 把自己论文的一个复本献给了这位绅士，并希望能够拓展这项工作，以研究科曼迪诺未曾考虑的固体。但是不久之后，他偶然得到了伟大的几何学家卢卡·瓦莱里奥 (Luca Valerio) 的著作，并在其中发现，后者对这门学科的研究已经十分完备。我们的院士 [伽利略] 因而停止了自己的研究，尽管他使用的方法与瓦莱里奥大不相同。

萨格 有劳你把这份著作放在我这里，一直到我们下次聚会，这样我就能按照它们的编写顺序去阅读和研究这些命题。

萨尔 我很乐意能满足你的要求，并希望这些命题能够引起你的浓厚兴趣。

第四天结束

全书完

---

① 本书 1638 年版有一个关于物体重心研究的附录，它应该就是下面将要说到的"你们现在看到的""这份著作"。有时人们把这个附录称为"第五天"，这些内容主要写于伽利略在比萨大学任教之前，它不是对话形式。克鲁英译本没有翻译这个附录，此处也略去不译。而前面预告的关于物体碰撞的研究，有时人们称它为"第六天"，参见第309页脚注。

翻译附录 A　伽利略学术小传

　　除了展示伽利略的个人命运和学术轨迹之外，本文在很大程度上是《关于两门新科学的对话》(以下简称本书) 的背景介绍，所以对伽利略的天文学研究着墨不多。本文另一目的是引出本书中涉及的大部分重要人物，以使读者更加了解伽利略以及本书撰写的相关历史背景。

　　1564 年 2 月 15 日，伽利略·伽利雷 (Galileo Galilei) 出生于意大利托斯卡纳大公国①比萨 (Pisa) 市。几天之后，意大利文艺复兴时期的代表人物之一米开朗琪罗 (Michelangelo Buonarroti，1475–1564) 去世。两个月之后，莎士比亚出生。三个月之后，新教领袖之一约翰·加尔文 (Jean Calvin，1509–1564) 去世。三年前，弗朗西斯·培根 (Francis Bacon，1561–1626) 出生于英国伦敦；一年前，正在念大学的第谷·布拉赫 (Tycho Brahe，1546–1601) 立志献身于观测星空；七年后，开普勒 (Johannes Kepler，1571–1630) 出生于神圣罗马帝国。那是一个时局动荡、思想剧变和天才辈出的年代。科学家、思想家伽利略就站在新旧时代的路口，并且是新时代的最重要开创者之一。

　　科学家伽利略·伽利雷原籍佛罗伦萨，他的一位卓越的祖先也叫做伽利略·伽利雷 (1370–约 1445)，是佛罗伦萨一位著名的医生、学者和高级官员。正是这位老伽利略让科学家伽利略的这一族开始以"伽利雷"为姓，而后一个伽利略将给这个家族带来更大的荣光。

　　年轻伽利略的父亲叫做文森佐·伽利雷 (Vincenzio Galilei，1520–1591)，四十余岁才结婚的他是一位音乐教师、音乐演奏家和理论家。伽

---

①意大利王国的统一是大约 300 年后之事。伽利略时代的意大利分为罗马教皇国、托斯卡纳大公国 (首府是佛罗伦萨) 和威尼斯共和国等大大小小的王国。

利略是家中长子，有长大成年的弟弟 1 个和妹妹 2 个，他们的母亲叫做朱莉娅·阿曼纳蒂 (Giulia Ammannati，1538–1620)，出身于纺织品商人家庭。她受过教育，保留至今的少量记录表明她似乎很难相处①。

文森佐·伽利雷具有很高的数学和科学水平，他通过实验的方式，反对和音 (consonance) 是由简单比值决定的古老观点。但是，他希望他的长子能够追随祖先的荣耀，将来成为一位富裕且受人尊重的医生。于是，1581 年他把 17 岁的伽利略送进比萨大学学医。然而，年轻的伽利略对医学并没有多大的兴趣。当时的医学课程还是以古罗马医学家盖伦 (Claudius Galenus，129–199) 和古希腊哲学家亚里士多德 (Aristotle，前 384–前 322) 的学说为基础。由于总是挑战亚里士多德的学说②，伽利略很快就在他的教授中获得了叛逆的名声。

1582–1583 年，伽利略遇到了他人生中的第一个学术带路人：奥斯蒂利奥·里奇 (Ostilio Ricci，1540–1603)。这位后来的托斯卡纳宫廷数学家，把伽利略 (也是后来的托斯卡纳宫廷数学家) 引向了欧几里得 (约前 330–前 275) 的几何学和阿基米德 (前 287–前 212) 的力学 (mechanics，机械学)。伽利略从 1583 年开始自学《几何原本》，并展现出极大的天赋。据说，里奇本人是一流数学家和机械学家塔尔塔利亚 (Nicolo Tartaglia，1500–1557) 的学生，这意味着伽利略所读的极可能是塔尔塔利亚用意大利文翻译的欧几里得《几何原本》和阿基米德的著作。塔尔塔利亚阐明了《几何原本》第五卷的欧多克索斯 (Eudoxus，约前 408–前 355) 比例理论与中世纪比例理论之间的差异③，而前者将是伽利略研究物体运动

①据说在 1610 年，在伽利略制成更强大的望远镜之后，她曾经试图贿赂他的一个仆人从其工坊中偷取制作望远镜的镜片，因为当时它们的价格非常高。

②其中一些思想未必是亚里士多德本人的，而是其学派发展出来的学说，或是中世纪或更早的哲学家对其学说的注释。对伽利略时代的亚氏学说信奉者造成思想束缚的，并不是亚氏学说本身。亚氏的名言是：吾爱吾师，吾更爱真理。

③在《几何原本》中，第五卷和第七卷都讲比例理论，但第五卷中的比例理论可以处理连续量，一般认为是由欧多克索斯提出的，而第七卷中的比例理论只处理自然数。欧洲中世纪的数学家们并不理解前者。不在大学里教书的塔尔塔利亚于 1543

时必不可少的数学 (几何) 工具，因为他所需要的代数或解析几何方法此时还未诞生。伽利略阅读了阿基米德著作中的《论平面图形的平衡》(*On Plane Equilibrium*) 和《论浮体》(*On Bodies in Water*)，前者关乎物体的重心，后者关乎物体的浮力。它们是伽利略最早的研究课题，在其一生的力学研究中都占有极其重要的地位。[①]

应伽利略的要求，里奇试图劝说文森佐让伽利略放弃医学课程的学习，转而研究数学，但文森佐没有立刻答应，因为研究数学意味着贫穷和相对的地位低下 (文森佐本人正是如此)。但从此以后，伽利略基本荒废了对医学的学习，却花费大量时间学习《几何原本》和亚里士多德的自然哲学[②]等古典知识。值得一提的是，伽利略很可能并未在 1583 年发现摆的等时性原理，也未据此发明脉搏计并用它卖钱。比萨大教堂的吊灯是在 1587 年下半年才安装的。他更可能是在 1588 年参与他父亲的音乐实验时初步认识到了摆的等时性 (他大约在 1602 年才开始仔细研究单摆)。他熟悉的一位威尼斯医生在 1603 年才发明了脉搏计。

1584 年，他父亲要求他继续完成医学学业，但他不愿意这样做，并说服他父亲继续资助一年的大学学习。次年春天，伽利略在未获得学位的情况下离开了比萨大学[③]。之后一段时间，他主要以在佛罗伦萨和锡耶纳 (Siena) 进行数学的私人授课为生，同时也开展力学和运动的研究。

年出版了意大利语版《几何原本》，他的注释澄清了上述两种比例理论的差异。但当时的大学里普遍采用对此未加澄清的《几何原本》拉丁文版本。伽利略在生命最后的日子里仍在思考《几何原本》第五卷的定义 5，即关于相同比 (即比例) 的定义 (见"译者附录 B"和第 180 页的命题证明)。

[①]据研究，伽利略在一生中阅读过大量书籍。德国人约翰内斯·古登堡 (Johannes Gutenberg, 1398–1468) 发明的金属活字印刷术为提供相对廉价的书籍创造了条件，即所谓"媒介革命"。

[②]彼时所谓自然哲学即 natural philosophy，约相当于现在所谓的科学 (science)。伽利略努力学习亚里士多德自然哲学的目的之一是为了教书谋生 (他为此准备的部分讲义尚存于世)，当时大学里的数学教授职位很少，而自然哲学在每个学校都要教授。

[③]在那个时代，一纸文凭并不是那么重要，所以后来年轻的伽利略仍然可以成为比萨大学的数学教授。

1586–1587 年，伽利略用意大利文①撰写了第一篇论文《天平》[La Bilancetta]，它是关于浮力的研究，与阿基米德利用浮力确定合金成分的故事有关。在此期间，他开始用拉丁语撰写一篇关于运动的对话，它讨论了 6 个具体的运动问题：(1) 一个竖直上抛的物体，其运动在返回时是否必须如亚里士多德所说的要先到达静止②；(2) 为什么铁球在开始下落时比木球要慢，但很快又超过木球；(3) 为什么自然运动在结束时比在开始时快，而受迫运动在开始时最快；(4) 为什么一些物体在空气中比在水中下落得更快，另一些物体在空气中下落但在水中不下落；(5) 为什么炮弹在接近竖直向上发射时，以直线运动的距离更长；(6) 当以同样的火力 (charge) 发射时，为什么重球比轻球运动得更快更远。

现代读者从这些看似奇怪而陌生的问题中，可以感受一下伽利略从前人那里接受的知识财富或者说他所面对的问题。这部关于运动的著作并未完成，其中有创新 (比如，他认为重和轻总是相对的，没有绝对重或绝对轻的物体)，但有些内容并未脱离传统 (比如，他在其中仍然认为宇宙的中心是地球③)。这一对话体著作此后被改写成分章撰写的论文《论运动》[De Motu]④，之后又逐渐演变为本书"第三天"和"第四天"对话的内容。1586 年伽利略才 22 岁，而 1638 年本书出版时他已经 74

①当时学术界的通用语言是拉丁语。直到约 100 年后，牛顿于 1689 年出版的《自然哲学之数学原理》仍用拉丁语写成，大部分英国人也要靠翻译来阅读它。但伽利略的大部分著作是用意大利文写的，这使他的学说有更广泛的受众。

②我们现在很容易理解，物体在运动过程中的某**个时刻**速度为 0。但是，对于与伽利略同时代的哲学家来说，说一个物体在同一个时刻既运动又静止是矛盾的。因为他们的祖师爷亚里士多德认为，任何运动都要占据时间，因此说某一时刻的运动或静止 (即所谓的"瞬时速度") 是没有意义的。

③伽利略接受哥白尼的太阳中心说似乎是 1595 年以后的事情，尽管他在 1597 年写给开普勒的一封回信中说多年以前就如此。

④塔尔塔利亚的学生贝内代蒂 (Giovanni Battista Benedetti，1530–1590) 是彼时意大利的一流物理学家 (自然哲学家)，在伽利略之前 (1554 年和 1585 年) 发表过质疑亚里士多德的运动学说的文章，其在对自由落体的解释上甚至领先于此时的伽利略。虽然伽利略没有提及它们，但他可能阅读过这些著作。

岁了，这中间相隔了 50 多年！①

1587 年秋天，伽利略去了一趟罗马。他的一个目的是认识学术界名人，以便能够申请到大学里的数学教职。他把研究物体重心的论文交给了当时的著名耶稣会学者克里斯托弗·克拉维于斯 (Christopher Clavius, 1538–1612；Clavius 又译"克拉乌")，并受到后者的赏识。克拉维于斯可以说是当时罗马天主教会中最有学问的人②，有极高的成就和威望。他们二人以后还有很多交集。

1588 年，伽利略又把他关于重心的研究论文寄给了贵族学者圭多巴尔多侯爵 (Guidobaldo del Monte, 1545–1607)，后者本身有很高的学术水平，他认识到伽利略的才华并成为其早期的学术导师、合作伙伴和赞助者。这一年的另一个重要事件是，伽利略受邀在佛罗伦萨学院做了两场演讲，主要是关于佛罗伦萨诗人但丁 (Dante Alighieri, 1265–1321) 所著《神曲》中炼狱的位置、结构和大小。他是通过"等比例放缩"的方式进行讨论的，因而在现实中并不可能实现，而有关机械或设备的强度与放缩问题正是本书"第一天"和"第二天"对话的核心内容。另外，这两场演讲还极有可能为伽利略来年入职比萨大学铺平了道路。

在 1588–1589 年，伽利略的父亲文森佐通过实验证明，相同琴弦产生纯五度音的拉力之比是 4:9 而非 2:3。这个实验需要把重物悬挂在琴弦上，并让琴弦发声。伽利略很可能参与了相关实验，他在此期间的一个文本注释中第一次提到单摆的现象。

1589 年，比萨大学的数学教授职位空缺。伽利略获得了该职位，正式开始了他的职业研究生涯。他的年薪是 60 弗罗林 (florin)，只是前任

①伽利略数十年关于运动研究的部分手稿依然存世，但基本上没有明确的时间标记，因此很难确定他的重要发现是何时以何种方式作出的。此篇小传中关于伽利略的运动和力学研究的年份 (集中在 1610 年以前)，不可能是所有科学史专家的公论。另一方面，伽利略的天文学研究脉络要清晰得多。

②传教士利玛窦 (Matteo Ricci, 1552–1610) 就是他的学生。利玛窦和徐光启 (1562–1633) 翻译的《几何原本》前六卷应是依据克拉维于斯编注的、影响力极大的拉丁文版本。读者可能注意到了，伽利略和徐光启的生活年代几乎是重叠的。

数学教授的一半，而后者的工资又普遍低于其他教授。他与比萨大学的合同只有 3 年 (1589–1592)，之后就没有再续签。

在比萨大学，伽利略遇到了同事雅各布·马佐尼 (Jacopo Mazzoni，1548–1598) 并成为朋友。尽管两人对自然哲学的观念并不相同，但他们经常进行讨论。马佐尼不仅熟悉亚里士多德哲学，也熟悉柏拉图 (Plato，前 427–前 347) 哲学。①

可能是在 1590 年，伽利略在比萨大学见到了罗马教会的数学教授卢卡·瓦莱里奥 (Luca Valerio，1552–1618)②，后者最重要的著作是关于物体重心的研究 (发表于 1604 年)。伽利略在 1590 年也重新进行了相关研究，本书"第二天"和"第四天"多处提到过。

关于伽利略在比萨大学任教期间的故事，流传最广的是比萨斜塔自由落体实验。它最早源自伽利略晚年的学生，也是其第一个传记的作者文森佐·维维亚尼 (Vincenzio Viviani，1622–1703) 的记述③。他的记录只有短短的一段话，没有详细的时间、地点和人物，其大意是说：为了展示"同种材料"的"不同重物"在"同种介质"中的运动速度相同，在其他教授和所有学生 (极可能只是伽利略自己的学生) 面前，伽利略"反复地"从比萨斜塔的高度进行实验。④

---

①著名科学史专家亚历山大·柯瓦雷 (Alexandre Koyré，1892–1964) 认为，伽利略是一位柏拉图主义者，其在著作中描述的实验基本上都是想象出来的。柯瓦雷对后来的伽利略研究具有深刻影响，但现在的主流科学史专家不接受上述看法。

②在罗马教会大学，瓦莱里奥曾经与利玛窦一起在克拉维乌斯那里学习数学。利玛窦到中国以后，仍与瓦莱里奥有通信往来。

③维维亚尼对伽利略的简短传记出版于 1654 年。托马斯·索尔兹伯里 (Thomas Salusbury) 于 1664 年出版了一本更丰富的伽利略传记，但它被 1666 年的伦敦大火烧得只剩一个从未再版的残本。索尔兹伯里也将《两门新科学的对话》等伽利略著作翻译成了英语 (1665 年)，但大部分也被这场大火烧光了。我们现在不清楚牛顿是亲自阅读过《关于两门新科学的对话》，还是只从二手资料中去了解它。

④根据本书第76页正文所述，这些材料相同但轻重不同的重物并没有同时落地。后来，这个故事被人们进行各种演绎。从高处进行自由落体实验，伽利略既不是第一个，也不是最后一个。有些人进行实验的目的，甚至是要支持亚里士多德的学说

在比萨大学任教即将结束时，伽利略最重要的研究工作是继续修订和完成了前面提到的论文《论运动》(在他去世前从未公开发表过)。虽然伽利略在这一著作中利用了更多数学论证，因而能够驳斥很多当时的流行观点，但这还不能让他得到由实验证实的结论。

1591 年，由于父亲的去世，伽利略的经济压力陡增。在圭多巴尔多等人的帮助下，伽利略得到了帕多瓦大学的数学教授职位，其年薪是 180 弗罗林。成立于 1222 年的帕多瓦大学是意大利最古老的大学之一；90 余年之前，哥白尼 (Nicolaus Copernicus，1473–1543) 曾经在此求学。它离繁忙的威尼斯港口只有 25 英里。那里的学术氛围相当自由，伽利略在这里度过了他人生中最快乐的 18 年 (1592–1610)。

在 1592 年去帕多瓦大学之前，伽利略很可能去见了一次他的支持者圭多巴尔多侯爵，在那里一起开展了斜面上的抛体实验，并认识到其轨迹是抛物线。但此时伽利略尚未从理论上去解释它。

根据现存文件，在帕多瓦大学的前期 (1592–1599)，伽利略的大部分精力用在了实际应用研究方面。这或许与他的经济压力有关，也可能与他此时的重要合作者圭多巴尔多侯爵的研究兴趣有关，后者是一位工程师科学家 (Engineer–scientist)，更关注工程应用。威尼斯当局在 1593 年就开始咨询他有关军舰的应用问题①。同一年，伽利略撰写了一篇关于基本机械的简短论文《论力学》[Le Mecaniche]，之后它被不断修改和扩充，特别是在 1600–1601 年被极大地扩充 (但在他生前没有正式出版过)。这一论文显示，伽利略非常熟悉当时被认为是亚里士多德作品

而反对伽利略。其实，伽利略是否在比萨斜塔上做过实验并不重要，重要的是我们后人应该认识到，他对自由落体运动的研究是一个漫长的、坚苦的过程，其中涉及的问题远不是一两个简单的实验就可以解决的。在比萨大学任教时，他就尚未意识到：密度不同的材料，在同种介质中 (特别是在虚空中) 的自由落体速度相同。

①他的好朋友、学生和赞助者萨格雷多 (Gianfrancesco Sagredo，1571-1620) 是威尼斯的贵族。后者于 16 世纪末在帕多瓦大学学习，他的府第就在威尼斯兵工厂的高墙外，这也是伽利略为《关于两门新科学的对话》设定的对话地点。1599–1608 年，他从帕多瓦访问威尼斯时经常与萨格雷多在一起，他们有极深的友谊。

的《力学问题》(*Mechanical Problems*)，它可能影响了他后来关于材料的强度、速度的合成和连续体的结构等的研究。另外，这一论文也表明，直到 1600 年左右，伽利略仍然认为对于力学研究来说，寻找"原因 (cause)"的工作是必不可少的。在亚里士多德的自然哲学中有所谓"四因说"，即在任何变化中都起作用的四种原因：形式因、质料因、动力因和目的因。

大约在 1595–1598 年，伽利略设计、改进和制造了他的"几何与军事圆规"，撰写了操作指南[①]。在他的工坊中制造以及销售这种作图和计算工具并不赚钱，但通过相应的私人授课可以获得一定的收入。他在帕多瓦大学需要讲授欧几里得几何、天文学等课程。为了增加收入，他开展了大量私人授课，授课对象中有不少是外国贵族子弟，他的私人课程有力学 (机械学)、军事建筑和防御工事、计算器具、几何和光学等。

1599 年，伽利略与帕多瓦大学续签了四年合同，工资也涨到 300 弗罗林。但他的财务状况并不见好，他的妹妹出嫁需要一大笔钱置办嫁妆，他本人则与威尼斯的贫家女玛丽娜 (Marina Gamba，约 1570–1612) 同居，后者分别在 1600、1601 和 1606 这三年生下两个女儿和一个儿子。由于经济上的压力，伽利略大量地增加了私人授课的课时。

可能是在 1602 年初，伽利略在圭多巴尔多的建议下开始通过实验研究单摆的运动，并在通信中向后者介绍了相关结果：单摆的运动周期取决于摆的长度，与摆球重量无关 (单摆的等时性)。他还向后者展示了另一个结论，即当运动物体沿竖直平面内的圆上任一点降落至其最低点时，所需时间相等 (见本书第184页命题 6)，并声称可以证明另一个更加"不可思议的"结论，即此时物体沿折线降落时相比沿直线降落要更快 (见本书第275页命题 36，它与"最速下降曲线"问题有关，伽利略大约

[①] 后来有人剽窃了这一发明，虽然伽利略成功地捍卫了自己的名声，但这件事可能深刻地影响了他对发表其科学发现的态度。另外，很有意思的是，同一时代的传教士罗雅谷 (Giacomo Rho, 1593–1638) 在中国翻译了《比例规解》一卷，有人认为它是译自伽利略"几何与军事圆规"的某一版操作指南。

在 1607 年完成了这一证明)。但很可能到 1603 年末时，伽利略对自由落体运动的规律尚不清晰。

1603 年，伽利略已经 40 岁。这一年他的身体经历了严重的慢性风湿病/关节炎疼痛，使他经常只能卧床休息。这一疾病折磨了他的后半生。伴随他很久的另一种疾病是眼疾，可能从年少时就开始了，直至晚年时双目彻底失明。但伽利略将要用这双眼睛去观测星空！

基于精心设计、反复开展的斜面实验①，伽利略在 1604 年已经掌握匀加速运动的时间平方定律和奇数定律 (见第202页命题 2 及其推论 I)。后人是从 1604 年 10 月 16 日他写给好友保罗·萨尔皮 (Paolo Sarpi, 1552–1623) 的信中知道这一点的。从这封信我们还知道，伽利略此时认为从静止开始的匀加速运动"速度与距离成正比"，并声称可以由此证明上述两个性质，但事实上毫无疑问会导致互相矛盾的命题。萨尔皮是当时威尼斯统治者的神学家，在当地颇有影响。他也是伽利略在帕多瓦时期的重要朋友，两人关于运动等科学问题有很多讨论。

1604 年 10 月，很多人都用肉眼观测到天空中出现一颗亮度超过木星的新星，它在几星期后又逐渐暗淡下来，一年多以后肉眼不再可见②。这颗新星引发了伽利略等人与亚里士多德学说信奉者之间的激烈论战。后者认为，天球是完美的而且永恒不变的，"新星"并不是天文学事件，而是一种月下现象。伽利略并不赞同这一观点，对此发表了三场听者众多的公开演讲。他生活中的朋友和学术上的敌人克雷莫尼尼·切萨雷 (Cremonini Cesare，1550–1631) 是论战另一方的领导者，后者是彼时意大利乃至整个欧洲最重要的亚里士多德学说信奉者。伽利略与亚氏学

---

①伽利略在其公开出版物中从未详细给出过他的斜面实验数据，其现存手稿中的相关图示很可能都作于 1603–1605 年。从其中的数据 (伽利略只使用整数和简单的分数) 可以推算，实验中他使用的距离单位 (punti) 不到一毫米，时间精度达到略大于半秒。为了便于观察，有些实验中使用的斜面倾角低至约 1.7°。

②现在我们知道，这是一颗超新星。开普勒也观测并详细记录了它，其残骸如今被称为开普勒超新星残骸 (Kepler Supernova Remnant)。他的老师第谷·布拉赫在 1572 年也用肉眼观察到了另一颗超新星，但它没有产生大的学术影响。

说信奉者之间的恩怨从此白热化[①]。

　　大约在 1606 年底或 1607 年初，伽利略发明了温度计。从 1607 年夏季开始，他转向研究流体静力学和材料的强度。前者在本书的多处讨论中都出现了，后者则构成了本书"第二天"的重要内容。

　　1607 年底，伽利略重新开始撰写运动学论文，他终于将速度视为与空间、时间一样是可以连续变化的量 (意味着可以比较任意两个**点**或两个**时刻**的瞬时速度)，从而使匀加速运动的严格数学处理成为可能。此时距他第一次撰写运动学著作已经有整整 20 年了！

　　大概是在 1608 年的五六月份，伽利略开展了一个极其重要的运动学实验，其结果记录在现存手稿 116v 上[②]。他将斜面置于具有固定高度的桌面上，小球在从斜面上 (高度可调) 降落之后，接着从桌面边缘开始以平抛运动落到地面上。在实验中他改变斜面的高度 h，并测量小球的水平抛出距离 s[③]。他到底从这一实验中得出了什么结论已经无法确证，但很可能他补做的一种情况使他面临一个终其一生未能解决的困难：在

　　[①]伽利略真正不喜欢的并不是亚里士多德本人，而是那些对亚氏学说"食古不化"者。事实上，伽利略从亚氏的自然哲学著作中获益良多，特别是当时被归为亚氏作品的《力学问题》。但另一方面，由于亚氏学说"牵一发而动全身"的特性，信奉亚氏学说的人们不得不反对伽利略的几乎任何一个观点。而伽利略的科学研究采用的是逐个突破 (piecemeal) 的方式，他并不试图建立一个能解释万物的庞大体系。在这一点上，他不同于同时代的哲学家和科学家笛卡儿 (René Descartes，1596–1650)。

　　[②]这页手稿是科学史上被研究得最多的实验记录之一，科学史专家对它也是众说纷纭。有人说伽利略由此发现了平抛运动的抛物线轨迹，并验证了水平速度是恒定的 (惯性定律)；有人说它验证了水平速度的恒定，以及水平运动和竖直运动是可以分解的；还有人说它的目的是确认自由落体运动的时间平方定律；还有人说手稿 116v 只不过是纯粹的数学猜测；等等。不论伽利略做这一实验的目标到底是什么，他从中又获得了什么重要结论，他补做的那个实验条件给他带来新的巨大麻烦。

　　[③]假设物体平抛运动的水平速度不变 (惯性定律)，并设水平运动与竖直运动互不影响 (速度合成定理)，那么在无须测量时间的前提下 (因为小球平抛运动的落地时间是固定的；准确测量时间在当时是很不容易的)，伽利略可以对小球在不同高度 h 之斜面下端的速度进行比较 (正比于水平运动距离)。另外，伽利略似乎也不难由这一装置"验证"本书"第三天"的唯一公设。

桌面上方，他让小球从与桌面等高的高度**竖直下落**，之后再测量它从桌面边缘平抛落地时的水平距离。这一实验的结果与根据**斜面**实验数据的外推有相当大的偏差。[①]

从 1609 年早期伽利略所写的一封信件中可以看出，此时他已经掌握了抛体运动的规律。但接下来发生的重要事件，使他的运动学研究几乎中断了。这一年的 7 月，伽利略在威尼斯听到了有关荷兰人发明望远镜 (请注意，telescope 这个称呼是 1611 年 4 月才有的) 的传言，便赶回帕多瓦快马加鞭地投入到望远镜的研发之中，目的是赶在威尼斯当局决定购买外国人的望远镜[②]之前能够制作出来。8 月 21 日，伽利略携带可放大 8 倍的望远镜回到威尼斯，并向达官贵人们进行了展示。他的年薪有望从 520 弗罗林提高到 1000 弗罗林，但他对此似乎并不满意。1609年末，伽利略制得了可放大约 20 倍的望远镜，随后在其工坊内成功制造了数十架[③]。

不知道在这一年的什么时间，也不知道他起初是出于什么目的，伽利略把望远镜指向了天空：那轮曾经被认为完美无瑕的月亮，那些看似飘忽不定的行星，以及那些肉眼难以看到的、数不胜数的满天星斗。年底，具有极高绘画天赋的伽利略开始绘制月面图像。当时争抢天文观测优先权的竞争非常激烈，而伽利略跟他的文艺复兴前辈大师们一样多才多艺，他的绘画、音乐和写作天赋都非常之高。高超的绘画技能，可能也是他在这场激烈的竞争中胜出的一个原因。

[①]欧拉 (Leonhard Euler，1707–1783) 在 100 多年后证明，这一误差是由滚动与平动的差异造成的：在伽利略的斜面实验中，小球的运动是滚动，这与小球自由下落是不一样的。在之后的数十年中，伽利略对这一问题应该思考了很多。

[②]其目的是用于军事，可在敌军船队到来之前即侦察到他们并做好应对准备。如果伽利略可以制作出更好的望远镜，他可以要求更高的薪水。另外，帮助伽利略与威尼斯当局斡旋的正是他在威尼斯的好友保罗·萨尔皮。

[③]相比其他人，伽利略可以采购到更好的镜片。但他并未研究过望远镜的光学原理。由于其原理不清不楚等原因，一些亚里士多德学说信奉者坚持认为从望远镜中看到的只是假象，甚至都不愿意尝试亲眼从望远镜中仰望星空。

1610 年 1 月 7 日的夜晚是人类天文探索历史中的重要时刻。伽利略在当晚的一封可能从未发出的信中说，"就在今晚，我看见木星伴随有三颗固定的星星 (fixed stars)"。此后一周，他每天晚上都坚持观测，却发现它们其实是移动的。1 月 13 日，他看见了木星的第四颗卫星。之后，他才意识到这些"星星"实际上是木星的"月亮"(moon)。

才过两个月，1610 年 3 月 12 日，伽利略的天文学小册子《星际信使》[Sidereus Nuncius] 已经在威尼斯印刷①。他把这本小书献给故乡佛罗伦萨的新任统治者，也是他曾经的学生托斯卡纳大公科西莫二世·德·梅迪奇 (Cosimo II de Medici，1590–1621)，那四颗卫星也被他命名为"梅迪奇星"(现在我们称之为"伽利略卫星"，即木卫一、木卫二、木卫三和木卫四)。这些以及后来的诸多天文学发现，将给伽利略带来巨大的荣誉和利益，以及更多的敌人和更猛烈的攻击。

这一年，伽利略已经 46 岁了。在此之前，他就已经有回到故乡佛罗伦萨的打算，虽然在帕多瓦和威尼斯有很多志同道合的朋友。现如今，他曾经的学生已然做了托斯卡纳大公，而望远镜的发明以及轰动世界的天文学发现又使他有了更多讨价还价的筹码。新任大公于 1610 年 7 月 10 日签署了对伽利略的任命，从此后者成为托斯卡纳宫廷数学家和哲学家。伽利略一直是数学教授，"哲学家"是托斯卡纳大公应他本人的要求而加的，可见他并不鄙视"哲学家"这一称呼本身。此后他没有任何教学任务，却拿着非常丰厚的报酬，这也是他在佛罗伦萨的反对者们愤懑的原因之一。9 月 12 日，伽利略回到了佛罗伦萨。12 月，伽利略观察到了金星的相位变化，对他来说这是支撑哥白尼学说的一个关

①在没有亲自观测到木星卫星的情况下，神圣罗马帝国皇帝鲁道尔夫二世的宫廷数学家开普勒于 1610 年 4 月 19 日发表评论支持伽利略，这一支持对后者来说非常重要。开普勒此时没有放大倍数足够的望远镜，他写信给伽利略希望获得一个高倍望远镜以亲自确认四颗卫星，但后者声称手上并无存货。直到 1610 年 8 月末，开普勒才从他人处借到一个源自伽利略工坊的望远镜，并很快就确认了这四颗卫星的存在。开普勒与伽利略都是哥白尼学说的坚定支持者和发展者，但是这两位科学家性格迥异。关于他们的互动是另一个极有教益的故事，此处无法展开。

键证据。他以几乎不可解的字谜的方式 (那时的人们常以此方式来声明对某一发现的优先权)，把这一结果"告知"了毫无头绪的开普勒。

在身体状况允许时，伽利略于 1611 年 3 月 29 日第二次抵达了罗马 (一路上继续观测和记录木星的卫星)。第二天，他就去拜会了大学者克里斯托弗·克拉维于斯。但对他本人来说，最重要的莫过于在 4 月 25 日正式成为由意大利贵族费代里科·切西 (Federico Cesi，1585–1630) 创立的山猫学会①的第 6 名会员 (或称"院士")，伽利略毕生以此为荣。

1612 年，伽利略在他的朋友菲利波·萨尔维亚蒂 (Filippo Salviati，1583–1614) 的郊区别墅里完成了《论水中的物体》(*Discourses on Bodies in Water* 或 *Discourse on Floating Bodies*)。他与哲学家们就浮力问题发生了激烈的争论，无疑又是以他的胜利而告终，但这也无疑更加激怒了他的敌人。

1613 年，在山猫学会的支持下，伽利略于罗马出版了他的《太阳黑子的通信》(*Sunspot Letters* 或 *Letters on the Sunspots*)。这给他招致了一位强大的敌人：耶稣会教士克里斯托弗·沙伊纳 (Christoph Scheiner，1575–1650)。他们为谁最先发现太阳黑子发生了激烈的争论，这成为伽利略与罗马教会人士关系恶化的重要因素之一②。此前他的论敌主要是哲学家们，后来宗教人物也参与进来，直至最终引起他与罗马教廷之间的激烈冲突，即使他一直声称自己是虔诚的天主教信徒。

①Accademia dei Lincei (又译猞猁学会，林奇学会) 是切西于 18 岁时成立的，它只接纳一流科学家作为会员，其会员不多，但为近代科学的发展和传播作出了巨大贡献。切西和山猫学会对伽利略提供了大量支持。1630 年切西的突然去世对伽利略有极大的负面影响，在后来的教会审判中他也失去了一个坚强的后盾。在成为山猫学会大约一周之后，他在帕多瓦大学的朋友、德国人约翰内斯·施雷克 (Johannes Schreck，1576–1630) 成为它的第 7 名会员。很快，这位极有天赋的科学家加入耶稣会从事传教工作，其汉语名字叫邓玉函，于 1619 年 5 月抵达中国澳门，与他同来的还有汤若望、罗雅谷等。他们最早把天文望远镜带到中国，徐光启有可能使用过它。

②英国科学家托马斯·哈里奥特 (Thomas Harriott，1560–1621) 在 1610 年就发现并记录了太阳黑子，比他们都要更早。克里斯托弗·沙伊纳从 1624 至 1633 年是在罗马，而 1633 年伽利略在罗马被审判，不少教会人士到教皇那里说他的坏话。

1615 年 12 月至 1616 年 7 月，伽利略又一次身处罗马。在此期间的 2 月 26 日，伽利略被口头要求不能再以任何形式宣讲日心说和地动说 (对这一口头警告的理解，是 1633 年宗教裁判所审判伽利略的一个焦点)。3 月 5 日，罗马教廷下令中止哥白尼著作《天球运行论》①的流通。虽然伽利略在《太阳黑子的通信》中支持日心说，但他和他的著作都未受到牵连。此时，影响力极大的红衣主教罗伯特·贝拉尔米内 (Robert Bellarmine，1542–1621) 和未来的乌尔班八世教皇马费奥·巴尔贝里尼 (Maffeo Barberini，1568–1644) 都是伽利略的支持者。

1618 年的数月内，欧洲上空连续出现三颗彗星，这引发了伽利略与其反对者 (包括哲学家们和耶稣会教士) 关于彗星性质的长时间争论。1621 年，科西莫二世和罗伯特·贝拉尔米内相继去世。1623 年，马费奥·巴尔贝里尼成为教皇乌尔班八世。之后，伽利略在山猫学会的支持下出版了《试金者》(The Assayer)，并把它题献给新任教皇②。1624 年 4 月至 6 月，伽利略第四次到访罗马，并受到新任教皇的多次接见。

从罗马回到佛罗伦萨之后，伽利略认为自己可以放心地撰写关于地球运动的著作了，只要不公然声称它实际上是运动着的。他写写停停，最后于 1629 年年底完成了《关于两大世界体系的对话》。伽利略最初打算把这本书称为《论潮汐》(The Discourse on the Tides)。他希望用潮汐证明地球是运动的 (根据 1616 年的教会口头警告，他是不被允许的)，后来的书名模糊掉了这一点。由于各种原因 (其一是意大利在 1630 年至 1631 年发生了严重的黑死病瘟疫)，教会对该书的出版审查又颇费周折，导致它在 1632 年 2 月才印刷完毕。在此期间，伽利略于 1630 年又专程

---

① 《天球运行论》此时并不是被完全禁止 (prohibited) 发行，而是在作出修正之前中止流通 (suspended until corrected)。当时教会能够容忍把日心说当作一种简化计算的 "数学模型"，但日心说/地动说不能被当作真实的自然存在进行宣传。

② 这本书实际上在 1622 年 10 月就已写成，后来乌尔班八世非常喜欢它。Assayer 是指能用精密的天平分析贵重金属的巧匠，相对地，哲学家们只会使用粗糙的杆秤。这本科学史上的名著写得文采飞扬，有很多经典的桥段，里面深刻地展示了伽利略在接近成熟期的科学与哲学思想，可惜译者未曾见到中文译本。

去了一趟罗马，但是他与教皇的关系已大不如前，他没有多少跟教皇面对面陈词的机会。雪上加霜的是，他的有权势的支持者、年仅 45 岁的切西于 1630 年 8 月突然逝世。

伽利略的敌人诬告说，《关于两大世界体系的对话》的三位对话者中最愚笨的辛普里丘实际上是影射教皇，教皇因而极为恼火。1632 年 8 月，《关于两大世界体系的对话》已被罗马宗教法庭重新审查。1633 年 2 月，身体欠佳、年近 70 岁的伽利略被强行要求前往罗马，并在那里被审判和定罪。1633 年 6 月 22 日是最终的宣判日。伽利略跪着听完了判决书，其中说道：

> 你的所为使你被强烈地怀疑为异端，即持有并相信一种错误的、与圣经相悖的学说，认为太阳是世界的中心且不会自东向西运动，而地球是运动的且不是世界的中心，以及认为当一种观点已经被宣布和界定为与圣经相悖时，人们还可以持有并捍卫它是可信的。

接下来，伽利略继续跪着复述自己的罪行，签字认罪，并发誓不再口头或书面声称此类异端邪说。他被判处监禁 (判决书上未给出具体时间)，但第二天即被改为软禁。他的《关于两大世界体系的对话》被列为禁书，而且不准再重印和出版其他任何作品。

1633 年 7 月，伽利略被允许前往锡耶纳，那里的主教是他的朋友。主教把他当作尊敬的客人，而不是当作已经认罪的异端人士。这使得年迈的伽利略虽然承受了巨大的痛苦，仍然能够慢慢地恢复和振作起来。在学生和朋友们的鼓励下，他又开始写作力学方面的对话 (也就是本书)，为他带来巨大荣誉和灾难的天文学观测和研究已经使这一工作延误了数十年。

1633 年 12 月，他被允许回到阿切特里 (Arcetri，位于佛罗伦萨附近) 自己的住宅中。他的行动依然受到限制，但可以去看望附近修道院中的两个女儿 (他钟爱的大女儿在几个月后病逝，这对他打击很大)。他可以会客但不能一次召集或款待很多人。之后的几年，伽利略的主要精力就花在本书的写作和出版上。在经过一番周折之后，本书于 1638 年 6 月开始发行。

1639 年和 1641 年，文森佐·维维亚尼和埃万杰利斯塔·托里拆利 (Evangelista Torricelli，1608–1647)[1]相继来到伽利略的身边。他们既是他的学生，也是他的助手。他与维维亚尼甚至情同父子。

1641 年底，伽利略的身体越来越差。1642 年 1 月 8 日夜晚，双目失明的伽利略在软禁中去世于阿切特里，身边至少有他唯一的儿子和两位学生。其中，维维亚尼为了伽利略身后的荣誉几乎奉献了终生。

大约一年之后，巨人中的巨人艾萨克·牛顿 (1643 年 1 月 4 日–1727 年 3 月 31 日) 在英国的一个小村庄里出生。伽利略未完成的科学事业，将由新的一代以非常不同的方式继续谱写新的篇章。

主要参考文献

[1] Stillman Drake. *Galileo at Work: His Scientific Biography* [M]. Chicago: University of Chicago Press, 1978.

[2] William R. Shea, Mariano Artigas. *Galileo in Rome: The Rise and Fall of a Trouble-some Genius*[M]. New York: Oxford University Press, USA, 2004.

[3] Jürgen Renn, Peter Damerow, Simone Rieger and Domenico Giulini. *Hunting the White Elephant: When and How did Galileo Discover the Law of Fall?* [J]. *Science in Context*, 2000, 13 (3–4): 299–419.

[4] Winifred L. Wisan. *The New Science of Motion: a Study of Galileo's de Motu locali* [J]. *Archive for History of Exact Sciences*, 1974, 13(2–3): 103–306.

---

[1]在 1642 年伽利略去世后，托里拆利继任托斯卡纳宫廷数学家；在 1647 年托里拆利去世后，维维亚尼也继任了托斯卡纳宫廷数学家。

翻译附录 B　比和比例性质

伽利略在本书中使用的数学语言主要是几何。具体来说，主要是平面图形的几何性质以及与之有关的比例理论，后者源自欧几里得的《几何原本》第五卷，而它又可能是由更早的古希腊数学家欧多克索斯 (Eudoxus，约前 395–约前 342) 创立的。这一比例理论可以研究**连续量**[①]，它在现代科学革命的早期扮演了重要角色。

本附录参照欧几里得的《几何原本》，给出了阅读本书所需的比例理论术语和基本性质，以方便不熟悉相关内容的读者查阅。[②]

◇ 比 (ratio)

比是两个**同类量**之间的、与大小有关的一种关联。同类的两个量 a 和 b 之**比**现在记作 $a:b$ 或 $\frac{a}{b}$。其中，a 和 b 都称为该**比**的**项**，a 称为**前项** (antecedent)，b 称为**后项** (consequent)。

注1. 此译本常将二量之比记作 $\frac{a}{b}$。但此附录中将大部分采用 $a:b$ 的形式 (读者若把它们写成"分数"形式，极可能会感觉更直观)。

注2. 对现代人而言，$a:b$ 中的 a 和 b 即使**不同类**也是可以的，比如说"速度 = 位移 : 时间"。但对古希腊人而言，"位移 : 时间"是不

[①]连续量自然地包含了有理量和无理量，在本书中，时间、距离和速度都是按连续量来处理的。无理数对古希腊人而言是一个巨大的困扰，关于希帕索斯因发现无理数而被毕达哥拉斯学派的同门扔进大海喂鱼的传说，很多读者应该听说过。

[②]译者在编写这个附录时，详细阅读了 Thomas Heath 爵士的英译本 *The Thirteen Books of The Elements* 第五卷正文及注释，也参考了兰纪正和朱恩宽两位先生翻译的《几何原本》(陕西科学技术出版社，2020 年第三版) 和张卜天先生新近翻译的《几何原本》(商务印书馆，2019 年)。译者并不完全认同他们对比例理论术语的译法。因此，译者正在重译的新版《几何原本》对相关术语的翻译将很不相同。

被允许的。到伽利略时代仍是如此，因此他很难给出速度的现代定义，虽然我们觉得它极其简单。

◇ 相同比 (the same ratio)

有四个已知量 a、b、c、d，如果让 a 与 c 取任意的相同倍数，又让 b 与 d 取任意的相同倍数，若所得 a 的倍量大于 (等于或小于) 所得 b 的倍量时，c 的倍量也都相应地大于 (等于或小于) d 的倍量，则称 a 对 b 和 c 对 d 具有相同的**比**。　　　(据《几何原本》第五卷定义 5 改写)

注1. 请读者回忆学过的比值相等是如何定义的。上述似乎有点杀鸡用牛刀的定义，可用现代字母语言表述如下：给定两个比 $a:b$ 和 $c:d$，任意取两个**正整数** m 和 n，如果 "$ma > mb \implies nc > nd$"，"$ma = mb \implies nc = nd$" 且 "$ma < mb \implies nc < nd$"，那么就说 $a:b = c:d$。

注2. 欧几里得《几何原本》第七卷中也有比例理论，但它是关于自然数 (不包括 0) 之间的比例。对古希腊人而言，如果 $A:B$ 中的 A 和 B 是两个数，那它们至少必须都是**有理数** (rational number)，从而最终可以表示成两个自然数之比。如果 A 和 B 都是长度 (它是连续量)，就可以不受这一限制。上述定义的操作方式 (取几个量的正整数倍之后再比较大小)，使得对任意长度之间的 "比" 进行比较或其他操作成为可能。

注3. 中世纪的欧洲数学水平相比古希腊时期有大幅倒退，上述定义曾经一度 "失传" 或不被理解，而没有它就不能研究连续量之间的比例关系。在意大利，这种情况直到 1543 年的塔尔塔利亚意大利语版《几何原本》出现才有所改观，伽利略从而有了研究连续量 (长度、速度和时间等) 的数学工具。他本人对这一定义也非常重视，直到其生命的最后仍在研究它。

◇ 比例 (proportion)

有相同比的量叫做**成比例**的，并称前项是前项的**对应量**，后项是后项的**对应量**。换言之，**比例**意味着至少有两个相同的**比**。

对于 $a:b=c:d$，其中第一项 a 和第四项 d 称为比例的**外项** (extreme terms)，第二项 b 和第三项 c 称为比例的**内项** (mean terms)。a、b、c、d 有时也分别被称为**第一、第二、第三和第四比例项**。

注1. 伽利略似乎不是在这个意义上使用"第三比例项"和"第四比例项"这两个术语。参见下文以及本书第139页的中译注。

◇ 比例中项、第三比例项和二次比

一个比例至少有三个项，即 $a:b=b:c$。此时 c 称为 a、b 的**第三比例项**，b 称为 a、c 的**中项**或**比例中项**。在本书中，伽利略正是在这一意义上使用"第三比例项"这一术语的。另外，只包含三项的 $a:b=b:c$ 也可以看作是**连比例**。[①]

又，此时 $a:c$ 称为 $a:b$ 的**二次比** (或二倍比, duplicated ratio 或 doubled ratio，意大利语 duplicata proporzione)。此时有 $a:c=(a:b)\cdot(a:b)$，也就是 $a:b$ 出现了两次，参见后文**比的复合**。

注1. 当 $a:b=b:c$ 时，显然有 $a:c=a^2:b^2=b^2:c^2$。易知此时还有 $a:b=b:c=\sqrt{a:c}$。这些关系在本书中将经常被用到。实际上，由于没有更好的代数方法，比例中项和二次比是伽利略处理平方式和根式的基本工具。

注2. 根据需要，本书有时会把**二次比**译为"二次方"，它在本书中与"平方 (square)"的含义并不相同。

[①]顺便说一下，著名的黄金分割比 (golden ratio) 在《几何原本》中被称为外项中项比 (extreme and mean ratio)。设 AB 是一条线段，C 是其黄金分割点且 $AC>CB$，那么 $CB:AC=AC:AB$，其中 CB 和 AB 是外项，AC 是中项。

◇ 连比例、第四比例项和三次比

如果 $a:b=b:c=\cdots=m:n$，则称 $a,b,c,\cdots,m,n$ 成**连比例**。

如果 $a:b=b:c=c:d$，此时称 d 是 a,b 的**第四比例项**，又称 $a:d$ 是 $a:b$ 的**三次比** (或三倍比，triplicated ratio，triplicata proporzione)。伽利略应该是在这一意义上使用"第四比例项"这一术语的。[①]

注1. 当 $a:b=b:c=c:d$ 时，显然有 $a:d=(a:b)\cdot(b:c)\cdot(c:d)=a^3:b^3$。这一关系在本书中也多次用到。

注2. 伽利略表示 $\frac{1}{2}$ 次方 和 $\frac{3}{2}$ 次方的术语与现在不同，他还是基于与比例有关的术语，对应的英语分别是 subduplicated ratio 和 sesquialteral ratio (如本书第103页)。

◇ 更比和更比性质

更比 (alternate ratio) 是指从两个相同的**比**中，用第一个比的前项**比**第二个比的前项，用第一个比的后项**比**第二个比的后项，也就是交换两个**内项**的位置，即把 $a:b$ 和 $c:d$ 分别转变为 $a:c$ 和 $b:d$。根据欧几里得关于**比**的定义，两个**内项**可以交换的前提是这四个量都是同一类量。

更比性质 (alternando 或 permutando)

$$a:b=c:d \Longleftrightarrow a:c=b:d$$

◇ 反比和反比性质

反比 (inverse ratio) 是把原来的后项作为新的前项，把原来的前项作为新的后项，即把 $a:b$ 转变为 $b:a$。

[①]在欧几里得《几何原本》中，"第四比例项"有双重意义，既可针对 $a:b=c:d$，也可针对 $a:b=b:c=c:d$，这从第九卷命题19可以看出来。

反比性质 [invertendo]

$$a : b = c : d \iff b : a = d : c$$

◇ 合比和合比性质

合比 (composition of a ratio) 是把原来的前项与后项之**和**作为新的前项，而后项不变，即把 $a : b$ 转变为 $(a+b) : b$。

合比性质 [componendo]

$$a : b = c : d \iff (a+b) : b = (c+d) : d$$

◇ 分比和分比性质

分比 (separation of a ratio) 是把原来的前项与后项之**差**作为新的前项，而后项不变，即把 $a : b$ 转变为 $(a-b) : b$。

分比性质 [separando 或 dividendo]

$$a : b = c : d \iff (a-b) : b = (c-d) : d$$

◇ 换比和换比性质

换比 (conversion of a ratio) 是前项不变，把原来的前项与后项之**差**作为新的后项，即把 $a : b$ 转变为 $a : (a-b)$。

换比性质 [convertendo]

$$a : b = c : d \iff a : (a-b) = c : (c-d)$$

◇ 等距比和等距比性质

等距比 (a ratio *ex aequali*) **性质**：有两组个数相等的量，如果它们依次两两成相同的**比**，那么第一组量中的第一个量**比**最后一个量等于第二组量中的第一个量**比**最后一个量。

或者说，**等距比**是指移除所有中间项，只取前后两端的项所得之**比**，因此有人又将之译作"首末比"。

注1. 换言之，对 $a, b, c, \cdots, m, n$ 和 $A, B, C, \cdots, M, N$ 这两组个数相等的量，如果它们依次两两地成比例 (例如 $b : c = B : C$)，就会有比例 $a : n = A : N$，其中 $a : n$ 和 $A : N$ 就是得到的两个等距比。事实上，由此易知，任意两个等距的数对都成比例，如 $b : m = B : M$。

注2. 本书中多次出现两组均为 3 个量的情形，即：如果 $A : B = a : b$ 且 $B : C = b : c$，那么 $A : C = a : c$。我们现在很容易用**比**的乘法来理解它。但请读者注意，伽利略不是这样思考的，对他而言，**比**的"相同"都要按前面给出的定义来理解。

◇ 调动比例和调动比例的等距比性质

调动比例 (perturbed proportion)：(用现代语言表述) 对个数均为 3 的两组量 a, b, c 和 A, B, C，如果 $a : b = B : C$ 且 $b : c = A : B$，就把这样的两个比例称为**调动比例** (也可译为**调序比例**)。

调动比例的等距比性质 [ex aequali in proportione perturbata]

如果 $a : b = B : C$ 且 $b : c = A : B$，那么 $a : c = A : C$。

注1. 本书中多次出现这一性质。我们也很容易用**比**的乘法来理解它。但是，与等距比性质一样，伽利略不是像我们这样思考的。

◇ 比的复合

欧几里得《几何原本》并没有对**比的复合**加以定义。按现代的理解，$a : b$ 和 $c : d$ 的复合就是 $(a : b) \cdot (c : d)$，因而等于 $ac : bd$。换言之，**比的复合**运算类似于现在所谓**比的乘法**。

翻译附录 C   若干证明及其他

"第一天" 图1.7小圆锥 CHL 与"碗"的上部体积相等

在本书第35页，关于图1.7的"第一部分"证明结束之后，伽利略省去了"另一部分"的证明，想必它的古典几何证法是比较繁复的，有兴趣的读者可以试一试。以下给出该命题的现代证明 (利用微积分)。

以 C 为原点，CB 方向为 x 轴，CP 方向为 y 轴建立直角坐标系 (注意 y 轴方向，详图略，请参考图1.7)。

设整个圆柱体的底面半径 $CA = r$。又设 $CP = PL = h$。

根据圆锥体公式可知，圆锥 HCL 的体积 $V_1 = \frac{1}{3}\pi h^3$。

根据圆柱体的公式可知，圆柱 $AGNB$ 的体积 $V_2 = \pi r^2 h$。

对于半球被分别过 AB 和 IO 的水平面截得的部分 (图1.7中 $AIOB$ 对应的部分)，其体积 V_3 可按下式进行计算：

$$V_3 = \int_0^h \pi(r^2 - y^2)\,\mathrm{d}y = \pi(r^2 y - \frac{1}{3}y^3)\Big|_0^h$$
$$= \pi r^2 h - \frac{1}{3}\pi h^3$$

其中，积分项 $\pi(r^2 - y^2)\,\mathrm{d}y$ 是把 V_3 水平地切割成无数个小圆柱体所得的体积元，其底面均为圆形，在纵坐标 y 处的半径为 $\sqrt{r^2 - y^2}$，高度为 $\mathrm{d}y$。因此，由这些体积元 $\pi(r^2 - y^2)\,\mathrm{d}y$ 积分求得的总体积就是 V_3。进而不难得到伽利略想要证明的结论，详细过程略。

以上过程展示了微积分方法的力量，而且任何学过简单微积分、数学程度较好的高中生应该都能理解。

"第一天" 图1.9 "阿波罗尼圆" 轨迹的解析证明

本书第53页至第56页，伽利略用欧几里得几何方法证明了图1.9中 C 点的运动轨迹是一个圆 (当 C 平分 AB 时除外，此时轨迹是 AB 的中垂线)。下面用读者更熟悉的解析几何方法加以证明。解析几何、对数和微积分都是近代科学革命早期出现的非常强大的数学工具。

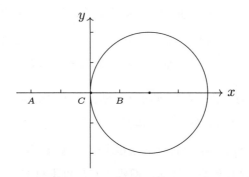

图 C.1

此处先举一个简单的特例。设 $AB = 3$，$AC = 2CB$。以 AB 所在直线为 x 轴建立直角坐标系，设 $A(-2,0)$，$B(1,0)$，则 $C(0,0)$。

设动点坐标为 $C'(x,y)$，则 $AC' = 2C'B$。由两点之间距离公式，有：

$$\sqrt{(x+2)^2 + y^2} = 2\sqrt{(x-1)^2 + y^2}$$

上式先平方化简，再配方即可得：$(x-2)^2 + y^2 = 2^2$。这是一个圆，如图C.1所示。读者在高中解析几何学习中应该做过类似题目。

对于普遍的情形，读者不难类似地加以证明。

令 $A(a,0)$，$B(b,0)$，$AC = kCB$ ($a \neq b$，$k > 0$)，则：

$$\sqrt{(x-a)^2 + y^2} = k\sqrt{(x-b)^2 + y^2}$$

通过简单的平方化简、配方和分类讨论，不难得到伽利略在本书中的所有相关结论。此处不再详述。

"第一天"图1.15和图1.16含义的形象化表示

本书从第118页至第120页，伽利略利用图1.15和图1.16解释了他对"和谐音"的理解，相关文字不难理解但比较繁复。为了协助读者阅读，以下用三张图对他的上述两图略加"形象化"。

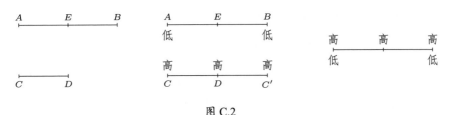

图 C.2

图C.2之左图即图1.15。图C.2之中图进一步给出了(伽利略理解的)两个高音周期，并标注了他认为对耳朵造成冲击的时间点(他也把它理解为运动位置)。图C.2之右图将中图的高音和低音叠加于同一时间线上。读者由此不难理解萨尔维亚蒂的说法，以及第120页萨格雷多在"我再也不能保持沉默了"之后所说的关于八度音的看法。

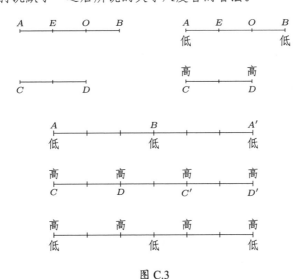

图 C.3

关于五度音的图C.3与图C.2相似。由图C.3之最下图，在一个"周期"内，五度音共有三个高音和两个低音(图中的各个起点要算在上一"周期"内)。其他内容请参照伽利略本人的文字进行理解。

"第二天"图2.23，阿基米德引理以及抛物线所围面积的证明

利用现代数学语言不难完成这一引理 (第165页) 和图2.23的证明。

设第一组线段的长度分别为 $1, 2, 3, \cdots, n$；第二组线段为 n 条长度均为 n 的线段。

第一组的平方和：$1^2 + 2^2 + 3^2 + \cdots + n^2 = \dfrac{n(n+1)(2n+1)}{6}$。

第二组的平方和：$n \cdot n^2 = n^3$。

因为 $\dfrac{n(n+1)(2n+1)}{6} > \dfrac{n \cdot n \cdot 2n}{6} = \dfrac{n^3}{3}$，所以 $n \cdot n^2 < 3 \cdot [1^2 + 2^2 + 3^2 + \cdots + (n-1)^2 + n^2]$。这就是引理的前一半。

当从第一组中去掉最大的 n 时，同理可得引理的后一半：

$$n \cdot n^2 > \frac{(n-1)n(2n-1)}{6} = 3 \cdot [1^2 + 2^2 + 3^2 + \cdots + (n-1)^2]$$

关于图2.23中"混合三角形" ABP 面积的证明，伽利略采用了古希腊传统的"归谬法"和"穷竭法"，其过程相当复杂。事实上，它等价于要证明：抛物线 $y = Ax^2$ 与 x 轴、$x = m$ 围成的"混合三角形"的面积等于 $\dfrac{1}{3}Am^2 \cdot m = \dfrac{1}{3}Am^3$。

对于现代数学来说，只要一个非常简单的积分等式就可以证明：

$$\int_0^m Ax^2 \, \mathrm{d}x = \frac{1}{3}Ax^3 \bigg|_0^m = \frac{1}{3}Am^3$$

然而，伽利略尚不拥有微积分这个强大的工具 (虽然在某种意义上说他是近代微积分的先驱之一)。顺便说一个读者或许已经知道的事实：牛顿即使掌握了微积分这一方法，他的《自然哲学之数学原理》也没有采用它。

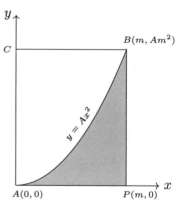

图 C.4

强大代数工具的发明与近代科学革命紧密关联。微积分的发明更是彻底改变了科学家们的思维方式，更是提高了他们的工作效率。

翻译后记

伽利略晚年出版了两部有巨大影响的对话体科学著作,分别是1632年的《关于两大世界体系的对话》和1638年的《关于两门新科学的对话》(以下简称本书)。若单纯从现代科学发展史的角度说,后者的影响更大。因为它是牛顿(1643–1727)三大运动定律的序曲,正如其天文学定律(万有引力定律)的先驱是开普勒(1571–1630)的行星运动定律。

本书被列入了2020年版教育部中小学生阅读指导目录。在有足够多的导读这一前提下,这确实是一本中学生即可阅读并能从中获益良多的经典科学著作;单从科学内容上说,它基本上没有超出高中生的知识范畴和理解能力。然而,如果汉译本自身没把关键之处翻译清楚或加以详细注解,高中生要研读本书是不太可能的。即使有较好的译本和注解,本书也不是不花点功夫就能够充分理解的。庆幸的是,伽利略在本书中的所有数学证明都非常详细,没有任何写着"显然易证"却要绕一个思想大弯的内容。①

作为一个理工科研究者,译者虽在业余时间会涉猎中英文科学史材料,但远不是研究伽利略的专家,所以当上海教育出版社的李祥先生提出为中学生翻译本书时,内心还是非常忐忑的。因为每一部科学元典都承载着人类智慧与文明的光辉历史,倘若由于译者不才,草草翻译一通,既歪解先哲,又误导后学,那岂不是双重的罪过?

译者最终抱着试一试的心态开始了本书的阅读和翻译。伽利略的原

---

①顺带说一句,前述阅读指导目录中还推荐了哥白尼的《天球运行论》、牛顿的《自然哲学之数学原理》、笛卡儿的《笛卡儿几何》和鲍林的《化学键的本质》等名著。译者以为,如果推荐专家们仔细阅读过这些书的话,大概会有不同的做法。另外,很可惜的是,这个书目似乎没有欧几里得的《几何原本》,这本巨著的绝大部分是能力中上的初三及以上学生都可以读懂的,并且可以从中深入体会思想的力量。

书是以意大利语和拉丁语撰写的。译者对这两门语言都一窍不通，因而只能主要依据本书的英译本，这就带来了很多潜在的问题。做出好的翻译绝非易事，科学元典的翻译尤其如此。在对本书进行翻译时，译者在头脑中经常思考以下三个问题：

(1) 现代科学思想源于古希腊，复苏于中世纪后期和文艺复兴时期，因此不少科学元典是用希腊文、拉丁文或者其他非英语文字写成的，而国内掌握这些语言的理工科研究者或科学史专家极少，因而大多数情况下必须依赖二手英译本[①]。那么，在这一现实之下，翻译科学元典的翻译，一个翻译者可以怎么做？

(2) 由于科学在近几百年之中发生了天翻地覆的变化，科学元典的表达术语和表达方式、科学思想甚至概念和知识本身都可能与现在有极大的不同，习焉不察地以今释古很容易造成误读、误译和误导。那么，在翻译那些写作年代相对久远、知识相对古老的科学元典时，一个翻译者可以多做些什么？

(3) 科学元典与哲学经典之间似乎存在一个巨大的区别。两千多年前的哲学经典常读常新[②]，大概没有几个人可以越过它们而成为一流的哲学家，而不读科学元典的人完全可以成为一流的科学家。但是，同样毋庸置疑的是，即使是"过时"的科学元典，人们也可以

[①] 这一点是令人遗憾的。汉译欧洲哲学经典大多有依据原著的直译，数代中国学人已在其中深耕上百年。科学和哲学本应并驾齐驱。然而，据译者非常浅薄的了解，国内科学史研究者对欧洲科学经典的探讨还是相当粗浅的。那么，如果并不清楚科学的来路，国内科学史或科学哲学专家们各种"崇尚"或"反思"科学的那些文字，岂不有可能是空中楼阁？

[②] 在科学元典中，具有同样魅力的一个典范是欧几里得的《几何原本》，如果它有足够好的译本或读者能够阅读英文或其他西文的话。它是西方科学的重要源头，但汉语界对它的理解还不能说是很深刻。译者能力非常有限，但若时间允许，仍愿意重译和注释这部巨著，以期未来的聪明年轻人能够对它有更加深入的研究和解读。在本书即将印刷出版之际，译者已经完成了这项工作的一部分，即基本上完成了《几何原本》的重译，详细的解读工作还有待进一步开展。

从中汲取大量的思维营养①。那么，作为人类文明传承的一个重要组成部分，为了让年轻读者们甚至是中学生更加愿意阅读科学元典的汉译本，一个翻译者还可以多做些什么？

译者并不奢望能够很好地回应这些问题，更不认为自己能够做得很好 (毕竟本人既非科学史研究者，也没有什么翻译经验)。但这些问题确实引导译者去尝试做一些努力。

译者完全不懂伽利略原著的语言 (在译完本书后，译者终于识得百来个意大利语单词和若干拉丁文术语)，而本书现有两个主要的英译本。一个由亨利·克鲁 (Henry Crew，1859–1953，美国物理学者) 和阿方索·德·萨尔维奥 (Alfonso de Salvio，1873–1938，意大利语言与文学学者，意大利裔美国人) 于 1914 年出版 (以下称克鲁英译本，它现在是公版书，距今也已有 100 多年了)。另一个则由 20 世纪头号伽利略研究专家斯蒂尔曼·德雷克 (Stillman Drake，1910–1993，加拿大科学史专家) 于 1974 年初版 (之后出了修订版，以下称德雷克英译本)，现在的国外研究者一般都引用这一版本。

在粗读了克鲁英译本和现有的两个汉译本之后，译者迫切地购置了德雷克英译本。另外，译者在网络上找到了本书的一个意大利语版本 (缺少后两 "天" 的大部分拉丁文几何证明) 以及 1638 年原版 (PDF 版本)。译者是以克鲁英译本为底本进行翻译的，但它本身是存在不少问题的。此处略举一例，它是 "第三天" 引言部分的半句话，译者列出其几种表达 (粗体是译者所加) 如下：

- 拉丁语原文 (可能拼写有误)：Verum juxta quam **proportionem** ejus fiat accelerano, proditum hucusque non est.

- 意大利语译文：però, sec ondo quale **proporzione** tale accelerazione avvenga non è stato sin qui mostrato.

---

①举个例子，本书 "第四天" 对抛体运动的讨论很值得介绍给高中学生。译者发现《中学物理》第 31 卷 03 期有一篇《巧用准线解决抛体问题》，其结论与本书相近，但过程远不如写于近 400 年前的本书简洁 (当然要先把它转换成现代语言)。

- 德雷克英译文：but the **proportion** according to which this acceleration takes place has not yet been set forth.
- 克鲁英译文：but to just what **extent** this acceleration occurs has not yet been announced.
- 本书译文：然而，这种加速以何种**比值**发生，却从未被报道过。
- 武际可译文：但是并没有告诉我们这种加速度发生的**范围**。
- 戈革译文：但是，这种加速到底达到什么**程度**，却还没人宣布过。

读者只要注意被译者加粗的七个词语，就能感觉到克鲁英译本把原著要表达的意思给模糊化了。如果汉译是依照克鲁英译本，即把"**比值**"换作"**程度**"或"**范围**"，就无法传递出伽利略本人的思想和方法，因为他的主要计算工具是比例理论，他在本书中从未给出加速度的"范围"，而只是讨论速度、距离或时间之比。事实上，上述克鲁英译本的汉语直译也不能**在逻辑上**紧密衔接本书接下来的那句话，即："据我所知，还没有人指出过，当物体从静止开始下落时，在依次相等的时间间隔内，物体通过的距离之比等于从 1 开始的奇数之比。"

遗憾的是，译者在翻译初稿时尚未意识到类似问题的严重性。后来在校稿的过程中，译者才在很多地方参照了上述意大利语版本(当然是参考它的 AI 英语翻译)进行修正。凡是译者感觉克鲁英译本问题较大的地方，特别是涉及重要科学思想的地方，还参考了德雷克英译本(由于精力有限，译者未能通读它)及其解读加以修正。有些内容是整页整页地全部重译(这也表明，译者之前对这些文本的理解是很不到位的)，例如"第二天"命题 6 以及相关命题和论述、"第三天"在本书 1655 年版增加的部分 (P. 209–217)。应该说，这种多文本相互参看的方式是很有用处的，对于重要的数学和物理术语(如 gravità、momento、impeto 等)尤其如此①。另外，其他研究文献中明确指出的克鲁英译本错误或不确

---

① 克鲁英译本在术语翻译方面的问题尤其多，以今译古的现象比较严重。比如说，它用 moving particle (甚至直接用 particle) 翻译 *mobile* (运动物体)。如果中文照这个英译翻译的话，就会出现"质点"或"粒子"这样的术语，而它们都不是伽利略要

切之处，也为译者的理解提供了帮助。

再说说上面的第 2 个问题。科学元典的翻译与其他文本的翻译有相通之处，先辈严复的"信、达、雅"是所有翻译者的共同追求 (很难实现)。不过，科学元典的翻译也有特殊之处，像本书这种重量级的年代久远之作，更需要一些额外的工作。在本书的翻译过程中，译者在力所能及的范围之内，通过查阅相关研究文献和专著[①]，以添加大量**脚注** (根据 LaTeX 的统计，针对正文的译者脚注有 400 多条；针对难读的"第一天"，译者的脚注最多) 的方式对伽利略的科学术语、思想、论述逻辑以及相关历史等作了一些介绍[②]，附录"伽利略学术小传"则提供了更多科学和历史背景。

德雷克英译本提供的术语解释，对译者扫清术语的障碍帮助最大。由于伽利略时代的物理学术语远未定型，其理解和翻译有相当大的难度，也值得仔细斟酌，以向中文读者传达相对准确的信息。本书中较难翻译的术语不少，译者已尽力在译注中加以说明。此处仅举一例。在本书任何一个地方，把 gravità (英译 gravity 或 heaviness) 翻译为"重力"都是不恰当的。但是，如果把它译为一般读者陌生的"重性"，一则显

表达的意思。如果直接依据德雷克英译本进行汉译，或许会好不少 (特别是科学术语的"保真度"方面)。然而，有句意大利语箴言叫"Traduttore, traditore" (Translator, traitor；翻译者即背叛者)，翻译本书的德雷克英译本同样逃脱不了二次失真的问题，因为无论如何它都还是翻译科学元典的翻译。总之，由于个人水平有限，译者只能期待将来有学者直接从本书原著翻译出更准确的汉译本。

[①]特别值得提及的参考文献有：Renée Jennifer Raphael 的 2009 年博士论文 *Galileo as a commentator on Aristotle?* 帮助译者理解了本书"第一天"的逻辑结构；Clifford Truesdell 的 *The Rational Mechanics of Flexible or Elastic Bodies 1638–1788* 使译者对本书"第二天"有更深刻的了解；Winifred L. Wisan 发表于 1974 年的长篇论文 *The new science of motion: A study of Galileo's De motu locali* 详细研究了本书"第三天"和"第四天"；德雷克的 *Galileo at Work: His Scientific Biography* 则详细提供了伽利略终其一生的科学轨迹。

[②]考虑到有部分读者可能只看本书的后半部分，少量脚注有所重复。有些译注受到了德雷克英译本或克鲁英译本脚注的启发，但是都作了针对汉语读者的修改或细化。限于体例和篇幅，译者对大部分脚注的文献来源均未给出。

得比较古板，二则不能完整表达术语的含义。由于译者不才，最终不得不选择在多数情况下把它译为"重量"，从而与另一个重要词汇 peso (weight) 的汉译相同。作为补救，译者在第77页对此加了一个脚注，并在认为必要的地方附上伽利略的意大利原文 [gravità]。如果以今释古而不自知，就会闹出仅凭只言片语就断定"早在牛顿出生之前，就有地心引力的结论"之类的乌龙[①]。

再说说前面提到的第 3 个问题。译者并非科学史专业出身，而且本书之前已经有两个汉译本，译者之所以愿意尝试再翻译一次，是因为有一个最大的愿望：凡是有意阅读本书的读者，无论是中学生、中学教师还是科学史爱好者、研究者，都不会是因为汉译本实在太差而放弃对本书 (以及对伽利略本人) 的钻研。特别是对于中学生和中学教师，如果他们愿意花费宝贵的时间，用心阅读这本几百年前的科学经典，译者希望，这一阅读过程能够对其课堂学习或教学也稍有裨益。

所以，对译者来说，在尽力准确理解和翻译的基础上，提高可读性和提升 (至少不是"吓退") 读者的阅读兴趣是非常重要的，这无疑也是很难做到的。为此，译者做了如下技术性操作，并希望通过它们可以让年轻读者的阅读负担有所减轻：

◇ 除了正文外，原著的其他内容均未翻译，并基本忽略了克鲁英译本的

[①]这是国内一本《力学史》在介绍《远西奇器图说录最》时说的。据说后书中有一句："各体各欲直下，至地心方止，盖重性就下，而地心乃其本所故耳。"这怎么看都是亚里士多德学派关于重性和轻性的学说 (我们能不能据此说，亚里士多德已经有地心引力的观念？)，特别是它接下来还有一句：重物有二，一本性就下，一体有斤两。显然，"就下"是重物**自身**的"本性"，有没有所谓"地心引力"完全是另一码事。在牛顿出生前有没有地心引力的概念，不能单凭一句话就加以断定；要确定一个科学概念是在何时诞生的，这通常是极困难的一件事。

另外，有兴趣的读者可以阅读 Peter Damerow 等合著的 *Exploring the Limits of Preclassical Mechanics*，里面介绍了笛卡儿等人有趣的 "Theory of Gravity" (重力理论？重性理论？)。非常有意思的是，Peter Damerow 也是中西合作著论《传播与会通——<奇器图说>研究与校注》的作者之一。

译注以及它用 () 附加的伽利略原文、用 [] 附加的英语补充。译者根据理解自行决定在何处附加文字或脚注。事实上,译者原打算不在正文中附加任何西文,但后来不得不改变了这一想法。特别是本书第209–217页,如果不附加原文将导致读者难以理解甚至误解。

◇ 在不改变证明逻辑的前提下,对几何命题的表述或证明做了形式上的修改和简化,使它们相对地"现代化"了。这对译者来说是"明知不可而为之",因为它犯了"时代错误 (anachronism)"。为了区分,译者对书中的几何学证明文本采用了特殊的段落排布和字体。译者还用 LaTeX 软件的 tkz-euclide 宏包重新绘制了书中的欧几里得几何图形,并对克鲁英译本附图的若干 (译者以为的) 错误作了修改,但对此没有一一指出。其他形式的修改大部分已在脚注中给出。

◇ 如果说实验是科学的基石,数学是科学的语言,逻辑和思想 (想象力) 就是科学的灵魂。理解经典科学著作的论述逻辑,对于把握其科学思想是极其重要的。但对于大部分读者来说,要自己去梳理原著的论述逻辑并非易事。为此,译者一方面尽力通过脚注呈现原著的论述逻辑 (这可能会引入译者的理解错误),另一方面则特别注重逻辑关系的呈现,如对于篇幅较长的段落,译者均按照叙述逻辑重新分段。译者撰写的**导读**也可协助读者理解全书论述框架。

◇ 以翻译附录的形式 (翻译附录B),给出了阅读本书需要的比例术语和性质,以使读者对欧几里得《几何原本》第五卷的**比例理论**有所了解。以脚注的形式,利用现代中学物理或数学知识对本书中的部分命题给出解释或简单证明。另外,翻译附录C则集中了几个相对较长的现代数学证明。这些内容如能让中学生读者或老师们结合自己所学或所教作进一步的思考,译者将感到付出的时间是非常值得的。

在作出以上交待之后,现在稍微说一说本书的前两个汉译本:戈革先生的译本 (以下简称戈译本),最初收在 2005 年辽宁教育出版社的

《站在巨人的肩上：物理学和天文学的著作集》中，后由北京大学出版社再版；武际可教授的译本(以下简称武译本)，2006年由北京大学出版社出版，该翻译得到了国家自然科学基金项目的资助。

戈革先生是已故老一辈科学翻译家，他的译本总体上具有可读性，但对年轻读者来说可能是个挑战。译者猜想，戈革先生翻译本书时或许由于年事已高，部分文字并没有深究。举例来说，对一些有关比例的术语，戈译本选择保留原文而未作汉化。但是，换一个角度说，译者非常敬佩戈革先生这种实事求是、绝不妄加揣测的精神。

武际可教授是北京大学的力学专家，撰写过力学史方面的专著。除了几何命题的证明部分之外，译者在翻译初稿时详细地对照了武译本，并由此产生了几个印象：武译本不太适用一般学者的阅读和研究；它没有借鉴比它略早出版的戈译本；它的翻译有些前后不一的现象。比如，针对《几何原本》的"第 X 卷"，武译本有三种很不相同的译法，依次见于北京大学出版社2020年彩图珍藏版的第151、157、178页。又如，它对重要比例术语 *ex aequali* 的翻译也不一致。

这两个译本都是完全依照克鲁英译本来翻译的①，因而不可避免地会引入该英译本的错误或不确切之处。即便如此，译者仍要特别感谢这两位先生的工作。有人事先打好地基，远胜于凭空造高楼。在翻译遇阻或想不到合适的汉语词汇时(这些都是经常性的)，译者都会翻翻上述两个译本以寻找灵感，特别是戈译本。

《关于两门新科学的对话》是伽利略生前的最后一本正式出版物，是影响世界文明进程的伟大书籍，代表了他最成熟的科学思考。但由于前面说到的一些原因，本书的翻译对译者来说是极大的挑战。译者多次修

---

① 两位先生似乎都不知道本书原著的后半部分有大量拉丁文，武译本明确说"伽利略的原著是意大利文的"。两位先生对欧几里得几何术语和比例理论的了解似乎也有所欠缺，这对本书的翻译是比较不利的。另外，亚里士多德是本书中的重要背景人物，但两位先生似乎都不知道英文中的 the Philosopher 就是指亚里士多德本人。

改译稿，有些地方甚至是完全推倒重来，一些疑难之处也曾多方查证。然而，由于学力、精力实在有限，部分术语的翻译最终亦未能让译者本人满意 (如 impeto、momento、gravità 和 resistenza 等)，其他错讹之处 (特别是译者所作的译注和解读) 一定仍然不少，因为每次重新翻阅时都能发现几处。在此要特别感谢李祥先生对译稿的审校付出的辛苦劳动，他发现了译者的不少疏漏 (另外，由于本书是由译者采用 LaTeX 排版，因此排版格式方面的问题以及由于来回修改造成的错漏，都应该由译者负责)。借鉴过的国内外论文或专著的作者们难以一一具名，译者在此一并深表感谢。最后，恳请读者、专家们对译者造成的谬误不吝赐教。

初稿：2021 年 12 月

终稿：2023 年 5 月

图书在版编目（CIP）数据

关于两门新科学的对话 / (意) 伽利略著；曹致远译. —
上海：上海教育出版社，2024.1
（中小学生阅读指导目录）
ISBN 978-7-5720-2359-0

Ⅰ.①关… Ⅱ.①伽…②曹… Ⅲ.①动力学 - 青少年读
物②材料力学 - 青少年读物 Ⅳ.①O313-49②TB301-49

中国国家版本馆CIP数据核字(2024)第009219号

责任编辑　李　祥　徐青莲
插图绘制　陈颂基
封面设计　橄榄树

关于两门新科学的对话
[意] 伽利略　著
曹致远　译

出版发行　**上海教育出版社有限公司**
官　　网　www.seph.com.cn
地　　址　上海市闵行区号景路159弄C座
邮　　编　201101
印　　刷　上海商务联西印刷有限公司
开　　本　700×1000　1/16　印张25
字　　数　335千字
版　　次　2024年1月第1版
印　　次　2024年1月第1次印刷
书　　号　ISBN 978-7-5720-2359-0/G·2088
定　　价　98.00元

如发现质量问题，读者可向本社调换　电话：021-64373213